语音信号增强技术及其应用

徐　岩　王春丽　著

科学出版社

北　京

内 容 简 介

本书详细介绍了基于短时谱估计、自适应滤波、小波变换、子空间、盲源分离、噪声掩蔽、分数阶傅里叶、分形及神经网络等语音增强算法；通过语音质量评价系统，对语音质量进行了评价，并对语音增强算法及其效果进行了仿真比较；利用DSP技术及OMAP平台，将语音增强算法应用于无线语音通信系统，实现了较好的语音增强效果，论证了语音增强算法的有效性和可行性。

本书为从事语音增强技术处理的研究者提供了全面而又专业的参考，既可作为本领域研究生和高年级本科生的教学参考书，也可为数字信号处理、通信以及电子信息相关领域的工程技术人员提供参考，适用于具有一定语音信号处理知识基础的读者。

图书在版编目(CIP)数据

语音信号增强技术及其应用/徐岩，王春丽著. —北京：科学出版社，2014.1
ISBN 978-7-03-039062-2

Ⅰ.①语… Ⅱ.①徐…②王… Ⅲ.①语音增强-研究 Ⅳ.①TN912.35

中国版本图书馆CIP数据核字(2013)第260730号

责任编辑：汤 枫 裴 育 / 责任校对：刘亚琦
责任印制：吴兆东 / 封面设计：蓝正设计

科学出版社 出版
北京东黄城根北街16号
邮政编码：100717
http://www.sciencep.com
北京中石油彩色印刷有限责任公司 印刷
科学出版社发行 各地新华书店经销
*
2014年1月第 一 版 开本：B5(720×1000)
2022年1月第六次印刷 印张：21 3/4
字数：423 000

定价：150.00元

(如有印装质量问题，我社负责调换)

前　言

语音信号增强，简称语音增强，它不仅仅是一个数字信号处理技术方面的问题，还涉及人的听觉感知和语音学，是一项很复杂的技术。语音增强技术是从噪声背景中提取有用的语音信号，抑制与降低噪声干扰的技术，所研究的内容是改进语音质量，尽可能地消除背景噪声、提高信噪比，同时提高语音的自然度和可懂度。由于噪声来源众多，且随应用场合特性各不相同，从而增加了语音增强算法的复杂性，因此不可能设计出一种通用算法来解决所有的噪声问题。针对不同的噪声源，需要采取不同的语音增强算法，因此对各种语音增强技术进行研究是非常有必要的。

目前国内语音信号处理领域的参考书，大多侧重于介绍语音信号处理的基础理论，缺乏专业、系统性介绍语音增强技术的参考书。本书在作者长期从事语音增强研究工作的基础上，分析各种经典语音增强算法原理，根据不同的背景噪声改进部分算法，并结合目前多种新型语音处理技术来实现语音增强，同时通过语音质量评价、软硬件仿真，以及实际系统应用，论证高质量语音增强系统的可行性和有效性。

在参考国内外大量文献的基础上，本书结合作者多年来的专业知识沉淀、项目经验积累，本着系统介绍、重点突出的原则，体现理论性和实用性互补的思想，主要介绍内容包括：各种语音增强算法及其改进算法的原理、语音增强质量评价系统、语音增强软件仿真、语音增强系统在通信中的应用与实现等。本书不仅内容翔实、主次分明，而且与多种通信新技术，如混沌、分形、神经网络等相结合，高效、实时地解决了当代语音通信系统中的信号增强问题。书中图文并茂，算法模块简洁明了，文字解释通俗易懂。

本书系统地介绍语音增强技术及其应用，分为 9 章，依次从理论基础、算法结构、仿真及应用实现四个层面进行全面介绍。首先，对语音增强技术、语音信号分析处理技术进行描述；其次，介绍几种常用的语音增强技术；然后，介绍语音增强质量评价算法；最后，通过语音增强算法仿真、软硬件实现方法，对语音增强系统进行整体测试与性能评估。

本书的主要内容是作者与课题组同事及研究生长期科研工作的成果总结。在本书的撰写过程中，杨桂琴老师给予了热情的帮助，并提出了修改意见；研究生李洋洋负责资料收集、绘图、公式编辑等工作，对本书作出了贡献；研究生孟静、刘馨、唐建云、谭方、曹玉萍、闫亮也给予了热心的帮助。在此向他们表示衷心的感谢！

尽管作者在撰写过程中尽了最大努力，但受水平、学识和经验所限，书中难免会存在不妥和疏漏之处，衷心希望广大读者予以批评指正。

作　者
xuyan@mail. lzjtu. cn
2013 年 10 月

目　　录

第 1 章　语音增强技术概述

语音是语言的声学表现,它不仅是人类交流信息最自然、最有效、最方便的手段,而且也是人类进行思维的一种依托。随着通信技术的发展,语音作为一种典型的非平稳随机信号,已经成为人们日常生活、工作中不可缺少的一部分。在语音通信过程中,不可避免地会受到来自周围环境噪声和设备内部噪声等的各种干扰,由于噪声的存在会使语音处理系统的性能恶化,因此语音增强是解决噪声污染的一种有效方法。语音增强的目的就是从被污染的语音信号中,提取尽可能纯净的语音信号,改善语音质量,使听者不觉得疲劳,同时提高语音的可懂度。

1.1　语音增强研究背景

语音增强早在 20 世纪 60 年代就受到了人们的重视,在随后的四十多年里,很多学者对这一课题进行了研究。1978 年,Lim 和 Oppenheim 提出了语音增强的维纳滤波方法;1979 年,Boll 提出了谱相减方法来抑制噪声;1980 年,Maulay 和 Malpass 提出了软判决噪声抑制方法;1984 年,Ephraim 和 Malah 提出了基于最小均方误差短时谱幅度估计的语音增强方法。20 世纪 80 年代以后,随着高速 DSP 的发展,语音增强逐渐走向实用,同时新的语音增强方法又相继涌现,常见的语音增强方法主要有:基于最小均方(least mean square,LMS)自适应滤波的噪声抵消语音增强法、基于短时谱(short time spectrum,STS)估计的语音增强法、基于语音生成模型的语音增强法、基于梳状滤波器的谐波增强法、基于阵列话筒的语音增强法、基于听觉模型的语音增强法、基于人工神经网络的语音增强法、基于信号子空间分解的语音增强法、基于小波变换的语音增强法等。语音增强是一门涉及面很广的交叉学科,它不但与语音信号数字处理理论有关,而且涉及模式识别、数理统计、语音学等。此外,语音增强所面临的噪声形式也可能众多,因此要有效地增强语音,必须对语音和噪声特性有充分的了解。

语音信号处理技术可分为四个主要研究领域,分别是语音编码和压缩技术、语音识别技术、语音合成技术及语音增强技术。而语音增强技术可以广泛应用于语音通信领域、语音识别和语音编码系统中。尤其是近年来,语音识别技术获得突破性进展,作为人机交互的一种很自然、便捷的方式,越来越受到人们的重视。特别是在 2008 年北京奥运会的成功举办中,移动式语音识别和翻译系统发挥了重要作用。但是目前的语音识别系统大多工作在安静的环境下,背景噪声的引入会严重影响识别系统的性能。在低速率语音编码系统中,以较低的码速率传输语音信号能够节省大量传输带宽,而噪声的存在严重影响模型参数的提取,使得重建语音的质量急剧恶化,甚至变得完全不可懂。但通过语音增强,输入声码器信号的抗噪能力显著提高。在上述情况下,加入语音增强系统,可抑制背景噪声,提高语音通信质量;也可将语音增强系统作为预处理器,提高语音处理系统的抗干扰能力,稳定系统性能。

语音增强是从噪声背景中提取有用的语音信号,抑制、降低噪声的干扰。语音增强的目的主要是改进语音质量,尽可能地消除背景噪声,提高信噪比(signal to noise ratio,SNR),同时提高语音自然可懂度和说话人的可辨度。噪声来源取决于实际的应用环境,因而噪声特性可以说变化无穷,所以在实际应用时,要根据具体的噪声情况和特定环境,选用不同的语音增强方法,才能达到最好的语音增强效果。

随着数字信号理论的成熟,语音增强技术已发展成为语音信号处理的一个重要分支。近年来,随着计算机和 DSP 技术的发展和成熟,语音增强的实时实现成为可能,可广泛应用于无线电话会议、手机、娱乐系统、多媒体应用、智能家电、场景录音和军事窃听等领域。在实际应用中,这些系统在其前端加上语音增强系统作为预处理器,以提高其抗干扰能力,稳定其系统性能。因此语音增强技术可以广泛应用于各种语音信号处理领域中,本书所研究的语音增强技术理论、应用与实现有着重要的现实意义。

1.2 语音信号与语音增强

1.2.1 语音信号特征

由于语音的生成过程与发音器官的运动过程密切相关,而且人类发音系统在产生不同语音时的生理结构并不相同,因此使得产生的语音信号是一种时变的、非平稳的随机信号,例如,声道面积随着时间和距离而改变,气流速率随着声门处压力变化而变化等。但是由于人类发声器官变化速率具有一定的限度,而且远小于语音信号的变化速率,可以认为人的声带、声道等特征在一定的时间内基本不变。因此假定语音信号是短时平稳的,即语音信号的某些物理特性和频谱特性在 10～30ms 的时间段内是近似不变的,具有相对的稳定性,这样就可以运用分析平稳随机过程的方法来分析和处理语音信号,在语音增强中正是利用了语音信号短时谱的平稳性。

语音是由人的发音器官发出来的、具有一定语义的声音。语音中的元音是在发音过程中,气流通过口腔不受阻碍发出的音,每个元音的特点是由声道的形状和尺寸决定的。语音中的辅音是指在发音的时候,从肺里出来的气,经过口腔或者鼻腔时受到阻碍而形成的音，根据声带是否振动又可分为清辅音与浊辅音两种：如果声带不振动，发出的辅音叫做清辅音，简称清音，在汉语音学中也叫噪声；声带振动发出的辅音叫做浊辅音，也叫浊音。在语音信号处理中基本上就分为清音和浊音两大类。清音和浊音在特性上有明显的区别，清音没有明显的时域和频域特性，看上去类似于白噪声，并具有较弱的振幅；而浊音在短时谱上有明显的特征，具有以下两个特点：

（1）在时域上呈现出明显的周期性，这是因为浊音的激励源为周期脉冲气流。

（2）频谱中有明显的几个凸起点，它们的出现频率与声道的谐振频率相对应。这些凸起点称为共振峰，其频率称为共振峰频率。共振峰按频率由低到高排列为第一共振峰、第二共振峰，依次类推。

在语音增强中可以利用浊音所具有的明显的周期性来区别和抑制非语音噪声，而清音由于类似于白噪声，与宽带平稳噪声很难区分。

语音信号可以用统计分析特性来描述。由于语音是非平稳的随机过程，所以长时间的时域统计特性在语音增强的研究中意义不大。语音信号短时谱幅度的统计特性是时变的，只有当分析帧长趋于无穷大时，根据中心极限定理，才能近似认为其具有高斯分布。实际应用时只能将其看做是在有限帧长下的近似描述。在宽带噪声污染的语音信号增强中，可将这种假设作为分析的前提。

1.2.2　语音信号信息量

在语音增强技术中，语音信号到底包含多少信息量，需要多少比特才能被无失真地表示出来，这是一个很复杂的问题，涉及对信号失真的评价。目前常用的有三种评价方法，其中两种是由 Flanagan 提出的，另一种是由 Johnston 提出的，它们是建立在以下三种不同的失真评价基础之上的：

（1）语音信号的信噪比；

（2）接收语音信号时，信号由听觉外围处理之后，人们在主观上能够感觉到的失真；

（3）人在接收语音信号时，不正确接收音素的数目和正确接收音素的数目之比。

在上述三种情况下，实际所获得的比特率首先选择能够接受的失真等级，然后计算该失真等级所需的理论比特率。在第三种测量音素失真的方法下，可以将接受的失真级设置为零。如果所有的音素都能正确传送，那是所期望的最好性能。假设相邻的音素之间不出现相关，则平均信息速率很容易计算。按照 Shannon 信息理论，每一个符号需要的平均比特数或信息量 I 如下所示：

$$I = -\sum_{i} p_i \operatorname{lb} p_i \tag{1-1}$$

式中，p_i 为每一个符号 i 出现的概率；I 为信息量。英语有 42 个音素（符号），汉语的音素有48个，其中，辅音22个，单元音13个，复元音13个。正常情况下，说话速率大约是每秒钟10个音素。利用音素出现的相对概率表，能够计算出每一个符号的信息量大约是5bit，得到的全部信息速率大约是50bit/s。其中，自然的寂静也包含在这个比特速率内。而系统仅仅传送音素序列，缺少发音人声音的个性特征，也就是声带的形状和对声道的描述。另一方面，相邻音素之间的相关也被忽略了。基于这些因素的考虑，可以把这一估计作为语音信息所需的比特率下限，或者人们感知语音信号的最低要求。

另外，采用第一种方法，将语音信号的信噪比作为失真评价，在不考虑编码器结构的情况下，可以得到语音信号信息速率的上限。在具有电话带宽的信号中，估计最大信息速率时，必须考虑合理的噪声等级。

假设 P 是语音信号的平均功率，W 是语音信号的带宽，G 是附加的噪声信号功率，并假设附加的噪声信号是高斯白噪声，C 表示语音所需最大的信息速率，根据 Shannon 理论，对于包含附加噪声 G 的语音信号，C 可由下式计算：

$$C = W\mathrm{lb}\left(1+\frac{P}{G}\right) \tag{1-2}$$

式中，如果语音信号的带宽 W 为 3.5kHz，信噪比 $\left(\mathrm{SNR}=10\lg\frac{P}{G}\right)$ 为 30dB，则它所包含的最大信息速率为 35kbit/s。这是语音所需的信息速率上限。公式(1-2)中，对于语音信号所存在的短期相关和长期相关，都没有考虑。而信号中所存在的结构性相关，则意味着冗余度，它能够在传输之前被去除，从而降低信息速率。

第二种估计方法包含了人的感知和理解；这是因为声音信号由人的听觉器官处理以后，其信息速率降低了。声音信号的某些特点，会由于人听觉系统的掩蔽效应而不被注意到。例如，在一个特有频率上的低幅度纯音，可以被一个靠近该频率更响的纯音掩蔽掉。去除人们在感觉上不能区分的特点以后，再来考虑信号的信息速率是比较恰当的。将理解失真评价的阈值设置为零，即听不到失真，则需首先计算语音信号的傅里叶变换，然后按频带进行计算，要求的量化器步长应使量化噪声在掩蔽阈值以下。掩蔽阈值和频带宽度都是建立在听觉系统基础之上的，所得到的信息速率估计称为理解熵。对于连续语音，理解熵约为 10kbit/s，相当于执行透明的语音编码所需的平均速率。因此人的感知和理解在语音增强技术中有很重要的作用。

1.2.3　噪声特征及其分类

噪声是指一切干扰人们休息、学习和工作的声音，即人们不需要的声音。此外，杂乱的振幅和频率，断续或统计上无规律的声振动也称为噪声。噪声来源于实际的应用环境，因而其特性复杂。对噪声进行划分的标准很多，各种分类方法的分析角度不同。

根据噪声对语音频谱的干扰方式不同，可以把噪声主要分为加性噪声和乘性噪声。

1）加性噪声

加性噪声是指当噪声对语音的干扰表现为两者信号在时域进行相加时，该噪声被称为加性噪声，显然噪声和语音在频域也为相加关系。

实际环境中背景噪声可以看成加性噪声，如风扇的声音、汽车引擎声、周围人说话声等。加性噪声是对背景噪声一种比较贴切的表述。麦克风等声音采集设备在正常工作的范围内，可以近似看成是一个线性系统，即产生信号的幅度和声强成正比。从能量角度看背景噪声和语音的声强是相叠加关系，两者对麦克风共同作用所形成的带噪语音信号等于各信号之和。严格来说背景噪声和语音不可避免地存在非线性作用，但这不是带噪语音的主要成分。由于背景噪声的广泛存在性，针对这类噪声的研究已成为语音增强领域的一个重点，本书主要研究的也是加性噪声。

2）乘性噪声

乘性噪声是指噪声和语音在频域是相乘的关系，在时域和语音则是卷积的关系，因此也称为卷积噪声。在实际应用中乘性噪声主要体现为在语音采集、麦克风传输中电话信道和无线信道的频率选择特性。乘性噪声可以通过某种变换如同态滤波，转变为加性噪声，从而可以用加性噪声的方法来处理乘性噪声。

根据噪声统计特性随时间变化的程度不同，可将噪声分为周期噪声、脉冲噪声、缓变噪声和平稳噪声。

1）周期噪声

发动机产生的干扰、市电干扰都是周期噪声。它的特点是在频域上具有许多离散的线谱。这种周期性噪声可以用梳状滤波器加以滤除，用数字信号处理的方法来实现。实际环境中产生的周期性噪声并非简单的只含线性谱分量，而是由许多窄带谱组成。该类型噪声往往是时变的，并与语音信号频谱重叠，必须采用自适应滤波的方法才有可能自动识别和区分噪声。

2）脉冲噪声

打火、放电都会产生脉冲噪声。脉冲噪声表现为时域波形中出现的窄脉冲。只要脉冲噪声不是太密，一般可用内插法来去除这种噪声。

3）缓变噪声

缓变噪声是在实际场合经常遇到的噪声，这种噪声的统计特性会随时间缓慢变化。人群噪声是典型的缓变噪声。

4）平稳噪声

平稳噪声是指噪声的统计特性不随时间发生变化。由于噪声源的复杂性，在日常生活中所遇到的噪声大多不是平稳的，但对平稳噪声的研究却是重要的基础。

按照噪声覆盖频率范围可将噪声分为全频带噪声（也称宽带噪声）和窄带噪声。

1）全频带噪声

覆盖了信号全部频率带的噪声称为全频带噪声或宽带噪声。它的来源有很多种，如热噪声、气流（如风）、呼吸噪声、量化噪声以及各种随机噪声源。对于平稳的全频带噪声通常可以认为是高斯白噪声；对于不具有白色频谱的噪声，可以先进行白化处理，然后转化为白噪声。

2）窄带噪声

只覆盖信号的部分频率带的噪声称为窄带噪声，又称带选噪声。“口哨”噪声就是一种带选噪声。

此外，还有不同学科领域研究的噪声类型，如振动噪声、环境噪声、声噪声、航空噪声、建筑噪声、电磁噪声、光学噪声等；以产生噪声的来源物体而命名的噪声类型，包括机器噪声、发动机噪声、风扇噪声、飞机噪声、天电噪声、太阳噪声、宇宙噪声、生物噪声、电子噪声等。

在语音增强系统中常用的噪声有高斯白噪声、粉红噪声和工厂噪声。三者都是加性噪声，不同的是工厂噪声是一种非平稳噪声，存在一段尖锐的类似脉冲噪声的噪声，而高斯白噪声和粉红噪声则是平稳噪声。粉红噪声是指用正比于频率的频带带宽测量时，频谱连续且均匀的信号。粉红噪声是通过对一般电子设备方便产生的白噪声进行滤波后获得的，这种滤波器称为粉红噪声滤波器。本书主要使用的是 noisex-92 噪声库中的白噪声、粉红噪声及工厂噪声三种噪声。

1）白噪声

白噪声（white noise）是由高质量的模拟噪声发生器获得的，是指功率谱密度在整个频域内均匀分布的噪声。所有频率具有相同能量的随机噪声称为白噪声。

2）粉红噪声

粉红噪声（pink noise）定义为在与频带中心频率成正比的带宽（如倍频程带宽）内具有相等功率的噪声或振动，是由高质量的模拟噪声发生器获得的。粉红噪声的频率分量功率主要分布在中低频段。从波形角度看，粉红噪声是分形的，在一定的范围内音频数据具有相同或类似的能量。从功率（能量）角度来看，粉红噪声的能量从低频向高频不断衰减，曲线为 $1/f$，通常在线性频率坐标下，其功率谱密度以 3dB 每倍频程的速率下降。

3）工厂噪声

工厂噪声（factory floor noise）一般是指工业设备机器在运转时产生的噪声。在 noisex 噪声库中工厂噪声包括两种：工厂车间噪声 1 的 factory floor noise 1，这类噪声主要在板切割及电器设备焊接附近记录；工厂车间噪声 2 的 factory floor noise 2，这类噪声主要在汽车生产车间记录。

描述噪声量度和大小的参数指标为噪声级，可用仪器直接测出反映人耳对噪声的响度感觉，单位为分贝(dB)。30～40dB的噪声是比较安静的正常环境；超过50dB的噪声就会影响睡眠和休息，由于休息不足，疲劳不能消除，正常生理功能会受到一定的影响；70dB以上的噪声干扰谈话，造成心烦意乱，精神不集中，影响工作效率，甚至发生事故；长期工作或生活在90dB以上的噪声环境，会严重影响听力并导致其他疾病的发生。听力损伤有急性和慢性之分。接触较强噪声，会出现耳鸣、听力下降，只要时间不长，一旦离开噪声环境后，很快就能恢复正常，这称为听觉适应。如果接触强噪声的时间较长，听力下降比较明显，则离开噪声环境后，需要几小时，甚至十几到二十几小时的时间，才能恢复正常，这称为听觉疲劳。这种暂时性的听力下降仍属于生理范围，但可能发展成噪声性耳聋。如果继续接触强噪声，听觉疲劳不能得到恢复，听力持续下降，就会造成噪声性听力损失，成为病理性改变。

1.2.4　人耳感知特性

语音感知对语音增强研究有着重要作用，这是因为语音增强效果的最终度量是人的主观感受。人的听觉系统具有复杂的功能，人耳对背景噪声有着惊人的抑制功能，了解其中机理将大大有助于语音增强技术的发展。实践证明，语音虽然客观存在，但是人的主观感觉听觉和客观实际的语音波形并不完全一致。

任何复杂的声音对于人耳的感觉，都可以用响度、音调和音色三个特性来描述。响度是人耳对声音轻或重的主观反应，它取决于声音的幅度，主要是声压的函数，与频率和波形相关。音调是人耳对声音频率的感受。音调与声音的频率有关，频率高的声音听起来感觉它的音调“高”，而频率低的声音听起来感觉它的音调“低”。但音调与声音频率并不成正比，它还与声音的强度及波形有关。音色是由于波形和泛音不同而造成的声音属性，人们据此在主观感觉上区别具有相同响度和音调的两种声音。音色是由混入基音的泛音所决定的，每个基音有其固有的频率和不同音强的泛音，因而每种声音具有各自不同的音色。

由于语音增强的效果最终还需要人的主观感受来度量，了解人耳对噪声的抑制机理将有利于语音增强的研究。目前已有一些结论可用于语音增强研究：

(1) 人耳对语音的感知是通过语音信号各频率分量幅度来获取的，故对信号的幅度较敏感，而对相位不敏感。

(2) 人耳对频谱分量强度的感受是频率与能量谱的二元函数，响度与频谱幅度的对数成正比。

(3) 人耳对频率高低的近似与该频率的对数值成正比。

(4) 人耳具有掩蔽效应；一个较弱的声音，即被掩蔽音的听觉感受被另一个较强的声音即掩蔽音影响的现象，称为人耳的“掩蔽效应”。被掩蔽音单独存在时的听阈分贝值，或者说在安静环境中能被人耳听到的纯音的最小值称为绝对闻阈值。

实验表明，3000～5000Hz 绝对闻阈值最小，即人耳对它的微弱声音最敏感；而在低频和高频区绝对闻阈值要大得多。在 800～1500Hz 范围内，闻阈值随频率变化最不显著，即在这个范围内语言可懂度最高。在掩蔽情况下，提高被掩蔽弱音的强度，使人耳能够听见时的闻阈，称为掩蔽闻阈或掩蔽阈值，被掩蔽弱音必须提高的分贝值称为掩蔽量或阈移。

(5) 对语音的感知而言，短时谱的共振峰十分重要，特别是第二共振峰最重要，第一共振峰次之，一般到第三共振峰以后，波峰能量开始迅速下降，因此对语音信号进行一定的高通滤波不会影响可懂度。

(6) 人耳在两人以上的讲话环境中，可以根据需要分辨出其中某个人的声音，这种能力称为“鸡尾酒会效应”。它是指当人的听觉注意集中于某一事物时，意识将一些无关声音刺激排除在外，而无意识却监察外界的刺激，一旦一些特殊的刺激与已有关，就能立即引起注意，因常见于酒会上而得名。如在各种声音嘈杂的鸡尾酒会上，有音乐声、谈话声、脚步声、酒杯餐具的碰撞声等，当某人的注意集中于欣赏音乐或别人的谈话，对周围的嘈杂声音充耳不闻时，若在另一处有人提到他的名字，他会立即有所反应，或者朝说话人望去，或者注意说话人下面说的话等。该效应实际上是听觉系统的一种适应能力，它与人的双耳输入效应有关，主要来源于人的双耳效应和人类语音中包含的“声纹”特征。

1.2.5 语音增强的信号模型

语音是非平稳随机过程，其特征随着时间而变化，通常将语音信号分为一些相继的短段进行处理，在这些短段中可以近似认为语音信号特征是不随时间变化的平稳随机过程。为了用计算机来定量地对语音信号进行模拟和处理，建立了语音发声模型和语音增强的信号模型。

1. 语音发声模型

基于数字信号处理技术中的快速傅里叶变换(fast Fourier transform，FFT)和线性系统理论，得出的语音发声模型如图 1-1 所示。该模型是通过串联激励模型、声道模型和辐射模型三个子模型交互而得到的。

图 1-1 中，A_v 和 A_u 分别是浊音和清音的激励幅度，声道模型的传输函数$V(z)$用全极点(也称自回归)模型(auto regressive，AR)可近似表示为

$$V(z)=\frac{1}{1-\sum_{k=1}^{N}a_k z^{-k}} \tag{1-3}$$

式中，N 是模型阶数；a_k 是各阶极点的系数；z 是 Z 变换域的自变量。

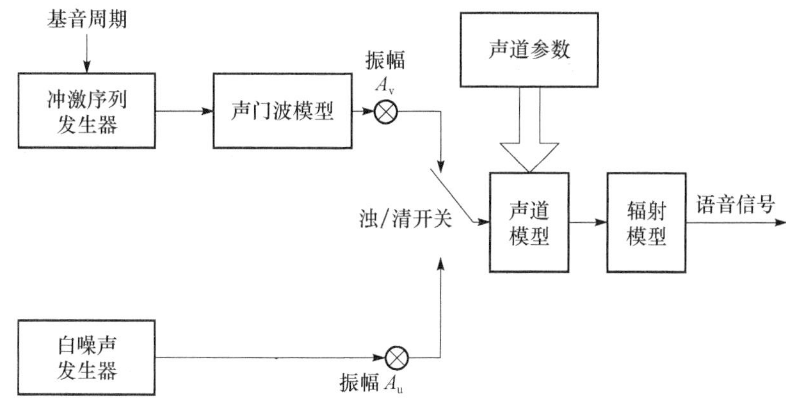

图 1-1　语音发声模型

2. 语音增强的信号模型

在实际环境中,噪声可能是加性的,也可能是非加性的。考虑到加性噪声更为普遍,而且对于一些非加性噪声,也可以转换为加性噪声,如乘性噪声可以通过同态滤波转化为加性噪声,所以本书的讨论以加性噪声为主,并且基于此,引入了如图 1-2 所示的语音增强信号模型。

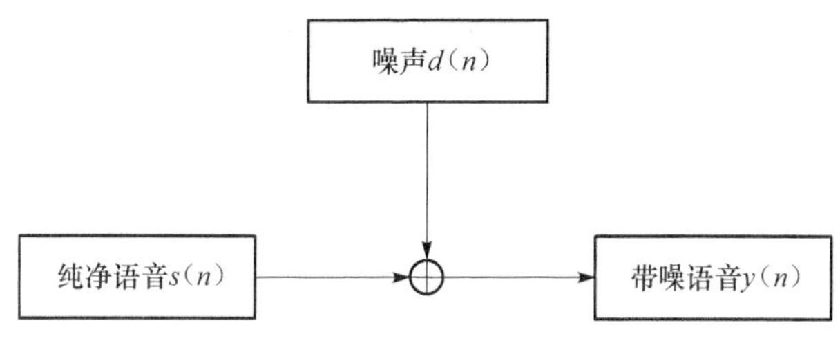

图 1-2　语音增强的信号模型

语音增强信号模型的数学表达式为

$$y(n) = s(n) + d(n) \tag{1-4}$$

式中,$y(n)$、$s(n)$和 $d(n)$分别表示带噪语音、纯净语音和干扰噪声。一般还需对语音增强的信号模型作如下假设:

(1) 噪声和语音统计独立或不相关。

(2) 噪声是局部平稳的。局部平稳是指一段带噪语音中的噪声,具有和语音段开始前那段噪声相同的统计特性,且在整段语音中保持不变,即可以根据语音开始前那段噪声来估计语音中所叠加的噪声的统计特性。

(3) 只有带噪语音可以利用,没有其他参考信号。

1.3 语音增强技术的发展

20世纪初期，语音增强技术主要应用于声学领域的语音可懂度分析。从20世纪60年代起，随着数字信号处理理论、模式识别理论、自动机械控制理论的成熟和电子计算机的问世，语音增强逐步发展成为语音信号处理领域的一个重要研究课题。1978年，Lim和Oppenheim提出了语音增强的维纳滤波方法，该方法没有完全利用语音的生成模型，并只能保证在平稳条件的最小均方误差意义下的最优估计；第二次世界大战后的火箭和卫星等空间技术的迅速发展，推动了用状态变量进行递推滤波的卡尔曼滤波理论的产生，鉴于语音信号通常是非平稳的，引入了卡尔曼信息，将待解决的滤波与预测的混合问题转化为纯滤波和纯预测两个独立的问题，该方法实现了动态系统非平稳条件的最小均方误差意义下的最优估计。卡尔曼滤波法弥补了维纳滤波法只能处理平稳语音信号的不足。

20世纪70年代中后期，半导体技术的发展使得通用电子计算机应用普及，依据数字信号处理技术的快速傅里叶变换和线性系统理论，推导得到如图1-1所示的语音发声模型。该模型可等价为线性预测编码(linear predictive coding，LPC)模型，并存在由输出信号求解模型系数的快速递推算法。

在这一时期，研究者针对语音中的浊音具有周期性的特点，提出了多种实现语音增强的方法。例如，利用梳状滤波器加强周期性的语音而衰减非周期性的噪声的语音增强法；采用自适应噪声抵消原理的自适应滤波语音增强法；估计带噪语音的AR模型参数，以迭代的方式进行维纳滤波的语音增强法；利用AR模型写出带噪语音的状态空间方程，从一组状态方程出发进行卡尔曼滤波的语音增强法等。

1979年，Boll提出了利用谱相减法来抑制噪声实现语音增强的方法，即通过利用噪声的平均谱，估计有语音期间的噪声，加性的噪声能量就可用频谱减法得到有效的抑制。该方法简单而实用，是基本的语音增强算法，以此为基础，1980年Maulay和Malpass提出了软判决噪声抑制方法；1984年Ephaim等提出了基于语音短时谱幅度(short-time spectral amplitude，STSA)的最小均方误差(minimum mean square error，MMSE)估计法。

20世纪80年代末90年代初，机器人和模式识别的研究推动了语音识别技术的发展，而在语音识别中使用的概念和方法又被借鉴到语音增强算法中，使得利用统计方法的语音增强算法成为研究的中心。例如，设计稳定的语音特征参数、加入语音动态参数等语音增强方法，就是通过建立纯净语音特征矢量空间和带噪语音特征矢量空间的映射关系来实现语音增强的。统计方法中最典型的是隐马尔可夫模型(hidden Markov model，HMM)方法，它是语音识别的主要方法，可以以概率方式将语音增强问题纳入其模型框架。基于HMM方法，Ephaim等提出了隐马尔可夫模型框架下的语音增强算法。

20 世纪 90 年代末至 21 世纪初，语音识别与移动通信技术的飞速发展为语音增强的研究提供了十足的原动力，各种新算法以及对原有算法的改进形式相继出现。例如，基于信号子空间的语音增强算法、利用神经网络实现语音增强的算法、基于小波分解变换的语音增强算法、改进的谱减法、听觉掩蔽法，以及各种多通道语音增强算法等。

随着盲源分离技术和声场景分析技术的发展，将语音信号和背景噪声作为源信号，通过对这两种信号进行分离来达到语音增强的目的。同时，利用数学形态学和独立分量分析的语音增强算法，也受到了各国学者的高度关注。

1.4　语音增强方法分类

目前，比较常见的语音增强方法可分为以下几类。

1. 基于短时谱估计的语音增强法

基于短时谱估计是应用最广泛的语音增强方法，包括谱相减法（简称谱减法）、维纳滤波法、最小均方误差法等。

经典谱减法是通过假设噪声是平稳的或变化缓慢的加性噪声，并且语音信号与噪声信号不相关，估计噪声频谱并减去该估值来实现语音增强的。该方法能够抑制背景噪声影响，和其他方法结合产生了许多有效的语音增强方法，虽然非平稳环境下处理效果还不理想，但这种方法运算量较少，容易实时实现。

谱减法是最常用的一种语音增强方法，但在低信噪比的情况下，对语音的可懂度和自然度损害较大，并且在重建语音过程中会产生音乐噪声；维纳滤波法是统计意义上、平稳条件下的最优滤波法，或者说是波形的最优线性估计，即通过设计一个线性滤波器，使通过滤波操作后的输出信号达到最小均方误差期望值，那么输出信号就是原本纯净语音的最优线性估计，但该方法对语音这种非平稳信号不是很适合；卡尔曼滤波法克服了维纳滤波的平稳条件限制，在非平稳条件下也可保证最小均方误差最优，但仅适用于清音。

2. 噪声对消法

如果能直接从带噪语音中，通过时域或者频域，将噪声分量减去，则能有效增强带噪语音，噪声对消法就是以此作为出发点的。其最大特点是需要采集背景噪声作为参考信号，参考信号准确与否直接决定着噪声对消法的性能好坏。在采集背景噪声时，往往采用自适应滤波技术，以便使参考信号尽可能接近带噪语音中的噪声分量。

自适应对消是通过自适应滤波器来完成的。自适应滤波器在输入信号和噪声的统计特性未知或变化的情况下，通过调整自身参数，来达到最佳滤波效果。当输入过程的统计特性未知时，自适应滤波器调整自己参数的过程称为“学习”过程；而当输入过程的统计特性变化时，自适应滤波器调整自己参数的过程称为“跟踪”过程。

3. 谐波增强法

由于语音中的浊音具有明显的周期性，这种周期性反映到频域中则为一系列分别对应基频（基音）及其谐波的一个个峰值分量，这些频率分量占据了语音的大部分能量，可以利用这种周期性来进行语音增强。这时可采用自适应梳状滤波器来提取基音及其谐波分量，抑制其他周期性噪声和非周期性的宽带噪声。由于语音是时变的，语音的基音周期也是不断变化的，能否准确地估计出基音周期以及能否及时跟踪基音变化，是谐波增强法的关键。

4. 基于语音生成模型的语音增强法

语音的发声过程可以建模为一个线性时变滤波器，对不同类型的语音采用不同的激励源。在语音的生成模型中，应用最广泛的是全极点模型。基于语音生成模型可以得到一系列语音增强方法，例如，时变参数维纳滤波法及卡尔曼滤波法。维纳滤波的背景噪声白化效果很好，卡尔曼滤波能有效消除有色噪声。但基于语音生成模型的增强方法运算量比较大，系统性能也有待于进一步提高。

5. 基于听觉掩蔽的语音增强法

听觉掩蔽法是利用人耳听觉特性的一种增强算法。人耳可以在强噪声的干扰下，分辨出需要聆听的信号，也可以在多个说话者同时发声时，分别将它们提取出来。正是由于以上这些原因，人们对听觉掩蔽法寄予了厚望，随着对人耳特性了解的加深，听觉掩蔽法会得到更深入的发展。

6. 基于小波变换的语音增强法

小波变换语音增强算法是随着小波分解这一新的数学分析工具的应用发展起来的，它也结合了谱减法的一些基本原理。小波变换是一种时频域局部分析方法，克服了短时傅里叶变换固定分辨率的缺点，能够将信号在多尺度多分辨率上进行小波分解，各尺度上分解得到的小波系数代表信号在不同分辨率上的信息。小波变换与人耳的听觉特性非常相似，便于研究者利用人耳的听觉特性来分析语音这种非平稳信号，所以近年来普遍采用小波变换法来处理语音信号。

小波变换语音增强原理是：语音信号的能量集中在低频段，而噪声能量则主要集中在高频段，这样就可将噪声小波系数占主要成分的那些尺度上的噪声小波分量置零或给予很小的权重，然后用处理后的小波系数重构恢复信号。随着小波变换技术的发展，小波变换去噪实现语音增强的技术也在不断丰富，例如，1992 年 Mallat 提出了利用小波变换模极大值去噪法、Donobo 在 1995 年提出了非线性小波变换阈值去噪法、利用信号小波变换后空域相关性的信噪分离法、平移不变量小波去噪法，以及多小波去噪法。

以上六种增强算法中，噪声对消法、谐波增强法、基于语音生成模型以及基于短时谱估计的语音增强算法都有一段发展历史，其中，基于短时谱估计增强算法中的谱减法及其改进形式是最为常用的，这是因为它的运算量较小，容易实时实现，而且增强效果也较好。自适应滤波是效果最好的一种语音增强方法，但是由于需要一个在实际环境中很难获得的参考噪声源，而且和谱减法一样伴有音乐噪声，因此实际应用并不十分广泛。

就近几年的发展趋势而言，小波分解法和听觉掩蔽法是人们比较关注的研究热点。人们对小波分解法的兴趣是与小波分解有关的，随着对小波分解研究的深入，自然会导致对小波分解增强算法研究的深入。听觉掩蔽法是随着人们对人耳听觉系统的认识而发展起来的，目前对它的研究还处于初级阶段。此外，人们也在尝试将人工智能、隐马尔可夫模型、神经网络和粒子滤波器等理论用于语音增强，但目前尚未取得实质性进展。

由于噪声来源众多、在不同的应用场合其特性各不相同，增加了语音增强算法的复杂性。而且语音增强不仅仅是一个数字信号处理技术方面的问题，还涉及人的听觉感知和语音学，是一门很复杂的技术。要想理想地设计出一种算法来消除所有的噪声是不现实的，只能针对不同的噪声情况，采取不同的语音增强算法。所以对各种语音增强技术的研究及实现是很有必要的，而且可以尝试从其他领域引入成功的经验和思想，来拓宽语音增强的研究思路。

1.5　语音增强效果评价

传统的语音通信系统常用信噪比（SNR）和分段信噪比（segment-SNR，SegSNR）参数来衡量语音质量的优劣。信噪比表示语音设备的输出信号电压与同时输出的噪声电压之比，用分贝表示，信噪比越高表明系统产生的杂音越少，混在信号里的噪声越小，声音的音质越高，否则相反。

信噪比也可通过计算整个时间轴上的语音信号与噪声信号的平均功率之比得到，主要用于纯净语音信号和噪声信号都是已知的算法仿真中。它存在两个问题：一是这种形式的信噪比与语音质量的主观属性没有很好的联系；二是它等同对待时域波形中的所有误差。但由于语音信号能量是时变的，因而不同帧的信噪比是不同的，如果一段语音在它的浊音部分有较大能量聚集，就有可能得到具有欺骗性的信噪比值，而分段信噪比可以改善上述问题。

分段信噪比 SegSNR 的定义如下所示：

$$\text{SegSNR} = \frac{10}{M}\sum_{i=1}^{M-1} \lg \frac{\sum_{n=0}^{L-1} s^2(i,n)}{\sum_{n=0}^{L-1}[s(i,n) - \hat{s}(i,n)]^2} \tag{1-5}$$

式中，$s(i,n)$为纯净语音；$\hat{s}(i,n)$为处理后的语音；L 为帧长；M 为总帧数。$s(i,n) - \hat{s}(i,n)$代表噪声和失真。一般分段信噪比越大，说明语音中包含的噪声和失真越小，波形越接近纯净语音。

上述估计信噪比方法的前提条件是要预先知道纯净语音的表达式，但是在实际中，很难得到纯净语音的时域波形。因此，在纯净语音未知的情况下，需要对信噪比公式进行修正，得到

$$\text{SNR} = 10\lg[(P_y - P_n)/P_n] \tag{1-6}$$

式中，P_y 为带噪语音的总功率；P_n 为估计的噪声总功率。

由于噪声总是混在有用信号中难以分开和完全消除，唯一利用信噪比参数来评价语音质量是难以说明问题的。因此，引入了语音通信质量评价系统来全面综合地评价语音质量。

评价语音通信系统性能好坏的指标包括语音质量、端到端时延、回声和静音压缩等，其中最受关注的是语音质量。它受许多因素的影响，如模数转换、语音编解码、时延抖动、包丢失、噪声等。

通常将语音质量分为清晰度和可懂度两方面，并通过主观和客观评价来实现对语音质量的评价。主观评价是利用人耳的听觉响应，以人为主体根据某种预先约定的规则，或参考原始语音对失真语音划分质量等级，反映评听者对语音质量好坏程度的一种主观印象。客观评价是用机器自动判别语音质量，它采用某一特定的参数来表征语音通过编码或传输系统后的失真程度，并以此来评估处理系统的性能优劣。具体内容将在第 7 章进行详细介绍。

1.6 语音增强技术应用

语音增强技术是应用数字信号处理技术和语音学知识对语音信号进行处理的信息学科领域的核心技术之一，主要用于提高被噪声污染的语音信号的清晰度、可懂度和舒适度。随着 DSP 技术的发展，实时实现的语音增强技术被广泛应用于手机通信、汽车电话即车载免提电话、无线电视电话会议、人机对话语音识别、电子耳蜗、智能家电、场景录音、公安刑侦、战场通信和军事窃听等领域。

1. 语音增强技术在电话通信中的应用

安装在汽车、飞机或舰船上的电话，街道、机场的公用电话以及现在人们常用的移动电话，常会受到很强背景噪声的干扰，严重影响通话质量。由于这些噪声的存在，导致许多语音处理系统性能的急剧恶化。还有诸如无线通信信道的干扰，它产生于信道对外界干扰屏蔽能力的不足。例如，雷雨天接听移动电话，会听到阵阵噪声。这是由于雷电引起信道附近强电流的骤变，导致强大的电磁波串入信道，并传送到接收端而引起的噪声干扰。因此，在接收端通过估计噪声干扰模型，滤除噪声，实现语音增强并保证通话质量。

2. 语音增强技术在语音识别中的应用

传统的语音识别技术往往只重视无噪声环境下的语音识别问题，而忽略了噪声对语音识别的影响。在实际生活中，语音无时无刻不受到各种噪声的干扰。我们不仅希望人与人之间能用自然语音通信，而且希望人-机之间能用自然语音对话，因此，应用语音增强技术克服噪声干扰，是语音识别技术乃至人-机语音通信技术走向实用化的前提。

3. 语音增强技术在电子耳蜗中的应用

随着社会的不断老龄化以及人们对耳聋问题的关注，电子耳蜗即助听器的发展日益受到重视。电子耳蜗是使耳聋患者恢复听力的装置，它将声能转化成电能，直接刺激耳蜗内残余的听神经纤维，使耳聋患者产生听觉。现有电子耳蜗设备在安静环境下能提供很好的语音信息给使用者，但在噪声环境下使用者获得的语音信息量会下降。利用基音估计和耳蜗滤波仿真模型的语音增强技术能使噪声降到最低，可以提供给使用者较高质量的语音信息。

4. 语音增强技术在公安刑侦及军事通信中的应用

语音是人与人之间最重要、最直接、最常用、最有效和最方便的通信方式，通过无线电台进行作战命令的上传下达以及战情汇报，在公安刑侦和军事通信领域等方面有着极为重要的应用。在刑侦及战场条件下，语音质量的好坏对情报的接收具有重要影响，但实际的声环境一般比较恶劣，除了环境噪声和各种兵器内部产生的噪声，如战斗机、轰炸机、舰船、装甲车、坦克等驾驶舱内由发动机、螺旋桨等本身造成的高噪声环境外，战斗中还时不时地充满了各种弹药的爆炸声即冲击性噪声，使得指挥员或战斗员的听觉极易疲劳，更为严重的是影响语音信息接收的准确性和可靠性。

在军事窃听领域中，窃听工作往往需要把各种环境噪声去除，专门窃听某一个或几个人的语音。由于窃听器一般很小，临场窃听根本不具备抗噪能力，所以当环境噪声完全把语音淹没而无法辨听时，可通过精确的噪声估计器和良好的滤波器对电台接收端的语音信息进行增强，以此提高语音的清晰度、可懂度。

1.7　本书主要内容

本书系统地介绍语音增强技术及其应用，分为 9 章，依次从理论基础、算法结构、仿真及应用实现四个层面进行全面介绍。

第 1 章是语音增强技术概述，首先针对语音增强技术的研究背景进行概述，然后对语音增强算法所需要的基础理论，如语音信号与噪声的特征进行详细论述。由于语音信号是一种时变、非平稳的随机信号，要实现语音增强，首先需要基于短时平稳特性对语音信号进行基本处理。此外，根据噪声统计特性随时间变化的程度，将噪声分为周期噪声、脉冲噪声、缓变噪声和平稳噪声，还根据噪声覆盖频率范围，将噪声分为全频带噪声和窄带噪声，并对其逐一论述。因为语音增强效果的主要度量方式是通过人的主观感受，而人的听觉系统具有复杂的功能，所以语音感知对语音增强的研究有着重要作用。

第 2 章首先分析在语音增强系统中对语音信号的一些预处理操作，如语音信号的分帧处理、加窗、预加重及去加重等过程。在此基础上介绍各种语音信号处理技术，包括时域处理技术、频域处理技术以及基于线性与非线性理论基础上的语音信号分析处理技术。最后介绍噪声估计技术。

第 3～6 章主要介绍几种常用语音增强算法。其中，第 3 章论述语音增强短时谱估计算法，包括谱减法、维纳滤波算法、卡尔曼滤波算法和最小均方误差算法。在对基本型算法进行研究之外，对这些算法的改进方法也进行详细论述。

第 4 章论述自适应语音增强算法，自适应滤波算法在语音信号处理中很常用，并且随着大规模集成电路、计算机技术的飞速发展，自适应滤波技术在语音增强研究领域更是获得了极大的发展和广泛的应用。该章对自适应滤波算法中常用的两种算法，即最小均方算法和最小二乘算法进行基本型和改进型的论述。

第 5 章介绍基于小波变换的语音增强算法。首先对小波变换的基础理论进行分析，包括连续小波变换及离散小波变换。然后介绍在小波域的语音信号增强，以及常用到的小波函数及其选取原则。最后讨论利用小波变换来实现语音增强的三种方法：小波阈值去噪法、小波模极大值去噪法以及基于小波系数尺度间相关性的去噪法，并对这三种算法进行对比分析。

第 6 章介绍语音增强中其他常用的六种算法，包括基于信号子空间的增强算法、基于盲源分离的增强算法、基于听觉掩蔽效应的增强算法、基于分数阶傅里叶变换的增强算法、基于分形理论的增强算法以及基于神经网络的增强算法。基于信号子空间的语音增强算法又可分为子空间单通道语音增强算法和多通道语音增强算法两类。通过对盲信号、基于盲源分离的语音增强算法进行介绍，还引入盲源分离和小波变换结合的语音增强算法，以及盲源分离和后置处理相结合的语音增强算法。基于人耳掩蔽效应的语音增强算法中，首先介绍噪声掩蔽阈值，然后论述掩蔽效应在语音增强中的应用，包括与掩蔽效应相结合的改进谱减算法、改进MMSE算法，以及后置感知滤波器与子空间法结合算法等。在基于分数阶傅里叶变换算法中，首先介绍分数阶傅里叶变换的定义、快速离散变换及其逆变换和余弦变换。然后介绍经典的分数阶域最优滤波算法、最优滤波算子的构造以及最佳变换阶次的选取。最后结合前面论述的基础内容，讨论基于分数阶域的谱减算法，结合自适应滤波算法介绍离散分数余弦变换算法。基于分形理论以及神经网络的语音增强算法适用于非线性语音信号处理系统。

第7章介绍语音质量评价系统，首先将语音质量评价分为主观评价和客观评价，并对其进行逐一论述。客观评价在研究中使用率较高，因此该章主要介绍客观评价系统、客观评价测度以及客观评价的发展。然后，结合语音质量评价的主观评价以及客观评价介绍语音质量评价算法流程，并结合国内外学者研究现状，针对早期质量评价模型存在的缺陷提出改进算法，最后详细介绍感知语音质量评价算法。

第8章为语音增强算法的仿真研究。首先通过常用语音编辑软件Cool Edit编辑语音，并通过该软件观察分析语音信号的语谱图。然后针对不同噪声环境下、具有不同信噪比的语音信号，分别应用谱减法、最小均方误差法、信号子空间法和小波变换法四种不同算法进行Matlab仿真，并对仿真结果进行比较分析。

第9章利用DSP硬件技术和OMAP平台对语音增强实时系统进行软硬件设计与实现，并进行系统测试与性能评估。首先详细介绍基于TMS320C6416的高速语音增强系统设计，同时对最新的双核OMAP3530技术及其体系结构进行阐述，并在OMAP3530技术平台上实现基于TD-SCDMA无线语音通信系统的语音信号增强处理功能。

本书力求从算法原理、改进、仿真、应用等多个角度，论证并实现语音信号增强，具有较强的针对性和实用性，但随着语音处理技术的不断发展，新的语音增强技术不断出现，传统的语音增强技术也在不断被改进，寻找最优的、适合不同应用场合的语音增强技术还需要不断的探索和实践。

参考文献

陈永彬. 1990. 语音信号处理. 上海：上海交通大学出版社.

韩纪庆，张磊. 2004. 语音信号处理. 北京：清华大学出版社.

王晶，傅丰林，张运伟. 2005. 语音增强算法综述. 声学与电子工程，77(1)：22—26.

王振力，张雄伟，白志强. 2007. 语音增强新方法的研究. 南京邮电大学学报，27(2)：10—14.

Gibson J D, Koo B, Gray S D. 1991. Filtering of colored noise for speech enhancement and coding. IEEE Transactions on Acoustics, Speech and Signal Processing, 39(8): 1732—1742.

Gahng H D, Bae K S. 1994. Single channel adaptive noise cancellation for enhancing noisy speech. International Symposium on Speech, Image Processing and Neural Network, Hong Kong, 13—16.

Kublehek R, Quincy E A, Kiser L L. 1989. Speech quality assessment using expert pattern recognition techniques. IEEE Pacific Rim Conference on Communication, Computers and Signal Processing, Victoria B C, 208—211.

Lim J S, Oppenheim A V. 1979. Enhancement and bandwidth compression of noisy speech. Proceedings of IEEE, 67(12): 1586—1604.

Widrow B. 1975. Adaptive noise cancelling, principles and applications. Proceedings of IEEE, 63(12): 1692—1716.

第 2 章　语音信号分析处理技术

语音信号分析是各种语音处理技术的前提和基础，只有分析出可表示语音信号本质特征的参数，才能利用这些参数进行高效的语音增强及语音通信；并且语音增强效果的优劣，也取决于对语音信号分析的准确性和精确性，因此语音信号分析在语音信号处理，尤其是语音增强中具有重要作用。

根据对语音信号参数分析角度的不同，语音信号分析可分为时域、频域和倒谱域等处理技术。时域分析具有简单、清晰易懂、运算量小、物理意义明确等优点，但语音中最重要的感知特性反映在其功率谱中，相位变换只起着很小的作用，所以频域分析相对更为有效。倒谱域分析是将对数功率谱进行傅里叶逆变换后再进行处理，它可以进一步将声道特性和激励特性有效分开，因此可以更好地反映语音信号的本质特征。

本章首先介绍语音增强预处理技术，然后介绍语音信号的时域、频域和倒谱域的相应处理技术，以及几种新型的语音信号处理技术，最后详细论述语音增强过程中的噪声估计技术。

2.1　语音增强预处理技术

语音信号是随时间而变化的非平稳时域信号，但在短时间（10～30ms）范围内能够保持相对平稳，具有短时平稳性，所以通常将语音信号分成一些相继的短段进行处理，即短时分析法。不论分析语音增强系统中的某一参数采用何种增强方法，在按帧进行语音分析、提取语音参数之前，这些短时分析技术必须预先进行，语音信号的预滤波、数字化、预加重、加窗、分帧等预处理技术是信号分析的前提和关键。一般的语音信号预处理流程如图 2-1 所示。

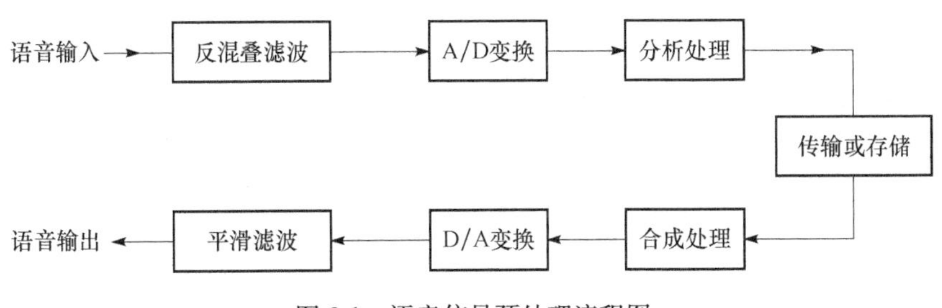

图 2-1　语音信号预处理流程图

2.1.1　语音信号预滤波和数字化

1. 预滤波

原始的模拟语音信号变为时间和幅度上离散的数字语音信号之前，需要进行预滤波，以达到防混叠和防工频干扰的目的。混叠是指对连续信号等间隔采样时，如果不满足采样定理，采样后信号的频率就会重叠，即高于采样频率一半的频率成分将被重建成低于采样频率一半的信号，这种频谱重叠导致的失真称为混叠，而重建出来的信号称为原信号的混叠替身，这两个信号有着同样的样本值。防混叠滤波就是通过一个锐截止低通滤波器，滤除高于 1/2 采样频率的信号成分或噪声，将信号的带宽限制在某个范围内，以防产生频谱混叠从而造成语音失真，该滤波器称为反混叠失真滤波器或去伪滤波器。

工频干扰是指 50Hz 的电源干扰或市电频率干扰。为了防止工频干扰，将反混叠失真滤波器做成一个 100Hz～3.4kHz 的带通滤波器。反混叠失真滤波器的频率特性如图 2-2 所示。

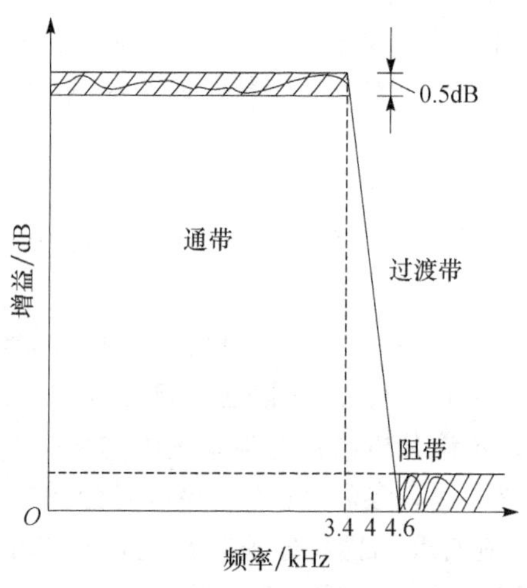

图 2-2　反混叠失真滤波器的频率特性

如图 2-2 所示的低通滤波器带宽为 3.4kHz，4.6kHz 以上为阻带。若采样率为 8kHz，折叠频率为 4kHz，在取样过程中只有 4.6kHz 以上的频率成分，才会反映到 3.4kHz 以下的通带中造成混叠失真，然而这些高频成分已经受到阻带很大的衰减，造成的混叠可以忽略不计。经计算可知，为了将由于混叠效应引起的谐波失真减小到与 11 位量化器的量化噪声相同的水平，阻带衰减应约为－66dB。对通带内波纹要求没这么严格(波纹是指电压上下轻微波动，就像水纹一样，所以称为波纹)，这是因为：

(1) 混叠失真频率分量的出现，意味着感兴趣的频率范围内的某些频率成分的信息已经丢失，而通带内的波纹实际上不会引起这种信息的丢失，只会引起某种失真。可以利用合适的数字滤波器对数字化后的波形进行滤波，从而对这种失真进行补偿。

(2) 混叠失真可以听出来，而通带波纹引起的频谱失真几乎听不出来。通常允许通带内的波纹达到0.5dB。

2. 采样

采样就是采集模拟信号的样本，将时间上、幅度上都连续的模拟信号，在采样脉冲的作用下，转换成时间上离散，但幅值上仍连续的离散模拟信号，所以采样又称为波形的离散化过程。为保证在采样过程中不丢失信息，根据采样定理，要求采样频率必须大于信号最高频率的两倍，这样采样后的信号才可重构出原始信号。

通常语音频率范围是300～3400Hz，采样频率一般为8～10kHz。实际的语音信号常有些低能量的频谱分量超过采样频率的一半，如浊音的频谱超过4kHz的分量，比其峰值要低40dB以上；而对于清音，即使超过8kHz，频率分量也没有显著下降，因此，语音信号所占的频率范围可达10kHz以上。有些系统为了实现更高质量的语音合成，或者使语音识别系统得到更高的识别率，将语音信号频带扩展到7～9kHz，此时对应采样率可达15～20kHz。采样后的信号在时间域上是离散的形式，但在幅度上还保持着连续的特点，所以需要进行量化，将信号波形的幅度值离散化。

3. 量化

量化就是将整个信号的幅度值分成若干个有限的区间，并把落入同一个区间的样本点都用同一个幅度值表示，该幅度值称为量化值。量化有三种方式：零记忆量化、分组量化和序列量化。零记忆量化是每次量化一个模拟采样值，并对所有采样点都使用系统的量化器特性。分组量化是从可能输出组的离散集合中，选出一组输出值，代表一组输入的模拟采样值。序列量化是在分组或非分组的基础上，用一些邻近采样点的信息对采样序列进行量化。

量化过程中不可避免会产生误差，量化后的信号值与原信号之间的差值称为量化误差，又称量化噪声。若信号波形的变化足够大或量化间隔足够小，可以证明量化噪声具有下列特性：

(1) 量化噪声是一个平稳的白噪声过程；

(2) 量化噪声与输入信号不相关；

(3) 量化噪声在量化间隔内均匀分布，具有等概率密度分布特性。

4. 模数转换

实现模数转换的 A/D 变换器可分为线性和非线性两类。目前采用的线性 A/D 变换器绝大部分是 12 位的，即每一个采样脉冲转换为 12 位二进制数字。非线性 A/D 变换器则是 8 位的，它与 12 位线性变换器等效。有时为了后续处理，要将非线性的 8 位码转换为线性的 12 位码。

从数字化语音中重构出原始语音波形是通过数字化的逆过程实现的。由于进行了以上数字化处理，在接收语音信号之前，必须在 D/A 后加一个平滑滤波器，对重构的语音波形的高次谐波起平滑作用，以去除高次谐波失真。预滤波、采样、A/D 和 D/A 变换以及平滑滤波等许多功能可以集成到一块芯片上完成。

综上所述，语音信号的预滤波、数字化处理过程如图 2-3 所示。其中，带通滤波器用于实现预滤波，数字化包括自动增益控制(automatic gain control，AGC)、采样及模数转换和脉冲编码调制(pulse code modulation，PCM)等处理过程。

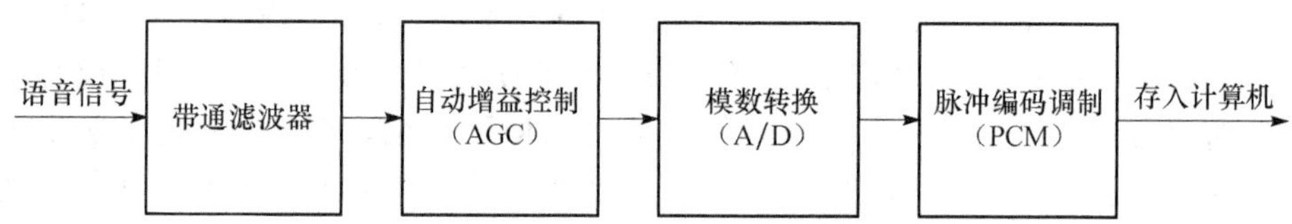

图 2-3　语音信号的数字化处理过程

2.1.2　语音信号预加重

语音信号的预处理除预滤波和数字化过程外，还包括预加重处理。

由于语音信号的平均功率谱受声门激励和口鼻辐射影响，高频端大约在 800Hz 以上，按 6dB 每倍频程衰减，故求语音信号频谱时，频率越高，相应的成分越小，高频部分的频谱比低频部分的难求，为此要在预处理中进行预加重(pre-emphasis)处理。

预加重的目的是提升高频部分，使信号的频谱变得平坦，保持在低频到高频的整个频带中，能用同样的信噪比求频谱，以便于频谱分析或声道参数分析。预加重可在语音信号反混叠滤波、数字化之前进行，这样不仅可以进行预加重，而且可以压缩信号的动态范围，有效地提高信噪比；同时预加重也可在语音信号数字化之后、参数分析之前进行，利用具有 6dB 每倍频程的提升高频特性的预加重数字滤波器来实现，它一般是如下所示的一阶数字滤波器：

$$H(z) = 1 - \mu z^{-1} \tag{2-1}$$

式中，常系数 μ 值接近于 1，典型取值为 0.94～0.97。

在重构恢复原始信号时，要从经过预加重的信号频谱中求出实际的频谱，需对测量值进行去加重处理(de-emphasis),通过 6dB 每倍频程的下降频率特性的数字滤波器,还原出原始信号。

2.1.3 语音信号加窗处理

经过预滤波、数字化和预加重处理后,还需对语音信号进行加窗分帧处理。数字化后的语音信号是一种非平稳时变信号,其产生过程与发声器官的运动紧密相关,而发声器官的状态速率相对声音振动的速率来说慢很多,因此语音信号可以认为是短时平稳的。此外,研究发现,在 10～30ms 的范围内,语音频谱特征和一些物理特征参数基本保持不变。因此可以将平稳过程中的处理方法引入到语音信号的短时处理中,将语音信号划分为很多的短时语音段,每个短时语音段称为一个分析帧。这样,对每一帧语音信号处理就相当于对特征固定的持续信号进行处理。

1. 语音信号加窗分帧处理过程

一般的,语音信号的处理帧长为 10～30ms,每秒的帧数为 33～100 帧,视实际情况而定。前一帧与后一帧的交叠部分称为帧移,帧移与帧长之比通常取为 0～0.5。分帧既可连续,也可采用如图 2-4 所示的交叠分段法,使帧与帧之间平滑过渡,保持连续性。

假设 $s(n)$是一段很长的语音信号的取样序列,它是时变的,对 $s(n)$加窗的方法有两种:一是保持 $s(n)$位置不变,对其加一个沿时间轴滑动的、宽度有限的窗 $w(n)$,当 n 取不同值时,窗口位于不同的位置。然后,通过语音信号 $s(n)$与可移动的有限长度窗 $w(n)$进行加权操作,实现对原始语音信号的加窗处理。二是窗函数 $w(n)$位置保持不变,滑动语音信号 $s(n)$,通过有限长度窗 $w(n)$与可移动的语音信号 $s(n)$进行加权,即进行卷积运算,来实现对原始语音信号的加窗处理,形成的加窗语音信号 $s_w(n)$如下所示:

$$s_w(n) = s(n) * w(n) \tag{2-2}$$

式中,$s_w(n)$是加窗后语音信号,下标 w 表示加窗;$s(n)$表示原始语音信号;$w(n)$表示窗函数。图 2-4 表示帧长和帧移的位置关系。

对语音信号的各个分帧短段进行处理,实际上就是对各短段进行某种变换或施以某种运算。设该变换用符号 $T[\ ]$表示,它可以是线性或非线性的,也可以是参变或时变的。所有的短段经处理后,得到一个时间序列 Q_n,如下所示:

$$Q_n = \sum_{n=-\infty}^{+\infty} T[s(n)w(m-n)] \tag{2-3}$$

式中,$s(n)$表示原始语音信号;$w(m-n)$表示窗函数;$T[\ ]$表示对各短段语音进行的某种变换操作。

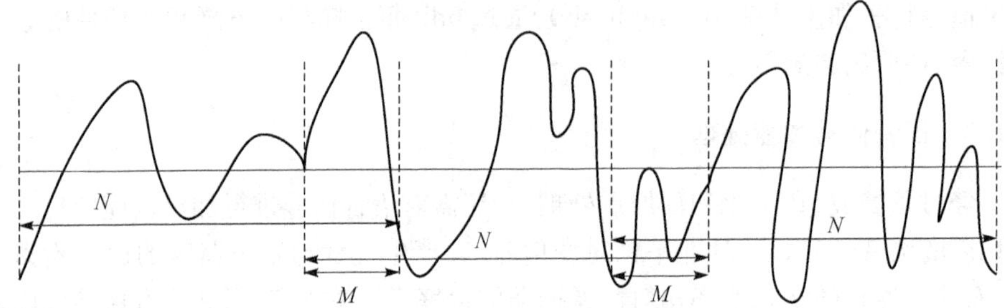

(a) N为帧长，M为帧间重叠长度

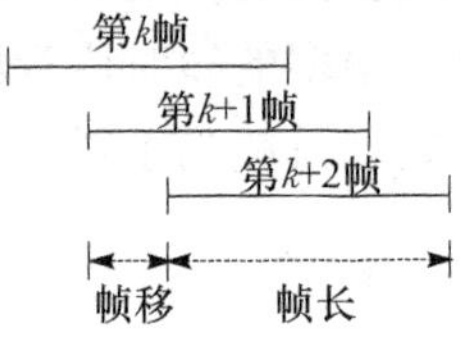

(b) 帧长和帧移的示例

图 2-4　帧长与帧移

2. 窗函数的类型

语音信号数字处理中常用的窗函数有:矩形窗、汉宁窗、汉明窗、三角窗、布莱克曼窗、凯塞窗、切比雪夫窗等,其中矩形窗和汉明窗最常用,各种窗函数的表达式如下所示,式中,N 为帧长。

1) 矩形窗

矩形窗(rectangle window)函数的时域形式如下所示:

$$w(n)=\begin{cases}1, & n=0,1,\cdots,N-1\\ 0, & \text{其他}\end{cases} \tag{2-4}$$

矩形窗函数的频域特性如下所示:

$$W_{\mathrm{R}}(\mathrm{e}^{\mathrm{j}\omega T})=\mathrm{e}^{-\mathrm{j}\left(\frac{N-1}{2}\right)\omega T}\frac{\sin\left(\frac{\omega NT}{2}\right)}{\sin\left(\frac{\omega T}{2}\right)} \tag{2-5}$$

矩形窗属于时间变量的零次幂窗。矩形窗的应用最多,习惯上不加窗就是使信号通过矩形窗。这种窗的优点是主瓣比较集中,宽度为$\frac{4\pi}{N}$,缺点是旁瓣较高,第一旁瓣比主瓣低 13dB,最小阻带衰减 21dB,并有负旁瓣,导致变换中引入了高频干扰和泄露,甚至出现负谱现象。

图 2-5 为矩形窗及其频谱特性,窗的宽度 $n=32$。

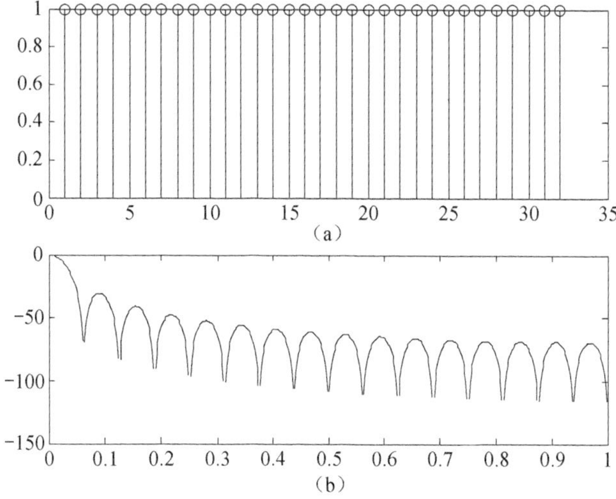

图 2-5　矩形窗及其频谱特性

2）汉明窗

汉明窗(Hamming window)函数的时域形式如下所示：

$$w(n)=\begin{cases}0.54-0.46\cos\left(\dfrac{2\pi n}{N-1}\right), & n=1,2,\cdots,N-1\\ 0, & \text{其他}\end{cases} \tag{2-6}$$

它的频域特性如下所示：

$$W_{\mathrm{H}}(\mathrm{e}^{\mathrm{j}\omega})=0.54W_{\mathrm{R}}(\omega)+0.23\left[W_{\mathrm{R}}\left(\omega-\frac{2\pi}{N-1}\right)+W_{\mathrm{R}}\left(\omega+\frac{2\pi}{N-1}\right)\right] \tag{2-7}$$

式中，$W_{\mathrm{R}}(\omega)$为矩形窗函数的幅度频率特性函数。

汉明窗是余弦窗的一种，也称为改进的升余弦窗，可将 99.96%的能量集中在窗谱的主瓣内，主瓣宽度为$\frac{8\pi}{N}$，第一旁瓣比主瓣低 41dB，最小阻带衰减 53dB。汉明窗与汉宁窗都是余弦窗，只是加权系数不同，汉明窗的加权系数能使旁瓣达到更小。

图 2-6 为汉明窗及其频谱特性，窗的宽度 $n=32$。

3）汉宁窗

汉宁窗(Hanning window)函数的时域形式如下所示：

$$w(n)=0.5\left[1-\cos\left(\frac{2\pi n}{N-1}\right)\right],\quad n=1,2,\cdots,N \tag{2-8}$$

当 $N\gg1$ 时，它的频域特性如下所示：

$$W_{\mathrm{H}}(\mathrm{e}^{\mathrm{j}\omega})=\left\{0.5W_{\mathrm{R}}(\omega)+0.25\left[W_{\mathrm{R}}\left(\omega-\frac{2\pi}{N-1}\right)+W_{\mathrm{R}}\left(\omega+\frac{2\pi}{N-1}\right)\right]\right\}\mathrm{e}^{-\mathrm{j}\omega\left(\frac{N-1}{2}\right)} \tag{2-9}$$

式中，$W_{\mathrm{R}}(\omega)$为矩形窗函数的幅度频率特性函数。

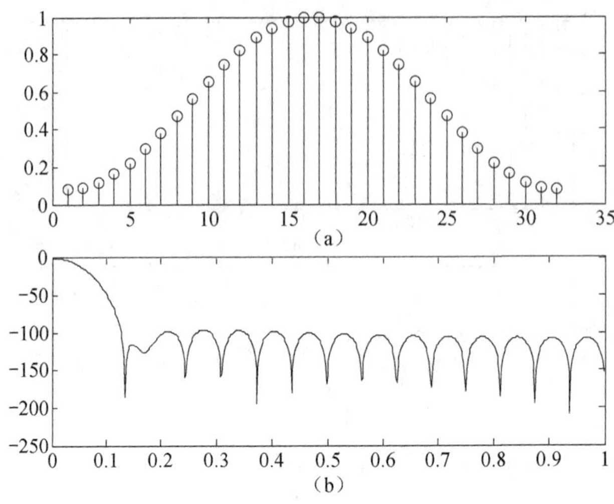

图 2-6 汉明窗及其频谱特性

汉宁窗又称为升余弦窗，可以看做是三个矩形时间窗的频谱之和，或可看做是三个 sinc(t)型函数之和，而式(2-9)括号中的两项相对于第一个谱窗向左、右各移动$\frac{\pi}{T}$，从而使旁瓣互相抵消，消去高频干扰和漏能。可以看出，汉宁窗主瓣加宽为$\frac{8\pi}{N}$，使能量更集中，旁瓣则显著减小，第一旁瓣比主瓣低 31dB，最小阻带衰减 44dB，从减小泄漏角度来看，汉宁窗优于矩形窗，但汉宁窗主瓣加宽，相当于分析带宽加宽，频率分辨率下降。

图 2-7 为汉宁窗及其频谱特性，窗的宽度 $n=32$。

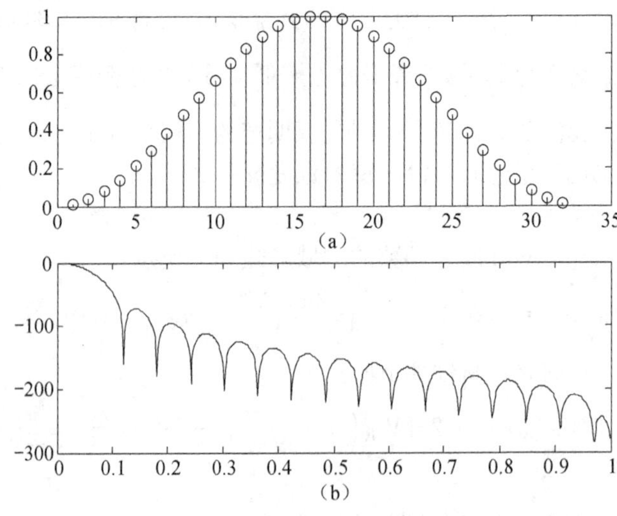

图 2-7 汉宁窗及其频谱特性

4）布莱克曼窗

布莱克曼窗(Blackman window)函数的时域形式如下所示：

$$w(n) = 0.42 - 0.5\cos\left(\frac{2\pi n}{N-1}\right) + 0.08\cos\left(\frac{4\pi n}{N-1}\right), \quad n = 1,2,\cdots,N \tag{2-10}$$

它的频域特性如下所示：

$$W_{\mathrm{B}}(\mathrm{e}^{\mathrm{j}\omega}) = 0.42W_{\mathrm{R}}(\omega) + 0.25\left[W_{\mathrm{R}}\left(\omega - \frac{2\pi}{N-1}\right) + W_{\mathrm{R}}\left(\omega + \frac{2\pi}{N-1}\right)\right] + 0.04\left[W_{\mathrm{R}}\left(\omega - \frac{4\pi}{N-1}\right) + W_{\mathrm{R}}\left(\omega + \frac{4\pi}{N-1}\right)\right] \tag{2-11}$$

式中，$W_{\mathrm{R}}(\omega)$为矩形窗函数的幅度频率特性函数。

布莱克曼窗也称为二阶升余弦窗，最大旁瓣值比主瓣值低 57dB，可进一步抑制旁瓣、增加阻带衰减，但其主瓣宽度是矩形窗主瓣宽度的 3 倍，为$\frac{12\pi}{N}$。

5）巴特列特窗

巴特列特窗(Bartlett window)也称为三角窗或费杰窗，是最简单的频谱函数$W(\mathrm{e}^{\mathrm{j}\omega})$为负的一种窗函数。三角窗函数的时域形式如下所示：

$$w(n) = \begin{cases} \frac{2n}{N-1}, & 0 \leqslant n \leqslant \frac{N-1}{2} \\ 2 - \frac{2n}{N-1}, & \frac{N-1}{2} < n \leqslant N-1 \end{cases} \tag{2-12}$$

它的频域特性如下所示：

$$W_{\mathrm{B}}(\mathrm{e}^{\mathrm{j}\omega}) = \mathrm{e}^{-\mathrm{j}\omega\left(\frac{N-1}{2}\right)} \frac{2}{N}\left(\frac{\sin\left(\frac{N\omega}{4}\right)}{\sin\left(\frac{\omega}{2}\right)}\right)^2 \tag{2-13}$$

三角窗的主瓣宽度为$\frac{8\pi}{N}$，比矩形窗函数的主瓣宽度增加了一倍，但是它的旁瓣宽度却小很多，第一旁瓣比主瓣低 26dB，最小阻带衰减 25dB。

汉宁窗、汉明窗和布莱克曼窗，都可以用一种通用的形式表示，这就是广义余弦窗。这些窗都是频率为 0、$2\pi/(N-1)$和 $4\pi/(N-1)$的余弦曲线的合成。此外还有凯塞窗，定义了一组可调的窗函数，由零阶第一类修正贝塞尔函数构成，其主瓣能量和旁瓣能量的比例是近乎最大的，而且可以在主瓣宽度和旁瓣高度之间自由选择它们的比重。

3. 窗函数的选择

窗函数 $w(n)$的选择需考虑窗口形状和窗口宽度两个因素。$w(n)$的选择，对于参数的短时分析特性影响很大。为此应选择合适的窗口，使其短时参数能更好地反映语音信号的特性变化。

1）窗函数形状的选择

不同的窗口形状，使能量的平均结果不同，并且不同的短时分析方法，如时域、频域、倒谱域分析，以及求取不同的语音特征参数对窗函数的要求也不尽相同。一般要求选择的窗函数在时域坡度较小，以减小语音帧的截断效应；在频域要有较宽的 3dB 带宽以及较小的边带极值。汉明窗的主瓣宽度比矩形窗大一倍，其带外衰减也比矩形窗大一倍多；矩形窗的谱平滑性能较好，但损失了高频部分，使波形细节丢失，产生泄漏现象；而汉明窗恰恰相反，可以有效地克服泄漏现象，所以汉明窗比矩形窗应用更为广泛。

2）窗函数宽度的选择

窗函数的宽度对于能否反映语音信号的幅度变化起着重要作用。窗口宽度的大与小，是相对于语音信号的基音周期而言的。通常认为一个语音帧内应包含 1～7 个基音周期。如果 N 值特别大，等于几个基音周期量级，则窗函数就等效于带宽很窄的低通滤波器，语音信号通过时，反映波形细节的高频部分被阻碍，短时能量随时间变化很小，不能真实反映语音信号的幅度变化，也就不能充分反映波形变化的细节；若 N 值特别小，即等于或小于一个基音周期的量级时，信号的能量将按照信号波形的细微状况而很快地起伏，滤波器的通带变宽，短时能量随时间急剧变化，不能得到较为平滑的短时能量信息。这些情况都不利于对语音信号的分析，应根据不同需要来选择合适的窗口宽度。

然而不同人的基音周期变化很大，从女性和儿童的 2ms 到老年男子的 14ms，基音频率的变化范围为 70～500Hz，因此 N 值的选择比较困难。通常，在 10kHz 的取样频率下，将 N 值折中为 100～200 点，即 10～20ms 的持续时间。窗函数的衰减基本上与窗的持续时间无关，因此当改变帧长 N 时，只会使带宽发生变化。

2.2　语音增强时域分析处理技术

时域分析处理是用于分析和提取语音信号的时域参数。由于短段时间内语音信号的特性随时间变化是缓慢的，故可将其分成相继的短段进行处理，这些短段一般长 10～30ms，称为帧，相邻短段可以有部分相重叠。每个短段可以看做是从一个具有固定特性的持续语音中截取出来的，这个持续语音通常认为是由该短段语音周期性重复得到的。因此，对每个短段语音进行处理等效于对持续语音的一个周期进行处理，或等效于对固定特性的持续语音进行处理。

在时域内，可计算该短段语音波形的能量、平均幅度、平均过零率、自相关函数。除自相关函数是若干个数据外，其他几个短时平均值都只有一个数据。典型的语音信号特性是随着时间的变化而变化的，所以可以通过简单的时域处理技术对信号特征进行有效的描述。

2.2.1　短时能量及短时平均幅度分析

语音信号能量随时间推移会发生相当大的变化，特别是清音段的能量一般比浊音段的小得多。一般将语音信号的一个短段的能量称为短时能量，能量分析包括能量和幅度两个方面。

假设语音波形时域信号经加窗分帧处理后，得到的第 n 帧语音信号为 $x_n(m)$，则 $x_n(m)$满足式(2-14)和式(2-15)：

$$x_n(m) = x(m)w(n-m), \quad 0 \leqslant m \leqslant N-1 \tag{2-14}$$

$$w(m) = \begin{cases} 1, & m = 0,1,2,\cdots,N-1 \\ 0, & \text{其他} \end{cases} \tag{2-15}$$

式中，$n=T,2T,3T,\cdots$；N 为帧长；T 为帧移长度。

假设第 n 段语音信号 $x_n(m)$的短时能量用 E_n 表示，它等于该短段语音取样值的平方和，表示为

$$E_n = \sum_{m=0}^{N-1} x_n^2(m) \tag{2-16}$$

E_n 是一个度量语音信号幅度值变化的函数，但它对高电平非常敏感，因为它是通过计算信号的平方和得到的。为此，可采用另一个度量语音信号幅度值变化的函数，即短时平均幅度函数 M_n，它可定义为

$$M_n = \sum_{m=0}^{N-1} \mid x_n(m) \mid \tag{2-17}$$

M_n 也可用于表征一帧语音信号能量的大小，它与 E_n 的区别在于，计算时小取样值和大取样值不会因取平方而造成较大差异。

短时能量和短时平均幅度函数的主要功能是：

(1) 可用于区分浊音段与清音段，因为浊音时 E_n 值比清音时大得多；

(2) 可用于区分声母和韵母的分界、无声与有声的分界、连字即字之间无间隙的分界等；

(3) 可作为一种超音段信息，用于语音识别中。

2.2.2　短时平均过零率分析

语音信号的过零分析是语音时域分析中比较重要的内容。对于连续语音信号，可以通过直接观察其时域波形穿过时间轴的情况，来判断“过零现象”；对于离散信号，相邻两个取样具有不同符号时，便出现“过零现象”。单位时间内过零的次数称为“平均过零率”。如果离散信号的包络是窄带信号，那么过零率可以比较准

确地度量该窄带信号的频率；反之，如果是宽带信号，过零率只能粗略地反映信号的频谱特性。

定义语音信号 $x_n(m)$第 n 段语音的短时过零率如式(2-18)和式(2-19)所示：

$$Z_n = \frac{1}{2N}\sum_{m=0}^{N-1} \mid \operatorname{sgn}[x_n(m)] - \operatorname{sgn}[x_n(m-1)] \mid \tag{2-18}$$

$$\operatorname{sgn}[x(m)] = \begin{cases} 1, & x(m) \geqslant 0 \\ -1, & x(m) < 0 \end{cases} \tag{2-19}$$

其实现流程如图 2-8 所示。

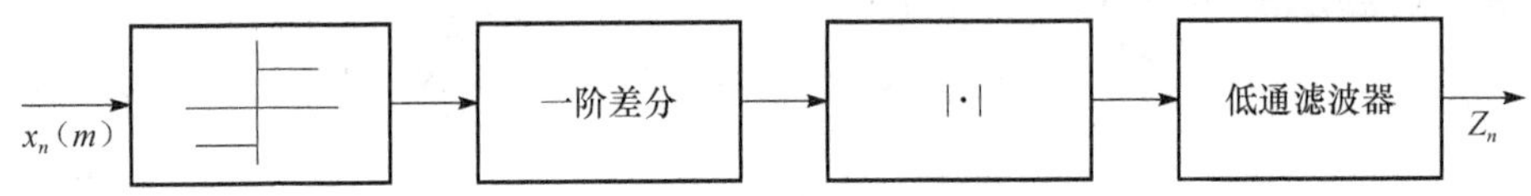

图 2-8 短时平均过零率的实现流程

短时平均过零率在语音增强中主要用于对清音、浊音的判决。应用原理是：浊音频谱主要集中在 3kHz 以下低频区域，超过 4kHz 后频谱幅度便迅速下降；而清音频谱幅度当超过 4kHz 时反而呈上升趋势，甚至超过 8kHz 以后仍然没有下降的势头，这表明清音频谱主要集中在高频区域。短时平均过零率粗略地描述了信号的频谱特性，因而可以根据它来区分浊音和清音。

过零率的计算主要是将相邻两取样值的符号进行比较，如式(2-18)和式(2-19)所示。由于噪声的存在，需规定一个噪声阈值，超过该正阈值的取样值认为是正，并赋值为$+1$；低于该负阈值的取样值被认为是负，并赋值为-1；界于该阈值正负值之间的取值被认为是零，并赋值为$+1$。显然，为了能够准确判定各取样值的符号，应要求：

(1) 信号中不含有直流偏移；

(2) 噪声和电源干扰尽可能小；

(3) 选择合适的正负阈值。

短时平均能量与短时平均过零率两个参数，均可用于有声/无声判断中估计语音的起点和终点位置。在背景噪声电平较小时，短时平均能量较为有效；在背景噪声电平较大时，短时平均过零率较为有效。

2.2.3 短时自相关分析

相关分析是一种常用的时域波形分析方法，用于测定两个信号在时域内的相似程度，并有自相关和互相关之分，它的一般性质如下：

(1) 如果信号 $x_n(m)$具有周期性，那么它的自相关函数也具有周期性，并且其

周期与信号 $x_n(m)$ 的周期相同；

(2) 自相关函数是一个偶函数，即 $R(k)=R(-k)$；

(3) 当 $k=0$ 时，自相关函数具有最大值，即信号和自己本身的自相关性最大，并且这时的自相关函数值是确定信号的能量或随机信号的平均功率。

只要对语音信号加以短时处理，自相关函数的性质完全可以用于语音信号的时域分析。先通过一个位于第 n 时刻的移动窗 $w(n-m)$ 选出一段语音信号 $x(m)w(n-m)$，然后利用下式计算该语音段的短时自相关函数：

$$\begin{aligned} R_n(k) &= \sum_{m=-\infty}^{\infty} [x(m)w(n-m)][x(m+k)w(n-m-k)] \\ &= \sum_{m=-\infty}^{\infty} x_n(m)x_n(m+k) \end{aligned} \tag{2-20}$$

式中，下标 n 表示针对第 n 段语音计算出的短时自相关函数，窗函数从该点开始加入；自变量 k 是自相关的滞后时间。通过前面对自相关函数的分析可知，$R_n(k)$ 是偶函数，$R_n(k)$ 在 $k=0$ 时具有最大值，并且 $R_n(0)$ 等于加窗语音信号的能量。

若定义

$$h_k(n) = w(n)w(n+k) \tag{2-21}$$

则式(2-20)可以改写为

$$R_n(k) = \sum_{m=-\infty}^{\infty} [x(m)x(m-k)]h_k(n-m) = [x(n)x(n-k)] * h_k(n) \tag{2-22}$$

式(2-22)表明，序列 $x(n)x(n-k)$ 经过一个冲激响应为 $h_k(n)$ 的滤波器后，得到上述的自相关函数 $R_n(k)$，计算过程如图 2-9 所示。

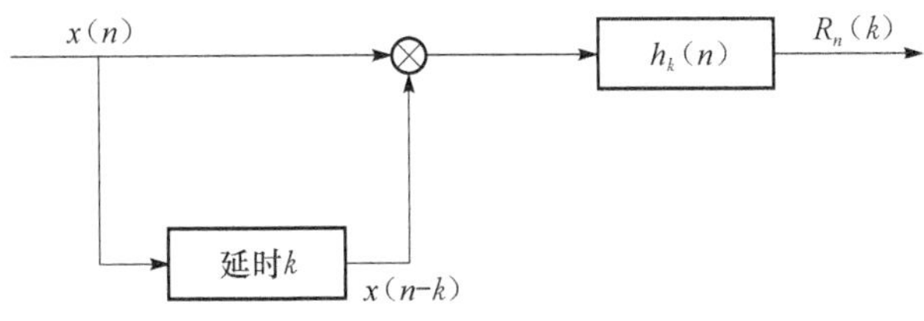

图 2-9　短时自相关函数的计算

语音信号处理中，计算自相关函数需注意两个方面内容：

(1) N 值至少应大于基音周期的两倍，否则将找不到除 $R=0$ 外的第二个最大值点；

(2) N 值也要尽可能小，因为语音信号是时变的，N 值过大将影响短时性，计算出来的自相关函数是线性衰减的。

因此，长基音周期要用宽的窗口，短基音周期要用短的窗口。但是语音信号的复杂性决定了其衰减的不明显性，从而影响了信号周期性的确定。为了避免人为加窗等因素对自相关函数的影响，引入修正的短时自相关函数，其关键是用不等长的两个窗函数，截取两个不等长语音序列，进行乘积并累加，两个窗口长度相差最大的延迟点数为 k，这样就能始终保持乘积和的项数不变。

2.3 语音增强频域分析处理技术

语音信号的频域分析用于分析语音信号的频域特征。在语音信号处理中，语音信号的频谱具有明显的语音声学意义，反映了重要的语音特征，同时，语音的感知过程与人类听觉系统具有频谱分析功能是密切相关的。所以，进行语音频谱分析是认识和处理语音信号的重要方法。但语音是一种非平稳信号，标准傅里叶变换不能直接用来表示语音信号。这就需要利用短时处理的方法，应用于傅里叶分析的短时分析方法称为“短时傅里叶变换”(short time Fourier transform，STFT)，即有限长度的傅里叶变换，对应的频谱称为“短时谱”。

广义上讲，语音信号的频域分析包括语音信号的频谱、功率谱、倒频谱、频谱包络等方面，常用的频域分析方法有带通滤波器组法、傅里叶变换法、同态分析法、线性预测法等。

2.3.1 短时傅里叶变换分析

傅里叶变换是语音信号频域分析中广泛采用的一种方法。由于语音信号是短时平稳的，因此可以先对语音分帧处理，然后对每一帧进行如下所示的短时傅里叶变换：

$$X_n(\mathrm{e}^{\mathrm{j}\omega}) = \sum_{m=-\infty}^{\infty} x(m)w(n-m)\mathrm{e}^{-\mathrm{j}\omega m} \tag{2-23}$$

式中，$X_n(\mathrm{e}^{\mathrm{j}\omega})$是针对时域信号 $x(n)$的傅里叶变换，下标 n 表示时间标号；$\{w(n)\}$为实数窗序列。由傅里叶变换的定义可知，短时傅里叶变换实际上就是对窗选语音信号的标准傅里叶变换。

当 n 固定不变时，$X_n(\mathrm{e}^{\mathrm{j}\omega})$可看成序列 $w(n-m)x(m)(-\infty<m<\infty)$的标准傅里叶变换；当 n 变化时，窗函数 $w(n-m)$沿着序列 $x(m)$滑动到不同位置，取出不同语音段进行傅里叶变换，如图 2-10 所示。

由于 $w(n-m)$为有限宽度窗函数，因此 $w(n-m)x(m)$对所有的 n 绝对可和，即短时傅里叶变换必定存在。$w(n-m)$除了具有选取语音 $x(m)$的分析部分的作用外，其形状对于傅里叶变换的特性也有着重要影响。

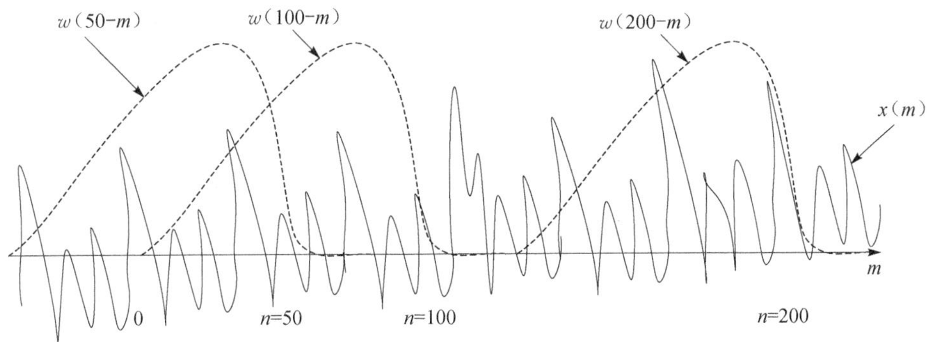

图 2-10　$w(n-m)$与$x(m)$的位置关系图

由于 $X_n(\mathrm{e}^{\mathrm{j}\omega})$可看成信号谱 $X(\mathrm{e}^{\mathrm{j}\omega})$与窗函数加权频谱 $\mathrm{e}^{\mathrm{j}\omega m}W(\mathrm{e}^{-\mathrm{j}\omega})$的卷积，因此应该使窗函数的频谱分辨率高，主瓣狭窄尖锐；同时还要使旁瓣衰减大，这样与信号卷积时，频谱泄漏才会少。但这两个方面是相互矛盾的，不能同时满足，只能采取某种折中措施才能获得较为满意的效果。

根据时宽带宽积为常数这一基本性质，可知 $W(\mathrm{e}^{\mathrm{j}\omega})$主瓣宽度与窗口宽度成反比，窗口宽度 N 越大，$W(\mathrm{e}^{\mathrm{j}\omega})$主瓣越窄；为了使 $X_n(\mathrm{e}^{\mathrm{j}\omega})$与 $X(\mathrm{e}^{\mathrm{j}\omega})$具有相同的性质，要求 $W(\mathrm{e}^{\mathrm{j}\omega})$是一个冲激函数。为使 $X_n(\mathrm{e}^{\mathrm{j}\omega})\to X(\mathrm{e}^{\mathrm{j}\omega})$，须使 $N\to\infty$，但 N 太大时，信号的分帧又失去了意义。因此，窗的宽度应折中选取。

此外，窗的形状也对短时谱有影响，如矩形窗，虽然主瓣狭窄尖锐、分辨率高，但第一旁瓣的衰减很小，有较大的上下冲，采用矩形窗时求得的 $X_n(\mathrm{e}^{\mathrm{j}\omega})$与 $X(\mathrm{e}^{\mathrm{j}\omega})$有较大偏差，也即 Gibbs 效应，不适用于频谱成分很宽的语音分析。而汉明窗在频率范围中的分辨率较高，旁瓣衰减大，具有频谱泄漏少的优点，所以在求短时谱时，一般采用具有较小上下冲的汉明窗。

短时傅里叶变换还可表示成如下形式：

$$\begin{aligned} X_n(\mathrm{e}^{\mathrm{j}\omega}) &= \sum_{m=-\infty}^{\infty} w(m)x(n-m)\mathrm{e}^{-\mathrm{j}\omega(n-m)} \\ &= \mathrm{e}^{-\mathrm{j}\omega n}\sum_{m=-\infty}^{\infty} x(n-m)w(m)\mathrm{e}^{\mathrm{j}\omega m} \end{aligned} \tag{2-24}$$

若定义

$$\widetilde{X}_n(\mathrm{e}^{\mathrm{j}\omega}) = \sum_{m=-\infty}^{\infty} x(n-m)w(m)\mathrm{e}^{\mathrm{j}\omega m} \tag{2-25}$$

则 $X_n(\mathrm{e}^{\mathrm{j}\omega})$可写成

$$X_n(\mathrm{e}^{\mathrm{j}\omega}) = \mathrm{e}^{-\mathrm{j}\omega n}\widetilde{X}_n(\mathrm{e}^{\mathrm{j}\omega}) \tag{2-26}$$

由式(2-26)可以得出，当 w 固定不变时，信号 $x(n)$与窗函数指数加权 $w(n)\mathrm{e}^{\mathrm{j}\omega n}$ 的卷积

之后乘以 $e^{-j\omega m}$ 可得 $X_n(e^{j\omega})$。此时，可以把短时傅里叶变换看成线性滤波，其定义如下：

$$X_n(e^{j\omega}) = \sum_{m=-\infty}^{\infty} x(m)e^{-j\omega m}w(n-m) = e^{-j\omega m}[x(n) * w(n)e^{j\omega n}] \tag{2-27}$$

式(2-27)也可认为是 $w(n)$ 与 $x(n)e^{-j\omega n}$ 的卷积，对于某个固定的 w 值，$X_n(e^{j\omega})$ 可看做是如图 2-11(a)所示的输出，$X_n(e^{j\omega})$ 是序列 $x(n)e^{-j\omega n}$ 作用于一个线性时不变系统的、冲激响应为 $w(n)$ 的线性滤波器后所产生的输出，这样得到的是短时频谱线性滤波的复数运算形式。

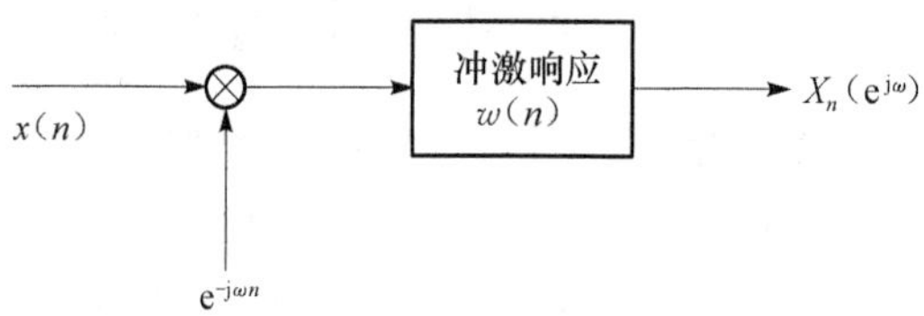

(a) 短时频谱的线性滤波表示

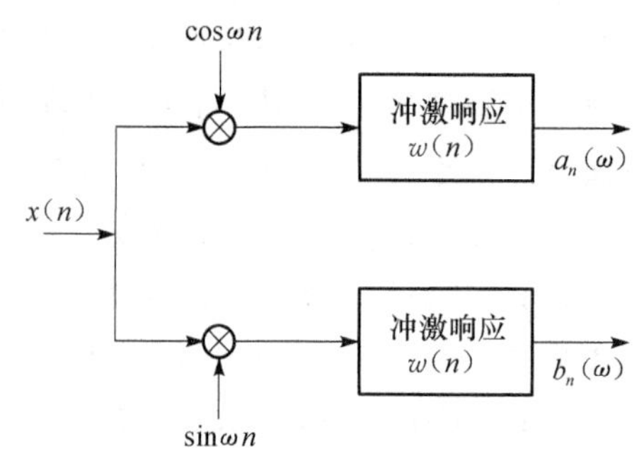

(b) 采用复数线性滤波表示的短时频谱

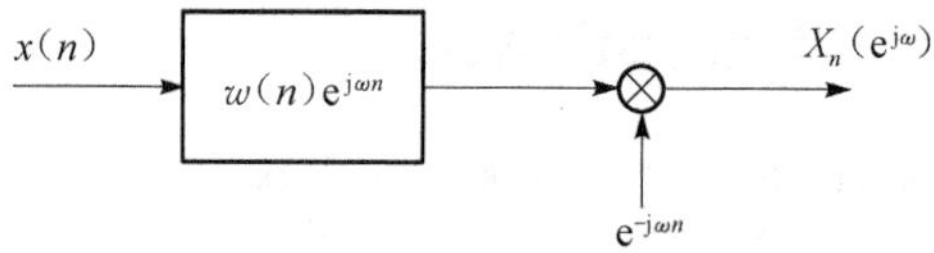

(c) 采用窄带带通滤波器表示的短时频谱

图 2-11　短时频谱的线性滤波表示

将式(2-24)换元，可以得到用线性滤波器实现短时傅里叶变换的另外一种形式：

$$X_n(e^{j\omega}) = e^{-j\omega n} \sum_{m=-\infty}^{\infty} [x(n-m)w(m)e^{j\omega m}] \tag{2-28}$$

式(2-28)表示，先用冲激响应为 $w(n)e^{j\omega n}$ 的滤波器对 $x(n)$ 进行滤波，然后进行调制，即乘以 $e^{-j\omega m}$，则输出为 $X_n(e^{j\omega})$，如图 2-11(c)所示，其中的线性滤波器是一个中心频率为 ω 的窄带带通滤波器。

利用线性滤波器实现短时傅里叶变换的好处是：可以利用现有的线性滤波器理论和方法简化实现过程。在实际计算中，一般是对信号进行周期性扩展，即实现离散傅里叶变换(discrete Fourier transform，DFT)，得到功率谱。但是，若窗宽为 N，那么 $x(n)w(n)$的长度为 N，而 $R_n(k)$的长度为 $2N$。如果对 $x(n)w(n)$以 N 为周期进行扩展，在自相关域就会出现混叠现象。

2.3.2　短时傅里叶逆变换分析

通过短时傅里叶逆变换，可实现由时频函数 $X_n(e^{j\omega})$重构出原始信号 $x(n)$。由于 $X_n(e^{j\omega})$是 n 和 ω 的二维函数，因而必须对 $X_n(e^{j\omega})$所涉及的两个变量，在时域及频域内进行取样，取样率的选取应保证 $X_n(e^{j\omega})$不产生混叠失真，从而能够恢复原始语音信号 $x(n)$。常用的逆变换分析方法有滤波器组相加法和叠接相加法。

1. 滤波器组相加法

短时傅里叶变换可以视为一种线性滤波的过程。对于固定频率 ω_k，如果已知 $X_n(e^{j\omega})$，则由式(2-28)可得

$$X_n(e^{j\omega_k}) = e^{-j\omega_k n}\sum_{m=-\infty}^{\infty}[x(n-m)w(m)e^{j\omega_k m}] \tag{2-29}$$

令下式成立：

$$h_k(n) = w(n)e^{j\omega_k n} \tag{2-30}$$

则式(2-29)可以表示为

$$X_n(e^{j\omega_k}) = e^{-j\omega_k n}\sum_{m=-\infty}^{\infty}[x(n-m)h_k(m)] \tag{2-31}$$

再令下式成立：

$$y_k(n) = \sum_{m=-\infty}^{\infty}[x(n-m)h_k(m)] \tag{2-32}$$

将式(2-31)代入式(2-32)，可以得到

$$y_k(n) = X_n(e^{j\omega_k}) \cdot e^{j\omega_k n} \tag{2-33}$$

如果在单位圆上均匀地取出 N 个点，每个点的角频率为

$$\omega_k = \frac{2\pi k}{N}, \quad k = 0,1,2,\cdots,N-1 \tag{2-34}$$

将这 N 个角频率$\{\omega_k\}(k=0,1,2,\cdots,N-1)$代入式(2-33)，可以得到 N 个窄带带通滤波器的输出$\{y_k(n)\}(k=0,1,2,\cdots,N-1)$，它们可以构成如图 2-12 所示的并联复合系统。

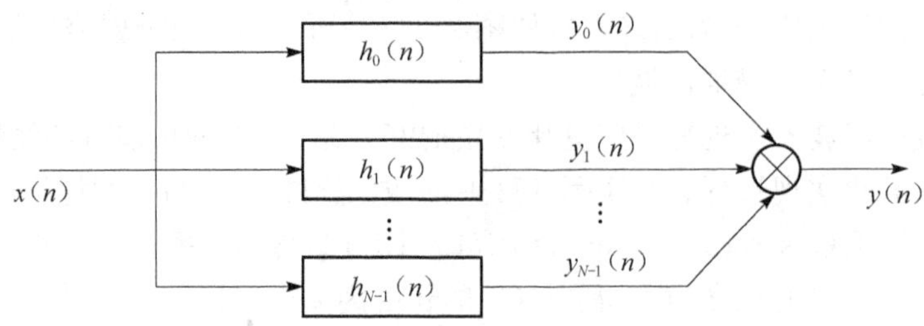

图 2-12 并联复合系统示意图

如图 2-12 所示，从输入 $x(n)$ 到输出 $y(n)$，整个复合系统的冲激响应 $h(n)$ 等于各个通道带通滤波器的冲激响应之和。由式(2-30)可知，每个通道带通滤波器的频率响应 $H_k(e^{j\omega})$ 满足

$$H_k(e^{j\omega}) = W(e^{j(\omega-\omega_k)}) \tag{2-35}$$

式中，$W(e^{j\omega})$ 为 $w(n)$ 的傅里叶变换。因此，可以写出复合系统的频率响应 $H(e^{j\omega})$ 为

$$H(e^{j\omega}) = \sum_{k=0}^{N-1} H_k(e^{j\omega}) = \sum_{k=0}^{N-1} W(e^{j(\omega-\omega_k)}) \tag{2-36}$$

$W(e^{j\omega})$ 是在 N 个等间隔频率点 $\{\omega_k\}(k=0,1,2,\cdots,N-1)$ 上取样的结果，由 $W(e^{j\omega})$ 逆变换得到的时间序列，应该是 $w(n)$ 以 N 为周期的延拓，如下所示：

$$\sum_{r=-\infty}^{\infty} w(n+rN) = \frac{1}{N}\sum_{k=0}^{N-1} W(e^{j\omega_k}) \cdot e^{j2\pi kn/N} \tag{2-37}$$

若 $w(n)$ 的窗宽为 L，满足 $N \geqslant L$，那么由式(2-37)逆变换得到的周期序列没有重叠失真，取其中的一个周期也就是 $w(n)$，令 $n=0$，有

$$w(0) = \frac{1}{N}\sum_{k=0}^{N-1} W(e^{j\omega_k}) = \frac{1}{N}\sum_{k=0}^{N-1} W(e^{j2\pi k/N}) \tag{2-38}$$

由于在频域取样时，并不需要规定具体的取样点，只需对取样频率进行限制。因此，如果取样点 $\{\omega_k\}(k=0,1,2,\cdots,N-1)$ 换成 $\{\omega-\omega_k\}(k=0,1,2,\cdots,N-1)$，式(2-38)仍然成立，也即下式成立：

$$w(0) = \frac{1}{N}\sum_{k=0}^{N-1} W(e^{j(\omega-\omega_k)}) \tag{2-39}$$

根据式(2-36)和式(2-39)，可得到如下表达式：

$$H(e^{j\omega}) = N \cdot w(0) \tag{2-40}$$

式(2-40)的物理意义是，复合系统的频率响应 $H(e^{j\omega})$ 取决于窗函数在 $n=0$ 时的值，它与窗函数的形式无关，且是一个常量。因此可以得到复合系统的单位冲激响应为

$$h(n) = N \cdot w(0) \cdot \delta(n) \tag{2-41}$$

又因为复合系统的输入输出满足

$$y(n) = x(n) * h(n) = N \cdot w(0) \cdot x(n) \tag{2-42}$$

即 $x(n)$ 和 $y(n)$ 只相差一个固定系数 $N \cdot w(0)$，所以可以得出重构信号 $x(n)$ 如下：

$$\begin{aligned} x(n) &= \frac{y(n)}{N \cdot w(0)} = \frac{1}{N \cdot w(0)} \sum_{k=0}^{N-1} y_k(n) \\ &= \frac{1}{N \cdot w(0)} \sum_{k=0}^{N-1} X_n(\mathrm{e}^{\mathrm{j}\omega_k}) \cdot \mathrm{e}^{\mathrm{j}n\omega_k} \end{aligned} \tag{2-43}$$

式(2-43)说明，要由 $X_n(\mathrm{e}^{\mathrm{j}\omega})$ 恢复 $x(n)$，只需按照式(2-41)的约束条件设计带通滤波器组[即满足 $w(0) \neq 0$]，求得固定系数 $N \cdot w(0)$，代入式(2-43)后，就可以实现从 $X_n(\mathrm{e}^{\mathrm{j}\omega})$ 的取样值中准确重构出原始信号 $x(n)$。

2. 叠接相加法

$X_n(\mathrm{e}^{\mathrm{j}\omega})$ 可以看做是由位于 n 的窗函数所选取的一段语音信号 $x(m)w(n-m)$ 的标准傅里叶变换。为了不产生混叠失真现象，一般采用与离散傅里叶变换周期卷积的叠接相加法相类似的方法，来恢复出 $x(n)$。若窗函数 $w(n-m)$ 每次移动 R 个取样间隔，即在 $n=rR(r=0,\pm 1,\pm 2,\cdots)$ 处，窗函数选取 L 个信号样点进行短时傅里叶变换，$X_{rR}(\mathrm{e}^{\mathrm{j}\omega_k})$ 逆变换的结果 $y_r(m)$ 如下所示：

$$y_r(m) = x(m)w(rR - m), \quad r = 0, \pm 1, \pm 2, \cdots \tag{2-44}$$

若将 $y_r(m)$ 叠接相加就可恢复原始信号 $x(m)$，如下所示：

$$\sum_{r=-\infty}^{\infty} y_r(m) = x(m) \cdot \sum_{r=-\infty}^{\infty} w(rR - m) \tag{2-45}$$

如果 $w(m)$ 为有限带宽的窗函数，$X_n(\mathrm{e}^{\mathrm{j}\omega_k})$ 在时域内按取样定理的要求进行取样，对于矩形窗有 $R \leqslant L/2$，对于汉明窗有 $R \leqslant L/4$，则对于任何 m 值恒有式(2-46)成立：

$$\sum_{r=-\infty}^{\infty} w(rR - m) = W(\mathrm{e}^{\mathrm{j}0})/R \tag{2-46}$$

式中，$W(\mathrm{e}^{\mathrm{j}0})/R$ 为常系数。根据式(2-45)和式(2-46)，如果已知 $\{y_r(m)\}$，就可以重建出原始信号 $x(m)$，如下所示：

$$Y_r(\mathrm{e}^{\mathrm{j}\omega_k}) = X_{rR}(\mathrm{e}^{\mathrm{j}\omega_k}), \quad r = 0, \pm 1, \pm 2, \cdots \tag{2-47}$$

式中，如果 $X_{rR}(\mathrm{e}^{\mathrm{j}\omega})$ 在频域上 N 点($N \geqslant L$)取样，得到 $X_{rR}(\mathrm{e}^{\mathrm{j}\omega})(k=0,1,2,\cdots,N-1)$，利用其离散傅里叶逆变换就可以准确恢复出 $y_r(m)$，并得到重建的原始信号 $x(m)$ 为

$$x(m) = \frac{R}{N \cdot W(\mathrm{e}^{\mathrm{j}0})} \sum_{r=-\infty}^{\infty} \sum_{k=0}^{N-1} X_{rR}(\mathrm{e}^{\mathrm{j}\omega_k}) \cdot \mathrm{e}^{\mathrm{j}m\omega_k} \approx \frac{y(m) \cdot R}{W(\mathrm{e}^{\mathrm{j}0})} \tag{2-48}$$

式(2-48)表示,各个窗内恢复的信号重叠相加的结果与原始信号仅相差一个比例系数,因此完成了由短时傅里叶变换 $X_n(e^{j\omega_k})$ 重构原始信号 $x(m)$ 的过程。

2.4　语音增强同态分析处理技术

2.4.1　同态处理

根据生成语音信号的线性模型理论可知,语音信号是由准周期脉冲或随机白噪声激励一个线性短时不变系统产生的输出。因此,语音信号可以看做是声门激励信号与声道冲激响应的卷积,而利用语音信号求取声门激励和声道冲激响应是语音信号处理中普遍遇到的问题。

同态语音信号分析是将声门激励与声道冲激响应分开来进行研究的,尽量获得准确的激励源与声道冲激响应的估计,该方法称为解卷算法。解卷算法可以分为两大类:一类是先建立一个线性系统模型,然后按照某种准则对模型进行参数估计,这种算法称为"参数解卷";第二类算法无须为线性系统建立模型,称为"非参数解卷"算法,同态处理就是其中一种。

同态处理是一种较好的解卷算法,它可以较好地将语音信号中的激励信号和声道响应分离,并且只需利用十几个倒谱系数就能较好地描述语音信号的声道响应,因而在语音信号处理中应用较为广泛。

同态处理可以将激励源与声道冲激响应的卷积关系变换为求和关系,进一步分离两种信号。在同态系统中,假设输入信号 $x(n)$ 如下所示:

$$x(n) = x_1(n) * x_2(n) \tag{2-49}$$

式中,$x_1(n)$ 和 $x_2(n)$ 分别代表激励源和声道激励响应序列。通过以下三步数学运算,特征系统 $D^*[\ ]$ 可将卷积信号转化为加性信号。

(1) Z 变换:将卷积运算转化为乘积运算。

$$Z[x(n)] = X(z) = X_1(z) \cdot X_2(z) \tag{2-50}$$

(2) 对数运算:将乘积运算转换为加性运算。

$$\hat{X}(z) = \ln X(z) = \ln X_1(z) + \ln X_2(z) = \hat{X}_1(z) + \hat{X}_2(z) \tag{2-51}$$

(3) 逆 Z 变换:将加性运算转换到时域中。

$$\hat{x}(n) = Z^{-1}[\hat{X}(z)] = Z^{-1}[\hat{X}_1(z) + \hat{X}_2(z)] = \hat{x}_1(n) + \hat{x}_2(n) \tag{2-52}$$

式中,$\hat{x}(n)$ 是一个时间序列 $x(n)$ 的 Z 变换的对数,所对应的时间序列称为复倒谱。特征系统 $D^*[\ ]$ 的构成如图 2-13 所示。

由于变换后的 $\hat{x}(n)$ 为加性信号,因此可以通过线性系统处理 $\hat{x}_1(n)$ 和 $\hat{x}_2(n)$。用线性系统处理的目的是将 $\hat{x}_1(n)$ 和 $\hat{x}_2(n)$ 分开,通常是提取其中之一同时抑制另

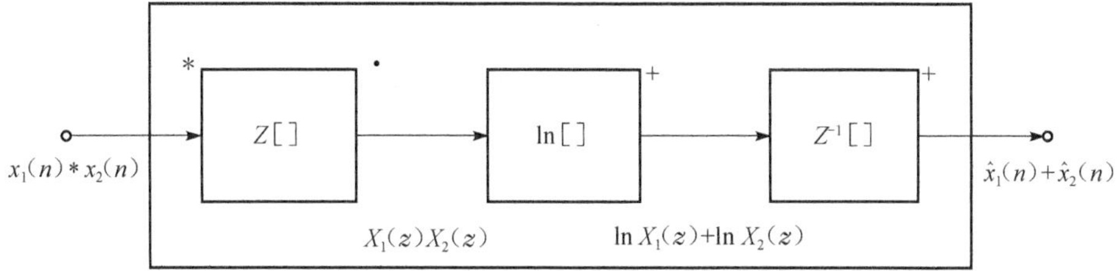

图 2-13　特征系统 $D^*[\ ]$

一个，或者分别对它们进行处理，从而得到 $\hat{y}(n)$：

$$\hat{y}(n) = \hat{y}_1(n) + \hat{y}_2(n) = L[\hat{x}_1(n)] + L[\hat{x}_2(n)] \tag{2-53}$$

式中，$\hat{y}_1(n)$、$\hat{y}_2(n)$分别为 $\hat{x}_1(n)$和 $\hat{x}_2(n)$线性运算后的结果；L 表示线性运算。

如果要将线性处理后得到的 $\hat{y}(n)$恢复为卷积信号，可以令 $\hat{x}(n)$通过逆特征系统 $D^{*-1}[\ ]$，同样，该系统需要通过三步数学运算完成转换。

(1) Z 变换：

$$\hat{Y}(z) = Z[\hat{y}(n)] = \hat{Y}_1(z) + \hat{Y}_2(z) \tag{2-54}$$

(2) 指数运算：得到乘积信号。

$$Y(z) = \exp[\hat{Y}(z)] = Y_1(z) \cdot Y_2(z) \tag{2-55}$$

(3) 逆 Z 变换：得到卷积信号，即恢复的语音信号。

$$y(n) = Z^{-1}[Y_1(z) \cdot Y_2(z)] = y_1(n) * y_2(n) \tag{2-56}$$

逆特征系统 $D^{*-1}[\ ]$的结构如图 2-14 所示。

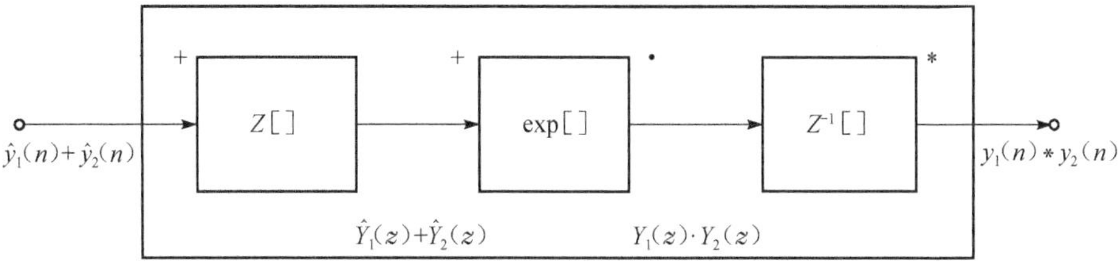

图 2-14　逆特征系统 $D^{*-1}[\ ]$

2.4.2　复倒谱及倒谱

虽然 $D^*[\ ]$和 $D^{*-1}[\ ]$系统中的 $\hat{x}(n)$和 $\hat{y}(n)$信号均是时域序列，但其离散时域不同于 $x(n)$和 $y(n)$所处的离散时域，所以将其称为“复倒频谱域”。$\hat{x}(n)$是 $x(n)$的“复倒频谱”，简称为“复倒谱”，有时也称为“对数复倒谱”，如下所示：

$$\hat{x}(n) = Z^{-1}\{\ln Z[x(n)]\} \tag{2-57}$$

将 $\hat{x}(n)$进行 Z 变换后得到 $\hat{X}(z)$，它包含幅度和相位信息，取复对数后得到

$$\hat{X}(z) = \ln|X(z)| + j\arg X(z) \tag{2-58}$$

如果忽略 $\hat{X}(z)$的相位信息，只考虑其幅度信息，那么可以得到倒谱 $c(n)$的定义：$c(n)$为 $x(n)$经 Z 变换后的幅度取对数后的逆 Z 变换，即

$$c(n) = Z^{-1}[\ln | Z[x(n)] |] = Z^{-1}[\ln | X(z) |] \tag{2-59}$$

倒谱与复倒谱的特征系统 $D^*[\ ]$的唯一区别是，倒谱的第二步运算用 $\ln|X(z)|$代替 $\ln X(z)$，其特征系统结构如图 2-15 所示。

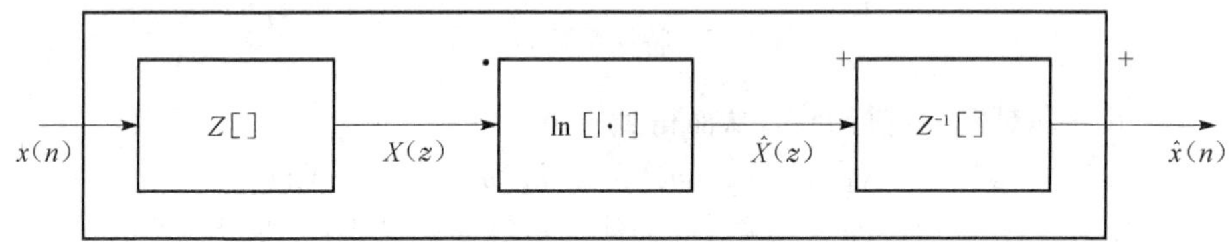

图 2-15　倒谱的特征系统 $D^*[\ ]$

倒谱的特征系统 $D^*[\ ]$的构成与复倒谱的逆特征系统完全一致，若式(2-60)成立

$$x(n) = x_1(n) * x_2(n) \tag{2-60}$$

假设 $c_1(n)$和 $c_2(n)$分别是 $x_1(n)$和 $x_2(n)$的倒谱，那么 $x(n)$的倒谱 $c(n)$为

$$c(n) = c_1(n) + c_2(n) \tag{2-61}$$

由于倒谱的特征系统 $D^*[\ ]$在取对数时去除了相位信息，因此序列 $x(n)$经过倒谱的特征系统和逆特征系统后，一般不能还原为原始的自身信号。而对于复倒谱，有

$$D^{*-1}[D^*[x(n)]] = x(n) \tag{2-62}$$

如果已知一个实序列 $x(n)$的复倒谱为 $\hat{x}(n)$，那么可以由 $\hat{x}(n)$求出倒谱 $c(n)$。复倒谱和倒谱的关系如下：

(1) 复倒谱要进行复对数运算，而倒谱只进行实对数运算。

(2) 在倒谱情况下，一个序列经过正逆两个特征系统变换后，不能还原成自身，因为在计算倒谱的过程中丢失了序列的相位信息。

(3) 如果 $c_1(n)$和 $c_2(n)$分别为 $x_1(n)$和 $x_2(n)$的倒谱，并且 $x(n)=x_1(n) * x_2(n)$，则 $x(n)$的倒谱为 $c(n)=c_1(n)+c_2(n)$。

(4) 已知一个实数序列 $x(n)$的复倒谱 $\hat{x}(n)$，可以由 $\hat{x}(n)$求出它的倒谱 $c(n)$。

(5) 当 $x(n)$为因果最小相位序列或者反因果最大相位序列时，如果已知倒谱 $c(n)$，还可以恢复出复倒谱 $\hat{x}(n)$。当然，如果 $x(n)$不满足上述条件，就无法从 $c(n)$中恢复出复倒谱 $\hat{x}(n)$。

2.4.3　复倒谱分析

设 $x(n)$的 Z 变换具有有理函数的形式：

$$X(z) = Az^r \frac{\prod_{k=1}^{Z_1}(1-a_k z^{-1})\prod_{k=1}^{Z_2}(1-b_k z)}{\prod_{k=1}^{P_1}(1-c_k z^{-1})\prod_{k=1}^{P_2}(1-d_k z)} \tag{2-63}$$

式中，a_k、b_k、c_k、d_k 的模都小于 1；Z_1、Z_2 分别表示单位圆内和圆外的零点数目；P_1、P_2 分别表示单位圆内和圆外的极点数目。

要求 $x(n)$的复倒谱，首先需利用下式计算 $X(z)$的复对数：

$$\begin{aligned}\ln X(z) = {} & \ln|A| + \ln z^r + \sum_{k=1}^{Z_1}\ln(1-a_k z^{-1}) + \sum_{k=1}^{Z_2}\ln(1-b_k z) \\ & - \sum_{k=1}^{P_1}\ln(1-c_k z^{-1}) - \sum_{k=1}^{P_2}\ln(1-d_k z)\end{aligned} \tag{2-64}$$

式中，第二项 $\ln z^r$ 是一个表示延迟量大小的项，其中不包含表征序列 $x(n)$特性的任何有用信息。因此，将该项去掉并不会影响复倒谱的性质。后面四项中的对数函数可以用泰勒级数展开为 z^{-1}或 z 的幂级数。因此，$x(n)$的复倒谱为

$$\hat{x}(n) = \begin{cases} -\sum_{k=1}^{Z_1}\dfrac{a_k^n}{n} + \sum_{k=1}^{P_1}\dfrac{c_k^n}{n}, & n > 0 \\ \ln|A|, & n = 0 \\ \sum_{k=1}^{Z_2}\dfrac{b_k^{-n}}{n} - \sum_{k=1}^{P_2}\dfrac{d_k^{-n}}{n}, & n < 0 \end{cases} \tag{2-65}$$

通过式(2-65)，可以归纳出复倒谱具有以下几条重要性质：

(1) 即使 $x(n)$满足因果性、稳定性的条件，一般复倒谱也是非零的，而且在 n 的两个方向上，即向左或向右、增大或减小，都是无限伸展的。

(2) 复倒谱是一个衰减序列，其界限为

$$|\hat{x}(n)| < \beta\frac{\alpha^{|n|}}{|n|}, \quad |n| \to \infty \tag{2-66}$$

式中，α 是 a_k、b_k、c_k、d_k 的最大绝对值；β 是一个常数。

(3) 如果在单位圆外无极点和零点，即 $b_k=0$，$d_k=0$，则有

$$\hat{x}(n) = 0, \quad n < 0 \tag{2-67}$$

这种信号称为“最小相位”序列。

2.5　语音增强线性预测分析处理技术

线性预测(linear prediction，LP)分析是最有效的语音分析技术之一，在语音处理领域中有着广泛应用。线性预测可用于估计基本的语音参数，如基音周期、共

振峰频率、谱特征以及声道截面积函数等。

语音线性预测的基本原理是：由于语音样点间的相关性，一个语音信号的抽样值可以用过去若干个取样值的线性组合来逼近。通过使实际语音抽样值与线性预测抽样值的均方误差达到最小，可以确定唯一一组线性预测系数。

采用线性预测分析不仅能够得到语音信号的预测波形，而且能够提供一个非常好的声道模型。如果将语音模型看成激励源通过一个线性时不变系统产生的输出，那么可以利用线性预测分析对声道参数进行估值，以少量低信息率的时变参数，精确地描述语音波形及其频谱的性质。

本节主要介绍语音增强线性预测分析的基本原理、线性预测系数的求解方法以及线性预测的几种等价参数。

2.5.1 线性预测分析

线性预测分析是将被分析的信号 $s(n)$ 用一个模型来表示，即将该信号看做是某一个模型或系统的输出。这样，就可以用模型参数来描述该信号。图 2-16 是语音信号 $s(n)$ 的模型框图。

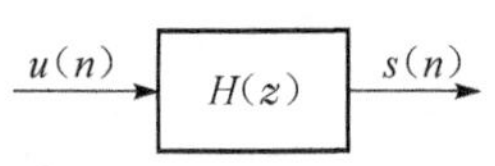

图 2-16 语音信号 $s(n)$ 的模型图

图 2-16 中，$u(n)$ 表示模型的输入，$s(n)$ 表示模型的输出。一般假设模型中只包含有限个极点而没有有限零点，此时该模型或系统的函数为

$$H(z) = \frac{G}{1 - \sum_{i=1}^{P} a_i z^{-i}} \tag{2-68}$$

式中，a_i、G 为模型参数，a_i 也称线性预测系数，G 为增益常数；P 为模型阶数。满足式(2-68)所示关系的模型称为“全极点(AR)模型”或“自回归模型”。

通常有三种不同的信号模型：自回归模型、滑动平均(MA)模型和自回归-滑动平均(ARMA)模型。实际语音信号处理中，最常用的是自回归模型或全极点模型，原因如下：

(1) 全极点模型计算简单，对全极点模型作参数估计是对线性方程组的求解过程，相对较容易；

(2) 有时无法准确获取输入序列，例如，地震应用、脑电图、解卷积等输入序列；

(3) 如果不考虑鼻音和摩擦音，那么语音的声道传递函数就是一个全极点模型；

(4) 人的听觉对于那种只能用零点来表示的频谱陡峭谷点是迟钝的。

在信号分析中，模型的建立实际上是由信号来估计模型参数的过程。由于信号是实际客观存在的，利用有限数目参数的模型来表示它，可能是不完全精确的，会存在一定误差，且信号是时变的，因此求解线性预测系数的过程是一个逼近过程。

针对图 2-16 所示模型采取直接逼近来求解是不可取的，因为这需要求解一组非线性方程，实现起来困难。在模型参数估计过程中，将满足式(2-69)的系统称为 p 阶线性预测器：

$$\hat{s}(n)=\sum_{i=1}^{p}a_i s(n-i) \tag{2-69}$$

式中，$\hat{s}(n)$表示语音信号 $s(n)$的预测值；a_i 称为线性预测系数；p 是过去的样点值数目，也称为线性预测器的阶数。p 阶线性预测器的系统函数 $P(z)$如下所示：

$$P(z)=\sum_{i=1}^{p}a_i z^{-i} \tag{2-70}$$

$s(n)$与 $\hat{s}(n)$之间的误差称为线性预测误差，用 $e(n)$表示为

$$e(n)=s(n)-\hat{s}(n)=s(n)-\sum_{i=1}^{p}a_i s(n-i) \tag{2-71}$$

由式(2-71)可知，$e(n)$是输入为 $s(n)$且满足式(2-72)所示的传递函数的滤波器输出：

$$A(z)=1-P(z)=1-\sum_{i=1}^{p}a_i z^{-i} \tag{2-72}$$

将式(2-72)代入式(2-68)，可得

$$A(z)=\frac{G}{H(z)} \tag{2-73}$$

$A(z)$是 $H(z)$的逆，故称其为逆滤波器，又称为预测误差滤波器。

线性预测编码(LPC)一般是借助于预测误差滤波器来求解线性预测系数的。线性预测误差滤波相当于一个逆滤波过程或逆逼近过程，当调整滤波器 $A(z)$的参数使输出$e(n)$逼近一个白噪声序列 $u(n)$时，$A(z)$和 $H(z)$是等效的，而按最小均方误差准则求解线性预测系数，正是使输出 $e(n)$白化的过程。所以线性预测的基本问题是，解决语音信号所决定的一组预测器系数$\{a_i\}$，能使 $e(n)$在某个准则下达到最小，这个准则通常采用最小均方误差准则。

2.5.2 线性预测方程组

求解 p 个线性预测系数的依据是预测误差滤波器的输出均方值或输出功率最小。所以，为了解得线性预测系数，首先必须计算出自相关序列 $R(k)$，而 $R(k)$可用下式表示：

$$R(k)=E[s(n)s(n-k)]=\frac{1}{n}\sum_{n=0}^{N-1}s(n)s(n-k) \tag{2-74}$$

如果将预测误差功率 E_p 理解为预测误差的能量，则式(2-74)中的系数$\frac{1}{n}$对线性预测方程的求解没有影响，因此可以忽略。但其中的求和范围 N 的定义不同，将会形成不同的线性预测解法。在 LPC 分析中，对于线性预测方程组的求解，常用方法有自相关法和协方差法，还有效率较高的格型法等。

自相关法是目前广泛采用的一种方法。利用 Levinson-Durbin 算法递推时，从最低阶预测器开始，由低阶到高阶进行逐阶递推计算，这样可以在理论上保证其稳定性。$s(n)$加窗后形成的信号为 $s_{\mathrm{w}}(n)$，其自相关函数为

$$R_n(j)=\sum_{j=0}^{N-j-1}s_{\mathrm{w}}(n)s_{\mathrm{w}}(n-j),\quad 0\leqslant j\leqslant p \tag{2-75}$$

式中，j 为样点值数目；$R_n(j)$为短时自相关函数。自相关法求解流程如图 2-17 所示。

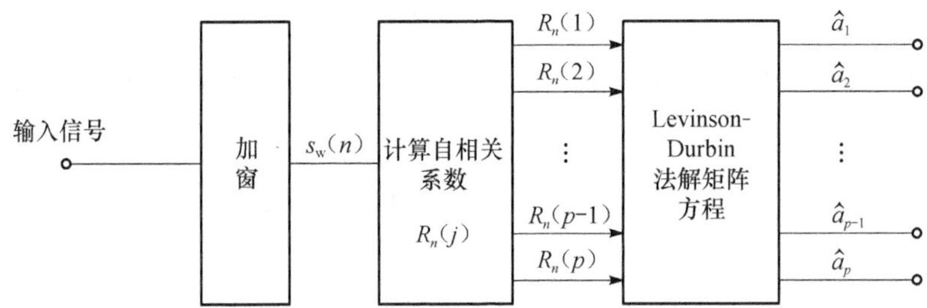

图 2-17　自相关法求解流程图

协方差法与自相关法的不同之处在于，无须对语音信号加窗，即可以不规定信号 $s(n)$的长度范围。它可使信号的 N 个样点上误差最小，即把计算均方误差的间隔固定了下来。其求解流程如图 2-18 所示。图中，C 为协方差矩阵，L 为下三角矩阵，U 为上三角矩阵，且满足 $C=LU$。

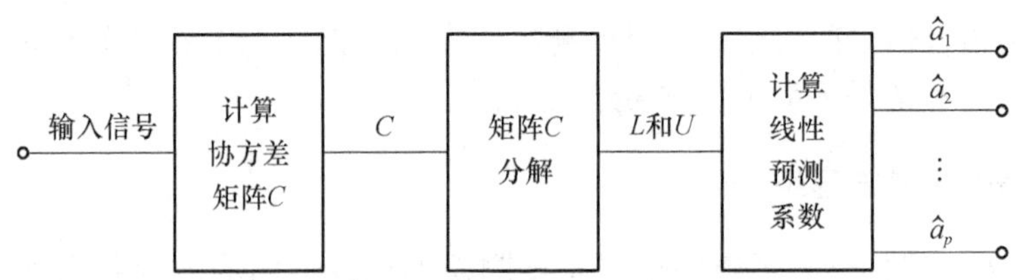

图 2-18　协方差法求解流程图

自相关法适于定点运算和硬件实现；而协方差法的难点在于对中间量的比例运算。在语音处理的各种应用中，很多情况下都要求实时处理。通过选择窗函数，

以及加大窗口的宽度，自相关法在精度上的劣势便不再明显，而高速性能仍然突出，因此在实用中大多采用自相关法。

2.5.3 线性预测等价参数

1. 线谱对

线谱对(linear spectrum pair，LSP)是与 LPC 系数等价的一种表示形式，它能够保证线性预测滤波器的稳定性，其小的系数偏差只带来局部的谱误差，且 LSP 具有良好的量化特性和内插特性，其主要缺点是运算量相对比较大。LSP 参数的特征如下：

(1) LSP 参数都排列在单位圆上。

(2) 能够保证 LPC 滤波器的稳定性。

(3) LSP 参数具有相对独立的性质。如果某个特定的 LSP 参数中只移动其中任意一个线谱频率的位置，那么它所对应的频谱只在其附近与原始语音频谱有差异，而在其他 LSP 频率上变化很小，这有利于 LSP 参数的量化和内插。

(4) LSP 参数能够反映声道幅度谱的特点，在幅度大的地方分布较密，反之较疏。这就相当于反映出了幅度谱中的共振峰特性。LSP 分析是用 p 个离散频率的分布密度来表示语音信号谱特性的一种方法，在语音信号幅度谱较大的地方，LSP 分布较密，反之较疏。

(5) 相邻帧 LSP 参数之间都具有较强的相关性，便于语音编码时，帧间参数的内插。

2. 导抗谱对

导抗谱对(immitance spectrum pair，ISP)是由 Bistritz 和 Peller 在 1993 年提出的，是与 LPC 系数等价的一种参数，并可提高 LPC 系数的鲁棒性。前 $p-1$ 个 ISP 将表现出与第 p 个 ISP 相似的一些特性：

(1) ISP 参数都分布在单位圆上。

(2) 与 ISP 对应的前 $p-1$ 个导抗谱频率(immitance spectrum frequency，ISF)都满足升序排列特性，且 ISP 的第 p 个系数小于 1，这使得与之对应的 LPC 滤波器的稳定性可以得到保证。因此，ISP 分析就是用 $p-1$ 个离散频率及其分布密度来表征语音信号频谱特性的方法。

(3) 帧内 ISP 参数具有相对独立的性质，相邻帧 ISP 参数之间则具有较强的相关性，这有利于帧间参数的量化和内插。

(4) ISP 参数能够反映声道幅度谱的特点，在幅度大的地方分布较密，反之较疏。这就相当于反映出了幅度谱中的共振峰特性。

2.6 基于非线性理论的语音分析处理技术

2.6.1 基于混沌理论的语音分析处理技术

语音信号是一种非平稳信号，传统的语音信号处理大都基于线性系统理论，假设语音信号特性随时间是缓慢变化的，并将语音信号分割为一些短段，每一短段均视为确定的平稳信号，经过“短时”处理后，产生一个新的序列用于描述语音信号。

随着研究的深入，人们发现语音信号是一个复杂的非线性过程。用声学和空气动力学理论分析，语音不仅具有声门的非线性振动过程，受舌、声道形状的变化影响，而且语音信号中特别是摩擦音、爆破音等还会在声道边界层产生漩涡，并最终形成湍流，发其他音时，声门喷出的气流中仍有湍流存在，而湍流本身就是一种混沌。

1. 混沌的发展历程

混沌理论的早期工作可以上溯到19世纪末法国数学家对非线性微分方程所做的研究。1963年，气象学家Lorenz以一个底部加热、顶部冷却的两维流体室中的对流为模型，提出了著名的Lorenz方程，其系统的运动轨迹在两个环之间来回跳跃永不收敛。1971年，Rulle和Takens提出了描绘相空间轨迹特征的奇怪吸引子的概念。1975年，Li和Yorke发表的论文中首次使用“混沌”的概念。1978年，Feigenbanm发现了倍周期分岔通向混沌的两个普适常数，对简单方程的确定性系统如何走向混沌进行了本质的揭示。从此对混沌现象的研究在自然科学的各个领域如地震、经济、通信、生理学和心理学等方面迅速展开。90年代后，混沌在很多领域得到了广泛应用，如将混沌吸引子、相空间重构和符号动力学应用于很多研究领域，并取得了普遍的成功。

混沌的内涵是宏观上无序，而微观上有序，普遍定义如下：

(1) 对初始条件有敏感依赖性，即长期不可预测性；

(2) 有限空间内有稠密的周期轨道，即具有规律性。

2. 基于混沌的语音信号处理技术

语音是由混沌的自然因素组成的，其中存在着混沌机制。辅音信号的混沌程度大于元音信号的混沌程度，因为发辅音时，送气强度及其声道壁的摩擦程度比元音信号要强，所以可以利用混沌理论进行语音信号分析。

基于混沌理论的语音信号分析与检测技术包括混沌识别、混沌降噪、混沌背景下的信号处理、利用混沌神经网络模型进行语音识别、利用混沌的随机性进行保密通信、利用分形的自相似性进行高比特率的数据压缩等技术。

在语音增强中，基于混沌同步的线性混合混沌信号的半盲提取和分离技术，解决了如何从包含各种干扰和噪声的接收信号中提取、分离出希望接收的信号的问题。

在混沌信号提取方面，将提取矢量的估计问题转化为混沌系统输出函数参数的估计问题，然后构造基于同步的参数估计方法来提取混沌信号。

在混沌信号分离方面，将信道和多个子系统看成一个整体系统，信道混叠参数变为位置的系统参数，然后构造基于同步的参数估计方法，从而分离混沌信号。基于同步的混沌信号分离技术充分利用了每个混沌原信号的产生信息，增强了分离技术的鲁棒性，在信噪比为 0dB 时仍然可以有效工作。混沌信号分离技术可降低多用户语音通信和雷达系统中发射机之间的相互干扰，也可提高混沌信号雷达系统的多目标性能和抗多径干扰能力。

3. 基于混沌的半盲提取和分离技术的实现

解决信号提取与分离的方法有很多，现有的方法基本上都是基于测量信号的统计特性的。由于完全没有源信号和混合矩阵的信息可利用，分离结果会有排列顺序和幅度的模糊。因此，一般信号分离方法只能利用源信号之间的相互独立性。但在一些应用中，虽然不能直接观测源信号，却能知道源信号产生系统的信息。所以，可以利用混沌信号的产生信息解决混沌信号的提取和分离问题，获得比盲信号提取和分离方法更好的性能。这类混沌信号提取和分离称为半盲提取和半盲分离技术。

在解决混沌信号分离问题时，将所有源信号产生系统看成一个整体，观测信号看成这个整体的输出。在此基础上，可以将混沌信号分离问题转化为混沌系数的参数估计问题。有很多的方法可解决混沌系数的参数估计问题，其中基于同步的参数估计算法有很好的实时性。在传统的系统参数估计问题中，未知参数一般出现在系统流形中，有的也位于观测函数中。

信号提取是信号分离问题中的一种，二者的不同在于信号提取只需解决如何从混合信号中恢复出某一个或某几个源信号。因此，信号提取比信号分离问题更有弹性，而信号分离往往也可以通过分别提取每一个源信号来实现。

设 P 个源信号 $s_p(t)(p=1,\cdots,P)$ 线性混合后，得到 M 个观测信号 $x_m(t)$，并满足

$$x_m(t)=\sum_{p=1}^{P}a_{mp}s_p(t),\quad m=1,2,\cdots,M \tag{2-76}$$

式中，a_{mp} 为实系数，是未知混合系数。

混沌信号提取的目标是从观测信号 $x_m(t)(m=1,2,\cdots,M)$ 中提取需要的源信

号 $s_1(t)$。假设 $s_1(t)$由如下所示的已知混沌系统产生：

$$\dot{y}_t = F(y_1) \tag{2-77}$$

$$s_1(t) = h(y_1) \tag{2-78}$$

式中，$y \in \mathbf{R}^n$ 是状态变量，$\dot{y}=\frac{\mathrm{d}y}{\mathrm{d}t}$；$F:\mathbf{R}^n \to \mathbf{R}^n$ 是系统流形；$h:\mathbf{R}^n \to \mathbf{R}$ 是系统输出函数。其他的源信号 $s_p(t)$是由随机噪声或其他不同的未知混沌系统产生的。

提取信号 $s_1(t)$的基本思路是：设计一个矢量 $w=[w_1,\cdots,w_m]$，使得 $s_1(t)$由下式重构：

$$z(t) = wx(t) \tag{2-79}$$

式中，$z(t)$是源信号 $s_1(t)$的估计。

将矢量 w 的设计问题转化为系统参数估计问题，如基于同步的参数估计方法，并可通过最小方差设计演化算法，以便使得测量误差趋近于 0，达到参数的最优估计。

2.6.2 基于分形理论的语音分析处理技术

1. 分形技术发展史

分形几何的概念是 1975 年由美国 Mandelbrot 首次提出的，他用法文出版了分形几何第一部著作《分开：形状、机遇和维数》，1977 年该书再次用英文出版。与传统几何学相比，分形具有以下特点：

(1) 整体上分形几何图形的处处不规则性和不同尺度上图形的规则性；

(2) 用欧氏描述的对象具有一定的特征长度和标度，分形几何图形具有自相似性和递归性，易于计算机迭代，便于描述自然界普遍存在的事物。

分形几何可以用来描述自然物体的复杂性，不管其起源或构造方法如何。人们很早就发现生物界中植物的形态与动物器官的构造，生物体基因、细胞、生物分子，人体的血管、神经和各种导管，都具有自相似性，具有分形特征，即可通过一个特征数——分形维数来测定其不平度、复杂性或卷积度。例如，人的动脉的分形维数大约为 2.7；20 世纪 80 年代，对肺气管这种结构复杂、形状极不规则的结构的研究结果表明，肺的分形维数是 2.17；人类大脑皱纹的分形维数在 2.73～2.79，维数越高，皱纹越多，人越聪明。

传统的肌弹性-气流动力学发生理论认为，喉的气流动力、肌力和弹性力的相互作用，导致声带振动和声音产生。非线性动态语音气流会在声道边界层产生涡流，而涡流是一种混沌现象。混沌动力学系统收敛于一定的吸引子，而该吸引子在相空间中就是分形集，是动力学系统中那些不稳定轨迹的初始点的集合，可以用分形来建模。Mandelbrot 已经说明了几种涡流的几何结构具有分形特性，所以涡流的结构可以用分形来定量地表述。

通过以上分析可知，语音信号也具有分形特征。因此，可以用分形理论对语音信号在时域进行分析，并可以通过计算分形维数来定量地描述声音特性，找出具有意义的特征参数；进一步可以把多重分形方法引入语音信号处理中，建立语音信号分形维数分析的基本框架。

2. 分形技术的应用

以往的生产实际和科学研究中，人们用以描述客观世界的几何学是欧氏几何学，以及解析几何、射影几何、微分几何等，它们能有效地对人为设计的二维物体进行描述，是人们千百年来进行生产实践的有力工具。随着社会的发展，人们逐渐感觉到传统几何并不能包罗万象地描述大自然中所有的对象。

自然界不是有序、稳定、平衡、具有确定性的，而是处于无序、不稳定、非平衡和随机的状态之中，存在着无数的非线性过程。虽然随机性和复杂性是其主要特征，但同时，在这些极为复杂的现象背后，存在着某种规律性。分形理论使人们能以新的观念、新的手段来处理这些难题，透过扑朔迷离的无序的混乱现象和不规则的形态，揭示隐藏在复杂现象背后的规律、局部和整体之间的本质联系。称为分形的结构一般都有内在的几何规律性，即比例自相似性。大多数分形在一定标度范围内是不变的，在这个范围内，不断地显微放大任何部分，其不规则程度都是一样的，这个性质称为比例性。按照统计的观点，几乎所有的分形又是置换不变的，即它的每一部分移位、旋转、缩放等在统计意义下与它任意部分相似。这两个性质表明分形绝不是完全的混乱，在它的不规则性中存在着一定的规律性。它同时暗示了自然界中一切形状及现象，都能通过较小或部分的细节反映出整体的不规则性。

Mandelbrot 和 Taylor 等都曾对分形做过尝试性定义，Falconer 从数学的角度对分形进行了更详细的描述，但至今仍无一个为人们所普遍接受的定义。这里给出 Mandelbrot 在 1986 年的描述：分形是指由各个部分组成的形态，每个部分以某种方式与整体相似。这一描述中包括以下含义：

(1) 分形既可以是几何图形，也可以是由“功能”或“信息”架起的数理模型；

(2) 分形可以同时具有形态、功能、信息三方面的自相似性；

(3) 自相似性可以是严格的，也可以是统计意义上的相似，自然界大多数分形都是统计自相似的；

(4) 相似性有层次结构上的差异，数学中的分形具有无限嵌套的层次结构，而自然界中的分形只有有限层次的嵌套，且要进入到一定的层次结构以后才有分形的规律。

分形 F 一般具有下述典型性质：

(1) F 具有精细的结构，即有任意小比例的细节；

(2) F 是如此的不规则,以至于它的整体与局部都不能用传统的几何语言来描述;

(3) F 通常有某种自相似的形式,可能是近似的或统计的;

(4) F 的“分形维数”(以某种方式定义的)一般大于它的拓扑维数;

(5) 在大多数令人感兴趣的情况下,F 可以以非常简单的方式来定义,也可以由迭代产生。

分形是描述混沌信号的一种手段,这是因为人们在试图了解混沌状态下的涡流特性时,发现混沌动力学系统可以被建模成分形吸引子。在某种程度上,涡流的一些几何特性是分形,包括涡流点的形成、一些类型涡流的边界、涡流中粒子的路径路线。现在各种实验仿真已经证明语音气流的一些机制可以被视为混沌,所以语音信号中的各种程度的涡流结构特征可以通过分形建模,作为数学和计算工具来对语音进行定量分析。

2.6.3 基于神经网络的语音分析处理技术

1. 神经网络

语音增强在一定意义上也是一个说话人的区分问题,只不过所区分的是在背景中的噪声,因此可以利用神经网络技术来实现语音增强。

神经网络是一个高度复杂的非线性动力学系统。神经网络具有大规模并行、分形式存储和处理、自组织、自适应和自学能力,特别适合处理时需要同时考虑许多因素和条件、不精确和模糊的信息处理问题。神经网络的发展与神经科学、数理科学、认知科学、计算科学、人工智能、信息科学、控制理论等有关,是一门新兴的边缘交叉科学。

神经网络可采用物理可实现器件或利用计算机来模拟生物神经网络的某些结构和功能。构成神经网络的三个基本要素如下所述:

(1) 神经元,即神经网络的基本处理单元,在网络中称为节点或网点。一般而言,它的作用是把若干个信号输入加权求和后进行非线性处理后输入。

(2) 网络拓扑,即网络的结构以及神经单元彼此连接的方式。根据连接的方式不同,网络可以分为反馈型网络和非反馈型网络。

(3) 网络训练算法,训练算法是指一些决定连接各神经元的初始权值和阈值,如何随着训练模式的加入重新调整这些权值和阈值的方法。通过训练调整各个神经元之间的连接权值以及神经元本身的阈值,使神经网络具有所希望的性能。

神经网络的研究始于 1943 年,Mcculloch 和 Pitts 提出了 M-P 模型,利用该模型可以实现一些逻辑关系的建模。M-P 模型的提出不仅具有开创意义,而且为以后的工作奠定了理论基础。1949 年,Hebb 提出了神经元之间突触强度调整的假设，从而引入了一种调整神经网络连接权值的规则，这就是有名的 Hebb 学习规则。直到现在，仍有许多神经网络在采用这种学习规则。1958 年，Rosenblatt 引入了著名的感知器模型，这是第一个完整的神经网络模型；1960 年，Widrow 和 Hoff 引入了自适应线性神经网络神经元，它可以用于自适应滤波、预测和模型识别中。

2. 神经网络的结构

神经网络中神经元的构造方式和训练网络的学习算法是紧密连接的，因此可以认为，用于网络设计的学习算法或规则是被构造的。一般说来，有三种基本不同的网络结构。

1）单层前馈

网络在分层网络中，神经元以层的形式组织。在最简单的分层网络中，源节点构成输入层，直接投射到神经元输出层，即计算节点上去，不具有反向通道，所以这个网络是严格前馈的。

2）多层前馈

网络与网络有一层或多层隐藏节点层，相应的计算节点称为隐藏单元或隐藏神经元。隐藏神经元的功能是以某种有用方式，介入外部输入和网络输出之中。加上一个或多个隐藏层后，网络将具有高阶统计特性。即使网络为局部连接，由于额外的突触连接和额外的神经交互作用，可以使网络在不那么严格意义下，获得一个全局关系。当输出层很大的时候，隐藏层提取高阶统计特性的能力就更有价值了。

3）递归网络

递归网络和前馈网络的区别在于，它至少有一个反馈环。反馈环的存在，对于神经网络的学习能力及其性能产生了深度的影响。并且，由于反馈环涉及使用单元延迟元素构成的特殊分支，如神经网络包含非线性单元，将导致非线性的动态行为。

人工神经网络的工作过程主要分为两个阶段：

(1) 第一个阶段是学习期，此时各计算单元状态不变，各连接上的权值可通过学习来修改；

(2) 第二个阶段是工作期，此时各连接权值固定，计算单元变化，以达到某种稳定状态。

从作用效果看，前馈网络主要是函数映射，可用于模式识别和函数逼近。反馈网络根据能量函数的极小点，可分为两类：

(1) 第一类是能量函数的所有极小点都起作用，这一类主要用做各种联想存储器；

(2) 第二类只利用全局极小点,它主要用于求解最优化问题。

3. 神经网络的特点

神经网络的计算能力有以下特点:

(1) 大规模并行分布式结构。

(2) 神经网络学习能力以及由此而来的泛化能力。泛化是指神经网络对不在训练集中的数据可以产生合理的输出。

(3) 神经网络具有非线性、输入输出映射、适应性、证据响应、容错性、VLSI实现、分析和设计的一致性等能力。

4. 神经网络在语音增强中的应用

利用神经网络设计语音信号增强系统,在无噪和含噪语音条件下,提取语音信号的Mel频率倒谱系数(Mel frequency cepstral coefficients,MFCC)用于神经网络,最终达到语音信号消噪和可懂度提高的目的。通过实验可以证明该算法的语音增强效果比较好。

20世纪80年代,倒谱类型的参数由于具有明显的优势而逐渐取代了线性预测分析,成为说话人模型的首选参数。其中一个重要的优势就是可以方便地应用Mel倒谱理论。

对MFCC参数而言,高阶的MFCC系数反映了说话人声源激励信息,因此在说话人识别中具有重要的作用,并且相对于低阶系数具有更好的噪声鲁棒性。所以可以舍弃MFCC低阶系数并将其与其他参数相结合,从而改善说话人的噪声鲁棒性。由离散余弦变换(discrete cosine transform,DCT)性质可知,MFCC的几个低阶分量所代表的是该帧语音的能量信息,而代表说话人个人特征信息的成分较少。特别是当测试语音与训练语音能量差别较大,或者语音带噪后能量电平变化较大时,这些分量对识别性能会带来严重的负面影响。由于MFCC对乘性噪声的稳健度,同时对加性背景噪声也非常有效,在特征提取阶段,通过计算MFCC的均值可获得噪声在倒谱域的分量,然后将这一分量通过神经网络从每一帧MFCC中滤除掉,这样由乘性噪声或加性噪声所带来的特征偏差将被抵消,语音特征将更接近于纯净语音模型,从而达到语音增强的目的。

神经网络在语音增强中的应用主要有以下两个方面。

1) 时域滤波

时域滤波的方法是基于测试语音的噪声环境分布和训练时相同,且该分布保持不变的前提假设,然后利用带噪语音和纯净目标语音分别进行训练,得到合适的预测神经元模型。为得到语音的最大似然估计,在扩展的卡尔曼滤波过程中,使用训练得到的预测神经元模型,将噪声抑制。

2）变换域分布

使用带噪语音和纯净目标语音在变换域中对神经网络进行训练。变换域根据需要可以选择为频谱域、倒谱域、Mel 倒谱域等。信噪比(SNR)或其他一些测度也可以作为网络的输入。这种方法的前提是 SNR 估计是正确的，且语音和噪声的统计分布是特定的。利用训练得到的神经元，构造可以对语音和噪声进行分类的分类器，即可实现语音增强。

2.7　语音增强噪声估计技术

语音增强系统中的噪声功率谱估计的准确性会直接影响到最终接收效果，例如，在维纳滤波语音增强算法中的维纳滤波器参数的估计，在基于最小均方误差算法中先验和后验信噪比的估计，这些噪声估计过高时，微弱的语音将被去掉，使增强语音产生较大的失真；而估计过低时，则会有较多的残留背景噪声。因此，语音增强系统中对噪声估计方法的研究有着非常重要的意义。通常，语音增强系统中的噪声估计方法可分为基于平稳环境和基于非平稳环境两大类。

2.7.1　基于平稳环境下的噪声估计

在大多数语音增强算法中，首先要对噪声的特性参数进行估计，通常假设噪声的均值为零，需要估计的参数就是噪声的方差。本节主要介绍两种在平稳环境下噪声估计的方法，一种是语音活性检测(voice activity detection，VAD)算法，对语音信号进行有声/无声检测，即在纯净语音间隙，无声时更新噪声估计，有声时保持原有噪声估计不变；另一种是基于自相关函数最大值的语音活性检测算法，即通过对语音信号进行短时自相关函数归一化处理，实现噪声动态更新与估计，该方法避免了在活性检测过程中，由于考虑信号绝对能量的大小而使语音检测效果受到影响。

1. 语音活性检测算法

带噪语音信号的处理过程中，对于其中语音段和非语音段的判定，即带噪语音活性检测，是语音处理中非常重要的一个步骤。因为在语音分析、语音滤波和语音增强中，语音信号模型参数、噪声模型参数和自适应滤波器中的自适应参数的估计都需根据对应的信号段，即语音段或噪声段来计算确定，所以只有准确地判定出语音信号的端点，才能正确地进行语音处理。基于帧的语音活性检测原理框图如图 2-19 所示。

图 2-19 中，输入语音信号经预处理后，信号帧一方面送到特征提取模块，提取特征参数，另一方面送到阈值计算模块，计算参数判决阈值，通常阈值电平需自适应调整，而后经过 VAD 判决纠正，最后判决得出此信号帧是有声帧还是无声帧。

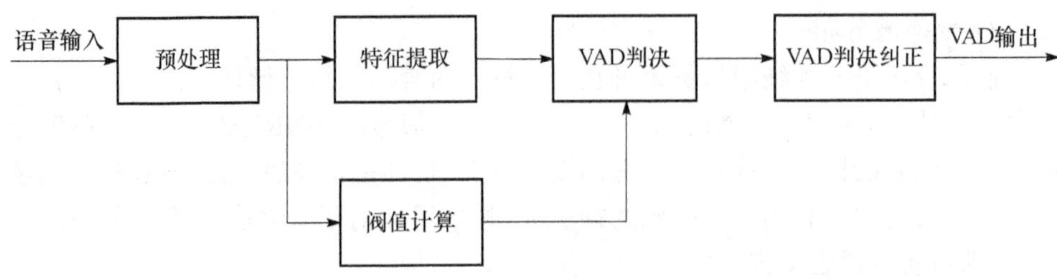

图 2-19 语音活性检测的原理框图

一般情况下，判决纠正采用拖尾延迟保护方法，即有声判决后的 N 帧无声仍然判为有声，以避免低能量的清音帧被误判为噪声帧，这里 N 可取 3～10。

VAD 算法的基本原则可假定如下：

(1) 语音是非平稳信号，在较短的时间如 20～30ms 后，频谱就会变化；

(2) 在相当长的时间内，背景噪声频谱是平稳的，并随着时间缓慢变化；

(3) 语音信号电平通常高于背景噪声电平。

在上述前提下，VAD 算法可检测出无声区间，并同时区分有声和无声情况下的背景噪声。在背景噪声电平很低的通信系统中，一个简单的信号能量阈值就可以用来检测无声区间；但在一个背景噪声电平较高，并且不断变化的通信系统中，通过一个简单的能量阈值函数是不可能区分带噪语音和背景噪声的。既然背景噪声的电平在不断改变，那么阈值应该能自适应调整，以便对输入信号进行准确的判断和分类。一般情况下，阈值仅在无声区间时才能更新。语音活性检测既可通过检测信号的频谱特征来实现，也可通过分析输入信号是频谱不断变化的语音，还是具有相对稳态频谱响应的噪声来实现。

使用语音活性检测，虽然信噪比较高，但有些信号的端点不明显。近年来随着各行业对通信系统语音质量客观评价的需求不断提高，又出现了很多种语音活性检测算法，它们主要通过采用各种新的特征参数，来提高算法的抗噪性能。例如，1994 年由 Junqua 提出的时频(time frequency，TF)参数语音活性检测算法；还有诸如倒谱系数、隐马尔可夫模型、短时频谱方差、自相关相似距离、信息熵、子带能量、神经网络等参数模型也逐渐被应用到语音活性检测中；另外还可通过将信号的几种特征组合成一个新的特征参数来进行语音活性检测；而对语音有声判决方式也由原来的单一阈值、双阈值和多阈值，发展到基于模糊理论的判决方式。这些方法与短时能量的检测方法相比具有更高的抗噪性能。

2. 基于自相关函数最大值的语音活性检测算法

根据语音中浊音的周期性，而噪声通常不具备这种性质，并假设背景噪声为高斯白噪声时，可通过语音信号的自相关函数进行语音活性检测。

语音信号具有短时稳定性，其中浊音周期为 4～13ms，由于语音的绝大部分能量都集中在浊音部分，而清音接近于随机噪声，因此在 10～20ms 内带噪语音可看做一个准周期信号，它的归一化短时自相关函数也具有准周期性，虽然高斯白噪声的归一化自相关函数分布为平均和分散，不具备周期性，但二者的归一化自相关函数的最大值都为 1。

当带噪语音的归一化自相关函数通过低通滤波器后，由于能量比较集中，通过低通滤波器后得到的最大值就较大，而高斯白噪声归一化自相关函数的能量较分散，低通滤波后得到的最大值就较小，即带噪语音的归一化自相关函数经过低通滤波器后的最大值，可以间接地反映信号的准周期程度。因此可以通过统计最大值的方法来确定一个阈值，用于区分带噪语音和高斯白噪声。

基于自相关函数最大值的语音活性检测算法的具体步骤如下：

(1) 计算每一帧带噪语音的归一化短时自相关函数；

(2) 将此函数通过低通滤波器；

(3) 取每一帧的最大值并存储；

(4) 根据带噪语音信号的信噪比来确定阈值 T；

(5) 将最大值大于 T 的帧判为带噪语音帧，若带噪语音帧的前三帧或者后三帧的最大值都小于 T，则判为语音帧。

在上述算法中，对语音信号进行了归一化处理，从而避免在语音活性检测过程中考虑信号绝对能量的大小所带来的影响。如果其他噪声如坦克噪声、飞机噪声等作背景噪声，即使在信噪比较高的情况下，也不能很好地进行端点检测，因此这里提到的语音活性检测算法，主要用于背景噪声是宽带平稳噪声即高斯白噪声的场合。尽管这种方法在平稳噪声中可能表现得很好，但在大多数实际环境中如餐馆、机场，表现就没那么好了，因为这样的环境中噪声是时变的。基于此，1995 年 Doblinger 提出了在每个频点去跟踪带噪语音的最小功率谱并更新噪声功率谱，但如果在噪声突变如突升、突降等情况下，这种算法就表现得不好。

2.7.2　基于非平稳环境下的噪声估计

传统的噪声估计通常假设噪声是平稳的，认为其功率谱在发声前与发声期间基本没有变化，因此噪声的功率谱可以通过在无声段进行更新得到，而在语音段则保持不变。但是实际的语音通信中，背景噪声常常为非平稳噪声，噪声的功率谱随时间有较大的变化，而且语音段往往持续较长时间，因此如果仅仅在无声段进行噪声的功率谱估计，会使噪声的功率谱不能得到及时更新，从而造成估计的噪声功率谱与实际的噪声功率谱之间有较大的偏差，最终不能有效地去除噪声。因此，本节提出了基于连续更新噪声谱和基于统计信息的非平稳噪声自适应估计算法。

1. 基于连续更新噪声谱的噪声估计算法

Martin 提出的统计最小值跟踪算法，省去了对语音端点进行检测，对非平稳噪声有较好的适应性，即使在有语音存在的情况下，也能较快地适应噪声的变化。Martin 先用一个最优平滑滤波器对带噪语音的功率谱进行滤波，得到一个噪声的粗略估计，然后找出该估计中，在一定时间窗内的最小值，对这个最小值进行一些偏差修正，即得到所要估计的噪声方差。该算法的主要优点是能较快地跟踪噪声变化，且无须进行无声段的判断，提高了算法的鲁棒性。

这种算法的基本流程如下：

(1) 加窗并进行短时傅里叶变换。

假设带噪语音信号 $y(t)$分为采样长度为 L 的多个帧信号，对每帧信号进行 FFT 计算，得到对应频域信号 $Y(\lambda,R)$。

(2) 对带噪语音进行最优平滑。

先用平滑过程来粗略估计噪声功率谱密度 $D(\lambda,R)$，然后通过噪声功率谱在一个滑动窗内的最小值来决定噪声功率的进一步估计。

(3) 对平滑结果用最小值跟踪，得到无偏的噪声估计。

最小功率谱统计跟踪的方法将跟踪短时谱的最小功率谱密度，这个最小功率谱是由一个连续时间段内的最小功率谱密度求得的。因为随机变量的最小值总会小于平均值，所以用最小功率谱密度值作为平均值的估计存在着偏差，要得到平均值就要对最小功率谱密度进行偏差修正。

2. 基于统计信息的非平稳噪声自适应估计算法

针对上述基于连续更新噪声谱的噪声估计算法，本小节提出一种改进的算法：基于统计信息的非平稳噪声自适应算法。该算法利用帧间相关性，估计纯净语音存在的概率，不需要明确的语音活性检测来更新噪声参数的估计。

这种改进算法的流程如下：

(1) 跟踪带噪语音最小值。

通过一个固定的窗宽去跟踪带噪语音功率谱的最小值，该方法对于外部环境很敏感，并且需依据窗宽去更新最小值。

(2) 计算语音存在概率 $p(\lambda,k)$。

用带噪语音功率谱及其局部最小值的比率来计算语音存在概率 $p(\lambda,k)$，计算出的概率和经验概率值进行比较，以此判断是语音存在频率点还是语音盲点。

(3) 计算时频平滑参数 $\alpha_s(\lambda,k)$。

结合语音存在概率理论利用下式计算出时频平滑参数：

$$\alpha_s(\lambda,k)=\alpha_d+(1-\alpha_d)p(\lambda,k) \tag{2-80}$$

式中，$\alpha_d=0.85$；$\alpha_s(\lambda,k)$的取值范围是$\alpha_d\leqslant\alpha_s(\lambda,k)\leqslant 1$。

(4) 更新噪声功率谱$D(\lambda,k)$。

在求得时频平滑参数后，利用下式来更新噪声功率谱：

$$D(\lambda,k)=\alpha_s(\lambda,k)D[(\lambda-1),k]+[1-\alpha_s(\lambda,k)]\,|\,Y(\lambda,k)\,|^2 \tag{2-81}$$

除上述两种非平稳环境下噪声估计方法外，还有诸如基于前向语音缺失概率估计算法、基于两态假设模型、基于语音信号存在不确定性的跟踪算法等，均可实现语音增强系统中的噪声估计。

2.8 本章小结

本章对语音信号的分析处理技术和噪声估计技术进行了详细介绍。首先分析了语音信号的一些预处理操作，包括语音信号的预滤波、数字化、分帧、加窗、预加重及去加重等过程。然后对语音增强中的语音信号分析处理技术在时域和变换域分别进行讨论。在时域处理技术中，重点介绍了短时能量、短时平均幅度、短时平均过零率、短时自相关函数等分析方法；在变换域分析处理技术中，对语音的频域分析和同态处理进行了重点介绍。接下来对语音信号的线性预测分析处理技术进行了详细介绍。为了更全面地了解语音信号处理技术，本章还对应用混沌理论、分形理论和神经网络的语音分析处理技术进行了详细论述。最后，针对平稳和非平稳环境下语音信号处理中共有的噪声类型、噪声大小的估计问题进行了具体分析。

参考文献

陈永彬. 1991. 语音信号处理. 上海：上海交通大学出版社.

胡光锐. 1994. 语音处理与识别. 上海：上海科学技术文献出版社.

胡航. 2005. 语音信号处理. 哈尔滨：哈尔滨工业大学出版社.

韩纪庆，张磊，郑铁然. 2004. 语音信号处理. 北京：清华大学出版社.

姚天任. 1992. 数字语音处理. 武汉：华中理工大学出版社.

张雄伟，陈亮，杨吉斌. 2007. 现代语音处理技术及应用. 北京：机械工业出版社.

赵力. 2003. 语音信号处理. 北京：机械工业出版社.

Benko U, Dani J. 2008. Frequency analysis of noisy short-time stationary signals using filter diagonalization. Signal Processing, 88(7): 1733—1746.

Berouti M, Schwartz R, Makhoul J. 1979. Enhancement of speech corrupted by acoustic noise. Proceedings of IEEE ICASSP, Washington DC, 4: 208—211.

Cohen I. 2001. On speech enhancement under signal presence uncertainty. IEEE Speech Signal Processing, 1: 661—664.

Cohen I. 2003. Noise spectrum estimation in adverse environments: Improved minima controlled recursive averaging. IEEE Transactions on Speech and Audio Processing, 11(5): 227—231.

Knecht W G, Schenkel M E, Moschytz G S. 1995. Neural network filters for speech enhancement. IEEE Transactions on Speech and Audio Processing, 3(6): 433—438.

Martin R. 2001. Noise power spectral density estimation based on optimal smoothing and minimum statistics. IEEE Transactions on Speech and Audio Processing, 9(5): 504—512.

McAulay R J, Malpass M L. 1980. Speech enhancement using a soft-decision noise suppression filter. IEEE Transactions on Acoustics, Speech and Signal Processing, 28(2): 137—145.

Miyanaga Y, Gozen S, Ohtsuki N. 2000. A robust speech analysis in speech recognition. IEEE Transactions on Speech and Audio Processing, 2: 706—709.

Pearlman W A, Gray R M. 1978. Source coding of the discrete Fourier transform. IEEE Transactions on Information Theory, 24: 683—692.

Plapous C, Marro C, Scalart P. 2006. Improved signal-to-noise ratio estimation for speech enhancement. IEEE Transactions on Audio, Speech and Language Processing, 14(6): 2098—2108.

Quatieri T F. 2004. 离散时间语音信号处理——原理与应用. 赵胜辉，刘家康译. 北京：电子工业出版社.

Rabiner L R, Sharer R W. 1983. 语音信号数字处理. 朱雪龙译. 北京：科学出版社.

Schafer R W, Rabiner L R. 1973. Design and simulation of a speech analysis-synthesis system based on short-time Fourier analysis. IEEE Transactions on Audio and Electroacoustics, 21(3): 165—174.

Schroeder M R. 1966. Vocoders: Analysis and synthesis of speech. Proceedings of IEEE, 54: 720—734.

Sim B L, Tong Y C, Chang J S, et al. 1998. A parametric formulation of the generalized spectral subtraction method. IEEE Transactions on Speech and Audio Processing, 64(4): 328—337.

Sohn J, Kim N S, Sung W. 1999. A statistical model-based voice activity detector. IEEE Signal Processing Letters, 6(1): 1—3.

Tanyer S G, Ozer H. 2000. Voice activity detection in non-stationary noise. IEEE Transactions on Speech and Audio Processing, 8(4): 478—482.

Wong D. 1979. Digital processing of speech signals. IEEE Transactions on Speech and Audio Processing, 17(6): 34—35.

第 3 章　语音增强短时谱估计算法

自 20 世纪 70 年代以来,针对加性宽带噪声提出了许多语音增强算法,而其中基于短时谱(short time spectrum,STS)估计的语音增强算法是单声道语音增强中常用的一类,该类算法由于具有适用信噪比范围大、算法高效简单、易于实时处理等特点而得到广泛应用。基于短时谱估计的语音增强算法基本上可分为幅度谱减(amplitude spectral subtraction,ASS)算法、功率谱减(power spectral subtraction,PSS)算法、维纳滤波(Wiener filtering,WF)算法、卡尔曼滤波(Kalman filtering,KF)算法及最小均方误差估计算法等,而每一种算法都有不同的改进算法。

语音信号虽然是非平稳信号,但在短时间 10～30ms 内可近似看做是平稳的,因此语音的短时谱具有相对稳定性。短时幅度谱估计是基本的语音增强技术,首先通过精确的噪声估计来采集噪声特性,然后利用该噪声功率谱信息,从带噪语音的幅度谱中估计出原始语音的幅度谱。在该类算法中,语音信号的短时幅度谱对语音感知起主导作用,在语音增强中需精确估计,而相位对于语音感知却不很敏感,可不必精确计算。实验证明,在一定条件下语音相位的最小均方误差估计值,就是带噪语音相位本身,因此,可直接采用带噪语音的相位作为增强语音的相位。

3.1　谱相减算法

谱相减算法(spectral subtraction,SS)由美国 Utah 大学的 Boll 于 20 世纪 70 年代后期提出,之后众多学者又在其基本思想上提出了谱相减算法的一些变形方式,并对其进行了改进,由于谱相减算法简单、有效,所以一直沿用至今。

谱相减算法,又简称为谱减法,其基本思想是从带噪语音的频谱估值中减去噪声频谱估值,从而得到纯净语音的频谱估计值。本节主要从幅度谱减法和功率谱减法两个方面对谱减法进行论述,并针对其改进算法也进行分析和探讨。

3.1.1　幅度谱减法

幅度谱减法基于人的感觉特性,即语音信号的短时幅度比短时相位更容易对人的听觉系统产生影响,它需对语音的短时幅度谱进行估计。这种方法虽没有使用参考噪声源,但它假设噪声是统计平稳的,即有语音期间与无语音间隙噪声振幅谱的期望值相等。用无语音间隙测量得到的噪声频谱估计值,代替有语音期间的噪声频谱,然后令含噪语音频谱减去该噪声频谱估值,便得到纯净语音频谱的估计值。当上述差值为负值时,将其置零。实验证明,该算法简单、有效,并能抑制背景噪声的影响。

幅度谱减法的建立基于以下几点假设:

(1) 噪声信号和语音信号是互不相关的,在频域是加性的关系;

(2) 背景噪声环境相对于语音活动区域来说是近似稳态的,这样就可以利用在无声段估计的平均噪声谱来逼近有声段的噪声谱;

(3) 如果背景噪声环境变化到一个新的稳态,则应留有足够的时间约 300ms,用于估计新的背景噪声频谱;

(4) 对于缓慢变化的非平稳噪声环境,谱减法中有语音活性检测环节,以便实时地判断并进行调整。

假设噪声影响的消除可以通过从带噪语音幅度谱中减去噪声估值来实现,并假设语音是平稳信号,而噪声和语音为加性信号且彼此不相关。此时带噪语音信号为

$$y(n) = s(n) + d(n) \tag{3-1}$$

式中,$0 \leqslant n \leqslant N-1$,$N$ 为信号长度;$s(n)$为纯净语音信号;$d(n)$为噪声信号;$y(n)$为带噪语音。经过加窗处理后,带噪语音的时域和频域分别表示为

$$y_w(n) = s_w(n) + d_w(n) \tag{3-2}$$

$$Y_w(\omega) = S_w(\omega) + D_w(\omega) \tag{3-3}$$

式(3-2)中,$y_w(n)$、$s_w(n)$和 $d_w(n)$ 为信号的时域加窗表示;式(3-3)中,$Y_w(\omega)$、$S_w(\omega)$和 $D_w(\omega)$表示对式(3-2)进行傅里叶变换后的频域信号表示;下标 w 表示加窗处理。忽略语音和噪声的相位差别,则 $y_w(n)$的幅度谱为

$$| Y_w(\omega) | = | S_w(\omega) | + | D_w(\omega) | \tag{3-4}$$

通过式(3-4),在估计出噪声频谱和得到带噪语音频谱之后,利用人耳对语音频谱相位的不敏感性,直接从带噪语音幅度谱中减去噪声的幅度谱,得到增强后的纯净语音幅度谱,并将带噪语音的相位近似作为增强后语音的相位,从而达到消除噪声影响、实现语音增强的目的。增强后的语音信号频域表达式为

$$\hat{S}_w(\omega) = [| Y_w(\omega) | - | D_w(\omega) |]e^{j\theta_y(\omega)} \tag{3-5}$$

式中,“$\hat{S}_w(\omega)$”代表增强后语音的估值;$|Y_w(\omega)|$为带噪语音幅度谱;$|D_w(\omega)|$为噪声幅度谱;$\theta_y(\omega)$为带噪语音 $y(n)$的相位谱。在实际应用中,可用非语音段噪声谱的数学期望 $\mu(\omega)$作为噪声幅度谱$|D_w(\omega)|$的估计值,则式(3-5)可写为

$$\hat{S}_w(\omega) = [| Y_w(\omega) | - \mu(\omega)]e^{j\theta_y(\omega)} \tag{3-6}$$

式中,非语音段噪声谱的数学期望 $\mu(\omega)$可通过下式计算得到:

$$\mu(\omega) = E\{| D_w(\omega) |\} \tag{3-7}$$

将 $\hat{S}_w(\omega)$ 进行傅里叶逆变换，就可以得到增强后的时域语音信号，这种语音增强算法称为幅度谱减法，其实现流程如图 3-1 所示。

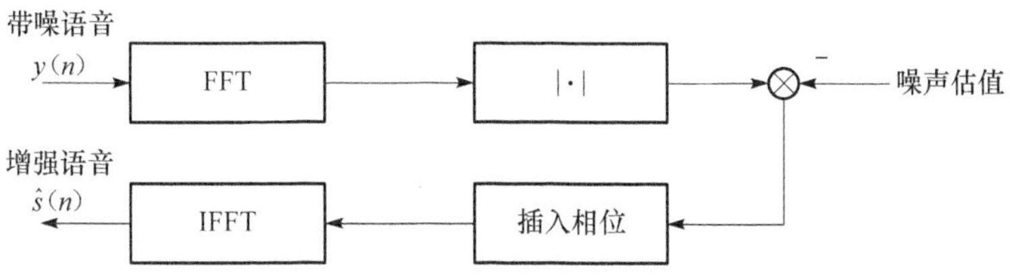

图 3-1　幅度谱减法实现流程图

3.1.2　改进的幅度谱减法

幅度谱减法由于其平稳性假设与实际含噪情况并不相符，效果不理想，残留的音乐噪声较大。通过幅度谱平滑方法对相邻帧的幅度谱进行适当的平均，可以有效地抑制残留噪声，减小估计器的误差；采用过减法、半波整流法可以充分消除频域中的残留噪声；残留噪声衰减法在给定频点上通过用相邻帧的此频点振幅最小值，代替当前帧的振幅值来压缩残留噪声，以此获得高信噪比。下面针对各种改进算法进行详细介绍。

1. 幅度谱平滑法

语音波形变化缓慢时，幅度谱平滑法的效果比较好，并且用于平滑的相邻帧的数目越多，残留噪声越少。但是由于语音信号的短时平稳性，过多的平均反而会增加估计器误差，对语音造成损害，使输出语音模糊不清，因此，平均帧数的选取要综合考虑。在对幅度谱进行均值滤波时，可用加权均值法，根据距中心帧的距离，给各帧赋以不同的权值，距离越近，权值越大，这样既考虑到信号前后帧之间的连贯性，也考虑到语音信号的非平稳性。

为了进一步降低噪声，还可对谱减后的每一个频谱值，从其前后几帧的对应频谱值中寻找一个最小值，用这个值代替当前谱减结果，这是因为语音信号的出现总是需要一个过程，利用前后帧的信息，可有效地去除突变点。取其中最小值，这也是一种平滑的方法。噪声谱的估计可以在无语音帧时进行更新，如采用幅度谱平均法时，噪声谱的估计值为

$$E[\,|D_W(\omega)|^{\gamma}] = \frac{1}{K}\sum_{i=0}^{K-1}|D_{W_i}(\omega)|^{\gamma} \tag{3-8}$$

式中，$D_W(\omega)$ 是当前噪声谱的估计值；$D_{W_i}(\omega)$ 是无语音帧的各帧噪声谱估计值；K 是无语音帧的总数；γ 是幅度谱的指数。当采用滤波法时，噪声谱的估计值又可写成

$$E[|D_{W_i}(\omega)|^{\gamma}]=\rho E[|D_{W_{i-1}}(\omega)|^{\gamma}]+(1-\rho)|D_{W_i}(\omega)|^{\gamma} \tag{3-9}$$

式中,$D_{W_i}(\omega)$是无语音帧的各帧噪声谱估计值;ρ是滤波系数,典型取值为0.8～0.95。

2. 幅度谱过减法

通过幅度谱减法对语音信号进行处理后,在频域中仍有残留噪声,要消除或者减少这些噪声,可以适当地多减去一些噪声分量,使得残留噪声在幅值上减少,从而降低噪声的影响,这种方法称为幅度谱过减法。过减会引起语音的损伤,但从总体语音质量上考虑,这种方法是可取的。过减法的具体实现为

$$|\hat{S}_W(\omega)|^{\gamma}=|Y_W(\omega)|^{\gamma}-E[|D_W(\omega)|^{\gamma}] \tag{3-10}$$

式中,γ是幅度谱的指数,若$\gamma=2$则是功率谱减法,$\gamma=1$是幅度谱减法。

$$|\hat{S}_W(\omega)|=\{|Y_W(\omega)|^{\alpha}-\beta E[|D_W(\omega)|^{\alpha}]\}^{1/\alpha} \tag{3-11}$$

式中,α为谱减修正系数;β为谱减噪声系数。当$\alpha=1,\beta=1$时,可得到幅度谱减法形式,$\beta>1$为幅度谱过减形式。当$\alpha=2,\beta=1$时,可得到功率谱减法形式,$\beta>1$为功率谱过减形式。

式(3-11)中,β的选取原则如下:

(1) β大则残留噪声衰减的程度大,语音失真的程度也大。

(2) β小则语音信息保护得好,但噪声减少的程度也小。

实际β的选取是对降低噪声和保持语音不失真的一种折中,对信噪比低的带噪语音,噪声的方差大,β可适当选取大些;对信噪比高的带噪语音,β可选取小些。

3. 半波整流法

从式(3-8)可以看出,噪声谱的估计值是平均值,因此,当前帧的实际噪声谱与估计值不一定完全相同,经过谱减法计算后的语音谱值可能出现负值,这种情况下,将其结果置为0,该方法称为半波整流法,定义为

$$|\hat{S}_W(\omega)|=0,\quad \{|Y_W(\omega)|^{\gamma}-E[|D_W(\omega)|^{\gamma}]\}<0 \tag{3-12}$$

令式(3-13)和式(3-14)成立:

$$H_{RW}(\omega)=\frac{H_W(\omega)+|H_W(\omega)|}{2} \tag{3-13}$$

$$H_W(\omega)=1-\frac{E[|D_W(\omega)|]}{|Y_W(\omega)|} \tag{3-14}$$

则半波整流的另一种形式如式(3-15)和式(3-16)所示:

$$\hat{S}_W(\omega)=\{|Y_W(\omega)|-E[|D_W(\omega)|]\}\exp[j\theta_y(\omega)] \tag{3-15}$$

$$\hat{S}_W(\omega)=H_{RW}(\omega)Y_W(\omega) \tag{3-16}$$

有时为了降低音乐噪声对人耳的影响,可以适当加入宽带噪声来掩盖音乐噪

声。此时，经谱减后的语音估值为

$$\hat{S}_W(\omega)=\begin{cases}\left\{\dfrac{|Y_W(\omega)|^2-\alpha E[|D_W(\omega)|^2]}{|Y_W(\omega)|^2}\right\}^{1/2}, & |Y_W(\omega)|^2-\alpha E[|D_W(\omega)|^2]\geqslant 0\\ \left\{\dfrac{\beta E[|D_W(\omega)|^2]}{|Y_W(\omega)|^2}\right\}^{1/2}Y_W(\omega), & |Y_W(\omega)|^2-\alpha E[|D_W(\omega)|^2]<0\end{cases} \tag{3-17}$$

式中，参数 $\alpha\geqslant 1, 0\leqslant\beta\leqslant 1$。

4. *残留噪声衰减法*

残留噪声的幅值介于零和整个非语音活动期的最大噪声残留幅值 $\max|D_R(\omega)|$之间，由于残留噪声的随机性，在每个频点上其振幅值随不同分析帧而随机波动，因此可以在给定频点上用相邻帧的此频点的振幅最小值，来代替当前帧的振幅值，达到压缩残留噪声的目的。当语音 $\hat{S}_W(\omega)$的振幅值小于最大残留噪声 $\max|D_R(\omega)|$时，取相邻帧振幅最小值；如果 $\hat{S}_W(\omega)$的幅值大于最大残留噪声 $\max|D_R(\omega)|$时，保持其幅值不变。这种噪声压缩方法是基于以下特点的：

(1) 如果 $\hat{S}_W(\omega)$的幅值小于最大残留噪声，且随分析帧而随机变化，这可能由此频点上的噪声所致，可通过取最小值实现对噪声的压缩；

(2) 如果 $\hat{S}_W(\omega)$的幅值小于最大残留噪声，且随分析帧而近似保持为常数，这可能是由此频点上的低能量语音所致，这时取最小值仍能保留语音信息；

(3) 如果 $\hat{S}_W(\omega)$的幅值大于最大残留噪声，则在此频点上主要是高能量的语音，这时保持其幅值不变。

实现残留噪声衰减(以相邻三帧为例)的公式为

$$|\hat{S}_W(\omega)|=\begin{cases}|\hat{S}_{W_i}(\omega)|, & |\hat{S}_{W_i}(\omega)|\geqslant\max|D_R(\omega)|\\ \min\{|\hat{S}_{W_j}(\omega)|, j=i-1,i,i+1\}, & |\hat{S}_{W_j}(\omega)|<\max|D_R(\omega)|\end{cases} \tag{3-18}$$

应用传统谱减法，在平稳声学环境及信噪比较大的情况下，能得到较好的增强效果；但对于弱语音信号、低输入信噪比和非平稳噪声环境下的抑制效果并不十分理想。如在高斯白噪声与低输入信噪比情况下，运用谱减法得到的语音增强效果也是有一定差别的，所以应根据不同环境，恰当选用不同的谱减法来实现语音增强。

3.1.3　功率谱减法

假设语音信号与噪声信号不相关，带噪语音信号的功率谱如下：

$$|Y(\omega)|^2 = |S(\omega)|^2 + |D(\omega)|^2 \tag{3-19}$$

只要从含噪语音功率谱$|Y(\omega)|^2$中减去噪声功率谱$|D(\omega)|^2$便可恢复纯净语音功率谱$|S(\omega)|^2$。由于噪声是局部平稳的，假设发音前与发音期间的噪声功率谱相同，可利用发音前或后的、没有语音只有噪声的“寂静帧”来估计噪声；然而语音是非平稳的，实际上只能利用一小段加窗信号进行分析。此时式(3-19)改写为

$$|Y(\omega)|^2 = |S(\omega)|^2 + |D(\omega)|^2 + S_w(\omega)D_w^*(\omega) + S_w^*(\omega)D_w(\omega) \tag{3-20}$$

式中，下标 w 表示加窗信号；上标 * 表示复共轭。由于 $d(n)$ 和 $s(n)$ 互不相关，则互谱的统计均值为 0，所以原始语音的功率谱估值如下所示：

$$|\hat{S}(\omega)|^2 = |Y(\omega)|^2 - |\hat{D}(\omega)|^2 \tag{3-21}$$

式中，^ 表示估计值。由于人耳对语音信号相位不敏感，$|\hat{D}(\omega)|^2$可在无语音段估计得到。因为涉及估值，所以实际中有时这个差值为负，但功率谱不能为负，故可令估值为负差值时置零，得到

$$|\hat{S}(\omega)|^2 = \begin{cases} |Y(\omega)|^2 - |\hat{D}(\omega)|^2, & |Y(\omega)|^2 > |\hat{D}(\omega)|^2 \\ 0, & |Y(\omega)|^2 \leqslant |\hat{D}(\omega)|^2 \end{cases} \tag{3-22}$$

功率谱减法的原理框图如图 3-2 所示。

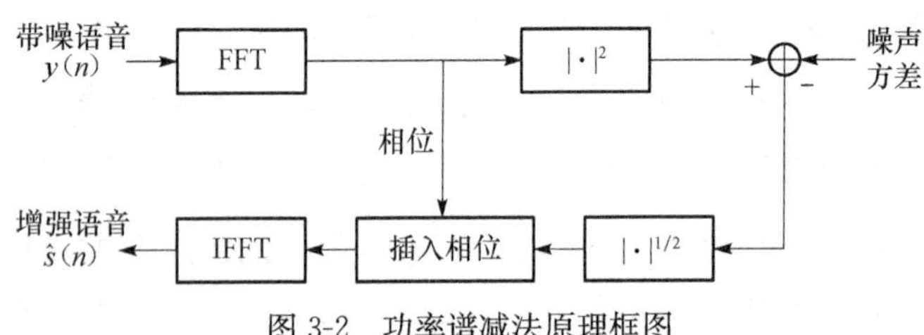

图 3-2　功率谱减法原理框图

带噪语音的相位 $\arg Y(\omega)$ 直接与$|\hat{S}(\omega)|$相乘，便可恢复出增强后的语音，即有

$$\hat{S}(\omega) = \text{IFFT}\{|\hat{S}(\omega)| \cdot \exp[j\arg Y(\omega)]\} \tag{3-23}$$

谱减法的优点在于算法简单高效，并且可以较大幅度地提高信噪比；缺点是不论幅度谱减法或功率谱减法，输出均伴有起伏较大且刺耳的音乐噪声，式(3-22)中的$|\hat{D}(\omega)|^2$是以无语音期间统计平均的噪声方差代替当前分析帧的噪声谱，实际处理效果不是很理想。

语音的能量往往集中在某些频段内，在这些频段内的幅度相对较高，尤其是共振峰处的幅度一般远大于噪声，因此，不应使用同一标准处理；另外，噪声频谱为高斯分布，其幅度随机变化范围很宽，因此相减时，若该帧某频率点噪声分量较大，就会有很大一部分被保留，在频谱上表现为随机出现的尖峰，产生间歇短暂的突发声调，在听觉上形成有节奏性起伏的、类似音乐的残留噪声，即音乐噪声。这种残留

噪声是各帧内在随机频率上出现的许多声调的叠加结果，它要比原始语音中的噪声清楚得多，也更令人反感。

3.1.4 改进的功率谱减法

功率谱减法所产生的音乐噪声，与语音信号不相关，由具有随机频率和幅度的窄带信号组成，其幅度在零和语音休止期所测试到的最大噪声幅值之间变化，当被逆变换到时域时，这种音乐噪声听起来像是由每 20ms 间隔开关一次的突发音调发声器组合而成，具有随机的基频和幅度，即使在有声段也不能被语音所掩蔽，是非平稳的快变噪声，且无法通过再次谱减得以消除。这是功率谱减法的主要弊端，只能通过设法减轻“音乐噪声”，来缓解对听觉造成的不舒适感。

谱减法重要的改进主要由 Berouti 提出，在传统谱减法的基础上，增加了调节噪声功率谱大小的系数，消除了增强语音功率谱最小值的限制，提高了谱减法的性能，但其修正系数和最小值需根据经验确定，适应性较差。Lockwood 和 Boudy 提出了非线性谱减法(nonlinear spectral subtraction，NSS)，根据语音信号的信噪比，自适应调整语音增强的增益函数，提高了信噪比。Virag 将人耳的掩蔽效应运用到非线性谱减法中，在一定程度上解决了谱减法残留音乐噪声大的问题。

基于“音乐噪声”的存在，对基本的功率谱减法进行了如下改进：

(1) 在幅度较高的帧减去 $\alpha|\hat{D}(\omega)|^2(\alpha>1)$，这样可以更好地突出语音谱，抑制纯音噪声，改善降噪性能；

(2) 在语音谱中保留少量的宽带噪声，在听觉上可以起到一定的掩蔽纯音噪声的作用；

(3) 将图 3-2 中的功率谱计算 $|\cdot|^2$ 及 $|\cdot|^{1/2}$ 改为 $|\cdot|^{\gamma}$ 和 $|\cdot|^{1/\gamma}$ 计算，指数 γ 不一定为整数，可以得到新的更具一般性的谱减法形式，这称为功率谱修正处理，它可以增加算法灵活性。

综合以上三种处理，得到增强型谱减法。增强型谱减法也可利用线性时变滤波器的形式来表示，即带噪语音频谱 $|Y(\omega)|$ 乘以增益函数 $G(\omega)$，将式(3-21)变为如下所示的乘积形式：

$$|\hat{S}(\omega)| = G(\omega)\,|Y(\omega)|, \quad 0 \leqslant G(\omega) \leqslant 1 \tag{3-24}$$

定义增益函数 $G(\omega)$ 为

$$G(\omega) = \sqrt{1 - \frac{|\hat{D}(\omega)|^2}{|Y(\omega)|^2}} \tag{3-25}$$

式中，如果 $|\hat{D}(\omega)|^2 > |Y(\omega)|^2$，则令 $G(\omega)=0$，这样可保证 $G(\omega)$ 为实函数。通过式(3-24)和式(3-25)可知，改进的功率谱减法的关键是，给带噪语音的每一个频谱分量乘以一个系数 $G(\omega)$。当该段只含语音时，没有任何衰减，$G(\omega)=1$；而当该段

只含噪声时，衰减最大，$G(\omega)=0$；当介于两者之间时，$G(\omega)$由后验信噪比 $\mathrm{SNR}_{\mathrm{post}}(\omega)$ 决定，如下所示：

$$\mathrm{SNR}_{\mathrm{post}}(\omega)=\frac{|Y(\omega)|^2}{|\hat{D}(\omega)|^2} \tag{3-26}$$

为了改进谱减法的性能，将基本的谱减法进行改进，得到增强型谱减法的增益函数 $G(\omega)$为

$$G(\omega)=\begin{cases}\left\{1-\alpha\left[\dfrac{|\hat{D}(\omega)|}{|Y(\omega)|}\right]^{\gamma_1}\right\}^{\gamma_2}, & \left[\dfrac{|D(\omega)|^2}{|Y(\omega)|^2}\right]^{\gamma_1}<\dfrac{1}{\alpha+\beta}\\ \left\{\beta\left[\dfrac{|D(\omega)|}{|Y(\omega)|}\right]^{\gamma_1}\right\}^{\gamma_2}, & \text{其他}\end{cases} \tag{3-27}$$

增强型谱减法是谱减法中最为灵活的一种形式，它包含了谱减法的基本思想，而且给出了三个调节系数 α、β 和 γ，使得在噪声抑制、残留噪声衰减和语音失真之间达到最好的折中。

1）衰减系数 $\alpha(\alpha>1)$

在进行谱减法操作时，α 控制减去的噪声谱量。由于噪声的随机性，瞬时噪声谱可以高于统计谱的数倍。适当提高 α 值可以消除残留噪声的影响，但同时也会带来语音的严重失真。

2）谱平滑系数 $\beta(0<\beta<1)$

β 值增大可降低剩余的音乐噪声，但也会增加增强语音的背景噪声从而使信噪比下降。

3）指数参数 γ_1、γ_2

通过调节 γ_1 和 γ_2，可以获得各种谱相减形式，如能量相减、幅值相减等。该参数决定了增益函数从 $G(\omega)=0$ 到 $G(\omega)=1$ 的平滑程度。

谱减参数 α、β 的选择是谱减法的核心问题，而 γ 的取值并不像 α 和 β 那样严格。通过适当地选择参数 α、β 和 γ，大多数经典的增益系数可以由式(3-27)推导出来，然后利用式(3-24)得到增强后的语音信号。

改进型谱减法的原理框图如图 3-3 所示。

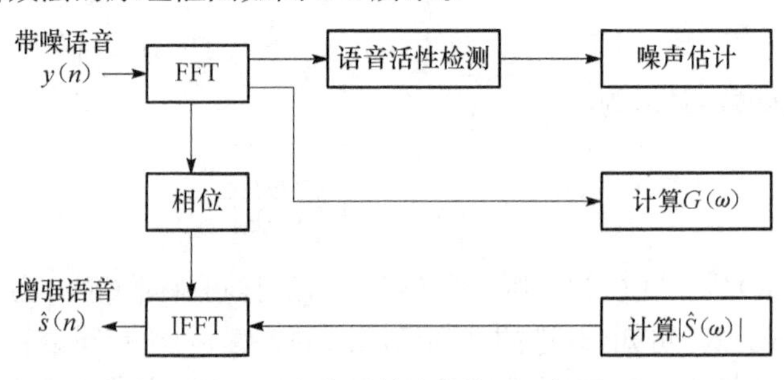

图 3-3　改进型谱减法的原理框图

3.2　维纳滤波算法

采用谱减法实现语音增强，简单易行，具有一定的实用价值，但是音乐噪声较大。维纳滤波算法是在第二次世界大战期间，由于军事的需要由 Wiener 提出的。1950 年，Berte 和 Shannon 引入了当信号功率谱为有理谱时，由功率谱直接求取维纳滤波器传输函数的设计方法。维纳滤波器的求解，需了解随机信号的统计分布规律，如自相关函数或功率谱密度，得到的结果是封闭公式，而且该算法仅适用于一维平稳信号。

采用维纳滤波语音增强的目的是最大限度地抑制噪声，得到原始语音的最佳估计，而采用不同的最佳准则，得到的估计结果可能不同。维纳滤波就是从噪声中提取信号的过滤或预测方法，并以估计结果与信号真值间的误差最小均方值作为最佳准则。因此，维纳滤波器是统计意义上的最优滤波器或是波形的最优线性估计。

3.2.1　维纳滤波法时域实现

假设带噪语音信号满足式(3-1)，$y(n)$为输入带噪语音，维纳滤波法就是通过设计一个线性滤波器 $h(n)$，使得通过该线性滤波器后的输出 $\hat{s}(n)$能够达到均方误差期望值最小，从而 $\hat{s}(n)$就是纯净语音 $s(n)$的最优线性估计。

当输入为 $y(n)$时，设计一个数字滤波器 $h(n)$，经过该滤波器的输出 $\hat{s}(n)$为

$$\hat{s}(n) = y(n) * h(n) = \sum_{j=0}^{M-1} h(j) y(n-j) \tag{3-28}$$

这里的滤波器是有限长冲激响应(finite-duration impluse response，FIR)滤波器，$y(n-j)$是滤波器的系数，M 是滤波器长度。根据维纳滤波器理论，滤波器的输出的均方误差的期望值如下：

$$E\{e(n)^2\} = E\{[\hat{s}(n) - s(n)]^2\} \tag{3-29}$$

为了使期望值 $E\{e(n)^2\}$最小，须满足

$$\frac{\partial E[\mid e(n) \mid^2]}{\partial h_j} = 0 \tag{3-30}$$

这里，h_j 表示 $h(j)$；同理，可以用 a_j、b_j 分别表示 $a(j)$、$b(j)$。由于误差的均方值是一个标量，因此式(3-30)是一个标量对复合函数的求导问题，等价于

$$\frac{\partial E[\mid e(n) \mid^2]}{\partial a_j} + \mathrm{j}\,\frac{\partial E[\mid e(n) \mid^2]}{\partial b_j} = 0, \quad j = 0,1,2,\cdots \tag{3-31}$$

式中，参数 a_j、b_j 间的关系满足

$$\nabla_j = \frac{\partial}{\partial a_j} + \mathrm{j}\,\frac{\partial}{\partial b_j}, \quad j = 0,1,2,\cdots \tag{3-32}$$

依据上述关系式，式(3-30)可以写成

$$\nabla_j E[\mid e(n)\mid^2] = 0 \tag{3-33}$$

将式(3-33)展开为

$$\nabla_j E[\mid e(n)\mid^2] = E\left[\frac{\partial e(n)}{\partial a_j}e^*(n) + \frac{\partial e^*(n)}{\partial a_j}e(n) + \frac{\partial e(n)}{\partial b_j}\mathrm{j}e^*(n) + \frac{\partial e^*(n)}{\partial b_j}\mathrm{j}e(n)\right] \tag{3-34}$$

式中,上标 * 表示共轭操作符,根据前面分析,可得出如下等式:

$$\frac{\partial e(n)}{\partial a_j} = -y(n-j) \tag{3-35}$$

$$\frac{\partial e(n)}{\partial b_j} = \mathrm{j}y(n-j) \tag{3-36}$$

$$\frac{\partial e^*(n)}{\partial a_j} = -y^*(n-j) \tag{3-37}$$

$$\frac{\partial e^*(n)}{\partial b_j} = -\mathrm{j}y^*(n-j) \tag{3-38}$$

将式(3-35)~式(3-38)代入式(3-34),可得

$$\nabla_j E[\mid e(n)\mid^2] = -2E[y(n-j)e^*(n)] \tag{3-39}$$

因此有

$$E[y(n-j)e^*(n)] = 0,\quad j = 0,1,2,\cdots \tag{3-40}$$

式(3-40)说明,均方误差达到最小值的充要条件是,误差信号与任一进入估计器的输入信号正交,即满足正交性原理。式(3-40)的重要意义在于提供了一种数学方法,用以判断线性滤波系统是否工作于最佳状态。

输出信号与误差信号的互相关函数为

$$\begin{aligned} E[\hat{s}(n)e^*(n)] &= E[\sum_{j=0}^{+\infty} h(j)y(n-j)e^*(n)] \\ &= \sum_{j=0}^{+\infty} h(j)E[y(n-j)e^*(n)] \end{aligned} \tag{3-41}$$

假定滤波器工作于最佳状态,滤波器的输出 $\hat{s}(n)$ 与期望信号 $s(n)$ 的误差为 $e(n)$,将式(3-40)代入式(3-41)中,得到式(3-42),并且 $\hat{s}(n)$、$s(n)$ 和 $e(n)$ 三者间的几何关系如图 3-4 所示。

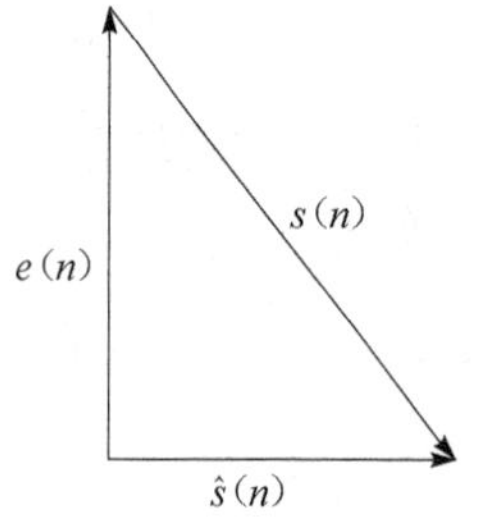

图 3-4　期望信号、估计值与误差信号的几何关系

$$E[\hat{s}(n)e(n)] = 0 \tag{3-42}$$

图 3-4 表明滤波器处于最佳工作状态时,使均方误差最小的充要条件是:对应的估计误差 $e(n)$ 正交于 n 时刻每个输出样值 $\hat{s}(n)$。估计值 $\hat{s}(n)$ 加上估计偏差 $e(n)$ 等于期望信号 $s(n)$,即

$$s(n) = \hat{s}(n) + e(n) \tag{3-43}$$

由于研究的是随机信号,图 3-4 中各矢量的几何

表示，应为相应量的统计平均或者是数学期望。当滤波器处于最佳状态时，估计值的能量总是小于或等于期望信号的能量。将式(3-41)展开，把输入信号分配进去后两边取共轭，利用相关函数的性质，可得输入 $y(n)$ 与期望响应 $\hat{s}(n)$ 的互相关函数 $r_{\hat{s}y}(j)$ 如下所示：

$$r_{\hat{s}y}(-j) = r_{y\hat{s}}^{*}(j) \tag{3-44}$$

可得

$$r_{y\hat{s}}(j) = \sum_{n=0}^{+\infty} h(n) r_{yy}(j-n) = h(j) * r_{yy}(j), \quad j = 0,1,2,\cdots \tag{3-45}$$

式(3-45)称为维纳-霍夫(Wiener-Hoff)方程。当 $h(n)$ 是一个长度为 M 的因果序列，即 $h(n)$ 是一个长度为 M 的 FIR 滤波器时，维纳-霍夫方程如式(3-46)所示，其中，$r_{yy}(j)$ 为输入 $y(n)$ 的自相关函数。

$$r_{y\hat{s}}(j) = \sum_{n=0}^{M-1} h(n) r_{yy}(j-n) = h(j) * r_{yy}(j), \quad j = 0,1,2,\cdots \tag{3-46}$$

将 $j=0, j=1, \cdots, j=M-1$ 分别代入式(3-46)中，写成矩阵形式为

$$R_{ys} = R_{yy} h \tag{3-47}$$

对式(3-47)求逆，可得

$$h = R_{yy}^{-1} R_{ys} \tag{3-48}$$

式(3-48)表明，已知输入数据的自相关函数 R_{yy} 及其与期望信号的互相关函数 $R_{y\hat{s}}$ 时，可以通过矩阵求逆运算，得到维纳滤波器的最佳解。

由上述过程可知，直接从时域求解维纳滤波器，当选择的滤波器长度 M 较大时，计算量很大，并且需要计算 R_{yy} 的逆矩阵，从而要求的存储量也很大。在具体实现时，滤波器的长度是由实验来确定的，如果想通过增加长度来提高精度，就需要在新长度 M 的基础上重新进行计算。因此，通过时域求解维纳滤波器，存在一定弊端。

3.2.2 维纳滤波法频域实现

通过维纳滤波器的时域设计与实现可知，维纳滤波法仅适用于一维平稳随机信号，并且在时域求解中存在一定弊端，因此可研究在频域内直接设计最佳滤波器的方法。

通过式(3-45)所示的维纳-霍夫方程，可得其积分方程为

$$R_{sy}(\tau) = \int_{-\infty}^{+\infty} h(\alpha) R_{yy}(\tau - \alpha) \mathrm{d}\alpha \tag{3-49}$$

对式(3-49)两边进行离散傅里叶变换，得到频域表达式为

$$P_{sy}(\omega) = H(\omega) P_{yy}(\omega) \tag{3-50}$$

式中，$H(\omega)$ 满足

$$H(\omega) = \frac{P_{sy}(\omega)}{P_{yy}(\omega)} \tag{3-51}$$

其中,$P_{yy}(\omega)$为 $y(n)$的功率谱密度;$P_{sy}(\omega)$为 $s(n)$与 $y(n)$的互功率谱密度。由于 $s(n)$与 $y(n)$不相关,可得

$$\begin{aligned} P_{sy}(\omega) &= P_s(\omega) \\ P_{yy}(\omega) &= P_s(\omega) + P_d(\omega) \end{aligned} \tag{3-52}$$

式中,$P_s(\omega)$为纯净语音信号功率谱密度;$P_d(\omega)$为噪声功率谱密度。代入式(3-51)可得

$$H(\omega) = \frac{P_s(\omega)}{P_s(\omega) + P_d(\omega)} \tag{3-53}$$

式(3-53)是维纳滤波器的频域实现形式,这里直接用带噪语音作为语音信号的估计来设计维纳滤波器。由于最开始时语音信号是不可获得的,需要使用迭代方法反复改善。经过一次维纳滤波的语音信号从理论上来说更加纯净,输出的语音更加接近原始语音信号,用其再次作为语音信号的估计,并进行维纳滤波,重复上述过程就是对语音信号的迭代滤波过程。由式(3-53)可知,如果能得到语音信号和噪声的功率谱,就可以得到去噪后的语音。然而实际上语音信号只是短时平稳的,而且功率谱也无法得到,因此式(3-53)可以改写成

$$H(\omega) = \frac{E\{P_s(\omega)\}}{E\{P_s(\omega)\} + E\{P_d(\omega)\}} = \frac{\mathrm{SNR}(\omega)}{1 + \mathrm{SNR}(\omega)} \tag{3-54}$$

式中,$\mathrm{SNR}(\omega)$是先验信噪比,其表达式为

$$\mathrm{SNR}(\omega) = \frac{E\{P_s(\omega)\}}{E\{P_d(\omega)\}} \tag{3-55}$$

语音信号的功率谱可以通过多种方法获得,例如,可以用谱减法或其他谱估计方法,先得到增强语音的功率谱 $\hat{P}_s(\omega)$,然后对相邻的几帧作平滑来估计 $E\{P_s(\omega)\}$,或者直接以该帧的谱相减结果代替 $E\{P_s(\omega)\}$。利用维纳滤波法实现频域语音增强的流程如图 3-5 所示。

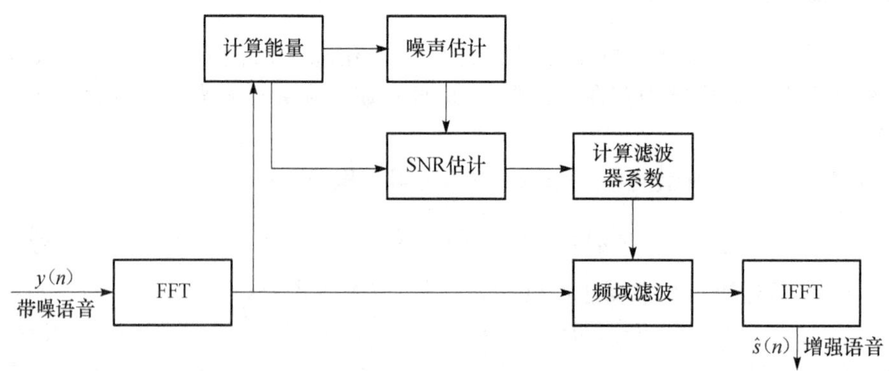

图 3-5 维纳滤波法频域实现流程

实现维纳滤波的基本要求是:

(1) 输入过程是广义平稳的;

(2) 输入过程的统计特性是已知的。

对于其他最佳准则的滤波器也有同样的要求,然而由于输入过程取决于外界信号、干扰环境,这种环境的统计特性常常是变化的和未知的,因而难以同时满足上述两个要求,需要通过自适应滤波器来实现语音增强。

采用维纳滤波法的最大好处是实现语音增强后的残留噪声类似白噪声,而不是有起伏的音乐噪声,其适应面广,无论是连续的还是离散的平稳随机过程,是标量还是矢量,都可以应用该方法。但维纳滤波法只有在平稳条件下,才能保证最小均方误差意义下的最优估计,而且维纳滤波也没有完全利用语音生成模型、先验信噪比的估计方法不理想、实际应用环境中的端点检测精度不高、噪声更新算法不够稳健等,这就为接下来对基本维纳滤波算法从各个角度进行改进提供了探讨思路。

3.2.3　改进的维纳滤波法

传统的维纳滤波语音增强算法在信噪比估计等方面存在先天不足,在噪声环境多变的实际应用中,无法很好地完成增强任务。下面针对信噪比估计方面的不足,介绍一种维纳滤波的改进算法。

1. 算法的改进思路

维纳滤波法的核心在于对频域增益序列和先验信噪比的估计,在传统 Decision-Directed 估计算法中,控制前一帧先验信噪比和当前帧后验信噪比的权重因子 α,是由经验得到的固定值,该值的合适选取较大地影响了增强算法的性能。按照语音信号短时平稳性的假设,如果前一帧含噪语音信噪比较高,经过维纳滤波之后,得到的该帧先验信噪比值也较大。而对当前帧来说,随着噪声水平的变化,当前帧后验信噪比的取值不定,在这种情况下,先验信噪比的取值就应该与其前一帧之间保持相对稳定的状态,即当前帧先验信噪比应该更多地由前一帧先验信噪比决定;反之,如果前一帧带噪语音信噪比较低,则应该使当前帧先验信噪比的取值更多地由当前帧后验信噪比来决定。

改进算法首先以信噪比为依据,动态调整权重因子 α。其次,传统的维纳滤波语音增强算法中,所得到的频点增益序列的能量零点,就是实际能量为零的点。考虑到人耳的听觉生理特性,位于人耳听觉阈值以下的声音是人耳所感知不到的,因此,在得到增益序列之后,需要针对人耳听觉曲线进行修正,以减小过度的衰减对语音信号的损伤,减少语音失真。

改进的维纳滤波算法具有更广的适应性,能够更有效地去除实际环境中的噪声。

2. 改进的维纳滤波算法

1) 先验信噪比的求解

先验信噪比 ξ_k 的求解是由前一帧先验信噪比 ξ_{k-1} 与当前帧后验信噪比 γ_k 共同决定的。在 Decision-Directed 算法中，可使用如式(3-56)所示的方法，来决定两者对当前帧先验信噪比的贡献。定义 $q_k(n)=\dfrac{A_k^2}{p_d(k,n)}$，又根据先验信噪比与后验信噪比的关系 $\xi_k(n)=\gamma_k(n)-1$，综上得

$$\xi_k(n) = p\left\{\alpha \frac{A_k^2(n-1)}{p_d(k,n-1)} + (1-\alpha)[\gamma_k(n)]\right\}, \quad 0 \leqslant \alpha < 1 \tag{3-56}$$

式中，$p_d(k,n-1)$表示噪声能量；$A_k(n-1)$表示第 $n-1$ 个分析帧中第 k 个谱分量的语音频谱幅度；α 为 Decision-Directed 系数，通过实验得到；算子 $p(x)$由下式决定：

$$p(x) = \begin{cases} x, & x \geqslant 0 \\ 0, & x < 0 \end{cases} \tag{3-57}$$

在前面已经分析过，传统的 Decision-Directed 算法中，α 的取值是由实验得到的固定值。在实际处理过程中，该值对噪声消除性能的影响较大，为了保证对噪声最大限度地消除，往往选择 α 值接近于 1，即认为当前帧先验信噪比的取值，主要由前一帧先验信噪比的取值来决定。由于语音信号的短时平稳性，在平稳的语音段，连续两帧语音的信噪比之间保持相对稳定，但是如果当前帧后验信噪比较高，而前一帧先验信噪比的取值较低，即语音信号处于某个发音的起始阶段或者结束阶段，在当前帧先验信噪比的估计中就应该更多地考虑当前帧带来的影响。因此，在实际使用中，α 的取值应该随着当前帧后验信噪比和前一帧先验信噪比的变化而变化。

定义前一帧的先验信噪比为 ξ_{k-1}，当前帧的后验信噪比为 γ_k，并定义代价函数 J 为增强后语音 $\hat{s}(n)$与纯净语音 $s(n)$的均方误差，即

$$J = E\{[\hat{s}(n) - s(n)]^2\} \tag{3-58}$$

令 J 对因子 α 的偏导数为 0，可得

$$\alpha = 1 - f(\xi_{k-1}, \gamma_k) \tag{3-59}$$

函数 $f(\xi_{k-1}, \gamma_k)$的定义为

$$f(\xi_{k-1}, \gamma_k) = \begin{cases} \left|\dfrac{\gamma_k}{\xi_{k-1}}\right|, & |\gamma_k| < |\xi_{k-1}|, \xi_{k-1} \neq 0 \\ \left|\dfrac{\gamma_k \xi_{k-1}}{|\gamma_k|^2 + |\xi_{k-1}|^2}\right|, & |\gamma_k| > |\xi_{k-1}| \end{cases} \tag{3-60}$$

当 ξ_{k-1}、γ_k 同时为零时，α 可取任意[0,1]之间的数值。在计算中，ξ_{k-1} 与 γ_k 的计算方法为

$$\xi_n = \frac{p_s(n)}{p_d(n)} \tag{3-61}$$

$$\gamma_n = \frac{|y_n|^2}{p_d(n)} \tag{3-62}$$

上两式中，$p_s(n)$与 $p_d(n)$分别表示信号与噪声的能量；y_n 为带噪语音信号。

考虑到人耳的听觉掩蔽效应，低于掩蔽阈值的语音无法被人耳所感知，因此，增强后的语音无须完全“消除”掉噪声，只要噪声的能量低于人耳的听觉感知阈值即可，这样可以最大限度地减小语音信号的失真。

2）帧间平滑

在频域处理过程中，由于相邻频率点之间进行的处理并不相同，会由此造成原本在频域上连续的各点之间的不连续性，即出现频谱某些区域的“空缺”，从而影响增强后语音的质量。为此，需要在频域进行频谱的平滑。

采用一个三点的平滑滤波器，假设待平滑帧频域样点序列为 $S_i=[s_{i,0},s_{i,1},\cdots,s_{i,N-1}]$，其中 N 为频点个数。待平滑帧前一帧频域样点序列为 $S_{i-1}=[s_{i-1,0},s_{i-1,1},\cdots,s_{i-1,N-1}]$，待平滑帧后一帧频域样点序列为 $S_{i+1}=[s_{i+1,0},s_{i+1,1},\cdots,s_{i+1,N-1}]$，则经由平滑处理后，当前帧频域样点序列为 $\hat{S}_i=[\hat{s}_{i,0},\hat{s}_{i,1},\cdots,\hat{s}_{i,N-1}]$，其中 $\hat{S}_{i,j}=\frac{1}{3}(s_{i-1,j}+s_{i,j}+s_{i+1,j})$。

由于对当前帧的平滑需要利用后一帧的信息，故上述算法在要求实时处理的环境中不能直接使用，在需要实时处理的情况下，采用一个两点的平滑滤波器，假设待平滑帧频域样点序列为 $S_i=[s_{i,0},s_{i,1},\cdots,s_{i,N-1}]$，其中 N 为频点个数。待平滑帧前一帧频域样点序列为 $S_{i-1}=[s_{i-1,0},s_{i-1,1},\cdots,s_{i-1,N-1}]$，则经由平滑处理后，当前帧频域样点序列为 $\hat{S}_i=[\hat{s}_{i,0},\hat{s}_{i,1},\cdots,\hat{s}_{i,N-1}]$，其中 $\hat{S}_{i,j}=\frac{1}{2}(s_{i-1,j}+s_{i,j})$。

3.2.4　卡尔曼滤波法

维纳滤波法只能保证在平稳条件下、最小均方误差意义下的最优估计，而且也没有完全利用语音的生成模型，而卡尔曼滤波法可以弥补这些缺陷。

卡尔曼滤波通过引入卡尔曼信息，将要解决的滤波与预测的混合问题转化为纯滤波和纯预测两个独立的问题，适用于动态系统非平稳条件下和最小均方误差意义下的最优估计。

卡尔曼滤波法实际上是从受干扰的观测信号中，对被观测系统的状态进行统计估值的过程，而这种估值是以线性无偏、最小均方差为准则的递推估值。

对于加性噪声影响下的语音信号，利用卡尔曼滤波器进行语音增强时，通常分为两步：

（1）对噪声、驱动项以及语音模型参数进行估计；

（2）利用卡尔曼滤波器得到增强的语音信号。

卡尔曼滤波法具有以下几个特点：

(1) 卡尔曼滤波算法是递推的，状态空间法采用时域内设计滤波器的方法，适用于多维随机过程的估计；离散型卡尔曼算法还适用于计算机处理。

(2) 采用递推法计算，不需要知道全部过去的值，就可用状态方程描述状态变量的动态变化规律，因此信号可以是平稳的，也可以是非平稳的，即卡尔曼滤波适用于平稳和非平稳两种过程。

(3) 卡尔曼滤波采取的误差准则仍为最小均方误差准则。

卡尔曼滤波的基本思想是，先不考虑输入信号和观测信号的影响，得到状态变量和输出信号即观测数据的估计值，再利用输出信号的估计误差加权，来校正状态变量的估计值，使状态变量估计值的均方误差最小。因此，卡尔曼滤波的关键是计算出加权矩阵的最佳值。

对于带噪的观测数据，纯净语音信号 $s(k)$ 和环境背景噪声 $d(k)$ 可分别用自回归(AR)模型表示为

$$s(k)=\sum_{i=1}^{p}a_i(k)s(k-1)+g_s w(k) \tag{3-63}$$

$$d(k)=\sum_{i=1}^{q}b_i(k)d(k-1)+g_d v(k) \tag{3-64}$$

式(3-63)和式(3-64)中，$a_i(k)(i=1,2,\cdots,p)$ 和 $b_i(k)(i=1,2,\cdots,q)$ 是 AR 模型的未知参数；p 和 q 是模型的阶次，这里假定它们已知；$w(k)$ 和 $v(k)$ 分别表示方差为 σ_w^2 和 σ_v^2 的零均值白噪声过程；g_s、g_d 分别为系统输入增益因子；状态矢量定义如式(3-65)和式(3-66)所示。上述模型还可写为状态空间的表达形式，如下所示：

$$S(k)=A_s(k)S(k-1)+G_s w(k) \tag{3-65}$$

$$D(k)=B_d(k)D(k-1)+G_d v(k) \tag{3-66}$$

式(3-65)和式(3-66)中，满足如下条件：

$$A_s(k)=\begin{bmatrix}0 & 1 & \cdots & 0\\ \vdots & \vdots & & \vdots\\ 0 & 0 & \cdots & 1\\ a_p(k) & a_{p-1}(k) & \cdots & a_1(k)\end{bmatrix}_{p\times p} \tag{3-67}$$

$$B_d(k)=\begin{bmatrix}0 & 1 & \cdots & 0\\ \vdots & \vdots & & \vdots\\ 0 & 0 & \cdots & 1\\ b_q(k) & b_{q-1}(k) & \cdots & b_1(k)\end{bmatrix}_{q\times q} \tag{3-68}$$

$$G_s=H_s^{\mathrm{T}}=\begin{bmatrix}0\\ \vdots\\ 0\\ 1\end{bmatrix} \tag{3-69}$$

$$G_d = H_d^{\mathrm{T}} = \begin{bmatrix} 0 \\ \vdots \\ 0 \\ 1 \end{bmatrix} \tag{3-70}$$

其中，$A_s(k)$和 $B_d(k)$为状态转移矩阵，G_s、G_d 为系统输入矩阵，H_s、H_d 为观测矩阵。

$$S(k) = [s(k-p+1), \cdots, s(k)]^{\mathrm{T}} \tag{3-71}$$

$$D(k) = [d(k-p+1), \cdots, d(k)]^{\mathrm{T}} \tag{3-72}$$

由此可以构造增广状态空间的表达形式为

$$\begin{aligned} Y(k) &= HS(k) + D(k) \\ &= HA_s(k)S(k-1) + B_d(k)D(k-1) + HG_s w(k) + G_d v(k) \end{aligned} \tag{3-73}$$

$$H = \begin{bmatrix} H_s \\ H_d \end{bmatrix}_{(p+q)\times 1} \tag{3-74}$$

对于增广系统，当系统参数已知时，由卡尔曼滤波理论可得系统的状态估计，如下所示：

$$\hat{s}(k) = A(k)\hat{s}(k-1) + K(k)[Y(k) - HA(k)\hat{s}(k-1)] \tag{3-75}$$

$$K(k) = P(k \mid k-1)H^{\mathrm{T}}[\delta_v^2 + HP(k \mid k-1)H^{\mathrm{T}}]^{-1} \tag{3-76}$$

$$P(k \mid k-1) = A(k)P(k-1)A^{\mathrm{T}}(k) + \delta_w^2 \tag{3-77}$$

$$P(k) = [I - K(k)H]P(k \mid k-1) \tag{3-78}$$

式中，$K(k)$为卡尔曼增益矩阵；$\hat{s}(k)$为估计出的纯净语音；$P(k|k-1)$为预测误差协方差矩阵；$P(k)$为估计误差协方差矩阵。

上面递推公式的初始条件一般取为

$$\hat{s}(0) = 0 \tag{3-79}$$

$$P(0) = [0]_{p\times p} \tag{3-80}$$

限制条件一般为

$$E[e^2(k)] = \min E\{[s(k) - \hat{s}(k)]^2\} \tag{3-81}$$

修正后语音信号的最佳估计为

$$\hat{s}(k) = H\hat{S}(k) \tag{3-82}$$

由于纯净语音和噪声的 AR 模型参数未知，因此在卡尔曼滤波之前要进行参数估计，参数估计的精度直接影响着语音的增强效果。参数估计有多种方法，如自相关法、极大似然法等，它们都是围绕如何求解 Yule-Walker 方程而得到的不同方法。语音信号是一非平稳随机过程，只有在短时间内约 30ms，可将该信号视为平稳随机过程，应用上述参数估计方法应在短帧内进行。如果采用语音活性检测技术，在纯净语音寂静期对噪声进行建模和参数估计，要求参数估计方法是递推的、具有快速收敛性和较高的估计精度，以及如何减少计算复杂度以利于实时实现也是应该考虑的问题。

卡尔曼滤波法是基于语音生成模型的，利用线性预测分析参数，实现了波形最小均方误差意义下的最佳估计，而且即使在非平稳条件下，也可以保证最小均方误差意义下的最优估计，适用于非平稳噪声干扰下的语音增强。但卡尔曼滤波法还存在以下问题：

(1) 语音与非语音的判别问题。当信噪比比较低时，语音与非语音的判别，特别是语音头的判别变得十分困难。

(2) 用有限阶数的自回归过程来代替噪声和语音的产生过程，该过程本身就是一个近似估计。

(3) 用非语音段的噪声参数来代替语音段的噪声参数，这是一个极其有限的近似，特别是当噪声为非平稳噪声时。

(4) 噪声必然会对语音参数的估计产生影响，特别是当信噪比较低时，语音估计参数就难以保证有足够的精确度。

(5) 整个过程的计算复杂度较大，难以实时实现。

3.3 最小均方误差算法

3.3.1 基本型最小均方误差法

基于短时幅度谱估计的语音增强方法应用十分广泛，由于人耳对相位不敏感，只需估计出语音的短时幅度谱就可以了，这类算法相对来说运算量小，容易实现，谱减法和维纳滤波法都属于这类。最小均方误差估计也属于这一类，该算法是由Ephraim和Boll分别提出来的，两者的区别仅在于采用了不同的语音分布假设。之后，Cappe证明了最小均方误差估计法可以有效地抑制音乐噪声，但在信噪比很低的情况下，残留噪声和音乐噪声仍然很大。

应用卡尔曼滤波法和最小均方误差算法实现语音增强的过程如图3-6所示。

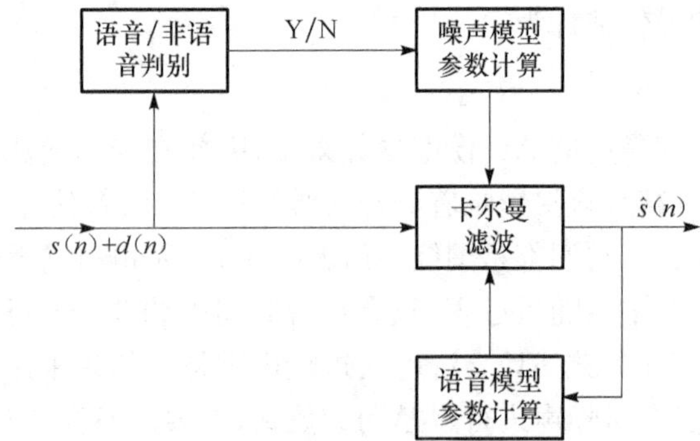

图3-6 最小均方误差算法流程图

根据带噪语音信号模型，若 $Y(k)$、$S(k)$ 和 $D(k)$ 分别表示 $y(n)$、$s(n)$ 和 $d(n)$ 的傅里叶变换，$Y(k)$ 的幅值是 $R(k)$，相位是 α_k，$S(k)$ 的幅值是 $A(k)$，并假设噪声是平稳加性高斯白噪声，由贝叶斯公式可得 $A(k)$ 的估计值 $\hat{A}(k)$ 为

$$\begin{aligned}\hat{A}(k) &= E\{A(k) \mid Y(k), 0 \leqslant k \leqslant N-1\} \\ &= E\{A(k) \mid Y(0), Y(1), \cdots, Y(N-1)\} \\ &= \int_0^{\infty} p[a_k \mid Y(k)] a_k \mathrm{d}a_k \\ &= \int_0^{\infty} \frac{p[a_k, Y(k)]}{p[Y(k)]} a_k \mathrm{d}a_k \\ &= \frac{\int_0^{2\pi}\int_0^{\infty} a_k p[Y(k) \mid a_k, \alpha_k] p(a_k, \alpha_k) \mathrm{d}a_k \mathrm{d}\alpha_k}{\int_0^{2\pi}\int_0^{\infty} p[Y(k) \mid a_k, \alpha_k] p(a_k, \alpha_k) \mathrm{d}a_k \mathrm{d}\alpha_k}\end{aligned} \tag{3-83}$$

式中，$E\{\cdot\}$ 代表参数的期望；$p(\cdot)$ 代表概率密度函数 PDF；$p(a_k)$ 是幅值 $A(k)$ 的概率密度函数；$p(a_k, \alpha_k)$ 为幅相联合分布概率。

在假设的统计模型下，$p[Y(k) \mid a_k, \alpha_k]$ 和 $p(a_k, \alpha_k)$ 分别满足：

$$p[Y(k) \mid a_k, \alpha_k] = \frac{1}{\pi p_d(k)} \exp\left\{-\frac{1}{p_d(k)} \left| Y(k) - a_k \mathrm{e}^{\mathrm{j}\alpha_k} \right|^2\right\} \tag{3-84}$$

$$p(a_k, \alpha_k) = \frac{a_k}{\pi p_s(k)} \exp\left\{-\frac{a_k^2}{p_s(k)}\right\} \tag{3-85}$$

式中，$p_s(k)$、$p_d(k)$ 分别表示噪声和语音信号第 k 个频谱分量的能量，计算如下：

$$p_s(k) = E\{\mid S(k) \mid^2\} \tag{3-86}$$

$$p_d(k) = E\{\mid D(k) \mid^2\} \tag{3-87}$$

将式(3-84)和式(3-85)代入式(3-83)中，可得 $S(k)$ 的幅值的估计值 $\hat{A}(k)$，如下所示：

$$\begin{aligned}\hat{A}(k) &= \Gamma(1.5) \frac{\sqrt{\nu_k}}{\gamma_k} M(-0.5; 1; -\nu_k) R(k) \\ &= \Gamma(1.5) \exp\left(-\frac{\nu_k}{2}\right)\left[(1+\nu_k) I_0\left(\frac{\nu_k}{2}\right) + \nu_k I_1\left(\frac{\nu_k}{2}\right)\right] R(k) \\ &= G_{\mathrm{MMSE}} R(k) = \frac{\xi_k}{1+\xi_k} \exp\left(\frac{1}{2}\int_{\nu_k}^{\infty} \frac{\mathrm{e}^{-t}}{t} \mathrm{d}t\right) R(k)\end{aligned} \tag{3-88}$$

式中，$\Gamma(\cdot)$ 是伽马函数，$\Gamma(1.5) = \frac{\sqrt{\pi}}{2}$；$I_0(\cdot)$、$I_1(\cdot)$ 分别表示零阶和一阶修正贝塞尔函数；$M(a; c; x)$ 是合流超几何函数，也称为库默尔函数，它是变量 a 和参数 x 的函数，并满足库默尔微分方程，定义为

$$M(a;c;x)=\sum_{r=0}^{\infty}\frac{(a)_r x^r}{(c)_r r!} \tag{3-89}$$

其中，$(a)_r$ 满足如下条件：

$$(a)_r=1\cdot a\cdot(a+1)\cdot\cdots\cdot(a+r-1),\quad (a)_0=1 \tag{3-90}$$

G_{MMSE}为增益函数，定义为：$G_{\text{MMSE}}=\dfrac{\hat{A}(k)}{R(k)}=\dfrac{\xi_k}{1+\xi_k}\exp\left(\dfrac{1}{2}\int_{\nu_k}^{\infty}\dfrac{\mathrm{e}^{-t}}{t}\mathrm{d}t\right)$。如果采用贝塞尔函数，变量的值大于 700 时，在运算中可能会溢出，通常经验选取 $\nu_k\leqslant 1400$，实验表明，这样处理不会对结果造成影响。ν_k 的定义为

$$\nu_k=\frac{\xi_k}{1+\xi_k}\gamma_k \tag{3-91}$$

式中，ξ_k 和 γ_k 分别是先验和后验信噪比，它们分别定义为

$$\xi_k=\frac{p_s(k)}{p_d(k)} \tag{3-92}$$

$$\gamma_k=\frac{|y_k|^2}{p_d(k)}=\frac{[R(k)]^2}{p_d(k)} \tag{3-93}$$

先验信噪比一般通过 Ephrain 和 Malah 提出的使用前一帧信号信息估计当前帧先验信噪比的反馈方法和最大似然方法得到，经实验证明，反馈法的效果更好、算法更简单，反馈法的计算如下：

$$\hat{\xi}(i,k)=\eta\frac{\hat{A}^2(i-1,k)}{p_d(k)}+(1-\eta)\max\{\gamma(i,k)-1,0\} \tag{3-94}$$

3.3.2 对数谱最小均方误差法

谱减法是一种最大似然估计，最大似然估计准则完全放弃了对语音频谱的分布假设，然而对于人耳来说，频谱分量的幅度才是最重要的，即人耳对频谱强度的感受与幅度的对数成正比，因此引入了语音短时幅度对数谱的最小均方误差估计准则。

假设观察到一帧带噪语音信号为

$$y(t)=s(t)+d(t),\quad 0\leqslant t\leqslant T \tag{3-95}$$

式中，$s(t)$为纯净语音信号；$d(t)$为加性高斯白噪声。令下式成立：

$$Y_k=R_k\exp(\mathrm{j}\theta_k) \tag{3-96}$$

$$S_k=A_k\exp(\mathrm{j}\alpha_k) \tag{3-97}$$

式中，下标 k 分别表示带噪语音 $y(t)$、纯净语音信号 $s(t)$和噪声 $d(t)$进行 FFT 后的第 k 个频谱分量；R_k、A_k 分别表示带噪语音和纯净语音信号的幅值。语音增强目的就是利用已知的噪声功率谱信息，从 $y(t)$中估计出 $s(t)$，即由 Y_k 估计出 S_k。这里仅需求出频谱幅度的对数，而认为相位对语音质量影响不大。

带噪语音的短时谱可通过快速傅里叶变换得到，先将其相位提取后存储起来，然后对纯净语音的短时对数谱进行最小均方误差估计，处理后的语音由估计得到的幅度谱和存储的相位重建而成。因而该估值问题可以简化为估计纯净语音信号的幅值 A_k，A_k 的估计式为

$$\hat{A}_k = \exp\{E[\ln A_k \mid Y_k]\} \tag{3-98}$$

假设

$$Z_k = \ln A_k \tag{3-99}$$

则有

$$\Phi_{Z_k|Y_k}(\mu) = E[\exp(\mu Z_k) \mid Y_k] = E\{A_k^{\mu} \mid Y_k\} \tag{3-100}$$

为求均方误差最小值，对式(3-100)求导，得

$$E[\ln A_k^{\mu} \mid Y_k] = \frac{\mathrm{d}}{\mathrm{d}\mu}\Phi_{Z_k|Y_k}(\mu) \mid_{\mu=0} \tag{3-101}$$

利用式(3-101)计算 $\Phi_{Z_k|Y_k}(\mu)$，得到 $E[\ln A_k^{\mu}|Y_k]$。有式(3-102)成立：

$$\Phi_{Z_k|Y_k}(\mu) = E[A_k^{\mu} \mid Y_k] = \frac{\int_0^{\infty}\int_0^{2\vartheta} a_k^{\mu} p(Y_k \mid a_k,\alpha_k) p(a_k,\alpha_k)\mathrm{d}a_k\mathrm{d}\alpha_k}{\int_0^{\infty}\int_0^{2\vartheta} p(Y_k \mid a_k,\alpha_k) p(a_k,\alpha_k)\mathrm{d}a_k\mathrm{d}\alpha_k} \tag{3-102}$$

式(3-102)基于高斯模型假设，其中，$p(\cdot)$为概率密度函数，即

$$p(Y_k \mid a_k,\alpha_k) = \frac{1}{\pi p_d(k)}\exp\left(-\frac{1}{p_d(k)} \mid Y_k - a_k\exp(\mathrm{j}\alpha_k) \mid^2\right) \tag{3-103}$$

$$p(a_k,\alpha_k) = \frac{a_k}{\pi p_d(k)}\exp\left\{-\frac{\alpha_k^2}{p_s(k)}\right\} \tag{3-104}$$

$$p_d(k) = E\{\mid D_k \mid^2\} \tag{3-105}$$

$$p_s(k) = E\{\mid S_k \mid^2\} \tag{3-106}$$

式(3-105)和式(3-106)分别表示语音和噪声的第 k 个频谱分量的方差或能量。ν_k、ξ_k 和 γ_k 分别定义为

$$\nu_k = \frac{\xi_k}{1+\xi_k}\gamma_k \tag{3-107}$$

$$\xi_k = \frac{p_s(k)}{p_d(k)} \tag{3-108}$$

$$\gamma_k = \frac{R^2(k)}{p_d(k)} \tag{3-109}$$

上述公式中，ξ_k 和 γ_k 分别是先验和后验信噪比。将式(3-103)和式(3-104)代入式(3-102)计算积分可得

$$\Phi_{Z_k|Y_k}(\mu) = [p_k(k)]^{\frac{\mu}{2}}\Gamma\left(\frac{\mu}{2}+1\right)M\left(-\frac{\mu}{2};1;-\nu_k\right) \tag{3-110}$$

式中，$\Gamma(\cdot)$是伽马函数；$M(a;c;x)$为合流超几何函数，定义如式(3-89)所示；$p_k(k)=\dfrac{p_d(k)p_s(k)}{p_s(k)+p_d(k)}$。

将函数$M\left(-\dfrac{\mu}{2};1;-\nu_k\right)$在$|\mu|<2$时逐项微分，当$\mu=0$时可导出

$$\frac{\partial}{\partial\mu}M\left(-\frac{\mu}{2};1;-\nu_k\right)\bigg|_{\mu=0}=-\frac{1}{2}\sum_{r=1}^{\infty}\frac{(-\nu_k)^r}{r!}\frac{1}{r} \tag{3-111}$$

$$\ln\Gamma\left(\frac{\mu}{2}+1\right)=-c\frac{\mu}{2}+\sum_{r=2}^{\infty}\left[\frac{(-\mu)^r}{2^r r}a_r\right],\quad |\mu|<2 \tag{3-112}$$

式(3-112)中，$c=0.5772156649$是欧拉常数；a_r的计算公式如下：

$$a_r=1\cdot a\cdot(a+1)\cdot\cdots\cdot(a+r-1),\quad (a)_0=1 \tag{3-113}$$

将式(3-113)逐项微分可得

$$\frac{\mathrm{d}}{\mathrm{d}\mu}\Gamma\left(\frac{\mu}{2}+1\right)\bigg|_{\mu=0}=-\frac{c}{2} \tag{3-114}$$

利用式(3-111)和式(3-114)，由式(3-110)可得

$$\begin{aligned}\frac{\mathrm{d}}{\mathrm{d}\mu}\Phi_{Z_k|Y_k}(\mu)\bigg|_{\mu=0}&=\frac{1}{2}\ln\left[p_k(k)\right]-\frac{1}{2}\left[c+\sum_{r=1}^{\infty}\frac{(-\nu_k)^r}{r!}\frac{1}{r}\right]\\&=\frac{1}{2}\ln\left[p_k(k)\right]+\frac{1}{2}\left[\ln\nu_k+\int_{\nu_k}^{\infty}\frac{\mathrm{e}^{-t}}{t}\mathrm{d}t\right]\end{aligned} \tag{3-115}$$

将式(3-115)应用于式(3-112)，再代入前面的推导公式，便得到短时对数谱幅度估计：

$$\hat{A}_k=\frac{\xi_k}{1+\xi_k}\exp\left(\frac{1}{2}\int_{\nu_k}^{\infty}\frac{\mathrm{e}^{-t}}{t}\mathrm{d}t\right)R(k) \tag{3-116}$$

最小均方误差算法达到了语音可懂度和信噪比的折中，适用的信噪比范围较广，但是由于需要统计各种参数，算法运算量大，实时性不是很好。

3.4 本章小结

本章论述了谱减法、维纳滤波法、卡尔曼滤波法、最小均方误差法等语音增强算法，并比较了这些方法应用于语音增强中的优缺点。

谱减法语音增强效果明显、运算量小，但是增强后的语音中伴有较强的音乐噪声。维纳滤波法的优点是增强后的残留噪声类似于白噪声，但该方法只有在平稳条件下才能保证最小均方误差意义下的最优估计，而语音是非平稳的，只在短时间内近似平稳，并且实际环境中的噪声通常是非平稳的，所以用维纳滤波法进行语音增强时，也需要进一步的改进。卡尔曼滤波法弥补了维纳滤波法的缺陷，它是基于语音生成模型的，且在非平稳条件下也可以保证最小均方误差意义

下的最优估计，故适合于非平稳噪声环境下的语音增强，其缺点是在递推矩阵中同样需要迭代估计模型参数，噪声强时误差大，计算量较大。最小均方误差法达到了语音可懂度和信噪比的折中，可以有效地抑制音乐噪声，但在信噪比很低的情况下，残留噪声和音乐噪声仍然很大，并且由于需要统计各种参数，算法运算量大，实时性不好。

参考文献

白文雅，黄健群，陈智伶. 2007. 基于维纳滤波语音增强算法的改进实现. 电子技术，31(1)：44—50.

曹志刚，郑文涛. 1993. 基于短时谱最小均方误差估计的语音增强和剩余噪声衰减. 电子学报，21(4)：7—13.

韩纪庆. 2004. 语音信号处理. 北京：清华大学出版社.

钱国青，赵鹤鸣. 2005. 基于改进谱减算法的语音增强新方法. 计算机工程与应用，35(14)：42—43.

沈亚强，程仲文. 1994. 建立在卡尔曼滤波基础上的语音增强方法. 声学学报，(1-6)：277—278.

王欣，罗代升，王正勇. 2007. 基于改进谱减算法的语音增强研究. 成都信息工程学院学报，22(2)：201—204.

徐岩，杨静，王维汉. 2004. 基于谱相减改进算法的语音增强研究. 铁道学报，26(1)：64—67.

杨昌方，陈健. 2006. MMSE 语音增强算法的实时性改进. 声学与电子工程，2：24—27.

袁伟军，刘衍. 2007. 基于短时对数谱估计 MMSE 的语音增强算法研究. 电声技术，31(10)：59—62.

张鑫琪，冯海泓，徐海东. 2008. 改进的最小均方误差语音增强算法的研究. 声学技术，27(2)：230—234.

Berouti M, Schwartz R, MakhoulL J. 1979. Enhancement of speech corrupted by acoustic noise. Proceedings of IEEE International Conference on Acoustic, Speech Signal Processing, Washington DC, 4：208—211.

Boll S F. 1979. Suppression of acoustic noise in speech using spectral subtraction. IEEE Transactions on Acoustics, Speech and Signal Processing, 27(3)：113—120.

Cappe O. 1994. Elimination of the musical noise phenomenon with noise suppressor. IEEE Transactions on Speech and Audio Processing, 2(2)：345—349.

Cohen I. 2001. On speech enhancement under signal presence uncertainty. 26th IEEE International Conference on Acoust, Speech, Signal Processing, Salt Lake, 167—170.

Cohen I. 2002a. Noise estimation by minima controlled recursive averaging for robust speech enhancement. IEEE Signal Processing Letters, 9(1)：12—15.

Cohen I. 2002b. Optimal speech enhancement under signal presence uncertainty using log-spectral amplitude estimator. IEEE Signal Processing Letters, 9(4)：113—116.

Cohen I. 2003. Noise spectrum estimation in adverse environments：Improved minima controlled recursive averaging. IEEE Transactions on Speech and Audio Processing, 11(5): 466—475.

Ephraim Y. 1992. Statistical-model-based speech enhancement systems. IEEE Processing, 80(10): 1526—1530.

Ephraim Y, Malah D. 1984. Speech enhancement using a minimum mean-square error short-time spectral amplitude estimator. IEEE Transactions on Acoustics, Speech and Signal Processing, 32(6): 1109—1121.

Ephraim Y, Malah D. 1985. Speech enhancement using a minimum mean-square error log-spectral amplitude estimate. IEEE Transactions on Acoustics, Speech and Signal Processing, 33(2): 443—445.

Erkelens J S. 2007. Minimum mean-square error estimation of discrete Fourier coefficients with generalized Gamma priors. IEEE Transactions on Audio, Speech and Language Processing, 15(6): 1741—1752.

Goh Z, Tan K C, Tan B T G. 1999. Kalman-filtering speech enhancement method based on a voiced-unvoiced speech model. IEEE Transactions on Speech and Audio Processing, 7(5): 510—514.

Hasan M K, Salahuddin S, Khan M R. 2004. A modified a priori SNR for speech enhancement using spectral subtraction rules. IEEE Signal Processing Letters, 11(4): 450—453.

Kim W, K O H. 2001. Noise variance estimation for Kalman filtering of noise speech. IEICE Inf. &Syst., 155—160.

Martin R. 2001. Noise power spectral density estimation based on optimal smoothing and minimum statistics. IEEE Transactions on Speech and Audio Processing, 9(5): 504—512.

Martin R. 2002. Speech enhancement using MMSE short time spectral estimation with Gamma distributed speech priors. IEEE Proceedings on Acoustics, Speech and Signal Processing, 1: 253—256.

Martin R. 2005. Speech enhancement based on minimum mean-square error estimation and super Gaussian priors. IEEE Transactions on Speech and Audio Processing, 13(5): 845—856.

Paliwal, Basu K A. 1987. A speech enhancement method based on Kalman filtering. IEEE International Conference on Acoustics, Speech and Signal Processing, Tokyo, 12: 177—180.

Sim L B, Tong Y C. 1998. A parametric formulation of the generalized spectral subtraction. IEEE Transactions on Speech and Audio Processing, 6(4): 328—337.

Stahl V, Fischer A, Bippus R. 2000. Quantile based noise estimation for spectral subtraction and Wiener filtering. Proceedings of 25th IEEE International Conference on Acoust, Speech Signal Processing, Istanbul, 1875—1878.

Vojaee A, Davidek V. 2004. Kalman filtering used in subband speech enhancement. Conference Proceedings of Radloelektronika, Quebec, 1: 124—127.

Yahagi T. 2005. Kalman Filter and Adaptive Signal Processing. Tokyo: Coronasha Press, 67—71.

第 4 章 语音增强自适应滤波算法

20 世纪 60 年代初，Jakowatz 等提出了自适应滤波（adaptive filter，AD）的概念，用于实现从噪声环境中提取随机信号。近年来，随着大规模集成电路、计算机技术的飞速发展，自适应滤波技术在语音增强研究领域中，得到了极大的发展和广泛的应用。

滤波是为了获取信号中所包含的有效信息，数字滤波器可将输入的数字信号映射为输出信号，并从输入信号中提取期望信息。当滤波器内部参数和结构固定，且输出是输入的线性函数时，该滤波器称为线性时不变滤波器。当线性时不变滤波器的系数或参数，随新获取或新输入的数据，按某一预定准则而变化时，该过程称为自适应滤波。

在信号和噪声的统计特性先验已知的情况下，具有固定参数的维纳滤波器，可用于平稳随机信号的语音增强；参数时变的卡尔曼滤波器，可用于非平稳随机信号的噪声滤除。然而在实际应用中，常常无法得到信号和噪声的统计特性的先验知识。由于自适应滤波器的参数可随新获取的数据按某一预定准则变化，在平稳环境下，该算法经成功迭代后，收敛于某种统计意义上的最优维纳解；在非平稳环境下，该算法提供了一种跟踪能力，只要这种变化足够缓慢，它就能够跟踪输入数据随时间而变化的统计特性。因此，在噪声统计特性先验未知的情况下，应用自适应滤波法能获得极佳的滤波性能。

线性自适应滤波算法的实现包括两个基本过程。首先是滤波过程，用于对一系列输入数据产生输出响应；其次是自适应过程，实现可调参数的自适应控制。

实现自适应滤波的算法有很多，例如，Widrow 等提出的最小均方（LMS）算法及其改进算法、最小二乘算法以及递归最小二乘法（recursive least square，RLS）等。假设 M 为滤波器加权系数数目，则 LMS 的计算量正比于 M，RLS 的计算量正比于 M^2，因此，LMS 较 RLS 算法简单，计算量小得多且易于实现，得到了广泛使用。

4.1 自适应滤波

4.1.1 自适应滤波算法

自适应滤波器在统计特性未知或变化时，能够自动调整自己的参数，满足某种最佳准则的要求。当输入信号的统计特性未知时，自适应滤波器调整自己参数的过程称为“学习”过程；而当输入信号的统计特性变化时，调整参数的过程称为“跟踪”过程。自适应滤波的基本原理如图 4-1 所示。

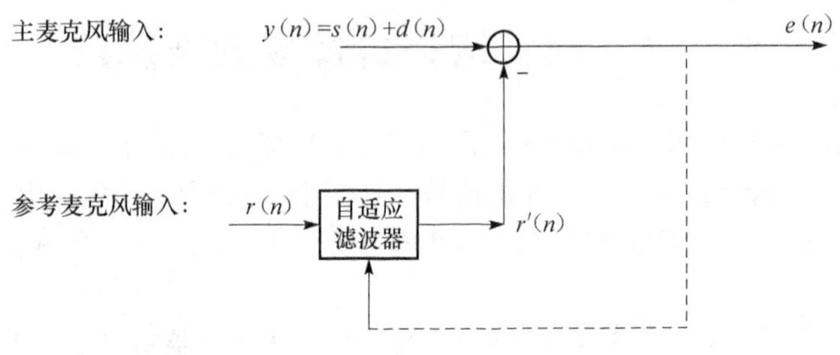

图 4-1　基本型自适应滤波器

自适应滤波器由参数可调的数字滤波器和自适应算法两部分组成。数字滤波器既可以是有限型 FIR 也可以是无限型 IIR。FIR 滤波器的结构只包含正向通路，结构性能稳定，其输入、输出交互作用的机理只有一个，即输入信号通过正向通路到达滤波器输出端。正是这种信号传输形式，限制了 FIR 滤波器的脉冲响应只能是有限域的。IIR 滤波器同时兼有正向通路和反馈通路。反馈通路的存在，意味着滤波器输出的一部分有可能返回到输入端。除非通过特别设计，IIR 滤波器的内部反馈可能产生不稳定信号，导致滤波器振荡。此外，当滤波器为自适应滤波器时，其本身就有不稳定的问题，如果再组合不稳定的 IIR 滤波器，滤波过程将变得更复杂、难以处理。因此，在自适应滤波中，一般采用 FIR 滤波器。

自适应滤波器实际上是一种能够自动调节本身参数的特殊维纳滤波器，在设计时不需要事先掌握输入信号和噪声的统计特性，它能够在自己的工作过程中逐渐“了解”或“估计”出所需要的统计特性，并以此为依据自动调整自己的参数，以达到最佳滤波效果。当输入信号的统计特性发生变化时，它又能够跟踪这种变化，自动调整参数，使滤波器性能重新达到最佳。因此，在未知统计特性环境下处理观测信号或数据时，利用自适应滤波器可获得所期望的结果，并且其性能远远超过了利用通用方法设计出来的固定参数滤波器。

4.1.2　自适应滤波器的性能指标

根据所选择的滤波器结构和自适应算法不同，自适应滤波器的性能也有所差异。在自适应滤波器的研究过程中，提出了多种性能参数，主要包括以下几类。

1）收敛性或收敛条件

当 n 趋于无穷大时，滤波器权矢量 $w(n)$ 达到或接近某个最优值 w_0 所满足的条件，称为 $w(n)$ 趋于 w_0 的收敛条件。对于任意自适应滤波系统，收敛性是实现其自适应功能的基本保证。

2）收敛速度

收敛速度表示滤波器权矢量 $w(n)$ 从初始值收敛到最优值 w_0 或 w_0 的某个邻域的快慢程度。非平稳环境下，当权矢量最优值 w_0 发生变化时，收敛速度较快的自适应滤波器能够更快地调整权矢量，使输出信号随着期望信号的变化而变化。

3）稳态误差

一般情况下，自适应滤波器的权矢量并不能精确达到自适应算法的理想最优值 w_0。稳态误差是指当自适应滤波器满足收敛条件时，权矢量 $w(n)$ 能收敛到的最优值 w_0 的邻域范围。

4）计算复杂度

计算复杂度是指每次从接收到输入信号直至完成输出，整个过程所需的计算量，其中包括权矢量 $w(n)$ 更新所需的计算量。

针对不同的应用，对自适应滤波器各方面的性能要求也不尽相同。通常没有一种完全最优的自适应滤波器可以适用于所有场合，需要根据具体的系统要求，对自适应滤波器的各项性能指标作适当的取舍和权衡。

4.1.3　最佳滤波准则

自适应滤波算法的关键是如何获得噪声的最佳估值，使估计出的噪声与实际噪声最接近，进而依据最佳滤波准则来调整滤波器系数。常见的最佳滤波准则有：最小均方误差准则（MMSE）、最小二乘准则（LS）、最大信噪比准则（MAX SNR）等。最佳滤波准则规定了与具有某种特性的信号对应的最佳参数，而这个最佳参数指出了自适应滤波器调整参数的方向。

1）最小均方误差准则

最小均方误差准则就是要使输出信号和理想信号的误差平方的均值最小。设 $y(n)$ 为滤波器输入信号，$r'(n)$ 为滤波器输出信号，则误差为 $e(n)=y(n)-r'(n)$，最小均方误差准则就是要使 $E[e^2(n)]$ 达到最小。

2）最小二乘准则

最小二乘准则是使输入变量 $y(n)$ 从时间 k 到 $k+m-1$ 的变化范围内，误差的平方和 $\sum_{n=k}^{k+m-1} e^2(n)$ 达到最小。

3）最大信噪比准则

最大信噪比准则是指在输出信号 $r'(n)$ 不失真且功率最高的情况下，与同一时刻无信号时的噪声功率的比值达到最大。

4.2　最速下降自适应滤波

4.2.1　最速下降算法

最速下降法(steepest descent arithmetic,SDA)是各种基于梯度的自适应算法的基础。该算法可用反馈系统来表示,而滤波器的计算是一步一步迭代进行的。将最速下降法应用于维纳滤波时,得到一种能跟踪信号统计量随时间变化的算法,使得每次统计量变化时,不需相应地求解其维纳-霍夫方程。在平稳过程中,确定了任意初始抽头权向量后,求解的结果将随迭代次数的增加而得到改善,在适当条件下,其解收敛于维纳解,而不必再求输入向量相关矩阵的逆矩阵。

自适应横向滤波器结构如图 4-2 所示。

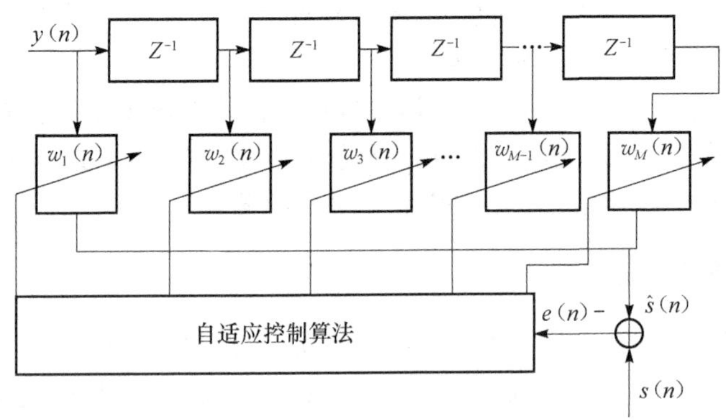

图 4-2　自适应横向滤波器结构图

自适应横向滤波器在第 n 时刻的输入信号 $y(n)$ 和权系数 $w(n)$ 分别定义如式(4-1)和式(4-2)所示,其中,M 是滤波器权系数的个数或滤波器阶数。

$$Y(n) = [y(n), y(n-1), \cdots, y(n-M+1)]^{\mathrm{T}} \tag{4-1}$$

$$W(n) = [w_1(n), w_2(n), \cdots, w_M(n)]^{\mathrm{T}} \tag{4-2}$$

调节权系数过程是:首先自动调节滤波器系数的自适应训练步骤,然后利用滤波系数加权延迟线抽头上的信号来产生输出信号,将输出信号与期望信号进行对比,利用所得误差值通过一定的自适应控制算法来调整权值,以保证滤波器处于最佳状态,达到滤波目的。

该自适应滤波器的输出信号 $\hat{s}(n)$ 为

$$\hat{s}(n) = w^{\mathrm{T}}(n) y(n) \tag{4-3}$$

该自适应滤波器产生的误差序列 $e(n)$ 为

$$e(n) = s(n) - \hat{s}(n) = s(n) - w^{\mathrm{T}}(n) y(n) \tag{4-4}$$

式中，$s(n)$为期望信号。自适应滤波器的控制机理是：用误差序列 $e(n)$按照某种准则和自适应算法，对其系数$\{w_i(n), i=1,2,\cdots,M\}$进行调节，最终使自适应滤波器的均方误差函数最小化，达到最佳滤波状态。按照均方误差准则定义均方误差函数 $\varepsilon(n)$如下：

$$\varepsilon(n) = E[e^2(n)] = E[\mid s(n) - \hat{s}(n) \mid^2] \tag{4-5}$$

将式(4-3)和式(4-4)代入式(4-5)，可将均方误差函数 $\varepsilon(n)$变换为

$$\varepsilon(n) = E[s^2(n)] - 2E[s(n)w^{\mathrm{T}}(n)y(n)] + E[w^{\mathrm{T}}(n)y(n)y^{\mathrm{T}}(n)w(n)] \tag{4-6}$$

当滤波器系数固定时，均方误差函数 $\varepsilon(n)$又可写为

$$\varepsilon(n) = E[s^2(n)] - 2W^{\mathrm{T}}P + W^{\mathrm{T}}RW \tag{4-7}$$

式中，W 是滤波器系数矩阵；R 是输入信号 $y(n)$的自相关矩阵，如式(4-8)所示；P 是期望信号 $s(n)$与信号 $y(n)$的互相关矩阵，如式(4-9)所示。

$$R = E[y(n)y^{\mathrm{T}}(n)] \tag{4-8}$$

$$P = E[s(n)y(n)] \tag{4-9}$$

式(4-7)中，对 W 求导，并令其导数为零，同时假设 R 是非奇异的，由此可得最佳滤波系数 W_0 为

$$W_0 = R^{-1}P \tag{4-10}$$

式中，W_0 称为维纳解，即最佳滤波器系数值。均方误差函数 $\varepsilon(n)$是滤波系数 W 的二次方程，因此形成一个多维的超抛物曲面。当滤波器工作在平稳随机过程时，这个误差性能曲面具有固定边缘的恒定形状。自适应滤波系数的初始值是任意值，即位于误差性能曲面上的某一点，经过自适应调节，使其对应于滤波系数变化的最小点 W_0 方向移动，最终到达最小点 W_0，实现最佳维纳滤波。

最速下降法是实现上述最佳搜索的一种优化技术，它利用梯度信息分析自适应滤波性能并跟踪最佳滤波状态。梯度矢量是由均方误差 $\varepsilon(n)$的梯度定义的，在多维超抛物曲面上任一点的梯度矢量等于均方误差 $\varepsilon(n)$对滤波系数 $w_i(n)$的一阶导数，由起始点或现在点变化到下一点的滤波系数变化量，正好是梯度矢量的负数。自适应过程是在梯度矢量的负方向连续调整滤波系数，即在误差性能曲面的最速下降方向移动和逐步调整滤波系数，最终到达均方误差值最小点，获得最佳滤波或最优工作状态。

令 $\nabla(n)$代表第 n 时刻的 $M\times1$ 维梯度矢量，M 是滤波系数的个数；$w(n)$为自适应滤波器在第 n 时刻的滤波系数或权矢量。按照最速下降算法调节滤波系数，则在第 $n+1$ 时刻的滤波系数或权矢量 $w(n+1)$可利用下列递归关系来计算：

$$w(n+1) = w(n) + \frac{1}{2}\mu[-\nabla(n)] \tag{4-11}$$

式中，μ 是一个正实数，通常称它为自适应收敛系数或步长；$\nabla(n)$为梯度矢量，根

据定义，$\nabla(n)$的表达式为

$$\begin{aligned}\nabla(n) &= \frac{\partial E[e^2(n)]}{\partial w(n)} \\ &= E\left[\frac{\partial \varepsilon(n)}{\partial w_1(n)} \quad \frac{\partial \varepsilon(n)}{\partial w_2(n)} \quad \cdots \quad \frac{\partial \varepsilon(n)}{\partial w_M(n)}\right] \\ &= E\left[2e(n)\frac{\partial \varepsilon(n)}{\partial w(n)}\right] = -E[2e(n)y(n)]\end{aligned} \tag{4-12}$$

当滤波系数为最佳值时，梯度矢量$\nabla(n)$应等于零，即

$$E[e(n)y(n-i)] = 0, \quad i = 1,\cdots,M \tag{4-13}$$

式(4-13)表明，当误差信号与输入信号矢量的每一个分量正交时，误差或输入信号都具有零均值，即互不相关。

结合式(4-8)、式(4-9)及式(4-12)，可得

$$\nabla(n) = -2P + 2Rw(n) \tag{4-14}$$

因此，在最速下降算法中，当自相关矩阵R与互相关矢量P已知时，则由滤波系数矢量$w(n)$可计算出梯度矢量$\nabla(n)$。然后将式(4-14)代入式(4-11)，可以计算出滤波系数的更新值，如下所示：

$$w(n+1) = w(n) + \mu[P - Rw(n)], \quad n = 0,1,2,\cdots \tag{4-15}$$

将式(4-15)代入式(4-3)中，即可得到自适应滤波器的输出信号为

$$\begin{aligned}\hat{s}(n+1) &= w^{\mathrm{T}}(n+1)y(n+1) \\ &= \{w(n) + \mu[P - Rw(n)]\}^{\mathrm{T}}y(n+1), \quad n = 0,1,2,\cdots\end{aligned} \tag{4-16}$$

式(4-15)与式(4-16)是描述最速下降算法的数学公式，由此可得到实现最速下降算法的信号流图，如图 4-3 所示。

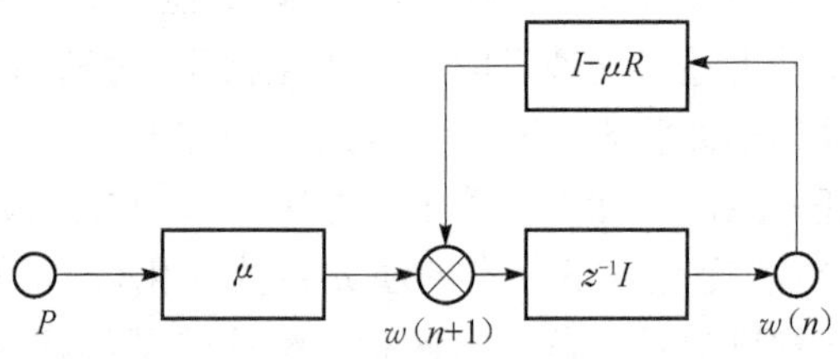

图 4-3　最速下降算法信号流

4.2.2　最速下降自适应滤波器的性能指标

1. 最速下降自适应滤波器的主要性能指标

衡量最速下降自适应滤波器的主要性能参数是稳定性与收敛性。

稳定性取决于两个因素：一是自适应步长参数；二是抽头输入向量的相关矩

阵。这两个因素决定了反馈环的转移函数。由于最速下降算法含有反馈电路，该算法就有不稳定的可能性。可以通过分析自适应滤波系数的更新公式，将其与最佳维纳解相比较后，得到最速下降算法的稳定性条件。

自适应滤波系数的误差矢量 $\Delta w(n)$ 定义为

$$\Delta w(n) = w(n) - w_0 \tag{4-17}$$

式中，w_0 是由维纳-霍夫方程定义的抽头权向量的最优解即最佳滤波系数；$w(n)$ 是第 n 时刻滤波器系数，消去互相关矢量 P，并按照加权误差矢量，即式(4-17)所示的表达式来重写该结果，可得

$$\Delta w(n+1) = (I - \mu R)\Delta w(n) \tag{4-18}$$

式中，I 为单位矩阵。该式充分说明了算法的稳定性取决于步长参数 μ 和自相关矩阵 R。使用特征值分解方法，将自相关矩阵 R 表示为

$$R = Q\Lambda Q^{\mathrm{H}} \tag{4-19}$$

式中，矩阵 Q 称为变换的酉矩阵(unitary matrix)，上角符号“H”表示复数共轭转置；Λ 为对角线矩阵，它的元素 λ_k 是自相关矩阵 R 的特征值。将矩阵 Q^{H} 与式(4-18)两边相乘，可得

$$Q^{\mathrm{H}}\Delta w(n+1) = (I - \mu Q^{\mathrm{H}}\Lambda Q)Q^{\mathrm{H}}\Delta w(n) \tag{4-20}$$

$$v(n+1) = (I - \mu\Lambda)v(n) \tag{4-21}$$

式(4-21)中，$v(n)$是旋转参数矢量或旋转滤波系数误差，计算方法如下：

$$v(n) = Q^{\mathrm{H}}\Delta w(n) \tag{4-22}$$

利用 $v(n)$的初始值 $v(0)$，最速下降算法的第 k 个自然模式可由式(4-21)改写为

$$v_k(n+1) = (I - \mu\lambda_k)^{n+1} v_k(0) \tag{4-23}$$

将单位矩阵 I 和对角线矩阵 Λ 展开，式(4-23)可写为

$$v_k(n+1) = \begin{bmatrix} (1-\mu\lambda_1)^{n+1} & 0 & \cdots & 0 \\ 0 & (1-\mu\lambda_2)^{n+1} & \cdots & 0 \\ \vdots & \vdots & & \vdots \\ 0 & 0 & \cdots & (1-\mu\lambda_M)^{n+1} \end{bmatrix} v_k(0) \tag{4-24}$$

式(4-24)表明，为了保证最速下降算法的收敛性，矩阵中每个元素$\{1-\mu\lambda_k, k=1,2,\cdots,M\}$的绝对值必须小于 1，表示为

$$-1 < 1 - \mu\lambda_k < 1, \quad 1 \leqslant k \leqslant M \tag{4-25}$$

随着迭代次数的增多，最速下降算法的所有自然模式将消失，而与初始条件无

关。也就是说,当迭代次数 n 趋于无穷大时,抽头加权向量 $w(n)$ 将逼近最优解 w_0。

由于自相关矩阵 R 的所有特征值都是正实数,由此得出,最速下降算法稳定的充分必要条件是:步长因子 μ 满足如式(4-26)所示的不等式。

$$0 < \mu < \frac{2}{\lambda_{\max}} \tag{4-26}$$

式中,$\lambda_{\max}$ 是自相关矩阵 R 的最大特征值。

最速下降算法的第 k 个自然模式随时间变化的情况如图 4-4 所示。

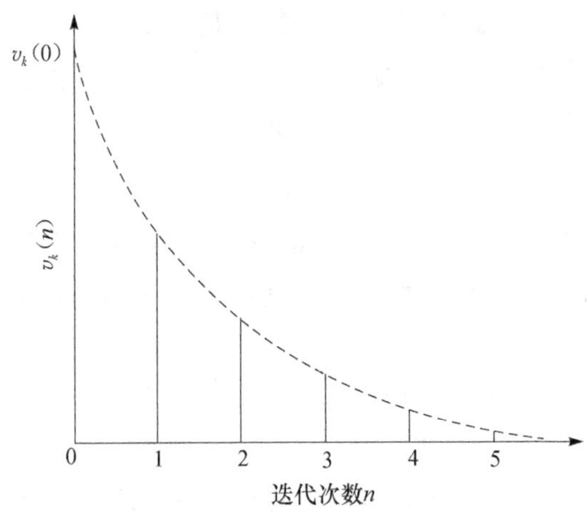

图 4-4 第 k 个自然模式随时间变化曲线

2. 最速下降算法的自调整过程

在自适应调整参数的过程中,均方误差 $\varepsilon(n)$ 与滤波器系数矩阵 W 间关系如式(4-27)所示,采用最速下降算法时,权矢量随着迭代次数变化而变化。

$$\varepsilon(n) = \sigma_d^2 - 2W^{\mathrm{T}}P + W^{\mathrm{T}}RW = \varepsilon_{\min} - \Delta W^{\mathrm{T}}P + W^{\mathrm{T}}R\Delta W \tag{4-27}$$

式中,σ_d^2 是期望信号 $s(n)$ 的方差,假设其均值为 0,则有

$$\varepsilon_{\min} = \sigma_d^2 - W_0^{\mathrm{T}}P \tag{4-28}$$

将 R 对角化即 $R=Q^{\mathrm{H}}\Lambda Q$,再根据式(4-28)可得任一时刻 n 的均方误差 $\varepsilon(n)$ 的表达式为

$$\varepsilon(n) = \varepsilon_{\min} + \Delta W^{\mathrm{H}}(n)Q\Lambda Q^{\mathrm{H}}\Delta W(n) = \varepsilon_{\min} + V^{\mathrm{T}}(n)\Lambda V(n) \tag{4-29}$$

式中,$V(n)$ 为旋转参数矢量,表达式如式(4-22)所示。将式(4-29)展开为元素乘积之和,可得

$$\varepsilon(n) = \varepsilon_{\min} + \sum_{i=1}^{M} \lambda_i (1 - \mu\lambda_i)^{2n} V_i^2(0) \tag{4-30}$$

式中，$V_i(0)$是滤波系数第 i 个分量的初始值；λ_i 是输入信号的自相关矩阵 R 的特征值，μ 是步长，且满足

$$|1 - \mu\lambda_i| < 1, \quad i = 1,2,\cdots,M \tag{4-31}$$

因此，最速下降算法使自适应滤波器产生的均方误差偏差值$[\varepsilon(n)-\varepsilon_{\min}]$随时间推移迅速下降。滤波器系数对最佳滤波值 W_0 的偏差值也是瞬变和接近指数规律衰减的，用时间常数 τ_i 来估计瞬变特性为

$$\tau_i = \frac{-1}{\ln(1 - \mu\lambda_i)} \approx \frac{1}{\mu\lambda_i}, \quad \mu \ll 1 \tag{4-32}$$

式中，时间常数 τ_i 用于表征自适应滤波系数自调整过程的瞬态性质，即滤波系数 $V_i(n)$的幅度衰减到初始值 $V_i(0)$的 1/e 时所需的时间，其中 e 为自然对数的底数。当自适应步长 μ 满足规定的收敛条件时，它的值越大，自适应收敛时间越短，自适应过程就越快。

4.3　最小均方自适应滤波

4.3.1　最小均方算法

最小均方(LMS)自适应滤波算法由其创始人 Widrow 和 Hoff 命名，是“随机梯度”算法族中的一种。“随机梯度”的引入是为了区别 LMS 算法与最速下降算法。

最速下降算法采用沿着目标函数或误差函数梯度向量的反方向，来实现目标函数的最小化，该算法的前提条件是已经得到均方误差函数的梯度向量。然而在没有先验信息的情况下，无法得到自相关矩阵和互相关向量，基于最小均方函数的最速下降法并没有付诸实用。因此，产生了随机梯度算法。LMS 算法就是以已知期望响应和滤波器输出信号之间误差的均方值最小为准则，依据输入信号在迭代过程中估计梯度矢量，并更新权系数以达到最优的自适应调整。LMS 算法是一种简单实用的估计梯度的算法，而梯度值只能根据观察数据来进行估计。它的突出优点是计算量小，易于实现，这种算法不要求计算相应的相关函数，也不需要进行矩阵运算。只要自适应滤波器在每次迭代运算时，都能获取输入信号和参考响应，通过 LMS 算法，很容易实现自适应滤波。

对于如图 4-2 所示的横向滤波器结构，其误差及均方误差如式(4-4)和式(4-5)所示。最速下降算法表达式为

$$w(n+1)=w(n)+\frac{1}{2}\mu[-\nabla(n)] \tag{4-33}$$

式中，$\nabla(n)$为梯度矢量，或可看成$E[e^2(n)]$的斜率，如下所示：

$$\nabla(n)=\frac{\partial E[e^2(n)]}{\partial w(n)}=-2E[e(n)y(n)] \tag{4-34}$$

假设初始权系数为$w(0)$，通过式(4-33)迭代公式计算，直到$w(n+1)$与$w(n)$误差小于规定范围，就完成了最速下降算法的计算过程。

若将$\nabla(n)$中的实际梯度向量用瞬时梯度向量代替，即用瞬时值$-2e(n)y(n)$代替式(4-34)中$-2E[e(n)y(n)]$的估计值，就实现了由 Widrow 和 Hoff 提出的最小均方误差自适应算法。此时迭代公式可写为

$$w(n+1)=w(n)+2\mu e(n)y(n) \tag{4-35}$$

将式(4-35)代入式(4-3)即可得到滤波器输出信号，如下所示：

$$\hat{s}(n+1)=w^{\mathrm{T}}(n+1)y(n+1)=[w(n)+2\mu e(n)y(n)]^{\mathrm{T}}y(n+1) \tag{4-36}$$

将式(4-4)代入式(4-35)可得

$$w(n+1)=w(n)+2\mu y(n)[s(n)-w^{\mathrm{T}}(n)y(n)] \tag{4-37}$$

式(4-37)说明，LMS 算法实际上是在每次迭代中，使用很粗糙的梯度估计值$\hat{\nabla}(n)$来代替精确值$\nabla(n)$。不难预测，权系数的调整路径是不可能精确地沿着理想的最陡下降的路径，因而权系数的调整过程是有噪声的。或者说，$w(n)$不再是确定性函数而变成了随机变量。但是随着时间的推移，权系数不断调整，估计值也逐步改善，最终达到收敛值，收敛条件如下：

$$0<\mu<\frac{2}{\lambda_{\max}} \tag{4-38}$$

式中，$\lambda_{\max}$是输入数据协方差矩阵R的最大特征值。实际上，$w(n)$永远不会收敛到理论上的最佳值，而是在最佳值的上下振荡。步长μ值控制了自适应的“增益”，它的大小应该在算法的收敛性能和系数的振荡幅度这两个因素之间折中。

LMS 算法简单且易于实现，是许多实时应用的首选算法，它对每一次新的输入和输出采样，需要进行大约$2M+1$次运算。

下面通过一阶自回归 AR 过程，来分析实时输入数据对 LMS 算法瞬态特征的影响，并使用 Matlab 来仿真实现。一阶 AR 过程的差分方程为

$$y(n)=-ay(n-1)+v(n) \tag{4-39}$$

式中，a是一阶自回归参数。

首先确定仿真实验应满足的条件如下：

(1) AR 参数 $a=\pm0.99$；

(2) 步长因子 $\mu=0.01,0.05,0.1$；

(3) 高斯白噪声的功率为 $\delta_v^2=0.18$；

(4) 假设 AR 序列 $y(n)$的长度为 500,实验次数 N 为 80,由于噪声的存在与 $w(n)$的随机性,使得在一次 LMS 估计中,权系数也具有随机性,因而实验中需进行多次 LMS 算法迭代,最后取平均值,因而取实验次数 N 为 80。

通过运行以上程序,可以得出该一阶自适应预测器权值的瞬态特性($\mu=0.05$)如图 4-5 所示。

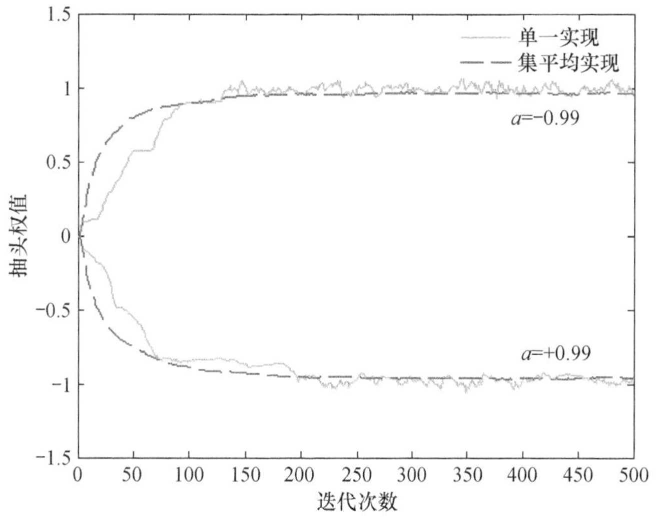

图 4-5　一阶自适应预测器权值的瞬态特性($\mu=0.05$)

图 4-5 所示为某一单独实验中得到的权值瞬态特性曲线,虚线表示的是 80 次实验后得到的一个平均结果。观察两条曲线可发现,虚线较实线平滑。这是因为对前者采用平均处理以后,平滑了单一处理中梯度噪声的影响。

图 4-6 所示为一阶自适应预测器的平方预测误差瞬态特性曲线,是由 LMS 算法单一实现的学习曲线,呈现出严重的噪声存在形式,但经平均处理以后得到了一条较稳定的曲线,即 $\mu=0.05$ 时的一阶自适应预测器的学习曲线。

由图 4-7 可知,随着步长因子 μ 的减小,到达学习曲线水平所需次数增加,即步长因子 μ 越小,到达最优点所需的时间越长,LMS 算法的收敛速度也相应减慢。

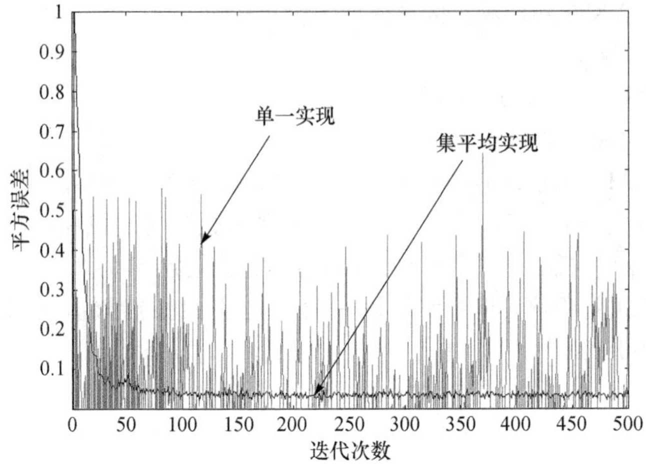

图 4-6　一阶自适应预测器的平方预测误差瞬态特性(μ=0.05)

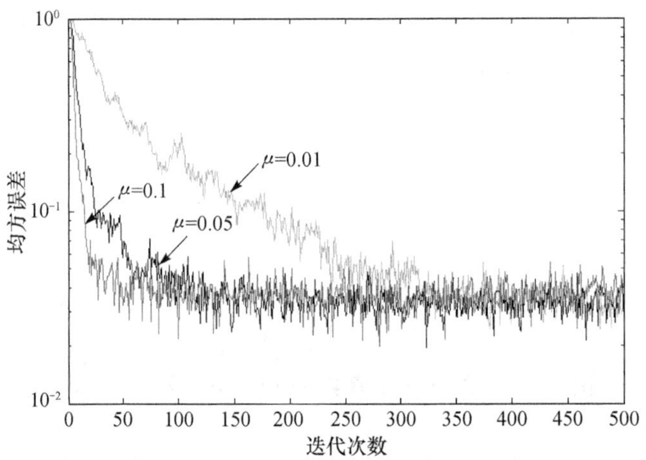

图 4-7　一阶自适应预测器的学习曲线(变步长 μ)

由以上实验结果分析可归纳出,在一次 LMS 迭代中,其权系数变化是一条随机曲线,随着实验次数的增多,其平均结果趋于平滑。步长因子 μ 的大小将影响 LMS 算法的收敛速度,在允许的范围内,μ 值越大,收敛速度越快。

但在仿真中发现,LMS 算法对 μ 的要求不高,也就是说,只要 μ 和 a 选择合理,算法一般都能够收敛。这说明 LMS 算法具有很强的实用性。

通过以上描述可知,LMS 是一种相对简单、性能优越的自适应算法。正是由于这些特性,使得 LMS 滤波器越来越多地应用于更多领域中。

4.3.2 归一化最小均方算法

当输入信号能量较大时，可使用归一化 LMS 滤波器来克服梯度噪声放大的问题。特别是对于 $n+1$ 次迭代时抽头输入权向量的失调，可通过对 n 次迭代时抽头输入向量的平方欧氏范数，进行“归一化”来实现调整。就结构而言，归一化 LMS 滤波器与标准 LMS 滤波器完全一样，二者都是横向滤波器，其差别仅在于权值控制器的机理。在对输入向量和误差信号组合作用的响应中，权值控制器将权值调整应用到横向滤波器。在大量迭代中，反复调整滤波器的权向量，直到滤波器达到稳定状态，所以可把归一化 LMS 滤波器看做是对普通 LMS 滤波器所做的性能改进。无论对于不相关数据还是相关数据，归一化 LMS 算法比标准 LMS 算法都要呈现出更快的收敛速度。为了不改变向量的方向，对一次迭代到下一次迭代的抽头权向量的增量变化进行控制，并引入一个正的实数标度因子 α，归一化 LMS 算法描述如下：

$$w(n+1)=w(n)+\frac{\alpha}{\| y(n)\|^2}y(n)e(n) \tag{4-40}$$

式中，$\| y(n)\|^2$ 为抽头输入向量 $y(n)$的欧氏范数平方。将式(4-40)代入式(4-3)即可得滤波器的输出，如下所示：

$$\hat{s}(n+1)=w^{\mathrm{T}}(n+1)y(n+1)=\left[w(n)+\frac{\alpha}{\| y(n)\|^2}y(n)e(n)\right]^{\mathrm{T}}y(n+1) \tag{4-41}$$

比较归一化 LMS 算法的递归表达式与传统 LMS 算法的表达式，可以发现，传统 LMS 算法中的步长参数 μ 值是确定的，而在式(4-40)中可以通过调节 α 从而改变步长参数 μ，因此，归一化 LMS 算法可看做是变步长参数 μ 的 LMS 算法，具有更好的自适应性、稳定性以及更佳的收敛性能。

另外，为了避免在使用归一化 LMS 算法时，当抽头输入向量 $y(n)$较小时，欧氏范数平方 $\| y(n)\|^2$ 会很小，有可能出现数值计算困难的问题，为了解决这个问题，引入参数 $\beta>0$ 置于分母，以防 $\| y(n)\|^2$ 值太小导致步长值太大。因此，归一化 LMS 算法可改写为

$$w(n+1)=w(n)+\frac{\alpha}{\| y(n)\|^2+\beta}y(n)e(n) \tag{4-42}$$

式中，$\beta=0$ 时即为式(4-40)所示形式。

归一化 LMS 算法的收敛条件与输入信号的特征值无关，且由于变步长的原因，使得归一化 LMS 算法具有更快的收敛速度，计算量与 LMS 算法相当，因此，归一化 LMS 算法在实际中比 LMS 算法应用更为广泛。

4.3.3 最小均方滤波器的性能指标

当输入信号的统计特性一定时，最优权矢量 $w(n)$是一个固定值。而在非平稳

环境下，权矢量最优解是一个时变向量，将随着输入信号统计特性的变化而变化，自适应算法控制权矢量会不断跟踪最优解，使其与最优解之间的距离在每时刻都尽量最小。从而在平稳条件下的收敛情况，可以理解为非平稳条件下的一个特例，当最优权矢量为某一定值时，自适应滤波器能够更平稳、迅速、精确地逼近定值最优解。所以下面的分析均基于输入信号和期望信号的联合平稳分布假设。

1. 收敛性

LMS 自适应滤波器的收敛条件，就是令权矢量趋于维纳解（也称最优解）的收敛条件。假设输入信号和期望信号是联合平稳分布过程，且任意两个输入信号 $y(n)$ 和 $y(n+1)$ 均是不相关的，又由于 $w(n)$ 仅是 $y(n-1),y(n-2),\cdots,y(0)$ 的函数，因此 $w(n)$ 与 $y(n)$ 也不相关。通过分析可以得到一个结论：对于随机梯度 LMS 算法以及 LMS 自适应滤波器，只有当收敛因子或步长 μ 大于 0 且小于输入信号自相关矩阵的最大特征值的倒数的 2 倍时，才能保证自适应滤波器的自适应过程趋于收敛，即满足

$$0<\mu<\frac{2}{\lambda_{\max}} \tag{4-43}$$

式(4-43)是理论上的收敛条件，由于自相关矩阵 R 无法得到，其特征值或最大特征值 $\lambda_{\max}$ 也得不到，因此式(4-43)并无实际应用价值。由自相关矩阵的正定性假设，可知有式(4-44)成立：

$$0<\lambda_{\max}<\mathrm{tr}[R] \tag{4-44}$$

式中，$\mathrm{tr}[R]$ 为输入信号 $y(n)$ 的自相关矩阵 R 的迹，其值等于 R 对角线上的所有元素之和，即

$$\mathrm{tr}[R]=\sum_{n=1}^{M}E[y^2(n)] \tag{4-45}$$

因此，可以得到满足式(4-43)的充分条件，如下所示：

$$0<\mu<\frac{2}{\mathrm{tr}[R]} \tag{4-46}$$

将式(4-45)代入式(4-46)，可得

$$0<\mu<\frac{2}{\sum_{n=1}^{M}E[y^2(n)]} \tag{4-47}$$

式中，$\sum_{n=1}^{M}E[y^2(n)]$ 为输入信号 $y(n)$ 的总功率，M 表示自适应滤波器的阶数或权矢量的维数，在实际应用中可以通过多种方法求得。因此，式(4-47)就是经典 LMS 算法和 LMS 自适应滤波器在实际应用中通常使用的收敛条件。

下面分析 LMS 自适应滤波器的收敛速度。LMS 自适应滤波器的 M 维权矢

量自适应过程，是由 M 个具有不同时间常数的指数包络分量组成的，每个指数包络分量的衰减过程，对应于一位权值收敛到最优解的过程。

在最不利的情况下，衰减最慢，即具有最大时间常数的指数包络分量所对应的一位权值，在自适应滤波器中起主导作用。因此一般认为，经典 LMS 自适应算法的收敛速度由所有指数包络分量中衰减最慢的一个决定，即由指数包络分量对应的最大时间常数决定。因此，定义最大时间常数 T，作为衡量经典 LMS 算法收敛速度的指标，如下所示：

$$T = \tau_{\max} \approx \frac{1}{2\mu\lambda_{\min}} \tag{4-48}$$

式中，$\tau_{\max}$表示时间常数的最大值；$\lambda_{\min}$为自相关矩阵 R 的最小特征值；μ 为收敛因子或步长参数。

由式(4-48)可知，最大时间常数 T 与输入信号自相关矩阵的最小特征值 $\lambda_{\min}$ 和收敛因子 μ 成反比。因此得到以下结论：经典 LMS 算法和 LMS 自适应滤波算法，针对相同的输入信号，选取的收敛因子 μ 越大，其自适应过程的收敛速度就越快，反之亦然。

取式(4-43)LMS 算法收敛条件中 μ 的上界，代入式(4-48)，则得到 LMS 算法在最快收敛速度时，最大时间常数 T 的下界为

$$T_{\min} \approx \frac{1}{2\mu_{\max}\lambda_{\min}} = \frac{\lambda_{\max}}{4\lambda_{\min}} \tag{4-49}$$

由式(4-49)可知，LMS 算法的收敛速度大小，由输入信号自相关矩阵的特征值的分散程度决定。

通过以上分析可知：对于随机梯度 LMS 算法，在保持收敛过程稳定的收敛条件下，收敛因子 μ 越大，收敛速度越快；反之，当收敛因子为收敛条件的上限值时，收敛速度达到最大收敛速度，同时最大收敛速度也会随着信号自相关矩阵的特征值的发散程度增加而急剧下降，当自相关矩阵的特征值相等时，自适应过程可以达到的“最快收敛速度”最大。

2. 稳态误差

稳态误差(steady state error)是自适应滤波器的另一个重要性能。Widrow 引入了失调误差(misadjustment error)M，M 是描述随机梯度 LMS 算法稳态误差的度量参数，失调误差 M 定义如下所示：

$$M = \frac{\Delta\varepsilon}{\varepsilon_{\min}} \tag{4-50}$$

式中，$\Delta\varepsilon$ 称为剩余均方误差，定义为权矢量 $w(n)$ 经过无穷迭代后的均方误差函数 $\varepsilon(\infty) = \lim\limits_{k\to\infty}\varepsilon(n)$与最小均方误差值 $\varepsilon_{\min}$之差，即

$$\Delta\varepsilon = \varepsilon(\infty) - \varepsilon_{\min} \tag{4-51}$$

由 Widrow 推导得到的经典 LMS 算法的失调误差 M 为

$$M = \frac{\mu}{2}\operatorname{tr}[R] \tag{4-52}$$

将式(4-45)代入式(4-52)，可得

$$M = \frac{\mu}{2}\sum_{n=1}^{M} E[y^2(n)] \tag{4-53}$$

由式(4-53)可知，失调误差 M 与收敛因子 μ 和输入信号的功率成正比，对于相同的输入信号，选择较小的收敛因子，可以获得较小的失调误差。结合失调误差公式和 4.3.2 节的分析可知，对于随机梯度 LMS 算法，通过调整收敛因子 μ，不能使收敛速度和稳态误差的性能同时最优，而只能根据不同应用环境具体选取。

3. 可调参数

基于随机梯度 LMS 算法和横向滤波器结构的 LMS 自适应滤波器算法中的可调参数，主要有收敛因子 μ、权矢量初值 $w(0)$ 及滤波器阶数 M。

收敛因子对 LMS 自适应滤波器性能的影响在前面作过详细分析，只需根据不同应用场合，合理选择收敛因子，使收敛速度和稳态误差性能达到较好的折中，满足系统要求。

权矢量的收敛过程中，维纳解(权矢量最优解)由输入信号及期望信号的先验统计信息决定，对于相同的输入情况、收敛因子和滤波器阶数，权矢量初始值实际上决定了整个收敛过程所经过的路径，初始值距离维纳解越近，权矢量的收敛时间越短。但是，权矢量初始值只对第一次收敛过程有效，在非平稳情况下，权矢量最优解是一个时变向量，收敛过程将不断重复，以跟踪时变最优解的变化。因此，决定权矢量收敛快慢的根本条件还是收敛速度。

同时，由于收敛速度和稳态误差性能对收敛因子的要求相互对立，需要根据不同应用场合，合理选择收敛因子 μ 及滤波器阶数 M，使收敛速度和稳态误差性能能够达到较好的折中，满足系统需求。

4.4　最小二乘自适应滤波

4.4.1　最小二乘自适应滤波算法

根据最小均方误差准则得到的是对一类数据的最佳滤波，而根据最小二乘法得到的是对一组已知数据的最佳滤波。对同一类数据来说，最小均方误差准则对不同的数据组推导出相同的最佳滤波器；而最小二乘法对不同的数据组会推导出

不同的最佳滤波器，因而称最小二乘算法导出的最佳滤波器是比较精确的。

在计算过程中，最小二乘法是一种批处理方法，因此最小二乘滤波器可用来处理一批输入数据。这种滤波器通过对一个数据块接一个数据块的重复计算来自适应非平稳数据，运算量很大，因此引入了递归最小二乘法。

已知 n 个输入数据 $y(1),\cdots,y(i),\cdots,y(n)$，根据这些数据，利用 M 阶线性滤波器来估计期望信号 $s(1),\cdots,s(i),\cdots,s(n)$。$s(n)$的估计式 $\hat{s}(n)$如下所示：

$$\hat{s}(n)=\sum_{k=1}^{M}w_k(n)s(n-k+1) \tag{4-54}$$

式中，$w_k(n)$表示滤波器模型的未知抽头权值系数；$s(n-k+1)$表示该滤波器的输入数据。估计误差 $e(n)$如下所示：

$$e(n)=s(n)-\hat{s}(n)=s(n)-\sum_{k=1}^{M}w_k(n)s(n-k+1) \tag{4-55}$$

假设 $n<1$ 及 $n>M$ 时，式(4-56)成立：

$$y(n)=s(n)=0 \tag{4-56}$$

在最小二乘法中，横向滤波器抽头权值 $w_k(n)$的选择，应使得误差平方和构成的代价函数最小，该代价函数 $\xi(w_0,\cdots,w_{M-1})$定义为

$$\xi(w_0,\cdots,w_{M-1})=\sum_{n}|e(n)|^2 \tag{4-57}$$

需要解决的问题是，将式(4-55)代入式(4-57)，使得到的代价函数相对于横向滤波器的抽头权值 $w_k(n)$最小。利用最小化结果得到的滤波器，称为线性最小二乘滤波器。

这种算法需要对矩阵求逆，利用 M 表示滤波器阶数，则最小二乘法的运算量为 $O(M^3)$，而采用递归最小二乘算法只需 $2M$ 次迭代，因此可以大大减少运算量，适于实时滤波。

4.4.2　递归最小二乘自适应滤波算法

若给定 $n-1$ 次迭代滤波器抽头权向量的最小二乘估计，依据新输入数据计算第 n 次迭代权向量的最新估计，该算法称为递归最小二乘(RLS)滤波算法。

RLS 滤波器的一个重要特点是，它的收敛速度比一般的 LMS 滤波器快几个数量级。这是因为 RLS 滤波器利用了输入数据的相关逆矩阵，假定这些输入数据的均值为零，并进行白化处理。然而，RLS 滤波器性能的改善是以增加其计算复杂度为代价的。

RLS 算法是指，第 n 时刻的最佳权向量 $w_k(n)$可由 $n-1$ 时刻的最佳值 $w_k(n-1)$加一修正量得到，这一修正量为

$$g_k(n)[s(n) - y_k^{\mathrm{T}}(n)w_k(n-1)] \tag{4-58}$$

式中，$g_k(n)$确定了根据预测误差进行修正时的比例系数，因而称为增益系数；$y_k^{\mathrm{T}}(n)w_k(n-1)$是根据第 $n-1$ 时刻的最佳加权和第 n 时刻输入数据，对期望信号 $s(n)$的预测值。因而预测误差 $e(n)$为

$$e(n) = s(n) - y_k^{\mathrm{T}}(n)w_k(n-1) \tag{4-59}$$

比较 RLS 算法和 LMS 算法，不难得出两者之间差别仅在于增益系数 $g_k(n)$。LMS 算法简单利用输入矢量乘以常数 μ 作增益系数，而 RLS 算法则利用了复杂的增益系数 $g_k(n)$。

RLS 算法的目的在于选择自适应滤波器的系数，使观测期间的输出信号与期望信号在最小二乘的意义上最匹配。最小化过程需要尽可能地利用已得到的输入信号的信息。此外，需要最小化的目标函数应该是确定性的。RLS 算法在经过 $2M$ 次迭代之后收敛，其收敛速度比 LMS 快几个数量级。

4.4.3　最小二乘滤波器的性能指标

在平稳环境下讨论 RLS 算法的收敛性时，一般假定输入信号自相关矩阵的特征值 $\lambda=1$ 且保证横向滤波器的每个抽头上都有输入信号，输入向量由随机过程生成，其自相关函数是各态历经的，且加权误差向量的波动比输入信号向量的波动慢。基于这些假设条件，RLS 算法在均值意义上是收敛的，且其收敛性独立于输入向量及平均相关矩阵的特征值。对于一阶近似，RLS 算法对特征值扩散的敏感性正比于最小特征值 $\lambda_{\min}$，其均方偏差被最小特征值 $\lambda_{\min}$ 的倒数放大，使得 RLS 算法的收敛性能变差，通过研究还发现，均方误差随着迭代次数 n 增大几乎是呈线性衰减的。

RLS 算法中，学习曲线的收敛平均需要 $2M$ 次迭代，M 是滤波器阶数。这意味着 RLS 算法的收敛速度比 LMS 算法快几个数量级，且 RLS 算法理论上的额外均方误差为零，也就是零失调。

4.5　自适应滤波算法的改进

4.5.1　自适应滤波算法的时域改进

1. 最速下降算法、LMS 算法与 RLS 算法的时域滤波性能比较

理想情况下，当横向滤波器的抽头权向量 $w_k(n)$接近维纳-霍夫方程所定义的最优解 w_0 时，可获得最小均方误差，当最速下降算法在迭代次数 n 趋于无穷大时达到最优。最速下降算法的这种能力是由于算法的每一次迭代均使用精确的梯度向量。

LMS 算法依赖于对梯度向量的瞬态噪声估计，而且较大的抽头权向量估计

$w_k(n)$能以布朗运动方式紧紧围绕最优解 w_0 波动。因此,经过大量迭代后,使用 LMS 算法将导致均方误差 $\varepsilon(\infty)$大于最小均方误差 $\varepsilon_{\min}$,大于的部分称为额外均方误差。

最速下降算法具有确定定义的学习曲线,该曲线反映了均方误差对迭代次数的变化情况。对于这种算法,学习曲线由衰减指数之和构成,其数量一般等于抽头系数的个数。另外,在 LMS 算法的各种应用中,学习曲线由噪声和衰减指数组成。噪声的幅度通常随着步长参数 μ 的减小而减小,在极限情况下,LMS 滤波器的学习曲线具有确定性特性。

LMS 算法和 RLS 算法的构造方式是完全不同的,它们不但呈现不同的收敛性,而且跟踪性能也不同。在 RLS 算法中,输入向量左乘 R 的逆矩阵,这正是 RLS 算法与 LMS 算法之间的本质区别,另外,在宽松的意义下,RLS 算法中 $1-\lambda$ 的作用类似于 LMS 算法中 μ 的作用。

2. 改进的对称自适应去相关滤波算法

利用基本型自适应滤波器进行语音增强,要求参考信号 $r(n)$与噪声信号 $d(n)$相关,而与语音信号 $s(n)$不相关。而在有些实际应用中,参考输入 $r(n)$除包含与噪声相关的参考噪声外,还可能含有低电平的语音信号分量。这些泄露到参考输入中的语音信号分量将会对消原始输入中的语音信号成分,进而导致输出信号中原始语音信号的损失。图 4-8 给出了原始语音信号 $s(n)$通过一个传输函数为 $J(z)$的信号泄露到参考输入中的情形。

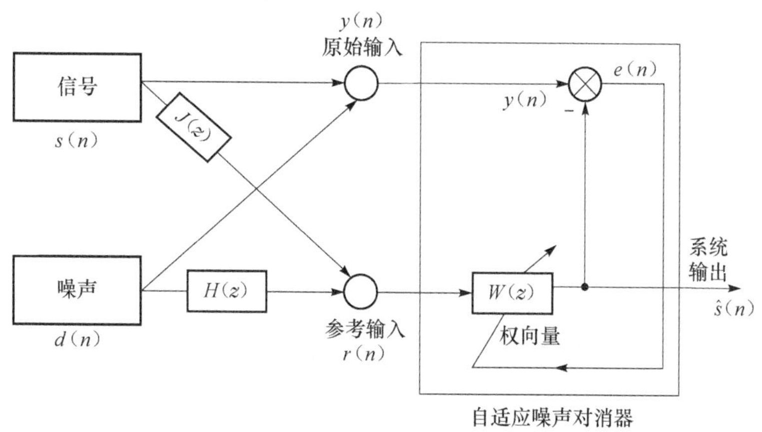

图 4-8　原始信号泄露到参考输入的自适应噪声对消器

可以证明,如果原始输入和参考输入中的噪声相关,则对消器输出端的信噪谱密度比是参考输入端信噪谱密度比之倒数,这种自适应过程被称为“功率取逆”。当参考输入端的信噪谱密度比 $\rho_{\mathrm{ref}}(z)$为零,即原始信号没有泄露到参考输入时,则对消器输出的信噪谱密度比 $\rho_{\mathrm{out}}(z)$将趋于无穷大,这表明输出噪声被完全抵消。

而当参考输入端的信噪谱密度比 $\rho_{\text{ref}}(z)$不为零，即有原始信号泄露到参考输入时，则对消器输出的信噪谱密度比 $\rho_{\text{out}}(z)$为

$$\rho_{\text{out}}(z)=\frac{1}{\rho_{\text{ref}}(z)} \tag{4-60}$$

可见，信号分量的泄露不仅导致输出信号中原始信号的损失，同时还导致噪声对消器性能的恶化。

为解决信号分量的泄露导致系统性能恶化这一问题，Compernolle 提出了对称自适应去相关（symmetric adaptive decorrelation，SAD）算法，其基本流程如图 4-9 所示。

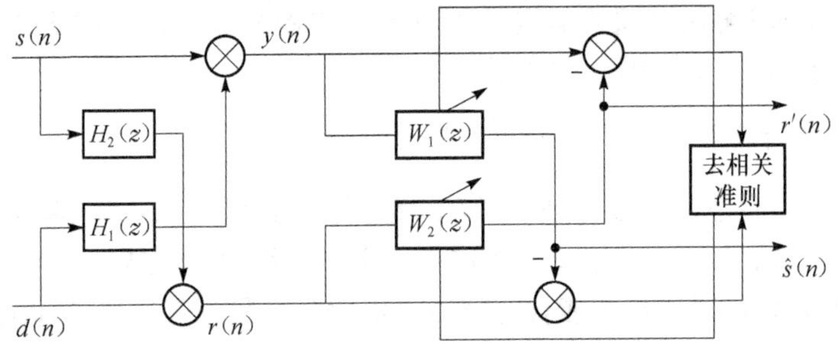

图 4-9　对称自适应去相关算法流程图

SAD 算法的基本思想是：利用去相关准则和最小均方误差准则的一致性，用去相关准则来代替最小均方误差准则。严格来说，SAD 算法不是一种噪声抵消算法，而是一种信号分离算法。实际上，这种对称自适应去相关信号分离系统是 LMS 自适应噪声抵消器的扩展。

3. 自适应噪声对消系统工作原理

对于 LMS 自适应滤波器，期望信号 $s(n)$如何获得是一个重要问题，为获得 $s(n)$，采用如图 4-10 所示的方法。

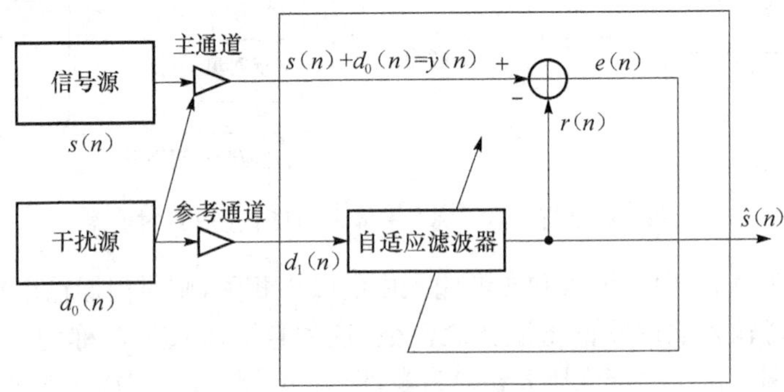

图 4-10　自适应噪声抵消系统

算法中采用了两个通道：主通道和参考通道。主通道接收从信号源发出的信号 $s(n)$，但受到干扰源的干扰，这使得主通道不但收到信号 $s(n)$，也收到干扰 $d_0(n)$。参考通道的作用在于检测干扰，并通过自适应滤波调整其输出 $r(n)$，使 $r(n)$ 在最小均方误差意义下，最接近主通道干扰。这样，通过相减器，将主通道的噪声分量 $d_0(n)$ 抵消。

设参考通道收到干扰 $d_1(n)$，由于传送路径不同，$d_0(n)$ 和 $d_1(n)$ 是不同的，但因二者都来自同样的干扰源，所以它们是相关的。假设参考通道收到的有用信号为零，且与干扰无关，在图 4-10 中，主通道的输入 $s(n)+d_0(n)$ 成为自适应滤波器的期望信号 $y(n)$，系统输出则取自误差信号 $e(n)$，即有

$$|e(n)|=|y(n)-r(n)| \tag{4-61}$$

$$y(n)=s(n)+d_0(n) \tag{4-62}$$

$$e(n)-s(n)=d_0(n)-r(n) \tag{4-63}$$

$$\min_w E[e(n)-s(n)]=\min_w E[d_0(n)-r(n)] \tag{4-64}$$

自适应滤波器需调整其加权矢量 $w(n)$，使 $E[e^2(n)]$ 最小。

4. 用延迟建立参考信号的自适应噪声对消改进算法

以上介绍的自适应噪声对消需要得到与带噪语音信号 $y(n)$ 中噪声 $d(n)$ 的相关成分，即需要有一个参考信号，但在大多数语音增强的应用中都没有这样的信号可以利用。在很多场合，只允许用一个话筒采集带噪语音，此时，必须在语音间歇期间利用采集到的噪声进行估值。如果噪声是平稳的，则可将采集到的噪声估值与带噪语音相减；如果噪声是非平稳的，则会严重影响这种方法的语音增强效果。

在没有参考信号的情况下，也可通过对自适应噪声对消算法进行变换来解决这一问题。这种方法中不采用参考信号，将带噪语音作为原始信号，而将延迟一个基音周期的同样的带噪语音作为参考信号。这实际上是交换了语音和噪声信号的作用。利用浊音相邻基音周期的波形具有高度相关性，而相应的噪声却互不相关这一规律，可以估计出如式(4-65)所示的 $y(n)$ 中周期性较强或相关性较强的成分，即浊音成分或语音成分：

$$y(n)=s(n)+d(n) \tag{4-65}$$

因此这种方法只能在噪声类似白噪声、其相关性及周期性较弱的情况下，增强语音信号的周期性或相关性。利用输出即误差，对滤波器作自适应调整，使噪声输出最小，求出无噪声语音的最佳估计，如图 4-11 所示。

自适应对消中，由于 LMS 算法具有自适应能力，它与普通的平滑滤波相比，区分噪声能力较强。若只用低通滤波器来进行噪声去除，则不可避免地会损失信号的高频成分，利用自适应算法可以解决这个问题。

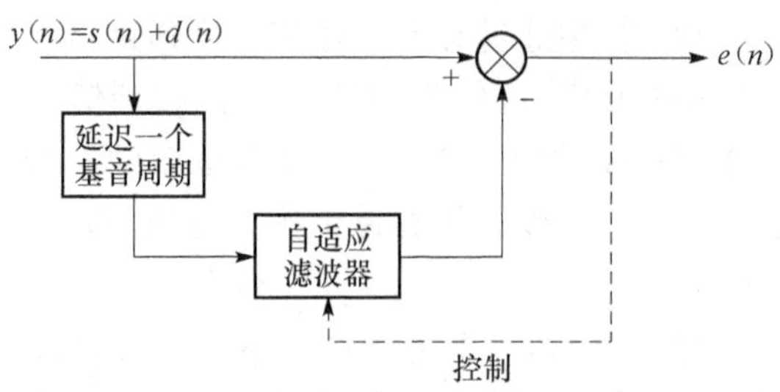

图 4-11 利用延迟来建立参考信号的自适应滤波器

采用自适应滤波进行噪声去除与固定滤波相比,具有更强的适应性。谱减法的原理是根据噪声与信号功率谱的不同,在频域上将噪声与信号分离。但是频域分析需要进行 FFT,计算量很大,LMS 自适应滤波与谱减法相比,运算量较小,可以实现快速实时处理,但是与谱减法一样,增强后的语音也包含明显的音乐噪声。

4.5.2 自适应滤波算法的频域改进

要保证自适应滤波器能够实现正常功能,首先要保证自适应滤波器的稳定收敛。然而当输入信号的平均功率不断变化时,尤其是在输入信号功率远小于最大功率的时段,其自适应过程的收敛速度被大大制约。为了更好地模拟复杂的通道频率响应,自适应滤波器的阶数往往需要取到 100 阶以上甚至更高,显然对需要实时处理的系统设计很不利。

本节首先介绍块处理 LMS(block LMS,BLMS)算法,并由此推导出频域 BLMS 算法,由于其可以在频域通过快速算法完成相关和卷积运算,因此相比时域经典 LMS 算法具有更快的运算速度。

1. BLMS 算法

经典 LMS 算法的权矢量更新表达式可写为

$$w(k+1)=w(k)+2\mu e(k)y(k) \tag{4-66}$$

利用式(4-66)可得,第 $k+N$ 时刻权矢量迭代公式为

$$w(k+N)=w(k+N-1)+2\mu e(k+N-1)y(k+N-1) \tag{4-67}$$

通过对式(4-67)递归迭代可得

$$w(k+N)=w(k)+2\mu\sum_{m=0}^{N-1}e(k+m)y(k+m) \tag{4-68}$$

式中,从 k 时刻到 $k+N$ 时刻只需进行一次权矢量更新的 LMS 自适应算法,称为

BLMS 算法。

由于权矢量不是每一时刻都更新，因此，BLMS 算法的输出信号和误差信号与经典 LMS 算法相比，有少许不同，分别由上次更新的权矢量通过式(4-69)和式(4-70)计算得到：

$$\hat{s}(k+m)=y^{\mathrm{T}}(k+m)w(k),\quad m=1,2,\cdots,N-1 \tag{4-69}$$

$$e(k+m)=s(k+m)-y^{\mathrm{T}}(k+m)w(k),\quad m=1,2,\cdots,N-1 \tag{4-70}$$

考虑到语音信号的短时平稳性和 FFT 算法，在这里主要研究当权矢量更新间隔时间 N 与滤波器阶数 M 相同时的 BLMS 算法。由于 BLMS 算法的权矢量更新速度低于输入信号速度，为方便起见，重新定义新的批处理时间度量 n，使原时间度量 k 每增加 M 时，n 增加一个度量单位，则式(4-68)可以写为

$$w(n+1)=w(n)+2\mu\sum_{m=1}^{M}e(nM+m)y(nM+m) \tag{4-71}$$

式中，μ 为步长因子；$e(n)$为误差信号；$y(n)$为滤波器输入信号。假设

$$\mu_{\mathrm{B}}=M\mu \tag{4-72}$$

则式(4-71)可写为

$$w(n+1)=w(n)+2\mu_{\mathrm{B}}\frac{1}{M}\sum_{m=1}^{M}e(nM+m)y(nM+m) \tag{4-73}$$

由式(4-73)可知，若 μ_{B} 与经典 LMS 算法中的收敛因子 μ 等价，则 BLMS 算法与 LMS 算法的根本区别是，二者采用的均方误差曲面梯度估计量不同，前者采用了包括当前时刻在内的 M 个随机梯度的平均值，作为对当前梯度矢量的估计，这样起到了平滑噪声的作用，相比瞬时随机梯度，增加了其精确度并且该精确度随着 M 的增加而增加。然而，这种改善并不意味着收敛速度的加快，因为在同等条件下得到的 BLMS 算法的收敛速度、稳态误差等性能和 LMS 算法的一致，但是其实现收敛的条件却比经典 LMS 算法的更苛刻。

2. FBLMS 算法

利用 FFT 算法在频域上完成滤波器系数的自适应过程，称为快速块 LMS (fast block LMS，FBLMS)算法，它是由 Clark 和 Ferrara 等提出的。

FBLMS 算法是基于线性卷积、线性相关等线性运算和圆周卷积、圆周相关等圆周运算的算法。若将线性运算中的序列经过一种 0 值延拓后，即周期循环延拓，没有值的用 0 补上，其计算结果与圆周运算一致。由离散傅里叶变换的性质可知，两个序列在时域作圆周卷积和圆周相关运算，相当于两个序列的 DFT 变换对在频

域作点乘运算。因此,可以利用 DFT 的快速算法即快速傅里叶变换,在频域计算圆周卷积和圆周相关,从而得到线性卷积和线性相关的结果。

通过上面的分析可知,线性运算通过对输入序列进行 0 值延拓可以转换为圆周运算,然而在实际应用中,常遇到其中一个输入序列较短,而另一个输入序列很长的情况,此时直接将短序列补 0 显然很不合理,为此,一般采取的做法是先将长序列分段,变为与短序列一样长度的若干子序列,再将子序列和短序列分别进行延拓,并通过 FFT 在频域求出其圆周运算结果,最后利用一定的方式将这些结果组合起来,得到完整的线性运算结果。这种计算线性卷积和线性相关的快速算法称为快速卷积和快速相关法。

在实际应用中经常采用的分段组合和延拓方法有:重叠保留法和重叠相加法。下面主要针对重叠保留法进行详细介绍。

1) 基于重叠保留法的 FBLMS

设 $y_1(n)$为长序列,$y_2(n)$为短序列,以 $y_2(n)$的长度 N_2 为标准,对 $y_1(n)$进行分段,用 $y_{1i}(n)$表示 $y_1(n)$划分的第 i 段子序列,K 为划分的总段数,则有

$$y_1(n) = \sum_{i=1}^{K} y_{1i}(n) \tag{4-74}$$

因此,$y_1(n)$和 $y_2(n)$的线性卷积等于 $y_1(n)$各段子序列与 $y_2(n)$的线性卷积之和,即

$$y_1(n) * y_2(n) = \sum_{i=1}^{K} y_{1i}(n) * y_2(n) \tag{4-75}$$

正如前面所述,对每一个线性卷积 $y_{1i}(n) * y_2(n)$可用 $y_{1i}(n)$和 $y_2(n)$的延拓序列的圆周卷积来替换。为避免相邻两段输出序列发生重叠,重叠保留法与之前讨论的圆周卷积延拓方法稍有不同,在对序列 $y_{1i}(n)$进行延拓时,不是在当前序列 $y_{1i}(n)$后补 0,而是采用在 $y_{1i}(n)$前补上前一段序列 $y_{1(i-1)}(n)$,构成长度为 $2N_2$ 的序列 $u'_{1i}(n)$,而对序列 $y_2(n)$的延拓仍采用在其后补上 N_2 个 0,构成长度为 $2N_2$ 的序列 $u_2(n)$。此时,以 FFT 在频域作快速卷积,则每个卷积结果的前 N_2 个点不等于线性卷积结果,舍去前 N_2 个点后,保留后 N_2 个点,并把相邻段输出序列衔接起来,就构成了最后完整的线性运算输出序列。

FBLMS 自适应滤波器采用了 BLMS 算法的思想,并且将每一次的权矢量更新和滤波器输出搬移到频域上进行。在时域将输入信号以长度 L 分批,并分别定义第 k 批次的时域输入信号矢量 $y(k)$、期望信号矢量 $s(k)$、输出信号矢量 $\hat{s}(k)$和误差信号矢量 $e(k)$如式(4-76)~式(4-79)所示:

$$y(k) = [y(kL), y(kL+1), \cdots, y(kL+L-1)]^{\mathrm{T}} \tag{4-76}$$

$$s(k) = [s(kL), s(kL+1), \cdots, s(kL+L-1)]^{\mathrm{T}} \tag{4-77}$$

$$\hat{s}(k) = [\hat{s}(kL), \hat{s}(kL+1), \cdots, \hat{s}(kL+L-1)]^{\mathrm{T}} \tag{4-78}$$

$$e(k)=[e(kL),e(kL+1),\cdots,e(kL+L-1)]^{\mathrm{T}} \tag{4-79}$$

与经典 LMS 算法类似，这里误差信号矢量等于输出信号矢量与期望信号矢量之差，即

$$e(k)=\hat{s}(k)-s(k) \tag{4-80}$$

由于在时域上的权矢量更新涉及输入信号与误差信号的线性互相关，而滤波器输出涉及输入信号与权矢量的线性卷积，在频域进行对应运算时，需要采用 50%重叠的重叠保留法分别将输入信号、误差信号和权矢量延拓为 $2L$ 的长序列，以保证其离散傅里叶变换后的快速圆周运算结果与时域线性运算结果一致。因此，频域滤波器阶数 M 取值变为 $2L$。

同时，分别定义频域权矢量 $W(k)$、频域输入信号矩阵 $Y(k)$ 和频域误差信号矢量 $E(k)$ 如下：

$$\begin{aligned}W(k)&=[W_0(k),W_1(k),\cdots,W_{L-1}(k)]^{\mathrm{T}}\\&=\mathrm{DFT}[w^{\mathrm{T}}(k),0,\cdots,0]^{\mathrm{T}}\end{aligned} \tag{4-81}$$

$$\begin{aligned}Y(k)&=\mathrm{diag}[Y_0(k),Y_1(k),\cdots,Y_{L-1}(k)]\\&=\mathrm{diag}\{\mathrm{DFT}[y^{\mathrm{T}}(k-1),y^{\mathrm{T}}(k)]^{\mathrm{T}}\}\end{aligned} \tag{4-82}$$

$$\begin{aligned}E(k)&=[E_0(k),E_1(k),\cdots,E_{L-1}(k)]^{\mathrm{T}}\\&=\mathrm{DFT}[0,\cdots,0,e^{\mathrm{T}}(k)]^{\mathrm{T}}\end{aligned} \tag{4-83}$$

式(4-82)中，diag{ · }表示以括号内元素为对角线元素的对角矩阵。

由前面对重叠保留法的讨论，可得当前批次时域输出矢量的表达式，以及频域权矢量的更新表达式为

$$s(k)=K\cdot\mathrm{IDFT}[y(k)w(k)] \tag{4-84}$$

$$w(k+1)=w(k)+2\mu\cdot\mathrm{DFT}[\Phi(k)] \tag{4-85}$$

式(4-85)中

$$\Phi(k)=G\cdot\mathrm{IDFT}[Y^{\mathrm{H}}(k)E(k)] \tag{4-86}$$

$$K=[0_M\quad I_M] \tag{4-87}$$

$$G=\begin{bmatrix}I_M & 0_M\\0_M & 0_M\end{bmatrix} \tag{4-88}$$

式(4-88)中，I_M 和 0_M 分别表示 M 阶单位矩阵和零矩阵。

经过合并、代入等运算，可得出基于重叠保留法的 FBLMS 自适应滤波器的完整数学表达式为

$$\begin{cases}Y(k)=\mathrm{diag}\{\mathrm{DFT}[y^{\mathrm{T}}(k-1),y^{\mathrm{T}}(k)]^{\mathrm{T}}\}\\\hat{s}(k)=K\cdot\mathrm{IDFT}[Y(k)W(k)]\\e(k)=\hat{s}(k)-s(k)\\E(k)=\mathrm{DFT}[K^{\mathrm{T}}\cdot e(k)]\\W(k+1)=W(k)+2\mu\cdot\mathrm{DFT}\{G\cdot\mathrm{IDFT}[Y^{\mathrm{H}}(k)E(k)]\}\end{cases} \tag{4-89}$$

2）FBLMS 算法的优点

相比经典 LMS 算法，FBLMS 算法采用了快速运算方法，大大降低了其计算复杂度。为了确定 FBLMS 算法的快速性，将 FBLMS 算法和经典 LMS 算法的计算复杂度进行比较。

经典 LMS 算法和 M 阶横向滤波结构的 LMS 自适应滤波算法中，每输入一次数据需要进行 $2M$ 次乘法，因此，对于 M 次输入数据，共需进行 $2M^2$ 次乘法。而在 FBLMS 算法中，对于每 M 次输入数据，需要进行 5 个 $2M$ 点快速傅里叶变换，总运算量为 $10M\mathrm{lb}(2M)$；此外，计算频域输出矢量需要进行 $4M$ 次实数乘法运算；更新权矢量需要进行 $4M$ 次实数乘法运算，因此，利用 FBLMS 自适应滤波器完成一批 M 点数据的自适应滤波过程，共需要 $10M\mathrm{lb}M+26M$ 次乘法运算。复杂度比 $=\dfrac{10M\mathrm{lb}M+26M}{2M^2}=\dfrac{5\mathrm{lb}M+13}{M}$，当 M 在 16～2048 变化时，可计算出其复杂度远远低于经典滤波器。

除了减小了计算复杂度外，FBLMS 算法相对于经典 LMS 算法在收敛特性上也有所改善。由傅里叶变换性质可知，变换后得到的频域信号是一组近似正交的分量，而由这些分量构成的自相关矩阵也近似为对角矩阵。由此可见，在彼此之间近似不相关的各频率点上进行自适应滤波，即使时域输入信号的相关性较强，其相关矩阵的特征值分散程度较大，对频域 LMS 自适应算法的收敛性能影响也不大。

3. 改进的变步长 FBLMS 算法

对于所有 LMS 类自适应算法，收敛因子（步长参数）是调和高速收敛和低稳态误差这两个矛盾的重要参数，直观地看，在未达到收敛状态之前的学习阶段，应选择较大的收敛因子以提高收敛速度，随着权矢量逐渐接近最优解，则应该减小步长以保证获得更小的稳态误差。因此，选择可变的收敛因子成为自然的选择，可变步长控制也始终是 LMS 算法研究中一个非常活跃的领域。FBLMS 算法提出后，对其做了大量改进工作，主要包括：

（1）Soo 等在文献中提出一种 FBLMS 的变步长算法，该算法使用三个平行放置的滤波器，通过复杂的控制机制调整三个步长。

（2）Kwong 等在文献中提出了一种可以应用于子带 Subband 自适应滤波器和频域自适应滤波器的步长控制方法，α、β、γ 为修正因子，如下所示：

$$\mu(k+1)=\alpha\mu(k)+\gamma e^2(k) \tag{4-90}$$

此后，Aboulnasr 和 Sristi 等将此方法进一步改进为

$$\mu(k+1)=\alpha\mu(k)+\gamma p^2(k) \tag{4-91}$$

式中

$$p(k)=\beta p(k-1)+(1-\beta)[e(k)e(k-1)+e(k)] \tag{4-92}$$

(3) 由于通过傅里叶变换得到的频域信号是一组近似正交的分量，相关度相对于时域信号大大降低，使得在不同频点使用不同的收敛步长成为可能，Piet 等提出一种根据不同频点信号功率变化的可变收敛因子 $\mu_m(n)$，如下所示：

$$\mu_m(n)=\frac{\mu}{P_m(n)} \tag{4-93}$$

式中，下标 m 表示第 m 个频点，且有

$$P_m(n)=(1-\alpha)P_m(n-1)+\alpha\mid y_m(n)\mid^2 \tag{4-94}$$

除了对变步长控制的改进外，Mansour 和 Gray 在 1982 年提出了非约束频域块处理 LMS(unconstrained FBLMS，UFBLMS)算法，使运算量进一步降低，但同时也使得稳态误差不断增大。

FBLMS 算法相比经典 LMS 算法，可在不降低其收敛性能的情况下，大大降低其计算复杂度，本节将在此基础上，提出一种通过前一时刻曲面梯度估计量 MSE 和当前时刻输入信号功率共同决定的变步长策略，将 FBLMS 算法加以改进，使其达到更稳定、快速和精确的收敛性能。

为了解决 LMS 自适应滤波器收敛性能对输入信号功率敏感的问题，首先在 FBLMS 算法的收敛因子项中，引入类似于时域归一化 LMS(normalized LMS，NLMS)算法，其收敛因子的约束条件为

$$\mu(k)=\frac{\alpha}{\beta+y^{\mathrm{T}}(k)y(k)} \tag{4-95}$$

式中，α 和 β 均是正实数；$y^{\mathrm{T}}(k)y(k)$ 项是 k 时刻输入信号矢量的能量。式(4-95)可以理解为经典 LMS 算法的收敛因子，对每一时刻的输入信号能量进行归一化，使自适应过程可以根据各时刻信号能量的不同，来改变更新步长，达到既保持整个自适应过程收敛性又加快其收敛速度的目的。常数 α 起到经典 LMS 算法中的固定收敛因子的作用，可以通过调整它，控制自适应过程的收敛速度和稳态误差；常数 β 一般取较小值，以保证收敛步长不会因输入信号能量过低而变得过大。

将式(4-95)取数学期望，并与经典 LMS 算法迭代公式中的收敛因子 μ 进行等价对比，可得

$$E[\mu(k)]=E\left[\frac{\alpha}{\beta+y^{\mathrm{T}}(k)y(k)}\right]\approx\frac{\alpha}{E[y^{\mathrm{T}}(k)y(k)]}=2\mu \tag{4-96}$$

$$\frac{\alpha}{2E[y^{\mathrm{T}}(k)y(k)]}=\mu \tag{4-97}$$

由于 FBLMS 算法是通过 BLMS 算法推导而来的，其收敛性与 LMS 算法类

似，将式(4-97)代入 LMS 算法的收敛条件(4-38)，可得

$$0 < \alpha < 2 \tag{4-98}$$

由式(4-98)可知，在 LMS 算法的收敛因子中引入式(4-95)后，其收敛性不再受信号特征的影响，这个结论也适合于 FBLMS 算法。

将式(4-95)引入 FBLMS 算法后，由于 FBLMS 算法采用了重叠保留法以完成快速卷积，输入信号矢量由当前批次输入信号 $y(k)$ 和上一批次输入信号 $y(k-1)$ 合并而成，变为 $2M$ 维，在时域和频域都可以计算当前输入信号能量，两种计算方法如下所述。

1) 时域计算

由于输入信号矢量由当前批次和上一批次输入信号合并而成，因此可以简化运算为：在当前时刻只计算当前批次的输入信号能量 $E(k)$，再与上一时刻计算的上一批次输入信号能量 $E(k-1)$ 相加，即得到当前完整输入信号矢量的能量 $E'(k)$，即

$$E'(k) = E(k) + E(k-1) \tag{4-99}$$

式中

$$E(k) = y^{\mathrm{T}}(k)y(k) \tag{4-100}$$

这样，在时域计算当前时刻的输入信号能量，只需要 M 次乘法。

2) 频域计算

在输入信号矢量通过 FFT 变换到频域后，利用频谱的对称性，亦可以简化运算为：每一时刻只计算频域信号的前 M 频点或后 M 频点的能量总和，即可得到整个频谱的能量特性，然而，由于频域信号是复数信号，计算能量需要对其实部和虚部各进行一次乘法运算，如下所示：

$$E''(k) = \mathrm{Re}[y_{\mathrm{half}}^{\mathrm{T}}(k) \cdot y_{\mathrm{half}}(k)] + \mathrm{Im}[y_{\mathrm{half}}^{\mathrm{T}}(k) \cdot y_{\mathrm{half}}(k)] \tag{4-101}$$

式中，$y_{\mathrm{half}}(k)$ 为由频域输入信号矢量 $y(k)$ 的前一半或后一半点数构成的 M 维矢量，上标 T 表示复数共轭转置。因此，在频域计算当前时刻输入信号能量至少需要 $2M$ 次乘法。

通过以上讨论，采用时域简化计算方法计算每一时刻输入信号矢量的能量，可以获得最小的计算量开销。为使稳态误差在达到收敛后，尽量减小又不影响收敛速度，一般情况下，可以在权矢量趋于收敛后，通过某种方式适当减小收敛因子。

4.6 本章小结

本章主要介绍了自适应语音增强算法。主要包括三部分内容：自适应算法原

理、三种自适应滤波算法以及对自适应滤波的改进算法。

本章首先介绍了自适应滤波器的组成原理、性能指标以及最佳滤波准则，介绍了实现自适应滤波器的基础算法即最速下降算法，该算法是各种基于梯度的自适应算法的基础。文中首先推导得出了最速下降算法的数学表达式，并讨论了衡量其性能参数的两个重要指标：稳定性与收敛性。

然后，在没有先验信息、无法得到自相关矩阵和互相关矢量的情况下，引入了最小均方 LMS 算法。该算法不要求计算相应的相关函数，也不需要进行矩阵运算。只要自适应滤波器在每次迭代运算时都能获取输入信号和参考响应，就可以实现自适应控制过程。该算法的突出优点是计算量小，易于实现。

接下来介绍了一种可直接根据一组数据，寻求最佳滤波的算法，即最小二乘自适应滤波算法。这种滤波器通过一个数据块接一个数据块的重复计算来自适应非平稳数据，运算量很大，因此引入了递归最小二乘法。

最后，介绍了自适应滤波算法的改进。主要从时域与频域两个方面来进行改进。针对时域改进主要通过对称自适应去相关滤波算法和用延迟建立参考信号的自适应噪声对消来实现改进。针对频域改进主要以 LMS 算法为例，提出了 BLMS 算法，并由此推导出 FBLMS 算法，由于其可以在频域通过快速算法完成相关和卷积运算，因此相比时域经典 LMS 算法具有更快的运算速度。

参考文献

何振亚，刘涵宇. 1995. 滑动窗快速横向滤波的自适应判决反馈均衡器算法. 通信学报，(2)：90—96.

胡啸，胡爱群，赵力. 2003. 一种新的自适应语音增强系统. 电路与系统学报，8(5)：72—75.

沈亚强，程仲文. 1993. 一种基于自适应滤波的语音增强方法. 信号处理，9(1)：9—14.

杨红，李生明. 2005. 自适应滤波器在噪声对消中的应用. 长江工程职业技术学院学报，22(4)：55—57.

杨有粮，王英哲，陈克安. 2003. 自适应有源噪声控制器的设计与实现. 电声技术，(3)：63—66.

Berouti M, Schwartz R, Makhoul J. 1979. Enhancement of speech corrupted by acoustic noise. IEEE ICASSP Processing, Washington DC, 208—211.

Chan K S, Farhang-Boroujeny B. 2000. Analysis of the frequency-domain block LMS algorithm. IEEE Transactions on Signal Processing, 48(8)：2332—2342.

Chang P S, Willson A N. 2000. Analysis of conjugate gradient algorithms for adaptive filtering. IEEE Transactions on Signal Processing, 48(2)：409—418.

Chen J H, Gersho A. 1995. Adaptive post filtering for quality enhancement of corded speech. IEEE Transactions on Speech and Audio Processing, 3(1)：625—629.

Cioffi J M, Kailath T. 1985. Windowed fast transversal filters for recursive least squares adaptive filtering. IEEE Transactions on ASSP, 33(3): 607—625.

Clark G A, Parker S R, Mitra S K. 1981. Block implementation of adaptive digital filters. IEEE Transactions on Circuits and Systems, 28(6): 584—592.

Clark G A, Parker S R, Mitra S K. 1983. A unified approach to time-domain and frequency-domain realization of FIR adaptive digital filters. IEEE Transactions on Acoustic, Speech and Signal Processing, 31(5): 1073—1083.

Cohen I, Berdugo B. 2002. Speech enhancement for non-stationary noise environment. IEEE Transactions on Signal Processing, 81(2): 561—564.

Haykin S. 2003. 自适应滤波器原理. 郑宝玉译. 北京:电子工业出版社.

Jae S L. 1979. Enhancement and bandwidth compression of noisy speech. Proceeding of the IEEE, 67(12): 1586—1604.

Kobayashi M. 1999. Convergence condition of adaptive algorithm of nonlinear adaptive digital filter. IEEE Transactions on Circuits and Systems, 46(8): 1089—1094.

Kwong R H, Johnston E W. 1992. A stochastic gradient adaptive filter with gradient adaptive step size. IEEE Transactions on Signal Processing, 40(7): 151—155.

Lee J C, Un C K. 1989. Performance analysis of frequency-domain block LMS adaptive digital filters. IEEE Transactions on Circuits and Systems, 36(2): 173—189.

Lim J S, Oppenheim A V. 1978. All-pole modeling of degraded speech. IEEE Transactions on Acoustic, Speech and Signal Processing, 26(3): 197—201.

Malah Y D. 1985. Speech enhancement using a minimum mean-square error log-square amplitude estimator. IEEE Transactions on Acoustic, Speech and Signal Processing, 33(2): 443—445.

Shynk J J. 1992. Frequency-domain and multirate adaptive filtering. IEEE Transactions on Signal Processing, 9(1): 14—37.

Sommen P C W, van Gerwen P J. 1987. Convergence analysis of a frequency-domain adaptive filter with exponential power averaging and generalized window function. IEEE Transactions on Circuits and Systems, 34(7): 787—798.

Sristi P, Lu W S, Antoniou A. 2001. A new variable-step-size LMS algorithm and its application in subband adaptive filter for echo cancellation. IEEE International Symposium on Circuits and Systems, Sydney, 2: 721—724.

Wei W, Chen Y P. 2000. Speech enhancement by spectral component selection. IEEE Transactions on Signal Processing, 2: 674—678.

Widrow B. 1975. Adaptive noise cancelling principles and applications. Proceeding of the IEEE, 63(12): 1692—1716.

Widrow B, Lehr M. 1993. Learning algorithms for adaptive signal processing and control neural networks. IEEE International Conference on Neural Networks, San Francisco, 1—8.

Widrow B, McCool J M, Larimore M G. 1976. Stationary and nonstationary learning characteristics of the LMS adaptive filter. Processing of the IEEE, 64(8): 1151—1162.

You C H, Koh S N, Rahardja S B. 2005. Order MMSE spectral amplitude estimation for speech enhancement. IEEE Transactions on Speech and Audio, 13(4): 475—486.

Zhang W X. 2003. Adaptive filter design subject to output envelope constraints and bounded input noise. IEEE Transactions on Circuits and Systems Ⅱ. Analog and Digital Signal Processing, 50(12): 1023—1026.

第5章　语音增强小波变换算法

近年来，针对不同的噪声和应用提出了很多语音增强方法，其中应用较广的有维纳滤波法、卡尔曼滤波法、谱减法和自适应滤波法等。维纳滤波法是在平稳条件下的基于最小均方误差的最优估计，但对语音这种非平稳信号不是很适合；卡尔曼滤波法克服了维纳滤波法必需的平稳条件，在非平稳条件下也可保证最小均方误差最优，但是仅适用于清音，而且由于需要估计语音生成模型参数，估计的准确与否，直接影响增强语音的质量；谱减法是一种常用的方法，但在低信噪比情况下，对语音的可懂度和自然度损害较大，并且在重建语音中产生了音乐噪声；自适应滤波法是效果较好的一种语音增强方法，但是由于需要一个在实际环境中很难获得的参考噪声源，而且该算法和谱减法一样伴有音乐噪声。以上各种方法在进行语音增强时，都需要获取噪声的一些特征或统计特性，在没有噪声先验知识的情况下，从带噪语音信号中提取纯净语音是比较困难的。

小波变换是近年来迅速发展起来的一种时频域局部分析方法，在低频部分具有较高的频率分辨率和较低的时间分辨率，在高频部分具有较高的时间分辨率和较低的频率分辨率，弥补了短时傅里叶变换固定分辨率的不足，能够将信号在多尺度多分辨率上进行小波分解，各尺度上分解得到的小波系数代表信号在不同分辨率上的信息，适合于分析非平稳信号。同时小波变换与人耳的听觉特性非常相似，便于研究者利用人耳的听觉特性，来分析处理语音这种非平稳信号。

利用小波变换法实现语音增强的方法主要有三种：

(1) 小波阈值去噪法。该方法依据语音信号和噪声经分解后的小波系数的幅值不同，通过选取合适的阈值来处理这些小波系数，达到去噪的目的。传统的阈值函数有硬阈值和软阈值函数两类，但它们分别存在一定的缺陷；Gao 和 Bruee 在硬阈值和软阈值的基础上又提出了半软(semisoft)阈值方法，对不同收缩函数的特性进行了分析和研究，并给出阈值估计的方差和偏差的计算方法。

(2) 小波模极大值去噪法。该方法根据语音信号和噪声的模极大值具有不同的传播特性的原理，来去除白噪声和脉冲噪声，但是计算量很大，需要通过迭代实现，有时还不是很稳定。

(3) 基于小波系数尺度间相关性去噪法。根据语音信号的小波系数具有较强的相关性，而噪声没有这种特性，来实现语音和噪声分离，该方法虽不够精确，但很直接，易于实现。

上述三种方法中，基于阈值去噪的方法应用较为普遍。此外，小波和其他技术相结合实现语音增强是目前比较重要的研究内容，如小波与神经网络的结合、小波与混沌的结合、小波与分形或独立分量的结合等；还有发展迅速的多小波和多进制小波技术，也是小波应用中热门的研究方向。近年来关于小波去噪的研究很多，也取得了一定的成果，但仍需要继续改进现有去噪方法，以达到最佳的应用需求。

5.1　小波变换分析

5.1.1　连续小波变换

1. 小波变换(wavelet transform，WT)的定义

设小波 $\psi(t)$ 是 $L^2(\mathbf{R})$ 空间中的函数，若它满足公式(5-1)所示的条件，则称小波 $\psi(t)$ 为基本小波或母小波：

$$C_\psi = \int_{-\infty}^{\infty} \frac{|\Psi(\omega)|^2}{|\omega|} \mathrm{d}\omega < \infty \tag{5-1}$$

式中，$\Psi(\omega)$ 是 $\psi(t)$ 的傅里叶变换。母小波 $\psi(t)$ 经过平移和伸缩后得到一个小波函数族 $\psi_{a,b}(t)$，如下所示：

$$\psi_{a,b}(t) = |a|^{-\frac{1}{2}} \psi\left(\frac{t-b}{a}\right), \quad a,b \in \mathbf{R}, a \neq 0 \tag{5-2}$$

式中，a 是尺度因子，反映函数的尺度或宽度；b 是平移因子，反映信号在时间轴上的平移位置。由于尺度因子 a 和平移因子 b 是连续变化的，因此称 $\psi_{a,b}(t)$ 为连续小波函数基，简称小波基。一般的，母小波 $\psi(t)$ 的能量集中在原点，小波基 $\psi_{a,b}(t)$ 的能量集中在 b 点。

对于给定平方可积信号 $x(t) \in L^2(\mathbf{R})$，其连续小波变换(continuous wavelet transform，CWT)定义为

$$WT_x(a,b) = \langle x, \psi_{a,b} \rangle = |a|^{-\frac{1}{2}} \int_{-\infty}^{+\infty} x(t) \psi^* \left(\frac{t-b}{a}\right) \mathrm{d}t \tag{5-3}$$

式中，$a \neq 0$，b、t 均为连续变量；$\psi_{a,b}^*(t)$ 表示 $\psi_{a,b}(t)$ 的复共轭。同时 $x(t)$ 的小波反变换也称为小波逆变换，其重构公式如下：

$$x(t) = \frac{1}{C_\psi} \int_{-\infty}^{\infty} \int_{-\infty}^{+\infty} a^{-2} [WT_x(a,b) \psi_{a,b}(t)] \mathrm{d}a \mathrm{d}b \tag{5-4}$$

2. 小波变换的性质

1) 小波的恒 Q 性质

定义母小波 $\psi(t)$ 的品质因数 Q 满足

$$Q = \Delta_\omega / \Omega_0 = \text{带宽} / \text{中心频率} \tag{5-5}$$

对于 $\psi(t/a)$，其品质因数满足

$$\text{带宽 / 中心频率} = \frac{\Delta_\omega/a}{\Omega_0/a} = \Delta_\omega/\Omega_0 = Q \tag{5-6}$$

由式(5-5)和式(5-6)可知，不论尺度因子 a 为何值，$\psi(t/a)$ 始终和 $\psi(t)$ 具有相同的品质因数 Q，因此小波变换具有恒 Q 性质。恒 Q 性质是小波变换的一个重要性质，也是区别于其他变换而被广泛应用的一个重要原因。正因为小波变换具有恒 Q 性质，使得在不同尺度下，只要保持小波变换的时频分析窗面积不变，便可随机调节分析窗口的时频大小。

2) CWT 的时移性质

若 $x(t)$ 的小波变换为 $WT_x(a,b)$，$y(t)=x(t-\tau)$ 的小波变换为 $WT_x(a,b-\tau)$，满足

$$x(t) \rightarrow WT_x(a,b),\quad y(t) = x(t-\tau),\quad x(t-\tau) \rightarrow WT_x(a,b-\tau) \tag{5-7}$$

则称连续小波变换具有如下所示的时移性质：

$$WT_y(a,b) = WT_x(a,b-\tau) \tag{5-8}$$

3) WT 尺度转换性质

若小波变换满足

$$x(t) \rightarrow WT_x(a,b) \tag{5-9}$$

令

$$y(t) = x(\lambda t) \tag{5-10}$$

则称连续小波变换具有如下所示的尺度转换性质：

$$WT_y(a,b) = \frac{1}{\sqrt{\lambda}} WT_x(\lambda a, \lambda b) \tag{5-11}$$

4) WT 微分性质

若小波变换满足

$$x(t) \rightarrow WT_x(a,b) \tag{5-12}$$

令

$$y(t) = \frac{\mathrm{d}x(t)}{\mathrm{d}t} = x'(t) \tag{5-13}$$

则称连续小波变换具有如下所示的微分性质：

$$WT_y(a,b) = \frac{\partial}{\partial b} WT_x(a,b) \tag{5-14}$$

5) 两个信号卷积的小波变换

若小波变换满足

$$x(t) \rightarrow WT_x(a,b),\quad h(t) \rightarrow WT_h(a,b) \tag{5-15}$$

$$y(t) = x(t) * h(t) \tag{5-16}$$

则有

$$WT_y(a,b) = x(t) \overset{b}{*} WT_h(a,b) = h(t) \overset{b}{*} WT_x(a,b) \tag{5-17}$$

式中，符号 $\overset{b}{*}$ 表示对变量 b 做卷积运算。

6) WT 的叠加性

若小波变换满足

$$x_1(t) \to WT_{x_1}(a,b), \quad x_2(t) \to WT_{x_2}(a,b) \tag{5-18}$$

$$x(t) = k_1 x_1(t) + k_2 x_2(t) \tag{5-19}$$

则称连续小波变换具有如下所示的叠加性质：

$$WT_x(a,b) = k_1 WT_{x_1}(a,b) + k_2 WT_{x_2}(a,b) \tag{5-20}$$

7) 小波变换的内积定理

若小波变换满足

$$x_1(t) \to WT_{x_1}(a,b), \quad x_2(t) \to WT_{x_2}(a,b) \tag{5-21}$$

则小波变换的内积定理为

$$\int_0^{+\infty}\int_{-\infty}^{+\infty} WT_{x_1}(a,b) WT_{x_2}(a,b) \frac{\mathrm{d}a}{a^2}\mathrm{d}b = C_\psi \langle x_1(t), x_2(t) \rangle \tag{5-22}$$

式中

$$C_\psi = \int_0^{+\infty} \frac{|\Psi(\omega)|^2}{\omega}\mathrm{d}\omega \tag{5-23}$$

其中，$\Psi(\omega)$ 为 $\psi(t)$ 的傅里叶变换。

5.1.2　离散小波变换

1. 离散小波变换的定义

由于进行连续小波变换后的小波系数信息量是冗余的，会增加计算量。为了减少小波变换系数的冗余度，通常对连续小波变换的参数离散化，即对尺度因子 a 和平移因子 b 进行离散化处理，常用的离散方式为

$$a = 2^{-j}, \quad b = k2^{-j}, \quad j,k \in \mathbf{Z} \tag{5-24}$$

则连续小波函数 $\psi_{a,b}(t)$ 可写成离散小波函数：

$$\psi_{j,k}(t) = \psi_{(2^{-j}, k2^{-j})}(t) = 2^{j/2}\psi(2^j t - k) \tag{5-25}$$

同时连续小波变换可改写为离散小波变换为

$$WT_x(j,k) = \langle x, \psi_{j,k} \rangle = 2^{\frac{j}{2}} \int_{-\infty}^{+\infty} x(t)\psi^*(2^j t - k)\mathrm{d}t, \quad j,k \in \mathbf{Z} \tag{5-26}$$

式中，$\psi^*(2^j t - k)$ 为 $\psi(2^j t - k)$ 的复共轭。

2. 二进小波变换

1) 二进小波

若对尺度因子 a 按 2^j 方式离散化，参数 b 仍取连续值，则得到的小波称为二进小波。这时离散小波函数可以改写为

$$\psi_{2^j,b}(t)=2^{-\frac{j}{2}}\psi(2^{-j}(t-b)),\quad j\in\mathbf{Z} \tag{5-27}$$

设 $x(t),\psi(t)\in L^2(\mathbf{R})$,则 $x(t)$的二进小波变换为

$$WT_x(2^j,b)=\frac{1}{2^{j/2}}\int_{-\infty}^{+\infty}x(t)\psi^*\left(\frac{t-b}{2^j}\right)\mathrm{d}t,\quad j\in\mathbf{Z} \tag{5-28}$$

若存在两个常数 A、B,且 $0<A\leqslant B<\infty$,使得函数 $\psi(t)$的傅里叶变换 $\Psi(2^j\omega)$满足

$$A\leqslant\sum_{j\in\mathbf{Z}}|\Psi(2^{-j}\omega)|^2\leqslant B \tag{5-29}$$

则函数 $\psi(t)$称为二进小波。公式(5-29)称为稳定条件,若 $A=B$,则称为最稳定条件。

2) 二进小波重构

信号或函数 $x(t)\in L^2(\mathbf{R})$的重构,需要找到离散二进小波的对偶框架,即寻找一个二进对偶小波 $\tilde{\psi}(t)$,使该小波的傅里叶变换满足:

$$\tilde{\psi}(\omega)=\frac{\psi^*(\omega)}{\sum_{j\in\mathbf{Z}}|\psi(2^j\omega)|^2} \tag{5-30}$$

对于任意 $x(t)\in L^2(\mathbf{R})$,其二进小波的重构公式为

$$x(t)=\frac{1}{2\pi}\int_{-\infty}^{+\infty}x(\omega)\mathrm{e}^{\mathrm{j}\omega t}\,\mathrm{d}\omega=\sum_{j\in\mathbf{Z}}\int_{-\infty}^{+\infty}W_{2^j}^{\mathrm{T}}(b)\tilde{\psi}_{2^j,b}(t)\,\mathrm{d}b \tag{5-31}$$

3. 正交小波

1) 小波框架

如果存在 $0<A\leqslant B<\infty$,对所有的 $x(t)\in$ Hilbert(希尔伯特)空间,有

$$A\|x\|^2\leqslant\sum_k|\langle x,\psi_k\rangle|^2\leqslant B\|x\|^2 \tag{5-32}$$

式中,称$\{\psi_k\}_{k\in\mathbf{Z}}$是 Hilbert 空间中的一个框架,或称为 Hilbert 的一族函数;A 和 B 称为框架界,若 $A=B$,则称框架是紧框架。若 $A=B=1$,此时$\{\psi_k\}_{k\in\mathbf{Z}}$是正交框架,若$\|\psi_k\|^2=1$,则$\{\psi_k\}_{k\in\mathbf{Z}}$是规范正交基。$\psi_k$ 的对偶函数 $\tilde{\psi}_k$ 也是一个框架,其框架的上下界是 ψ_k 上下界的倒数 A^{-1}和 B^{-1}。

经伸缩和位移后的小波函数族 $\psi_{j,k}(t)$可表达为

$$\psi_{j,k}(t)=2^{-\frac{j}{2}}\psi(2^{-j}t-k),\quad j,k\in\mathbf{Z} \tag{5-33}$$

并且满足

$$A\|x\|^2\leqslant\sum_j\sum_k|\langle x,\psi_{j,k}\rangle|^2\leqslant B\|x\|^2,\quad 0<A\leqslant B<\infty \tag{5-34}$$

则称$\{\psi_{j,k}(t)\}_{j,k\in\mathbf{Z}}$构成一个小波框架。

2) 正交基和 Riesz 基

若 X 是函数序列$\{e_n(t)\}_{n\in\mathbf{Z}}$所有可能的线性组合生成的空间,则对任意 $g(t)\in X$,有

$$g(t) = \sum_n a_n e_n(t) \tag{5-35}$$

式中，a_n 为系数，则称$\{e_n(t)\}_{n\in \mathbf{Z}}$为空间 X 的一个基底。若满足

$$\langle e_m, e_n \rangle = \begin{cases} 0, & m \neq n \\ 1, & m = n \end{cases} \tag{5-36}$$

则称$\{e_n(t)\}$为 X 中的标准正交系。由此可知，经过二进伸缩和平移的小波函数如式(5-37)和式(5-38)所示，构成了 $L^2(\mathbf{R})$空间的标准正交基：

$$\psi_{j,k}(t) = 2^{-\frac{j}{2}}\psi(2^{-j}t - k), \quad j,k \in \mathbf{Z} \tag{5-37}$$

$$\psi_{j,k}(t) = 2^{-\frac{k}{2}}\psi(2^{-j}t - k), \quad j,k \in \mathbf{Z} \tag{5-38}$$

除了正交基外，还有一种 Riesz 基，定义为：若一组向量$\{\psi_{j,k}\}$是线性独立的，且存在常数 $A>0$，$B>0$，使得

$$A\|x\|^2 \leqslant \sum_k |\langle x, \psi_{j,k} \rangle|^2 \leqslant B\|x\|^2 \tag{5-39}$$

且 $\sum\limits_{j,k\in \mathbf{Z}} c_{j,k}\psi_{j,k}(t)=0$ 时，必有 $c_{j,k}=0$，则称$\{\psi_{j,k}\}$是 Hilbert 空间的 Riesz 基。Riesz 基和标准正交基相比，可以更大限度地去除冗余度。通常把生成 Riesz 基$\{\psi_{j,k}(t)\}$的母小波$\{\psi(t)\}$，称为 Riesz 函数。

5.1.3　多分辨率分析与 Mallat 算法

1. 多分辨率分析

多分辨率分析(multi-resolution analysis，MRA)的基本思想是在能量有限函数空间 $L^2(\mathbf{R})$的某个子空间中建立基底，然后利用简单的伸缩与平移变换，把该基底扩展到 $L^2(\mathbf{R})$中。

空间多分辨率分析，也称多尺度分析，是指 $L^2(\mathbf{R})$中满足以下五个条件的一个子空间序列集合$\{V_j\}_{j\in \mathbf{Z}}$：

(1) 嵌套性。对任意 $j\in \mathbf{Z}$，有 $V_j \supset V_{j+1}$，即$\cdots V_0 \supset V_{+1} \supset V_{+2} \cdots$。

(2) 稠密性。$\bigcap\limits_{j\in \mathbf{Z}} V_j=\{0\}$，$\overline{\bigcup\limits_{-\infty}^{+\infty} V_j}=L^2(\mathbf{R})$(“—”表示闭包运算)。

(3) 缩放性。$x(t)\in V_j \Leftrightarrow x(2t)\in V_{j+1}$，$\forall j\in \mathbf{Z}$。

(4) 平移性。$x(t)\in V_0 \Rightarrow x(t-k)\in V_0$，$\forall k\in \mathbf{Z}$。

(5) Riesz 基存在性。即存在函数 $\phi(t)\in V_0$，使得函数族$\{\phi(t-k)\}_{k\in \mathbf{Z}}$是空间 V_0 的一个 Riesz 基，即$\{\phi(t-k)\}_{k\in \mathbf{Z}}$是线性无关的，且存在常数 $0<A\leqslant B<\infty$，对于$\forall x(t)\in V_0$，总存在序列$\{c_k\}_{k\in \mathbf{Z}}\in L^2(\mathbf{R})$，使得 $x(t) = \sum\limits_{k=-\infty}^{+\infty} c_k\phi(t-k)$，且 $A\|x\|^2 \leqslant \sum\limits_{k=-\infty}^{+\infty} |c_k|^2 \leqslant B\|x\|^2$。

2. 尺度函数与小波函数

满足上述多分辨分析特性的函数 $\phi(t)\in L^2(\mathbf{R})$称为尺度函数，并称 $\phi(t)$生成 $L^2(\mathbf{R})$的一个多分辨分析$\{V_j\}_{j\in\mathbf{Z}}$。特别的，若$\{\phi(t-k)\}_{k\in\mathbf{Z}}$构成 V_0 的一个标准正交基，则称 $\phi(t)$为正交尺度函数，相应的，称 $\phi(t)$生成 $L^2(\mathbf{R})$的一个正交多分辨分析$\{V_j\}_{j\in\mathbf{Z}}$。当该函数经过伸缩和平移后，可得到一个函数集合如下所示：

$$\phi_{j,k}(t) = 2^{\frac{j}{2}}\phi(2^j t - k) \tag{5-40}$$

式中，$\phi_{j,k}(t)$中的尺度 j 和位移 k 均可变化。函数集合 $\phi_{j,k}(t)$所组成的空间 V_j 为尺度为 j 的尺度空间，可表达为

$$V_j = \overline{\mathrm{span}\{\phi_{j,k}(t)\}},\quad k\in\mathbf{Z} \tag{5-41}$$

对于任意函数 $x(t)\in V_j$，有

$$x(t) = \sum_k a_k\phi_{j,k}(t) = 2^{-\frac{j}{2}}\sum_k a_k\phi(2^{-j}t-k) \tag{5-42}$$

根据多分辨率分析的定义和正交分解理论可知

$$L^2(\mathbf{R}) = \bigcup_{-\infty}^{+\infty} V_j,\quad V_{j-1} = V_j\oplus W_j \tag{5-43}$$

则有

$$L^2(\mathbf{R}) = \bigoplus_{j=-\infty}^{+\infty} W_j \tag{5-44}$$

从而 W_j 和 $L^2(\mathbf{R})$空间的标准正交基为 $\psi_{j,k}=2^{\frac{j}{2}}\psi(2^j t-k)$，$\psi(t)$为正交小波函数，相应的 W_j 是 V_j 在 V_{j-1}中的正交补空间，或称尺度为 j 的小波空间。

3. 二尺度差分方程

在多尺度分析的基础上可以得到二尺度差分方程，即当 $\phi_{j,k}(t)$和 $\psi_{j,k}(t)$分别是尺度空间 V_j 和小波空间 W_j 中的一个标准正交基，并且满足式(5-45)和式(5-46)，则可得到二尺度差分方程如式(5-47)所示：

$$V_j \perp W_j \tag{5-45}$$

$$V_{j-1} = V_j\oplus W_j \tag{5-46}$$

$$\begin{cases}\phi\left(\dfrac{t}{2^j}\right)=\sqrt{2}\displaystyle\sum_{k=-\infty}^{+\infty}h_0(k)\phi\left(\dfrac{t}{2^{j-1}}-k\right)\\[2ex] \psi\left(\dfrac{t}{2^j}\right)=\sqrt{2}\displaystyle\sum_{k=-\infty}^{+\infty}h_1(k)\psi\left(\dfrac{t}{2^{j-1}}-k\right)\end{cases} \tag{5-47}$$

设 $H_0(w)$和 $H_1(w)$分别为 $h_0(k)$和 $h_1(k)$的傅里叶变换，且都是以 2π 为周期的周期函数，所以二尺度差分方程的频域表示为

$$\begin{cases}\sqrt{2}\phi(\omega) = H_0(\omega)\phi(\omega)\\ \sqrt{2}\psi(\omega) = H_1(\omega)\psi(\omega)\end{cases} \tag{5-48}$$

4. Mallat 算法

Mallat 算法是由法国学者 Mallat 首先提出来的，故称为 Mallat 算法。该算法在小波变换中的地位如同 FFT 算法在傅里叶变换中的地位一样，可以大大地降低小波变换的计算量，有利于对含有大量信息的音视频信号进行实时处理，从而将小波变换理论和工程应用联系起来，使小波变换真正成为继傅里叶变换后，处理非平稳信号的强有力工具。

Mallat 算法是根据多分辨分析和二尺度差分方程思想，从空间 V_0 出发，依据直和特性将 V_0 分解成 V_1 和 W_1，即

$$V_0 = V_1 \oplus W_1 \tag{5-49}$$

然后将 W_1 保持不变而将 V_1 继续分解，经过 J 级分解后，得到等式为

$$V_0 = W_1 \oplus W_2 \oplus W_3 \oplus \cdots \oplus W_J \oplus V_J \tag{5-50}$$

由此得到各子空间下的分解系数。重建就是对该分解过程的逆变换。从设计滤波器的角度出发，当所用小波是正交小波时，该分解过程如图 5-1 所示。

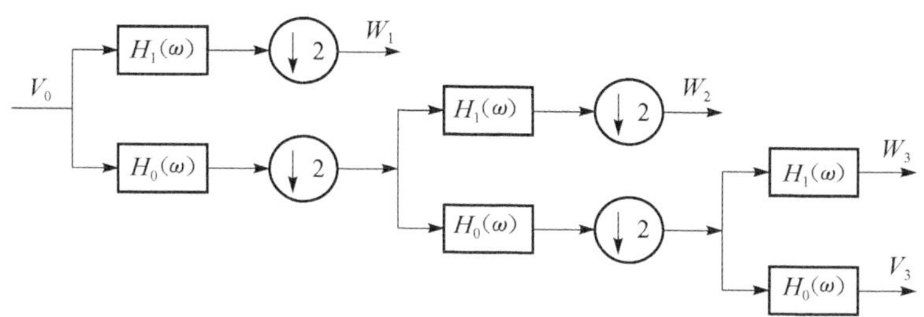

图 5-1　Mallat 空间逐级分解

令多分辨率分析中的离散逼近系数为 $a_j(k)$ 和 $d_j(k)$，满足二尺度差分方程的两个滤波器为 $h_0(k)$ 和 $h_1(k)$，则 $a_j(k)$、$d_j(k)$ 存在的递推关系为

$$a_{j+1}(k) = \sum_{n=-\infty}^{\infty} a_j(k)h_0(n-2k) = a_j(k) * \bar{h}_0(2k) \tag{5-51}$$

$$d_{j+1}(k) = \sum_{n=-\infty}^{\infty} a_j(k)h_1(n-2k) = a_j(k) * \bar{h}_1(2k) \tag{5-52}$$

式(5-51)和式(5-52)中，满足

$$\bar{h}(k) = h(-k) \tag{5-53}$$

随着 j 由 0 逐级增大，V_0 也随着逐级分解，从而实现 Mallat 算法。

若 $a_{j+1}(k)$、$d_{j+1}(k)$ 由公式(5-51)和公式(5-52)得到，则 $a_j(k)$ 可由式(5-54)重建：

$$a_j(k) = \sum_{n=-\infty}^{\infty} a_{j+1}(n)h_0(k-2n) + \sum_{n=-\infty}^{\infty} d_{j+1}(n)h_1(k-2n) \tag{5-54}$$

5. 小波包分析

小波变换只对尺度空间进行分解，而不再进一步分解小波空间，因此存在一定

的缺陷。而小波包分析是对小波变换的推广，它在小波变换的基础上，对尺度空间和小波空间都进行分解，从而得到比小波变换更精细的结果。

1）小波包定义

小波包分解将进一步推广二尺度差分方程，由此得到递推关系为

$$\begin{cases} W_{2n}(t) = \sqrt{2}\sum\limits_{k\in\mathbf{Z}} h_0(k)W_n(2t-k) \\ W_{2n+1}(t) = \sqrt{2}\sum\limits_{k\in\mathbf{Z}} h_1(k)W_n(2t-k) \end{cases} \tag{5-55}$$

式中，$h_0(k)$是多分辨率分析中，正交尺度函数 $\phi(t)$对应的正交低通实系数滤波器；$h_1(k)$是正交小波函数 $\psi(t)$对应的高通实系数滤波器，$h_1(k)=(-1)^{1-k}h_0(1-k)$。当 $n=0$ 时，有

$$W_0(t) = \phi(t), \quad W_1(t) = \psi(t) \tag{5-56}$$

满足式 (5-55)定义的函数集合$\{W_n(t)\}_{n\in\mathbf{Z}}$即为由正交尺度函数 $W_0(t)=\phi(t)$所确定的小波包。

2）小波包分解与重构

设 $x(t)\in V_j$，在空间的展开系数可表示为 $x_n^j(k)$，在 V_{j+1}和 W_{j+1}空间的展开系数可表示为 $x_{2n}^{j+1}(k)$和 $x_{2n+1}^{j+1}(k)$，则小波包分解算法如下：

$$\begin{cases} x_{2n}^{j+1}(k) = \sum\limits_m h_0(m-2k)x_n^j(m) \\ x_{2n+1}^{j+1}(k) = \sum\limits_m h_1(m-2k)x_n^j(m) \end{cases} \tag{5-57}$$

小波包重构算法为

$$x_n^j(k) = \sum_m h_0(k-2m)x_{2n}^{j+1}(m) + \sum_m h_1(k-2m)x_{2n+1}^{j+1}(m) \tag{5-58}$$

基于小波包的信号分解也可用一对滤波器 H_0 和 H_1 来实现，如图 5-2 所示。

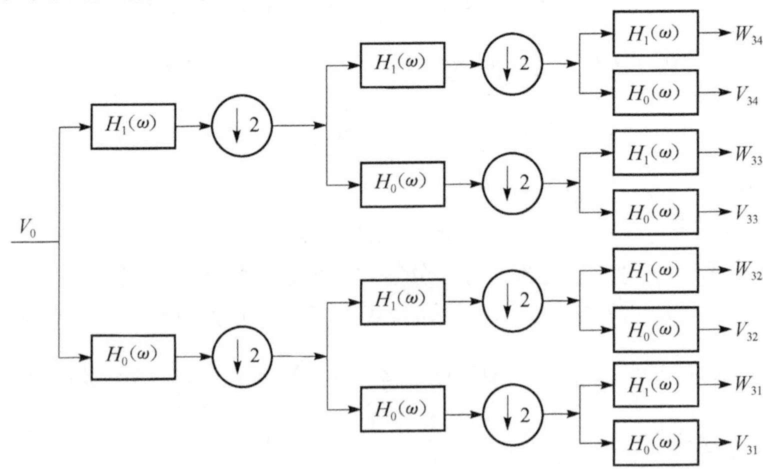

图 5-2　小波包分解的滤波器实现

5.1.4　最优小波基

1. 最优小波基选取

假设代价函数 E 已选定，最优小波基可定义为：

设 $x=\{x_i\}$ 为空间 $V_{n,k}$ 中的一个向量，令 B 为从小波包库中选取的一个正交基，B_x 是 x 在基 B 下的系数，对于 $x\in V_{n,k}$，若 $E(B_x)$ 是最小的，则 B 为最优基。

其中正交基库应满足下列条件：

(1) 基向量组成的子集等同于非负整数集 $\mathbf{N}$ 的区间，即

$$I_{nk}=[2^k n,2^k(n+1)],\quad k\in\mathbf{Z},n\in\mathbf{N} \tag{5-59}$$

(2) 小波包库中的每一个基对应于 $\mathbf{N}$ 的一个由 I_{nk} 组成的不相交的覆盖。

(3) 若 $V_{n,k}=V_{2n,k+1}\oplus V_{2n+1,k+1}$，则称此正交基是一个二叉树结构。

信号 $x(t)$ 的小波包分解，是将 $x(t)$ 投影到小波基上，获得一系列系数 d_j^p，要用这些系数刻画信号 $x(t)$ 的特征，并且系数之间的差别越大越好，所以一个最佳小波基应使信号 $x(t)$ 在其各个子空间中的投影 d_j^p 尽可能大。而一个最佳小波基由哪几个子空间组成，就与信号 $x(t)$ 的能量随频率的分布有关。在实际应用中，选择一个最佳小波基来表征信号的特点，通常取决于以下三个因素：

(1) 信号本身的性质；

(2) 信号分解的目的；

(3) 最佳原则的选择。

2. 熵函数

在选取最佳小波基的过程中，首先要确定一个准则，然后在所有小波基中寻找使代价函数最小的基。选择一种数学化的准则来衡量变换的有效性，通常这种准则被称为“代价函数”，即熵函数。熵函数可定义为对任何关于序列的实函数 E，并且是具有集中度的可加性代价函数。集中度是指当系数差别不大时，E 应该大，当系数差别很大时，E 应当小；可加性是指如果满足式(5-60)，则 E 是一个递增的信息代价函数：

$$E(0)=0,\quad E(s)=\sum_i E(s_i) \tag{5-60}$$

在下面的描述中，利用 s 表征信号，s_i 表征信号 s 在一个正交小波基上的投影系数，熵函数 E 是一个递增的代价函数。经常用到的熵函数有以下几种。

1) Shannon 熵

若 $E(s_i)=s_i^2\log s_i^2$，则式(5-61)成立：

$$E(s)=-\sum_i s_i^2\log s_i^2 \tag{5-61}$$

式中，定义 $0\log(0)=0$。

2) l_p 范数熵

当 $p \geqslant 1$ 时，定义 $E(s_i)=|s_i|^p$，则式(5-62)成立：

$$E(s) = \sum_i |s_i|^p = [\|s\|_p]^p \tag{5-62}$$

3) 对数能量熵

若 $E(s_i)=\log s_i^2$，则式(5-63)成立：

$$E(s_i) = \sum_i |s_i|^p \tag{5-63}$$

式中，定义 0log (0)=0。

4) 阈值(threshold)熵

$$E(s_i) = \begin{cases} 1, & |s_i| > p \\ 0, & |s_i| \leqslant p \end{cases} \tag{5-64}$$

式中，p 为阈值，$p>0$。

5) SURE 熵

$$E(s) = -n + A(2+p^2) + B \tag{5-65}$$

式中，n 为求熵值序列的长度；p 为阈值，$p>0$；A 为序列 s_i^2 中大于 p^2 的元素的数量；B 为序列 s_i^2 中不大于 p^2 的元素的数量。

3. 利用熵函数选取最优小波基

根据最优基的定义可知：小波包库是一个树，那么可以通过对 $V_{n,k}$ 中 k 的归纳来找到最优正交基。

在实际应用中，只对 $V_{n,k}$ 作有限次分解，这里假设对 $V_{n,k}$ 分解为三层，由小波包分解计算出信号在各个子空间上的系数，然后由代价函数 E 计算出各层系数的代价函数值。通常可以采用自底向顶的搜索法，具体步骤如下。

(1) 对序列进行归一化处理，确定小波函数以及分解层数 N，进行 N 层小波分解，并计算出各节点的代价函数值，将这些函数值写在树的节点里，并对最底层的各节点作标记 *，而对其他各层节点不作标记，如图 5-3 所示。

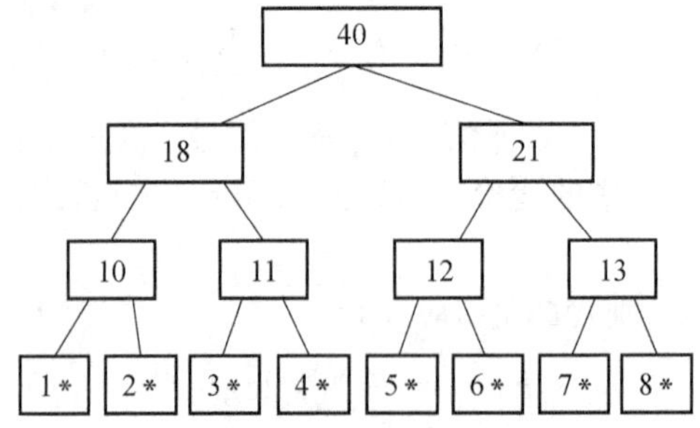

图 5-3　各层小波包代价函数值计算示意图

(2) 将最底层的代价函数值作为一个初始值，称上层节点为父节点，下层节点为子节点。若子节点的代价函数值之和大于等于父节点的代价函数值，则对父节点作标记，否则不标记，保留子节点，依次类推，如图 5-4 所示。

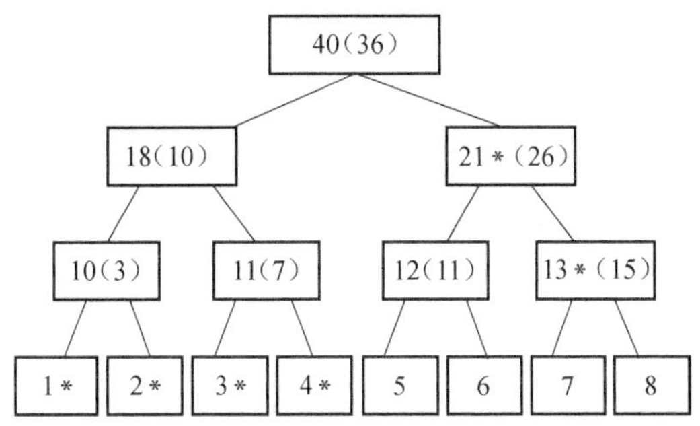

图 5-4　标记代价函数值最低的节点示意图

(3) 逐层进行比较后，确定了所有被标记的节点，去除代价函数值之和大于父节点的子节点。这些被标记的节点是一组正交基，也就是最后搜索到的最优小波基。如图 5-5 所示，图中八边形的节点即最优基。

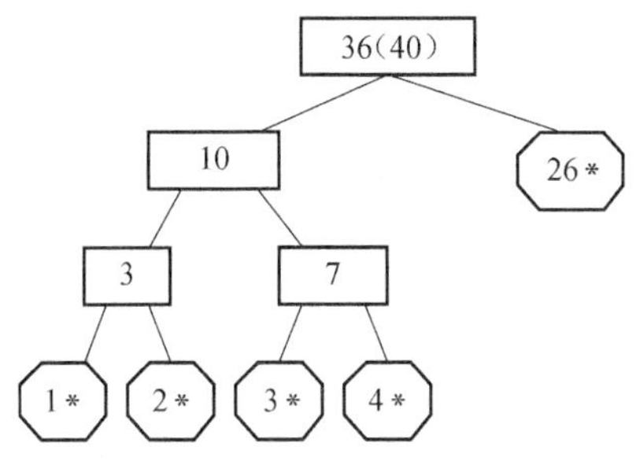

图 5-5　搜索最优小波基

5.2　小波域语音信号增强

5.2.1　小波域信号增强

信号的产生、处理及传输都不可避免地要受到噪声的干扰。传统的滤波方法是假定信号和噪声处在不同的频带，但实际上噪声，特别是作为噪声模型的白噪声的频带，往往分布在整个频率轴上，且等幅度，因此，滤波的方法有其局限性。

正交小波变换是通过 Mallat 算法的多分辨率分析来实现的，具体实现是通过低通滤波器 $H_0(z)$和高通滤波器 $H_1(z)$将信号的频谱分解到不同的频率范围，从而得到不同的子带信号；由于正交变换具有去除信号中的相关性和信号能量集中的功能，通过小波变换就可以将信号的能量集中到某些频带的少数系数上，即通过将其他频带上的小波系数置零或给予小的权重，即可达到有效抑制噪声的目的。所以经过小波变换后语音信号的信息主要集中在低频部分，白噪声主要集中在高频部分；在低频部分，语音信号的小波系数值大于白噪声的小波系数值；在高频部分，语音信号的小波系数值小于白噪声的小波系数值。由此可以先对通过小波变换后得到的各个子波设定一个阈值，然后对每一个子波进行处理，就可以达到去除噪声而保留语音信号的目的，具体步骤如下。

(1) 对带噪的语音信号进行小波变换，得到各个不同频带的子波信号，将语音信号和白噪声粗略地分开。

该过程又包含以下几个步骤：

① 确定小波基。由于不同的小波基在时域和频域上的局部性能不一样，使得小波变换在时域和频域上表征信号局部特点的能力不同，所以选择适当的小波基就显得特别重要。Daubechies 小波、Symlet 小波、Coiflet 小波是几种常见的小波基，它们表征信号局部特点的能力都比较强，有利于检测信号的瞬态或奇异点，所以在语音降噪中常常会使用这些小波基。

② 确定小波基的阶数。对于某种特定的小波基，阶数的不同表征信号局部特点的能力也不同。一般情况下，阶数越高，表征信号局部特点的能力就越强，但是计算量也会相应增大，而且实验表明对于以上提到的三种小波基，当阶数高于 5 阶时，提高小波基阶数对提高小波基表征语音信号局部性能力的影响并不大。所以在实际操作过程中不会选取太高的小波基阶数，一般选取 5～8 阶。

③ 确定小波变换次数。根据语音信号和白噪声的小波变换的模极大值与李氏指数之间的关系可知，语音信号的小波变换模极大值随着小波变换尺度的增大而增大，白噪声的小波变换模极大值随着小波变换尺度的增大而减小。所以，当语音信号中白噪声含量较多时，小波变换尺度要大一些，即小波变换次数要多一些，但计算量也会相应变大；当语音信号中白噪声含量较少时，小波变换尺度可以小一些，即小波变换次数可以少一些，计算量也会相应减少。

④ 小波变换。根据小波变换原理，选定合理的参数进行小波变换，就可得到各个不同频带的子波信号。

(2) 确定各层子波的滤波阈值。

选取阈值是否恰当对降噪效果影响很大。确定阈值的方法很多，通常，对于高频子波信号，阈值可以取值大些，而对于低频子波信号，阈值应该取值小些；信号信噪比高时阈值应该小些，信噪比低时阈值应该大些。

(3) 滤波。

确定阈值后就可以对各个子波信号进行滤波。

(4) 小波逆变换。

用于实现信号重构。

5.2.2　常用小波函数

小波函数有许多种,选取不同的小波函数作为不同的小波基,对同一个信号展开时,得到的是不同的小波变换结果,因此选取一个合适的小波函数就显得十分重要。

对于正交小波而言,决定其变化的因素是支撑度和消失矩。支撑度应为有限的,支撑度越长则频率分辨率越高,频率间干扰越小,但时域分辨率降低,计算量也增大;消失矩越高则变换系数衰减越快,从而变换更为有效。

对于支撑长度为 $2N$ 的正交小波函数,其消失矩阶数最高为 N。Daubechies 小波是具有最高消失矩的紧支撑正交小波。对于小波函数的选取,通常需要考虑变换的有效性、通用性和系数的唯一性。对于语音增强,必须考虑运算量、频域和时域的分辨率等因素。由于小波函数的多样性,在小波分析的工程应用中,最优小波基的选取是一个十分重要的问题,采用不同的小波基分析同一个问题会产生不同的结果。目前主要是通过比较处理信号的结果和理论结果之间的误差大小,来判定小波基的好坏,并由此选择小波函数。

下面介绍在工程应用中经常用到的小波函数。

1. Haar 小波(db 1)

Haar 函数是在小波分析中最早用到的、具有紧支撑的正交小波函数,同时也是最简单的一类函数。Haar 函数的定义为

$$\psi(t)=\begin{cases}1, & 0\leqslant t\leqslant \dfrac{1}{2}\\ -1, & \dfrac{1}{2}<t<1\\ 0, & \text{其他}\end{cases} \tag{5-66}$$

通过傅里叶变换,其频谱为

$$\psi(\omega)=\frac{1-2\mathrm{e}^{-\mathrm{j}\omega/2}+\mathrm{e}^{-\mathrm{j}\omega}}{\mathrm{j}\omega} \tag{5-67}$$

2. Daubechies (db N)小波

Daubechies 函数是由世界著名的小波分析学家 Daubechies 构造的小波函数。其性质如下:

(1) 小波函数 ψ 和尺度函数 ϕ 的有效支撑长度为 $2N-1$,小波函数的消失矩阶数为 N。

(2) db N 函数大多数不具有对称性。

(3) 正则性随阶数 N 的增加而增强。

(4) 具有规范正交性。

(5) 低通滤波器 $h(k)$ 和高通滤波器 $g(k)$ 之间,有如下关系:

$$g(k) = (-1)^{k-1}h(2N-k+1), \quad k = 1,2,\cdots,2N \tag{5-68}$$

3. Symlet(sym N)小波

Symlet 小波是由 Daubechies 提出的近似对称的小波函数,它是对 db N 函数的一种改进,通常表示为 sym N,N 为序号。Symlet 小波的构造方法是:利用上述构成 db N 小波系中的函数 m_0,建立一个函数 $W(z)$,如下所示:

$$W(z) = | m_0(\omega) |^2 \tag{5-69}$$

式中,$z=\mathrm{e}^{\mathrm{j}\omega}$。然后把 $W(z)$ 分解为

$$W(z) = U(z)\overline{U}\left(\frac{1}{z}\right) \tag{5-70}$$

$W(z)$ 中不等于 1 的根会成对出现,如果一个等于 z,另一个就等于 $\frac{1}{z}$,适当地选择函数 $U(z)$,使它所有根的模都小于 1,就得到了 db N 小波,此时函数 $U(z)$ 所构成的滤波器为最小相位滤波器,如果选择 $U(z)$ 时改变原则,使它所构成的滤波器的对称性更好一些时,就得到了 sym N 小波,该小波的其他特性与 db N 类似。

4. Biorthogonal (bior Nr. Nd)双正交小波

Biorthogonal 双正交小波系,简记为 bior Nr. Nd,其中,N 为阶数,r 表示重构(reconstruction),d 表示分解(decomposition)。Biorthogonal 双正交小波具有线性相位,主要应用在信号与图像的重构中。如果单独采用一个滤波器来完成分解和重构,则滤波器的对称性和重构的准确性是相互矛盾的,而双正交小波系采用两个滤波器,分别完成信号的分解和重构,就解决了这一矛盾,可使分解滤波器和重构滤波器分别实现各自功能。

Biorthogonal 双正交小波的性质如下:

(1) 在牺牲正交性的条件下,获得了良好的紧支性和精确的对称性,有利于图像处理。

(2) 分解和重构采用不同长度的滤波器系数,使得分解小波 (h,g) 系数少,有较高的消失矩,对数据有较高的压缩能力;而重构对偶小波 $(\tilde{h},\tilde{g})$ 系数多,具有较好的正则性,对数据重构的精确度高。

5. Morlet 小波

Morlet 小波函数定义为

$$\psi(t) = c \cdot \exp\left(-\frac{t^2}{2}\right) \cdot \cos 5t \tag{5-71}$$

由于 Morlet 小波的尺度函数不存在，不具有正交性，只能满足连续小波的可允许条件，不存在紧支集，无离散小波变换和正交小波变换。

6. Mexican hat 墨西哥草帽小波

Mexican hat 小波，也叫 Bubble 小波，函数表示为

$$\psi(t) = \frac{2}{\sqrt{3}} \pi^{-\frac{1}{4}} (1 - t^2) \exp\left(-\frac{t^2}{2}\right) \tag{5-72}$$

它是高斯函数的二阶导数，因其图像像墨西哥草帽，故而得名。Mexican hat 函数在时域和频域都有很好的局部性，而且满足 $\int_{-\infty}^{+\infty} \psi(t) \mathrm{d}t = 0$，由于它的尺度函数不存在，所以不具有正交性。

7. Meyer 小波

Meyer 小波的尺度函数 ϕ 和小波函数 ψ 都是在频率域中进行定义的，是具有紧支撑的正交小波。

8. Battle-lemarie(B-L) 小波

Battle-lemarie 小波具有两种形式，一种具有确定的正交性，一种不具有确定的正交性。当 $N=1$ 时，尺度函数是线性样条函数；当 $N=2$ 时，尺度函数是具有有限支撑的 B 样条函数。一般的，对于一个 N 次 B 样条小波，尺度函数可表示为

$$\phi(\omega) = (2\pi)^{\frac{1}{2}} \mathrm{e}^{\frac{-\mathrm{i}k\omega}{2}} \left[\frac{\sin(\omega/2)}{\omega/2}\right]^{N+1} \tag{5-73}$$

当 N 为奇数时，$k=0$；当 N 为偶数时，$k=1$。

它的双尺度关系为

$$\phi(x) = \begin{cases} 2^{-2M} \sum_{j=0}^{2M+1} C_j^{2M+1} \phi(2x - M - 1 + j), & N = 2M \\ 2^{-2M-1} \sum_{j=0}^{2M+2} C_j^{2M+2} \phi(2x - M - 1 + j), & N = 2M + 1 \end{cases} \tag{5-74}$$

当 N 为偶数时，ϕ 是对称的，$x=\frac{1}{2}$；当 N 为奇函数时，ϕ 是反对称的，$x=0$。

9. Stromberg(S)小波

Stromberg 小波的性质如下：

(1) 无显式表达，小波来回振荡，小波函数两相邻点之间的函数值变号。

(2) S 呈指数衰减，即存在常数 C 和 $\alpha>0$，使得

$$|S(t)| \leqslant C\exp(-\alpha|t|), \quad \forall t \in \mathbf{R}, \alpha \approx 0.658 \tag{5-75}$$

(3) $S \in L_p(\mathbf{R})$，$1 \leqslant p \leqslant \infty$。

(4) S 具有一定的对称性，即

$$S\left(\frac{-k}{2}\right) = (10 - 6\sqrt{3})S(k), \quad k = 1,2,3,\cdots \tag{5-76}$$

10. Coiflet(coif N)小波

Coiflet 函数是由 Daubechies 构造的一个小波函数，它包含 coif $N(N=1,2,3,4,5)$ 这一系列函数，具有比 db N 更好的对称性。从支撑长度的角度来看，coif N 具有和 db $3N$ 及 sym $3N$ 相同的支撑长度，从消失矩的数目来看，coif N 具有和 db $2N$ 及 sym N 相同的消失矩数目。

11. 样条小波

记 $S^n(2^{-j})$ 为样条空间，$\{N_n(t-m)\}$ 为 $L^2(\mathbf{R})$ 的 Riesz 基，如下所示：

$$\hat{\phi}(\omega) = \left[\sum_{l\in\mathbf{Z}} |\hat{N}_n(\omega - 2\pi l)|^2\right]^{-\frac{1}{2}} \hat{N}_n(\omega) \tag{5-77}$$

令

$$G(\omega) = \sum_{l\in\mathbf{Z}} |\hat{N}_n(\omega - 2\pi l)|^2 \tag{5-78}$$

则可得

$$\phi(t) = \sum_{k\in\mathbf{Z}} a_k N_n(t - x) \tag{5-79}$$

式中

$$a_k = \int_{-\pi}^{+\pi} [G(\omega)]^{-\frac{1}{2}} \mathrm{e}^{-\mathrm{j}k\omega} \mathrm{d}\omega \tag{5-80}$$

12. 单边指数小波

$$\psi_{\mathrm{SE}}(t) = \exp(-\lambda t)\sin(\Omega_0 t + \theta_0) \tag{5-81}$$

式中

$$\theta_0 = -\arctan\left(\frac{\Omega_0}{\lambda}\right) \tag{5-82}$$

单边指数小波函数具有如下性质。

(1) 单边指数小波函数是非对称的衰减函数，当信噪比 SNR 较小时，可检测和定位瞬时信号。

(2) 通过选择 λ 和 Ω_0，$\psi_{SE}(t)$ 可变形为如下所示的双边指数小波 ψ_{DE} 和双边复数小波 ψ_{DC}：

$$\psi_{DE}(t) = \exp(-\lambda \mid t \mid)\sin(\Omega_0 t) \tag{5-83}$$

$$\psi_{DC}(t) = \exp(-\lambda \mid t \mid + j\Omega_0 t) \tag{5-84}$$

5.2.3　语音增强中小波函数选取

1. 一般原则

由于小波函数的多样性，小波分析的工程应用中，主要通过比较应用小波分析方法处理信号的结果与理论结果之间的误差，来判定小波函数的好坏，并由此选定小波基。选取小波函数的一般标准如下：

(1) ψ、$\hat{\psi}$、ϕ 和 $\hat{\phi}$ 的支撑长度。即当时间或频率趋向无穷大时，ψ、$\hat{\psi}$、ϕ 和 $\hat{\phi}$ 从一个有限值收敛到 0 的速度（$\hat{\psi}$、$\hat{\phi}$ 分别表示 ψ 和 ϕ 对应的傅里叶变换函数）。

(2) 对称性。它在图像处理中对于避免移相是非常有用的。

(3) ψ、ϕ 的消失矩阶数。它对于压缩有用。

(4) 正则性。它对信号或图像的重构获得较好的平滑效果是非常有用的。

(5) 消失距阶数。通常消失距越大，小波分解后的信号能量越集中。

在实际应用中，一般根据信号处理中长期积累的经验，来选取一些小波函数或小波基。例如，Morlet 小波常用于信号的表示和分类、图像的识别和特征提取等；Mexican hat 小波常用于系统的辨识；样条小波用于材料探伤；Shannon 正交基用于差分方程求解；Haar 或 Daubechies 小波基则常用于对数字信号进行处理；Daubechies 小波、Symlet 小波、Coiflet 小波，它们表征信号局部特点的能力都比较强，有利于检测信号的瞬态或奇异点，在语音增强中常常会使用这些小波基。

2. 小波域选取方法

最优小波函数的选择是小波域语音增强中一个关键的环节。由于各种小波函数在表示信号时各有特点，且没有任何一种小波函数在表示所有信号时都具有绝对的优势，故在实际应用中，目前主要是通过实际处理结果和理论结果的误差大小，来分场合具体地评定小波函数的好坏，并由此选择最优小波基。

3. 分解层数的选取

分解层数或尺度参数的选择，也是决定语音增强质量好坏的重要环节。合适的尺度参数的选择，既是保证噪声得到完全去除的前提，又可使要处理的工作量尽可能少，因而尺度参数不能太小，也不能太大，研究表明，选取 3～6 层尺度分解，就可以在语音增强中取得满意的增强效果。

5.3 小波阈值去噪法

5.3.1 小波阈值去噪算法原理

带噪语音信号的数字模型如式(3-1)所示，对其进行二进离散小波变换后，得到的小波系数主要由两部分组成，一部分是有用信号变换后对应的小波系数，另一部分是噪声变换后对应的小波系数。有用信号和噪声在小波域中有不同的表现，二者的小波系数幅度会随尺度变化的趋势而有所不同。一般来说，有用信号的小波系数会随尺度的增大而增大或保持不变，而噪声的小波系数随尺度的增大而减小，正是这个特性成为区分有用信号和噪声的主要依据。

由于语音信号在频率空间上是不均匀分布的，经小波变换后，有用信号的信息主要集中在低频部分，而噪声主要集中在高频部分。因此，小波阈值去噪的基本思想就是将带噪的语音信号进行小波变换，对变换后的各个子波进行适当的阈值处理，达到去除噪声成分而保留有用信号的目的，最后进行小波逆变换，得到重构信号。小波阈值去噪的流程如图 5-6 所示。

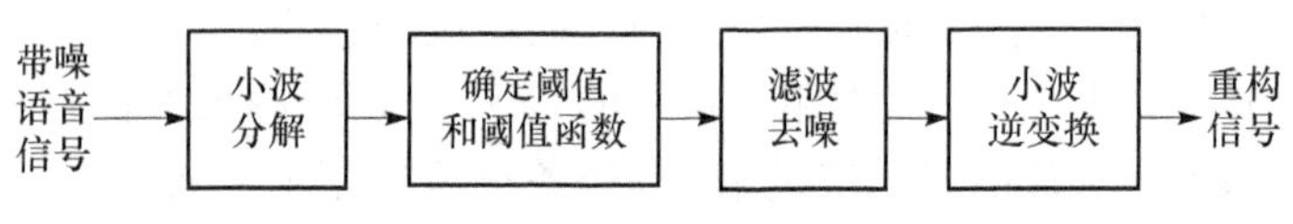

图 5-6　小波阈值去噪原理

小波阈值去噪中关键环节主要有选取小波基、确定小波分解层数以及选择合适的阈值和阈值函数三个方面。在前面内容中，已经分析了小波基和小波分解层数的选取问题，下面主要研究阈值处理的相关内容。

1. 小波阈值

Donoho 在 20 世纪 90 年代初提出了非线性小波阈值去噪的概念，又称小波收缩(wavelet shrinkage)。其中包括了如何根据信号中的噪声水平来估计阈值，以及如何对小波变换的系数施加阈值。阈值可分为硬阈值、软阈值和改进的阈值三种，其含义如图 5-7 所示。其中，w 是小波系数的大小；w_λ 是施加阈值后小波系数的大小；λ 是阈值。

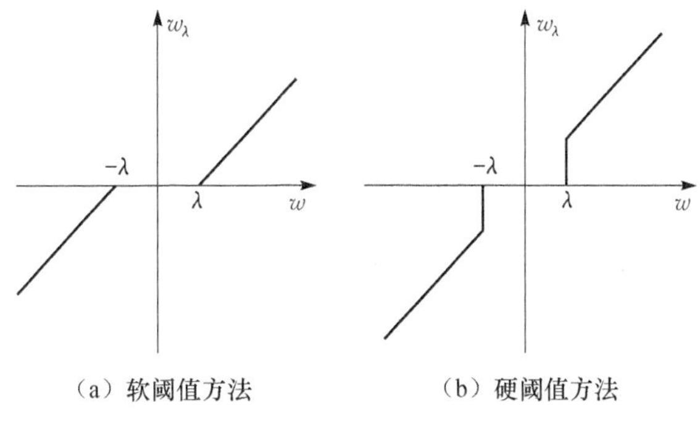

（a）软阈值方法　（b）硬阈值方法

图 5-7　软、硬阈值函数

1）硬阈值函数

当小波系数的绝对值小于给定的阈值 λ 时，令其为零；而大于阈值 λ 时，则令其保持不变，如下所示：

$$w_\lambda = \begin{cases} w, & |w| \geqslant \lambda \\ 0, & |w| < \lambda \end{cases} \tag{5-85}$$

2）软阈值函数

当小波系数的绝对值小于给定的阈值 λ 时，令其为零；而大于阈值 λ 时，令其减去该阈值，如下所示：

$$w_\lambda = \begin{cases} [\mathrm{sgn}(w)](|w| - \lambda), & |w| \geqslant \lambda \\ 0, & |w| < \lambda \end{cases} \tag{5-86}$$

显然，硬阈值是一种简单的置零方法，而软阈值对于大于阈值的小波系数作了“收缩”，即减去该阈值，从而使输入输出曲线变成连续的。尽管硬阈值看起来是自然的选择，但是在有些情况下不实用，因此，软阈值应用频率较高。改进的阈值是硬阈值和软阈值之间的一个折中，即当小波系数小于阈值时，不是简单地置零，而是平滑地减小为零，当大于阈值时，小波系数幅度减去该阈值。这样，既保证了大的小波系数，又保证了加阈值后，系数的平滑过渡。

2. 阈值估计

小波阈值 λ 在去噪的过程中起到了决定性的作用。如果 λ 太小，那么，施加阈值以后的小波系数中将包含过多的噪声分量，达不到去噪的目的；反之，如果 λ 太大，将会去除一部分信号的分量，使得利用小波系数重建后的信号，产生过大的失真。因此，在实际工作中，首先要估计阈值的大小。

假设带噪语音信号模型为

$$y(n) = s(n) + d(n) \tag{5-87}$$

式中，$s(n)$ 是纯净信号；$d(n)$ 是噪声信号。记 y_λ 是对小波系数施加阈值 λ 后重建的信号，d_λ 是 y_λ 中残留的噪声，那么有

$$d_\lambda = y_\lambda - s(n) \tag{5-88}$$

假设“风险(risk)函数 $R(\lambda)$”定义为

$$R(\lambda) = \text{MSE}(\lambda) = \frac{1}{N}\| d_\lambda \|^2 \tag{5-89}$$

式中，MSE 是均方误差函数；N 是数据的长度。显然，$R(\lambda)$和 MSE(λ)都是阈值 λ 的函数。因为正交小波变换能够在变换前后保持信号的能量不变，记 D_λ 是施加阈值后的小波系数，则式(5-89)又可表示为

$$R(\lambda) = \text{MSE}(\lambda) = \frac{1}{N}\| D_\lambda \|^2 \tag{5-90}$$

式中

$$D_\lambda = Y_\lambda - S \tag{5-91}$$

令风险函数 $R(\lambda)$最小，以寻求最优的阈值 λ。需要考虑施加阈值后，用 Y_λ 来近似 S，则有

$$E\{X\} = E\{Wx\} = WE\{x\} = Ws = S \tag{5-92}$$

即如果使用不加阈值的小波系数 Y 作为对 S 的估计，那么该估计是无偏的，但这时由于没有去除噪声，Y 对 S 估计的方差将会很大。可以设想，如果用 Y_λ 代替 Y，作为对 S 的估计，那么估计的偏差将会增大，但方差将会减小。

令估计的偏差和方差如式(5-93)和式(5-94)所示：

$$\text{bias}^2(\lambda) = \frac{1}{N}\| E\{Y_\lambda\} - S \|^2 \tag{5-93}$$

$$\text{var}(\lambda) = \frac{1}{N}E\{\| Y_\lambda - E\{Y_\lambda\} \|^2\} \tag{5-94}$$

可以证明式(5-95)所示的风险函数的估计是成立的：

$$\begin{aligned} E\{R(\lambda)\} &= \text{bias}^2(\lambda) + \text{var}(\lambda) \\ &= \frac{1}{N}\| E\{Y_\lambda\} - S \|^2 + \frac{1}{N}E\{\| Y_\lambda - E\{Y_\lambda\} \|^2\} \end{aligned} \tag{5-95}$$

风险函数的估计是风险函数的均值，它等于估计偏差平方与估计方差之和。可以设想，如果能满足

$$\lim_{\lambda\to\infty} \text{var}(\lambda) = 0 \tag{5-96}$$

那么所使用的阈值就能够去除所有的噪声。但是，同时也去除了所有的信号(小波系数)，这时的偏差达到了最大值，等于有用信号小波变换系数的能量，如下所示：

$$\lim_{\lambda\to\infty} \text{bias}^2(\lambda) = \frac{1}{N} | S | \tag{5-97}$$

反之，若偏差等于零，那么估计方差将达到最大值，即等于噪声的方差 σ_d^2。因此，使偏差和方差同时都达到最小的阈值 λ，应选为最优阈值。这时，该阈值将使估计的风险函数值最小。

3. 小波阈值函数

通常有四种阈值选取规则：sqtwolog、rigrsure、minimaxi 和 heursure 规则。

1) 通用阈值(sqtwolog 规则)

设带噪信号 $y(n)$在尺度 $1\sim J(1<n<J)$上，通过小波分解得到的小波系数共有 N 个，J 为二进尺度参数，噪声的标准偏差为 σ_{d}，则通用阈值 λ 如下所示：

$$\lambda = \sigma_{\mathrm{d}}\sqrt{2\ln N} \tag{5-98}$$

N 个具有独立同分布的标准高斯变量中的最大值小于 λ 的概率，随着 N 的增大而趋于 1。若被测信号中含有独立同分布的噪声时，经小波变换后，其噪声的小波变换系数也是独立同分布的。如果具有独立同分布的噪声经小波分解后，它的系数序列长度很长，则根据上述理论可知：该小波系数中小于最大值 λ 的概率接近 1，即存在一个阈值 λ，使得该序列的所有小波系数都小于它。另外，小波系数随着分解层数的加深，其长度也越来越短，根据 λ 的计算公式，可得出该阈值也越来越小，因此在假定噪声具有独立同分布的情况下，可通过设置简单的阈值来去除噪声。

2) Stein 无偏风险阈值(rigrsure 规则)

该阈值是利用 Stein 的无偏估计求出的 SURE(Stein's unbiased risk estimation)阈值，具体算法如下。

(1) 对信号 $y(n)$的每一个小波分解系数 w_k 的平方按照由小到大排序，从而得到新的信号序列为

$$sx(k) = [\mathrm{sort}(|w_k|^2)],\quad k = 0,1,\cdots,N-1 \tag{5-99}$$

式中，sort 是 Matlab 中的排序命令。

(2) 若取 $sx(k)$的第 k 个元素的平方根作为阈值 λ_k，即

$$\lambda_k = \sqrt{sx(k)},\quad k = 0,1,\cdots,N-1 \tag{5-100}$$

则该阈值产生的风险函数为

$$\mathrm{risk}(k) = [N - 2k + \sum_{j=1}^{N} sx(j) + (n-k)sx(n-k)]/N,\quad k = 0,1,2,\cdots,N-1 \tag{5-101}$$

(3) 根据式(5-101)得到的风险曲线 risk(k)，记其最小风险点所对应的值为 $k_{\min}$，那么 rigrsure 阈值 λ 定义为

$$\lambda = \sqrt{sx(k_{\min})} \tag{5-102}$$

3) 启发式阈值(heursure 规则)

启发式阈值是通用阈值和 rigrsure 阈值的结合体，是最优预测变量阈值选择。实际应用表明，当 $y(n)$的信噪比较小时，SURE 估计会有很大的误差，在这种情况下就需要采取该固定阈值准则。

该方法首先判断如式(5-103)和式(5-104)所示的两个变量的大小，w_k 为小波系数，如果 eta<crit，则选用通用阈值；反之，取通用阈值和 rigrsure 阈值中的较小者作为该准则选定的阈值。

$$\text{eta} = \left[\sum_{k=1}^{N} |w_k|^2 - N\right]/N \tag{5-103}$$

$$\text{crit} = \sqrt{\frac{1}{N}\left(\frac{\ln N}{\ln 2}\right)^3} \tag{5-104}$$

4) 极大极小阈值(minimaxi)

极大极小阈值采用的也是一种固定的阈值，它将产生一个最小均方误差的极值，而不是无误差。具体阈值选取规则为

$$\lambda = \begin{cases} \sigma_{\mathrm{d}}(0.3936 + 0.1829\,\mathrm{lb}\, n), & n > 32 \\ 0, & n \leqslant 32 \end{cases} \tag{5-105}$$

$$\sigma_{\mathrm{d}} = [\mathrm{middle}(|W_{1,k}|)]/0.6745, \quad 0 \leqslant k \leqslant 2^{J-1} - 1 \tag{5-106}$$

式中，n 为小波系数的个数；σ_{d} 为噪声信号的标准差；$W_{1,k}$ 表示尺度为 1 的小波系数。式(5-106)中，σ_{d} 的分子表示对分解出的第一级小波系数取绝对值之后再取中值；J 为尺度大小。

4. 小波阈值估计方法

在小波阈值估计中，阈值的选择对结果影响很大，一般阈值的选择需通过经验选取。前面介绍了软阈值和硬阈值两种小波阈值函数，基于这两种阈值函数，主要有局部阈值估计法、全局阈值估计法和区域阈值估计法三种阈值估计方法。

(1) 局部阈值估计法是指在小波阈值估计中，所有的小波系数独立地被相应的阈值函数处理；

(2) 全局阈值估计法是指对整个尺度的小波系数统一进行阈值处理，根据阈值条件全保留或者全删除，然后用处理后的小波系数进行函数估计；

(3) 区域阈值估计法是介于局部阈值估计法和全局阈值估计法之间的一种方法，它把每一级的小波系数分成几个区域，然后分别进行阈值处理。

与局部阈值估计相比，全局阈值估计具有如下特点：

(1) 全局阈值估计法中阈值是依赖于观测值的，因此它更能适应实际情况，而局部阈值估计法中的阈值是独立的；

(2) 全局阈值估计法的计算量要高于局部阈值估计法。

区域阈值估计法的特点如下：

(1) 区域阈值估计法与局部阈值估计法相比，它具有更好的渐近性；

(2) 与局部阈值估计法类似，区域阈值估计法的阈值选择，也不受观测值的影响，它对环境的适应性较全局阈值估计法差。

5.3.2 改进的阈值函数去噪法

1. 新阈值函数

前面介绍了两种阈值函数，一是软阈值函数，二是硬阈值函数。可以看出，它们都是分段函数，虽然连续，但导数不连续，且不存在二阶以上的高阶连续导数，这就为后续处理带来麻烦。在实际应用中，只能根据经验或统计数据来决策阈值，很难找到一种算法能实时地改变阈值，满足非稳态时变信号实时处理的要求。这使小波阈值估计的实际应用具有一定的局限性，因此，需要寻求一种新阈值函数，使它既能实现阈值函数的功能，又具有二阶甚至更高阶以上的连续导数。

利用指数函数的特点，引入了一种新阈值函数为

$$\lambda(x,t)=x-t+\frac{2t}{1+\mathrm{e}^{cx}}\approx\begin{cases}x-t & x>0\\0, & x=0\\x+t, & x<0\end{cases}\tag{5-107}$$

式中，$c>0$ 为一待求常数。

可见，式(5-107)与软阈值函数的趋势相符。令 $t=1$，c 分别等于 1、2、3 代入式(5-107)，当 c 取不同值时，所对应的函数图形差别较大，因此，在应用中必须选择合适的 c 值才能得到最佳效果。

令 $x=-x$ 代入式(5-107)后，可得

$$\begin{aligned}\lambda(-x,t)&=-x-t+\frac{2t}{1+\mathrm{e}^{-cx}}=-x+t\left(\frac{1-\mathrm{e}^{-cx}}{1+\mathrm{e}^{-cx}}\right)=-x+t\left(\frac{\mathrm{e}^{cx}-1}{\mathrm{e}^{cx}+1}\right)\\&=-\left(x-t+\frac{2t}{1+\mathrm{e}^{cx}}\right)=-\lambda(x,t)\end{aligned}\tag{5-108}$$

可见，新阈值函数是奇函数。如果要求新阈值函数单调递增，则需满足

$$\frac{\partial\lambda(x,t)}{\partial t}\geqslant 0\tag{5-109}$$

将式(5-107)代入式(5-109)，可得

$$1-\frac{2tc\,\mathrm{e}^{cx}}{(1+\mathrm{e}^{cx})^2}\geqslant 0\Rightarrow\frac{2tc}{\left(\frac{1}{\mathrm{e}^{\frac{cx}{2}}}+\mathrm{e}^{\frac{cx}{2}}\right)^2}\leqslant 1\tag{5-110}$$

对于式(5-110)的分母，满足

$$\left(\frac{1}{\mathrm{e}^{\frac{cx}{2}}}+\mathrm{e}^{\frac{cx}{2}}\right)^2\geqslant 4\Rightarrow 2tc\leqslant 4\Rightarrow c\leqslant\frac{2}{t}\tag{5-111}$$

则要使新阈值函数递增，应有 $c\leqslant\frac{2}{t}$，而且希望新阈值函数 $\lambda(x,t)$ 和软阈值函数 $\lambda_r(x,t)$ 尽可能相似。即下式中，y 取得最小值：

$$y=\int_{-\infty}^{+\infty}\mid\lambda(x,t)-\lambda_r(x,t)\mid\mathrm{d}x \tag{5-112}$$

结合上面分析可得

$$y=2\left(\int_0^t(x-t)\mathrm{d}x+\int_0^{+\infty}\frac{2t}{1+\mathrm{e}^{cx}}\mathrm{d}x\right) \tag{5-113}$$

式中,令 $u=\mathrm{e}^{cx}$,进行换元可得

$$y=-t^2+2\int_t^{+\infty}\frac{2t}{1+u}\frac{1}{cu}\mathrm{d}u=-t^2+\frac{4t}{c}\ln 2 \tag{5-114}$$

当 $c=\dfrac{2}{t}$ 时,y 取得最小值,将其代入式(5-114),得新阈值函数为

$$\lambda(x,t)=x-t+\frac{2t}{1+\mathrm{e}^{\frac{2x}{t}}} \tag{5-115}$$

2. 基于 SURE 无偏估计的自适应最佳阈值的寻找算法

具有无穷阶连续导数的阈值函数,给后续数学处理带来了方便。本节在新阈值函数的基础上,引入一种基于 SURE 无偏估计的自适应最佳阈值的寻找算法,从而达到自适应去噪的目的。

SURE 无偏估计定理:设 $X+g(X)$是对 X 的均值 ξ 的估计,序列长度为 p,σ_d 是噪声信号的标准差,$g:\mathbf{R}^p\rightarrow\mathbf{R}^p$ 是弱可微函数,且满足

$$E\left\{\sum_i\mid\nabla_i\cdot g_i(X)\mid\right\}<\infty \tag{5-116}$$

那么对于每一个 $i\in\{1,2,\cdots,p\}$,式(5-117)成立:

$$E\{[X_i+g_i(X)-\xi]^2\}=\sigma_\mathrm{d}^2+2E\{\nabla_i\cdot g_i(X)\}+E\{\parallel g_i(X)\parallel^2\} \tag{5-117}$$

对于整个长度为 p 的序列,有

$$E\{[X+g(X)-\xi]^2\}=p\sigma_\mathrm{d}^2+2E\{\nabla\cdot g(X)\}+E\{\parallel g(X)\parallel^2\} \tag{5-118}$$

由此可得

$$E\{[X+g(X)-\xi]^2\}=p\sigma_\mathrm{d}^2+2\ \nabla\cdot g(X)+\parallel g(X)\parallel^2 \tag{5-119}$$

式(5-119)是 X 的估值 $X+g(X)$与均值 ξ 之间的均方误差的无偏估计,称之为 SURE 无偏估计。

3. 自适应小波阈值去噪算法

设在 i 时刻,原始信号为 s_i,观测值为 y_i,d_i 为正态分布的白噪声,采样点数为 N,则有

$$y_i=s_i+d_i,\quad i=0,1,\cdots,N-1 \tag{5-120}$$

通过观测值 $Y=\{y_0,y_1,\cdots,y_{N-1}\}$,得到信号 s 的估计值 $\hat{s}(Y)$,为使该估值的

噪声含量尽可能小，通常的办法是使估值 $\hat{s}(Y)$ 和信号 s 的均方误差 $R(s,\hat{s})$ 取得最小值，因采样点有限，利用平均值取代期望值，可得

$$R(\hat{s},s)=\frac{1}{N}\|\hat{s}-s\|=\frac{1}{N}\sum_{i=0}^{N-1}(\hat{s}-s)^2 \tag{5-121}$$

结合式(5-122)所示的新阈值函数：

$$\lambda(x,t)=x-t+\frac{2t}{1+\mathrm{e}^{\frac{2x}{t}}} \tag{5-122}$$

则估值 $\hat{s}(Y)$ 的表达式为

$$\hat{s}(Y)=\sum_n \hat{c}_{m_0,n}\phi_{m_0,n}(t)+\sum_{m=1}^{m_0}\sum_n d^*_{m,n}\psi_{m,n}(t) \tag{5-123}$$

式中，$\hat{c}_{m_0,n}$ 表示尺度系数；$d^*_{m,n}$ 为通过新阈值函数求出的小波系数估值。它们的表达式如式(5-124)和式(5-125)所示：

$$\hat{c}_{m_0,n}=\langle Y,\phi_{m_0,n}\rangle \tag{5-124}$$

$$d^*_{m,n}=\lambda(\hat{d}_{m,n},t_m) \tag{5-125}$$

当小波基采用正交函数时，结合上面的分析，根据 Parseval 公式可得

$$R(\hat{s},s)=\frac{1}{N}\sum_n(\hat{c}_{m_0,n}-c_{m,n})^2+\frac{1}{N}\sum_{m=1}^{m_0}\sum_n[\lambda(\hat{d}_{m_0,n},t_m)-d_{m,n}]^2 \tag{5-126}$$

式中，$\hat{d}_{m,n}$ 表示小波系数，其表达式为

$$\hat{d}_{m_0,n}=\langle Y,\psi_{m,n}\rangle \tag{5-127}$$

当小波分解尺度 m_0 足够大时，有

$$\hat{c}_{m_0,n}\approx c_{m_0,n} \tag{5-128}$$

则均方误差(5-126)可写为

$$R(\hat{s},s)=\frac{1}{N}\sum_{m=1}^{m_0}\sum_n[\lambda(\hat{d}_{m_0,n},t_m)-d_{m,n}]^2 \tag{5-129}$$

由式(5-129)可知，信号 s 及其估值 $\hat{s}$ 的总均方误差 R，等于它在各个尺度上相应小波系数的均方误差之和，因此欲使总均方误差取得最小值，只需让各个尺度上小波系数的均方误差均取得最小值即可，设在尺度 m 下的小波系数的均方误差为 R_m，如下所示：

$$R_m=\sum_n[\lambda(\hat{d}_{m,n},t_m)-d_{m,n}]^2 \tag{5-130}$$

采用目前自适应滤波去噪算法中最常用的最小均方误差 LMS 算法，在尺度 m 下通过适当的办法选择阈值 t_m，使均方误差 R_m 取得最小值。依据梯度最速下降法，即下一时刻的阈值 $t_m(k+1)$ 应等于现时刻的阈值 $t_m(k)$ 加上一项比例于负的均方误差函数的梯度值 $\Delta t_m(k)$，如下所示：

$$t_m(k+1)=t_m(k)-\mu\cdot\Delta t_m(k) \tag{5-131}$$

式中，μ 为滤波器步长；$\Delta t_m(k)$表示为

$$\Delta t_m(k)=\frac{\partial R_m(k)}{\partial t_m(k)} \tag{5-132}$$

推导此算法的关键是求出 $\Delta t_m(k)$。

假设关于观测值 Y 在尺度为 m 时的小波系数估值 $\hat{d}_{m,n}$ 的函数为 $g(\hat{d}_{m,n})$，其表达式为

$$g(\hat{d}_{m,n})=\lambda(\hat{d}_{m,n},t)-\hat{d}_{m,n} \tag{5-133}$$

式中，λ 为新阈值函数，将它代入式(5-130)，并用期望值代替均值可得

$$R_m=E\{\|\hat{d}_{m,n}+g(\hat{d}_{m,n})-d_{m,n}\|^2\} \tag{5-134}$$

由式(5-133)可知，$g(\hat{d}_{m,n})$属于从 $\mathbf{R}^N$ 到 $\mathbf{R}^N$ 的映射，而且 $g(\hat{d}_{m,n})$满足弱可微条件，根据 SURE 无偏估计，可得

$$\begin{aligned}R_m&=N\sigma_m^2+E\{\|g(\hat{d}_{m,n})\|^2+2\ \nabla\cdot g(\hat{d}_{m,n})\}\\&=N\sigma_m^2+2E\{\nabla\cdot g(\hat{d}_{m,n})\}+E\{\|g(\hat{d}_{m,n})\|^2\}\end{aligned} \tag{5-135}$$

式中

$$\nabla\cdot g(\hat{d}_{m,n})=\sum_n\left[\frac{\partial g_n}{\partial(\hat{d}_{m,n})}\right] \tag{5-136}$$

SURE 是上述均方误差的无偏估计，因此，式(5-135)可写为

$$R_m=N\sigma_m^2+\|g(\hat{d}_{m,n})\|^2+2\ \nabla\cdot g(\hat{d}_{m,n}) \tag{5-137}$$

均方误差函数的梯度值 $\Delta t_m(k)$的表达式为

$$\Delta t_m(k)=\frac{\partial R_m(k)}{\partial t_m(k)}=2\sum_n\left(g_n\cdot\frac{\partial g_n}{\partial t_m(k)}\right)+2\sum_n\frac{\partial^2 g_n}{\partial\hat{d}_{m,n}\partial t_m(k)} \tag{5-138}$$

由式(5-133)可得

$$g_n=\lambda(\hat{d}_{m,n},t_m)-\hat{d}_{m,n} \tag{5-139}$$

$$\Delta t_m(k)=2\sum_n\left(g_n\cdot\frac{\partial\lambda[\hat{d}_{m,n},t_m(k)]}{\partial t_m(k)}\right)+2\sum_n\left(\frac{\partial^2\lambda[\hat{d}_{m,n},t_m(k)]}{\partial\hat{d}_{m,n}\partial t_m(k)}\right) \tag{5-140}$$

令式(5-140)等式右边两项求导式分别为 ΔT_1、ΔT_2，则有

$$\Delta t_m(k)=2\sum_n g_n\Delta T_1+2\sum_n\Delta T_2 \tag{5-141}$$

由于新阈值函数为

$$\lambda(x,t)=x-t+\frac{2t}{1+\mathrm{e}^{\frac{2x}{t}}} \tag{5-142}$$

分别求导计算 ΔT_1、ΔT_2，则有

$$\Delta T_1=\frac{\partial\lambda[\hat{d}_{m,n},t_m(k)]}{\partial t_m(k)}=-1+\frac{2}{1+\mathrm{e}^{\frac{2\hat{d}_{m,n}}{t_m(k)}}}+\frac{4\hat{d}_{m,n}\mathrm{e}^{\frac{2\hat{d}_{m,n}}{t_m(k)}}}{t_m(k)\left(1+\mathrm{e}^{\frac{2\hat{d}_{m,n}}{t_m(k)}}\right)^2} \tag{5-143}$$

$$\Delta T_2=\frac{\partial^2\lambda[\hat{d}_{m,n},t_m(k)]}{\partial\hat{d}_{m,n}\partial t_m(k)}=\frac{8\hat{d}_{m,n}\mathrm{e}^{\frac{2\hat{d}_{m,n}}{t_m(k)}}}{t_m^2(k)\left(1+\mathrm{e}^{\frac{2\hat{d}_{m,n}}{t_m(k)}}\right)^2}-\frac{16\hat{d}_{m,n}\mathrm{e}^{\frac{4\hat{d}_{m,n}}{t_m(k)}}}{t_m^2(k)\left(1+\mathrm{e}^{\frac{2\hat{d}_{m,n}}{t_m(k)}}\right)^3} \tag{5-144}$$

将式(5-143)和式(5-144)代入式 (5-141)即可求出 Δt_m，再把 Δt_m 代入尺度为 m 时的自适应迭代算法，m 分别取值 $1,2,\cdots,m_0$，求出每一尺度下的最佳阈值 t_m，从而得出各尺度小波系数的最佳估值，如下所示：

$$\hat{d}^*_{m,n}=\lambda(\hat{d}_{m,n},t) \tag{5-145}$$

再由式(5-123)推导得出信号 s 的估值 $\hat{s}$。

综上所述，自适应小波阈值去噪的步骤如下：

(1) 应用 Mallat 算法对观测信号 Y 进行离散小波变换，得出各尺度小波系数估值 $\hat{d}_{m,n}$ 以及尺度为 m_0 时的尺度系数估值 $\hat{c}_{m_0,n}$。当小波分解尺度 m_0 足够大时，可以认为

$$\hat{c}_{m_0,n}=c_{m_0,n} \tag{5-146}$$

因此在下一步中，阈值函数不对尺度系数 $\hat{c}_{m_0,n}$ 进行处理，而是把它直接代入公式(5-130)。

(2) 给定阈值初值和收敛条件，用式(5-131)～式(5-145)求取各尺度最佳阈值 t_m，其中，$m=1,2,\cdots,m_0$。

(3) 在各个尺度上利用第(2)步求出的最佳阈值 t_m 和新阈值函数 $\lambda(\hat{d}_{m,n},t)$，求出各尺度小波系数的估值 $\hat{d}^*_{m,n}$。

(4) 应用 Mallat 算法对第(3)步求出的各尺度小波系数 $\hat{d}^*_{m,n}$ 和第(1)步求出的尺度系数 $\hat{c}_{m_0,n}$，进行离散小波逆变换，得出信号的估值，即为所要求的去噪后的结果。

5.4　小波模极大值去噪法

5.4.1　信号与噪声在小波变换各尺度上的不同传播特性

突变点是描述瞬间信号的重要特征，如何检测信号的突变点具有实际意义。

Mallat 等建立了小波变换与表征信号奇异性的 Lipschitz 指数之间的关系，从而可以通过小波变换来确定信号的奇异点位置。

假设有一个正整数 n，如果对于一个信号 $f(t)$，存在一个正数 A，使得不等式(5-147)成立：

$$|f(t_0+\delta)-f_n(t_0+\delta)|\leqslant A|\delta|^{\alpha},\quad n<\alpha\leqslant n+1 \tag{5-147}$$

则称 α 是信号 $f(t)$ 在 t_0 的 Lipschitz 指数；$f_n(t)$ 为过 $f(t_0)$ 的 n 次多项式；δ 为一个充分小的量。如果当 t_0 在区间 $[t_1,t_2]$ 内，均满足上述条件时，则称 $f(t)$ 在此区间有均匀 Lipschitz 指数 α。

如果在尺度 $m=2^j$ 下，不等式(5-148)成立：

$$|W_f(a,b)|\leqslant|W_f(a,b_0)|,\quad b_0\in(b_0-\delta,b_0+\delta) \tag{5-148}$$

则称 b_0 为小波变换在尺度 $m=2^j$ 下的局部模极大值；$|W_f(a,b_0)|$ 是小波变换的模极大值。设在尺度 $m=2^j$ 时，信号 $f(t)$ 的 Lipschitz 指数 α 与小波变换的模极大值满足

$$\text{lb}\,|W_{2^j}f(2^j,b)|\leqslant\text{lb}\,A+\alpha j \tag{5-149}$$

式中，A 为与小波基有关的常数。

由此可见，如果信号 $f(t)$ 的 Lipschitz 指数 $\alpha>0$，则小波变换的模极大值随着尺度的增大而增大；反之，若 $\alpha<0$，则小波变换的模极大值随着尺度的增大而减小；若 $\alpha=0$，小波变换的模极大值保持不变。

1) 信号的特征

常用信号的 Lipschitz 指数通常是大于零的，即使是不连续的奇异信号，只要在某一邻域中有界，也有 $\alpha=0$。在较小的尺度上，模极大值的个数基本相等。由于语音信号的 Lipschitz 指数 $\alpha>0$，所以语音信号的系数模极大值随着尺度的增大而增大。

2) 噪声的特性

噪声所对应的 Lipschitz 指数通常是小于零的。如高斯白噪声是一个几乎奇异的随机分布，它具有负的 Lipschitz 指数，如下所示：

$$\alpha=-\frac{1}{2}-\varepsilon \tag{5-150}$$

高斯白噪声的平均稠密度反比于尺度 $m=2^j$，即尺度越大，其平均稠密度越稀疏。所以，高斯白噪声的小波系数的模极大值，随着尺度 m 的增大而减小。由于小波系数是一种正交变换，所以高斯白噪声经小波变换后，得到的小波系数仍然是白噪声，即小波系数在时域和频域上的分布是一致的。

经过实验可以得出，信号只有在尺度 m 较大时，对带噪信号的小波分解系数有较大影响，而噪声在尺度 m 较小时，对带噪信号的小波分解系数有较大影响。而且，噪声经小波变换后还是噪声。所以，对于带噪语音信号要实现增强，可先对

该信号进行小波变换，在小波域将信号和噪声粗略地分开，并将噪声放大，然后对各个尺度的小波系数进行适当的滤波，就可以将噪声去除，最后对处理之后的小波系数进行小波逆变换，得到重构的纯净语音信号的估计值，完成小波去噪。

5.4.2　小波模极大值去噪算法原理

由于小波变换的信号和噪声有不同的传播特性，即随着尺度的增大，信号和噪声所对应的模极大值分别是增大和减小，因此，连续进行若干次小波变换后，噪声所对应的模极大值已基本去除或幅值很小，而所余极值点主要由信号控制。信号经过模极大值去噪之后，小波系数仅剩下模极大值点处的值，而其余部分都被置为零，因此可通过模极大值点去重构信号。基于这一原理，小波模极大值去噪算法步骤如下：

(1) 对带噪信号进行小波变换，一般为4～5个尺度，并求出每一尺度上的小波变换系数的模极大值；

(2) 从最大尺度开始，选择一个阈值λ，若模极大值点幅值的绝对值小于λ，则去掉该极值点，否则予以保留，这样就得到了最大尺度上的新的模极大值点；

(3) 在尺度$m-1$上寻找尺度为m的小波变换模极大值点的传播点，即保留信号的模极大值点，去除噪声产生的模极大值点；

(4) 在尺度为m的极大值点的位置，构造一个邻域，即极大值点传播的锥形域，将落在每个邻域内的极大值点保留，去除邻域外的极大值点，令$m=m-1$，重复步骤(4)直至$m=2$；

(5) 在$m=2$时存在极大值点的位置上，保留相应的极大值点，在其余位置上将系数置零；

(6) 将每一尺度上保留的模极大值点，利用适当的方法重构小波系数，然后利用重构的小波系数对信号进行恢复。

当信号混入了随机噪声，由于随机噪声通常会导致信号的奇异性，奇异性的大小由Lipschitz指数来度量。随机噪声Lipschitz指数与有效信号的奇异点Lipschitz指数大小不一样，从而它们的小波变换模极大值在不同尺度下的传播行为也不一样，利用这一特性可将有效信号从随机噪声中提取出来。

设随机噪声为高斯白噪声，令$d(x)$为一个实的、方差为1的白噪声随机过程，$E(x)$是关于随机变量x的数学期望，则有式(5-151)和式(5-152)成立：

$$E[d(x)]=0 \tag{5-151}$$

$$E[d(u)d(v)]=\delta(u-v) \tag{5-152}$$

令小波变换中的小波ψ为实函数，则对给定的尺度m，$W_d(m,x)$为X的一个随机过程，并且有

$$|W_d(m,x)|^2=\iint d(u)d(v)\psi_m(x-u)\psi_m(x-v)\mathrm{d}u\mathrm{d}v \tag{5-153}$$

从而

$$E[|W_d(m,x)|^2]=\iint\delta(u-v)\psi_m(x-v)\mathrm{d}u\mathrm{d}v=\frac{|\psi|^2}{m} \tag{5-154}$$

这表明 $W_d(m,x)$ 作为一个平稳随机过程，其平均功率随尺度 m 增大而衰减，此外，白噪声的小波变换 $W_d(m,x)$ 极大值点的稠密度，也随 m 的增大而减小。这些特征可以作为小波变换去除随机噪声的依据。

白噪声是一广义分布，其 Lipschitz 指数为 $-\frac{1}{2}-\varepsilon(\varepsilon>0)$，是负值，而有效信号自身 Lipschitz 指数通常是正的。从而可以通过观察在不同的二进尺度 $2j$ 之间的极大值的变化行为，来区分模极大值是由噪声还是由有效信号自身所产生的。

根据前面的分析，如果信号在 x 处的奇异点大于零，那么随着尺度 $2j$ 的增加，小波变换极大值也变大；若当尺度减小时，模极大值的数目和幅度剧烈增加，表明相应的奇异点具有负的 Lipschitz 指数，即具有负奇异性，意味着信号具有比不连续更差的奇异性，模极大值只要由白噪声所支配，或者当从尺度 $2j$ 到较粗糙的尺度 $2j^{-1}$ 时，模极大值的幅度和数目减小的点认为是白噪声，把它去除，然后进行恢复，就得到去噪后的信号。

5.5　小波掩蔽去噪法

5.5.1　小波掩蔽去噪算法原理

在小波变换模极大值去噪算法中，信号经小波分解，得到各尺度上的小波系数之后，要先寻找模极大值点，把模极大值点之外的小波系数置为零，然后对这些模极大值点利用算法进行取舍，经过处理后，原来的小波系数中只保留了部分模极大值点，无法很好地重构信号。而信号的小波变换含有信号的重要信息，因此需要寻找一种利用小波变换系数进行信号增强的方法。

基于小波系数尺度间相关性增强算法，是根据信号和噪声在不同尺度上，小波变换的不同形态表现，构造出相应的规则，对信号和噪声的小波变换系数进行处理，处理的实质在于减小甚至完全剔除由噪声产生的系数，同时最大限度地保留有效信号对应的小波系数。信号经小波变换后，其小波系数在各尺度上有较强的相关性，尤其是信号的边缘附近，其相关性更加明显，而噪声对应的小波系数在尺度间却没有这种明显的相关性。因此，可以考虑用小波系数在不同尺度上、对应点处的相关性来区分系数的类别，从而进行取舍，通过这样去噪后的小波系数，基本上对应着信号的边缘，达到了增强的效果。

设有如式(5-155)所示的观测信号：

$$y(t)=s(t)+d(t) \tag{5-155}$$

式中，$s(t)$为原始信号；$d(t)$为方差为 σ^2 的高斯白噪声，服从 $N(0,\sigma^2)$分布。

对观测信号 $y(t)$进行离散小波变换后，由小波变换的线性性质可知，分解得到的小波系数 $w_{j,k}$仍然由两部分组成，一部分是 $s(t)$对应的小波系数，记为 $U_{j,k}$，另一部分是 $d(t)$对应的小波系数，记为 $V_{j,k}$。设

$$cw_{j,k} = w_{j,k} \cdot w_{j+1,k} \tag{5-156}$$

则称式(5-156)定义的 $cw_{j,k}$为尺度 j 上 k 点的相关系数。

尺度空间上的相关运算使噪声的幅值大为减小，增强了信号的边缘，更好地表征了原来的信号，并且在小尺度上的作用明显大于在大尺度上的作用。由于噪声能量主要是分布在小尺度上的，因而这种随尺度增大而作用强度递减的性质，对于尽可能减小有效信息损失是极为有利的。

为了使相关系数和小波系数具有可比性，定义归一化相关系数。设

$$\overline{w}_{j,k} = cw_{j,k}\sqrt{\mathrm{PW}_j/\mathrm{PCW}_j} \tag{5-157}$$

则称式(5-157)定义的 $\overline{w}_{j,k}$ 为归一化相关系数，式中参数满足式(5-158)和式(5-159)所示条件：

$$\mathrm{PW}_j = \sum_k w_{j,k}^2 \tag{5-158}$$

$$\mathrm{PCW}_j = \sum_k cw_{j,k}^2 \tag{5-159}$$

其中，$w_{j,k}$表示尺度 j 上 k 点的小波系数；$cw_{j,k}$表示尺度 j 上 k 点的相关系数。基于小波系数尺度间相关性去噪的核心环节：通过比较归一化相关系数 $\overline{w}_{j,k}$与小波系数 $w_{j,k}$的绝对值的大小，来抽取信号的边缘信息，由于 $\overline{w}_{j,k}$与 $w_{j,k}$具有相同的能量，可知 $\overline{w}_{j,k}$与 $w_{j,k}$进行比较是合理的。余下的是噪声对应的小波系数，这样经过若干次迭代之后，所余小波系数的能量会低于某一阈值，则认为信号已经被完全提取出来了。

具体实现思路为：若$|\overline{w}_{j,k}| \geqslant |w_{j,k}|$，则认为 k 点处的小波变换是由信号控制的，相关运算的结果是将该点对应的小波变换的幅值增大，将 $w_{j,k}$赋值给 $\overline{w}_{j,k}$，置零后在每一尺度上重新计算 $\overline{w}_{j,k}$，最后运算的结果是 $\overline{w}_{j,k}$中保留由有效信号控制的点，而 $w_{j,k}$中的点全部对应着噪声。

5.5.2　改进型掩蔽去噪法

语音增强算法中一般都要利用到噪声的特征参数，噪声参数估计的准确性直接影响后续的算法，因此预先准确地估计出噪声参数，是保证语音增强效果的关键环节之一。一般在估计噪声时，假设噪声的均值为零，只需要估计出噪声方差即可。

对噪声方差的估计是决定小波域语音增强效果的重要前提，Donoho 曾给出小波域噪声标准方差 σ_{d} 的估计公式：

$$\sigma_{\mathrm{d}} = \mathrm{MID}/0.6745 = [\mathrm{middle}(|W_{1,k}|)]/0.6745, \quad 0 \leqslant k \leqslant 2^{J-1}-1 \tag{5-160}$$

式中,MID 是最高频子带小波系数幅度的中值。Donoho 提出的噪声估计方法虽然能够有效地估计出噪声的方差,但是当语音信号中混入较小噪声,或被处理的语音信号中含有大量的细节结构时,这种估计方法就不是很准确,为此应用小波系数尺度相关性,引入了一种估计语音噪声方差的改进方法。

1. 在第一尺度对噪声方差预估计

带噪语音信号经小波变换后,噪声集中在小尺度上,其小波系数幅值随着尺度的增加而减小;另外,语音信号经小波变换后,在小尺度上具有较高的中心频率,即在小尺度上的小波系数,集中反映了语音信号高频部分的能量;被噪声污染后的语音信号,其高频部分主要由噪声控制,所以在小尺度上,尤其在第一变换尺度上,语音信号的小波系数是淹没在噪声的小波系数中的,可忽略这些少数的语音信号小波系数,利用第一变换尺度上的小波系数来估计噪声的方差。

设在高斯白噪声环境中的语音信号,所含高斯白噪声的方差为 σ^2,则其功率谱密度如下所示:

$$S(\omega) = \sigma^2 \tag{5-161}$$

并设高斯白噪声经小波变换后在第一尺度上,即通过 Mallat 算法滤波后的小波系数 W_1 的方差为 σ_1^2,其功率谱密度为

$$S_{W_1}(\omega) = |G_0(\omega)|^2 S(\omega) \tag{5-162}$$

式中

$$G_0(\omega) = \sum_{n=-\infty}^{\infty} g_0(n)\mathrm{e}^{-\mathrm{j}n\omega} \tag{5-163}$$

其中,$\omega \in [-\pi,\pi]$,$g_0(n)$为单位脉冲响应序列。W_1 的自相关函数为

$$R_{W_1}(t) = \frac{1}{2\pi}\int_{-\infty}^{\infty} S_{W_1}(\omega)\mathrm{e}^{\mathrm{j}\omega t}\mathrm{d}\omega \tag{5-164}$$

又因高斯白噪声通过滤波器 G_0 后的均值为零,所以有

$$\begin{aligned}\sigma_1^2 &= R_{W_1}(0) \\ &= \frac{1}{2\pi}\int_{-\infty}^{\infty} |G_0(\omega)|^2 S(\omega)\mathrm{d}\omega \\ &= \sigma^2 \sum_{-\infty}^{\infty}[g_0(n)]^2 \\ &= \sigma^2 \| g_0(n) \|^2 \end{aligned} \tag{5-165}$$

设被高斯白噪声污染的语音信号,在第一尺度上的小波系数为 $W_f(1,n)$,$(n=1,2,\cdots,N)$,若认为这些小波系数全部是由噪声产生的,则有

$$\sum_{n=1}^{N}[W_f(1,n)]^2 = N\sigma_1^2 \tag{5-166}$$

由此可得噪声估计公式为

$$\sigma_1 = \sqrt{\frac{\sum_{n=1}^{N}[W_f(1,n)]^2}{N}} \Big/ \| g_0(n) \| \tag{5-167}$$

然后，把由语音信号突变点处产生的小波系数，从 $W_f(1,n)$ 中剔除，提高噪声方差估计的精度。

2. 剔除语音小波系数对噪声方差进行精估计

Mallat 和 Hwang 指出：信号经小波变换之后，其小波系数在各尺度间具有较强的相关性，尤其在信号的突变部分，其相关性更加明显，而噪声对应的小波系数在尺度间却没有这种明显的相关性。Xu 在此基础上进一步得出结论：取相邻尺度的小波系数直接相乘进行相关运算，可以在去除噪声产生的小波系数的同时，保留信号的突变点处产生的小波系数。

设含噪语音信号 y 经小波变换，在尺度 j 上、位置 n 处的小波系数为 $W_f(j,n)$，定义尺度 j 上位置 n 处的相关系数 $\mathrm{Corr}(j,n)$ 为

$$\mathrm{Corr}(j,n) = W_f(j,n) \cdot W_f(j+1,n) \tag{5-168}$$

将 $\mathrm{Corr}(j,n)$ 归一化到 $W_f(j,n)$ 上，得归一化相关系数 $\mathrm{NewCorr}(j,n)$ 为

$$\mathrm{NewCorr}(j,n) = \mathrm{Corr}(j,n)\sqrt{P_W(j)/P_{\mathrm{Corr}}(j)}, \quad n = 1,2,\cdots,N \tag{5-169}$$

式中

$$P_W(j) = \sum_{n=1}^{N}[W_f(j,n)]^2 \tag{5-170}$$

$$P_{\mathrm{Corr}}(j) = \sum_{n=1}^{N}[\mathrm{Corr}(j,n)]^2 \tag{5-171}$$

若

$$|\mathrm{NewCorr}(j,n)| > |W_f(j,w)| \tag{5-172}$$

则认为由信号主要突变点产生的小波系数在尺度 j 上，位置 n 处，保存该点 $W_f(j,n)$ 的位置及大小，并同时置 $\mathrm{NewCorr}(j,n)$ 和 $W_f(j,n)$ 中相应点为零，记剩余的数据为 $W_f(j,n)$ 及 $\mathrm{Corr}(j,n)$，然后归一化 $\mathrm{Corr}(j,n)$ 到 $W_f(j,n)$ 上去，得 $\mathrm{NewCorr}(j,n)$，再通过比较 $|\mathrm{NewCorr}(j,n)|$ 及 $|W_f(j,w)|$ 的大小，来抽取信号次主要突变点的小波系数，重复上面过程，直到 $\sum_{n=1}^{M}W_f(j,n)^2$ 小于 j 尺度上的能量阈值，M 为未被抽取到的小波系数。将抽取信号突变点的小波系数、去除噪声的小

波系数反过来使用,即对噪声的小波系数予以保留,而剔除信号的小波系数过程,借此来提高估计噪声方差的精度。第一尺度上 n 点处的相关系数为

$$\mathrm{Corr}(1,n) = W_f(1,n) \cdot W_f(2,n), \quad n = 1,2,\cdots,N \tag{5-173}$$

归一化后的式(5-173)如下:

$$\mathrm{NewCorr}(1,n) = \mathrm{Corr}(1,n)\sqrt{P_W(1)/P_{\mathrm{Corr}}(1)}, \quad n = 1,2,\cdots,N \tag{5-174}$$

式中

$$P_W(1) = \sum_{n=1}^{N}[W_f(1,n)]^2 \tag{5-175}$$

$$P_{\mathrm{Corr}}(1) = \sum_{n=1}^{N}[\mathrm{Corr}(1,n)]^2 \tag{5-176}$$

若

$$|\mathrm{NewCorr}(1,n)| > |W_f(1,w)| \tag{5-177}$$

则此处的小波系数为由语音信号的突变点所产生的,予以剔除。设共剔除了 k 个这样的小波系数,并记剩下的 $N-k$ 个小波系数的平方和为 $P_W(1)$,则噪声方差估计公式(5-167)改写为

$$\sigma_1 = \sqrt{\frac{P_W(1)}{N}} \Big/ \| g_0(n) \| \tag{5-178}$$

至此,对噪声方差精估计完成,式(5-178)即为改进的噪声方差估计公式。

5.6 各种小波去噪法比较

1. 小波模极大值去噪法

小波模极大值去噪法主要适用于语音信号中混有白噪声,而且信号中含有较多奇异点的情况。该方法在去噪的同时,可以有效地保留信号的奇异点信息,去噪的信号没有多余的振荡,是对原始信号的一个较好估计。该方法无须知道噪声的方差,去噪效果非常稳定,对噪声的依赖性较小,对低信噪比的信号去噪问题,更能体现其优越性。但用模极大值进行重构时,计算速度较慢,同时利用该方法去噪,小波分解尺度的选择非常重要,小尺度下小波系数受噪声影响非常大,产生许多伪极值点;大尺度会使信号丢失某些重要的局部奇异性信息,因此,还需选择合适的尺度。

2. 小波掩蔽去噪法

小波掩蔽去噪法,也称为基于小波系数尺度间的相关性去噪法,可取得比较稳

定的去噪效果，比较适合高信噪比信号。其不足之处是计算量较大，并且需要估计噪声方差。与阈值去噪法相比，后者去噪效果更好，计算量较少；但小波掩蔽去噪在划分信号的边缘方面具有优势，并且可扩展到边缘检测、图像增强及其他应用中。

3. 小波阈值去噪法

小波阈值去噪法主要适用于信号中混有白噪声的情况。其优点是噪声几乎完全得到抑制，且很好地保留了反映原始信号的特征尖峰点。

软阈值去噪法可使去噪信号成为原始信号的近似最优估计，且估计信号至少和原始信号同样光滑，而不会产生附加振荡。阈值法的计算速度很快，具有广泛的适应性，因而是众多小波去噪方法中最为广泛应用的一种。这种方法的不足点如下：

(1) 去噪效果依赖于信噪比的大小；

(2) 在某些情况下，如在信号的不连续点处，去噪后会出现伪吉布斯现象；

(3) 利用该方法去噪时，阈值的选择对去噪效果有着很重要的影响。

总之，对于高斯白噪声的去噪处理，可以选用阈值法、掩蔽法以及模极大值法。究竟选择哪种方法，应根据实际信号的特点以及这几种方法的优缺点而定。

5.7 本 章 小 结

本章主要研究了基于小波变换的语音增强算法，并对三种小波去噪法进行了分析和比较。小波变换去噪法是一种提取有用信号、展示噪声和突变信号的优越方法。小波变换通过对信号连续进行几次小波分解，令大尺度低分辨率下的系数全部保留，而对于其他尺度下的小波系数，可以设定一个阈值，低于该阈值的小波系数置为零，高于该阈值的小波系数完整保留。最后将处理后的小波系数利用小波逆变换进行重构，恢复出有效信号。

小波模极大值去噪法主要适用于语音信号中混有白噪声，而且信号中含有较多奇异点的情况。该方法在去噪的同时，可以有效地保留信号的奇异点信息，去噪的信号没有多余的振荡，是对原始信号的一个较好估计。基于小波系数尺度间的相关性去噪法，可取得比较稳定的去噪效果，比较适合高信噪比信号。其不足之处是计算量较大，并且需要估计噪声方差。小波阈值去噪法主要适用于信号中混有白噪声的情况，其优点是噪声几乎完全得到抑制，且很好地保留了反映原始信号的特征尖峰点。

上述三种基于小波变换的语音增强算法，均可实现对信号的多尺度分析，能够更精确地分析信号的局部特征，因此在很多领域得到了广泛的应用，同时仿真结果也表明，小波变换语音增强算法能够较好地克服音乐噪声，去噪效果明显。

参考文献

陈峰,成新民. 2005. 基于小波变换的信号去噪技术及实现. 现代电子技术,3:11—13.

戴士杰,吴晓龙,李慨,等. 2003. 小波变换信号消噪技术研究. 河北工业大学学报,32(1):34—38.

杜立志,殷琨,张晓培,等. 2008. 基于最优小波包基的降噪方法及其应用. 工程地球物理学报,5(1):25—30.

李野,吴亚锋,刘雪飞. 2009. 基于感知小波变换的语音增强方法研究. 计算机应用研究,26(4):1313—1315.

刘汉忠,顾晓辉,刘贯领,等. 2003. 基于小波变换的声信号去噪处理方法. 声学与电子工程,(4):11—14.

马晓红,宋辉,殷福亮. 2006. 自适应小波阈值语音增强新方法. 大连理工大学学报,46(4):561—566.

潘泉,张磊,孟晋丽,等. 2005. 小波滤波方法及应用. 北京:清华大学出版社.

仇智华,艾德才. 2000. 基于子波分析的信号噪声分离方法研究. 天津大学学报,33(2):45—48.

苏秦,赵鹤鸣. 2003. 基于小波包变换的多尺度多阈值语音信号去噪. 苏州大学学报,26(6):18—22.

孙延奎. 2005. 小波分析及其应用. 北京:机械工业出版社.

孙延奎. 2012. 小波变换与图像、图形处理技术. 北京:清华大学出版社.

王娜,郑德忠. 2007. 结点阈值小波包变换语音增强新算法. 仪器仪表学报,28(5):952—956.

向瑾,翟成瑞,杨卫,等. 2007. 基于小波变换的音频信号去噪. 微计算机信息,12(2):85—87.

徐科,徐金梧. 1999. 一种新的基于小波变换的白噪音消除方法. 电子科学学刊,21(5):8—10.

徐岩,查诚,王维汉. 2006. 基于小波域谱相减算法的语音增强研究. 铁道学报,28(6):64—68.

郑海波,陈心昭,李志远. 2001. 基于小波包变换的一种降噪算法. 合肥工业大学学报,24(5):19—22.

Akyol E A, Erzin E, Tekalp A M. 2004. Robust speech recognition using adaptively denoised wavelet coefficients. Signal Processing and Communications Applications Conference, Salt Lake, 1:407—409.

Antonini G, Orlandi A. 2001. Wavelet packet-based EMI signal processing and source identification. IEEE Transactions on Electromagnetic Compatibility, 43(2):140—148.

Bahoura M, Rouat J. 2001. Wavelet speech enhancement based on the teager energy operator. IEEE Processing Letters, 8(1):10—12.

Bui T D, Chen G. 1998. Translation invariant denoising using multiwavelets. IEEE Transactions on Signal Processing, 46(12):3414—3420.

Ching P C, So H C, Wu S Q. 1999. On wavelet denoising and its application to time delay estimation. IEEE Transactions on Signal Processing, 47(10):2870—2882.

Daubechies I. 1990. The wavelet transform, time-frequency localization and signal analysis. IEEE Transactions on Information Theory, 36(5):961—965.

Dowine T R, Silverman B W. 1998. The discrete multiple wavelet transform and thresholding methods. IEEE Transactions on Signal Processing, 46(9): 2558—2561.

Ephraim Y. 1992. Statistical-model-based speech enhancement systems. Proceedings of the IEEE, 80(10): 1526—1530.

Hu Yi, Loizou P C. 2004. Speech enhancement based on wavelet thresholding the multitaper spectrum. IEEE Transactions on Speech and Audio Processing, 12(1): 59—67.

Johnstone I M, Silverman B W. 1997. Wavelet threshold estimators for data with correlated noise. Journal of the Royal Statistical Society, 59(8): 956—961.

Kadambe S, Boudreaux-Bartel G F. 1992. Application of the wavelet transform of pitch detection of speech signals. IEEE Transactions on Information Theory, 38(2): 917—924.

Kim H K. 2003. Cepstrum-domain acoustic feature compensation based on decomposition of speech and noise for ASR in noisy environments. IEEE Transactions on Speech and Audio Processing, 11(5): 445—446.

Li Q W, He C Y. 2006. A new thresholding method in wavelet packet analysis for image denoising. Proceedings of the 2006 IEEE International Conference on Mechatronics and Automation, Washington DC, 2074—2078.

Lu J, Xu Y. 1991. Noise reduction by constrained reconstructions in the wavelet transform domain. Proceedings of the Seventh Workshop on Multidimensional Signal Processing, New York, 1—9.

Mallat S G. 1989. A theory for multiresolution signal decomposition: The wavelet representation. IEEE Transactions on Pattern Analysis and Machine Intelligence, 11(7): 674—693.

Mallat S, Hwang W L. 1992. Singularity detection and processing with wavelets. IEEE Transactions on Information Theory, 38(2): 617—643.

Medina C A, Alcaim A, Apolinario J A, et al. 2003. Wavelet denoising of speech using neural networks for threshold selection. Electronics Letters, 39(25): 1869—1871.

Pan Q, Zhang L, Dai G. 1999. Two denoising methods by wavelet transform. IEEE Transactions on Signal Processing, 47(12): 3401—3406.

Virag N. 1999. Single channel speech enhancement based on masking properties of the human auditory system. IEEE Transactions on Speech and Audio Processing, 7(2): 126—137.

Williams J R. 1994. Introduction to wavelets in engineering. International Journal for Numerical Methods in Engineering, 37(14): 2365—2388.

Wink A M, Roerdink J B T M. 2004. Denoising functional MR images: A comparison of wavelet denoising and Gaussian smoothing. IEEE Transactions on Medical Imaging, 23(3): 374—387.

Xu Y, Liu J. Research of speech enhancement based on selection of wavelet base function. International Conference on Audio, Language and Image Processing, 2010: 278—282.

Zhao S L, Zhang R. 2005. Translation-invariant wavelet de-noising method with improved thresholding. ISCIT(International Symposium on Communications and Information Technology), Beijing, 5946—5949.

第 6 章　语音增强其他优选算法

在前面几章中对目前已成熟的主流算法如短时谱估计法、自适应滤波算法、小波分析法等进行了详细的讨论，进一步的研究表明，语音信号增强是一个复杂的非线性过程，而传统的解决方法具有一定的局限性，需要根据特定环境下的语音和噪声情况，选用不同的语音增强算法来消除噪声和提高语音清晰度。在近三十年的研究中，各种新的语音增强算法不断涌现，子空间变换法对语音信号具有最优的去相关特性，并且可以在语音失真和消除噪声程度两个方面来调节输出语音的质量；采用基于听觉掩蔽效应的语音增强算法可以减小对语音的听觉失真，提高语音的清晰度，能更好地权衡语音失真和去噪效果；在频域谱减增强法的基础上，可利用分数阶傅里叶变换来消除信号和噪声的时频耦合性；盲源分离算法可解决由多人构成的声音环境下分离出原始语音信号，即解决所谓的鸡尾酒会问题；语音信号不仅有声门的非线性振动过程，而且会在声道边界产生涡流，这是一种混沌现象，是典型的非线性过程，分形理论通过分形建模，对语音信号中的各种涡流结构特征进行定量分析，在低信噪比录音信号的语音增强中和语音识别系统的预处理中，有着很好的应用前景；神经网络模型对于语音信号增强处理特别有意义，通常语音信号处理系统是对语音信号进行序列串行处理，与人的感知过程有很大的差别，神经网络是由许多神经单元相互联结而成的一个并行处理网络系统，这种分布式并行处理的特性，使得神经网络具有很强的自组织和学习能力以及很高的容错力和顽健性。此外，基于语音信号的声场景处理技术、数学形态学非线性滤波等的语音增强算法也在不断的发展中，由于篇幅所限，本书没有介绍。

6.1　基于信号子空间的语音增强算法

6.1.1　信号子空间单通道语音增强算法

在基于信号子空间的语音增强算法中，将带噪语音信号投影到两个子空间中，一个是语音信号子空间，另一个是噪声子空间，通过去除噪声子空间，由语音信号子空间来重构语音信号。通常采用奇异值分解法或特征值分解法将空间分解为两个子空间。

设带噪语音信号为 $y(n)$，该信号包含纯净语音信号 $s(n)$ 和噪声信号 $d(n)$，$s(n)$ 的协方差矩阵为 R_s，$d(n)$ 的协方差矩阵为 R_d。

首先，对每一帧带噪声语音数据计算其协方差矩阵 R_y，根据噪声数据即无语音数据帧，计算噪声协方差矩阵 R_d，并假定语音和噪声是相互独立的，则有

$$R_y = R_s + R_d \tag{6-1}$$

并设矩阵 ΣV 满足如下条件：

$$\Sigma V = R_d^{-1} R_s = R_d^{-1}(R_y - R_d) = R_d^{-1} R - I \tag{6-2}$$

然后，对 ΣV 进行特征分解，可得

$$\Sigma V = V \cdot \lambda_\Sigma \tag{6-3}$$

式中，V 表示矩阵 ΣV 的特征向量；λ_Σ 表示 V 对应的特征值。假设 ΣV 的特征值以降序排列，如下所示：

$$\lambda_\Sigma^{(1)} \geqslant \lambda_\Sigma^{(2)} \geqslant \cdots \geqslant \lambda_\Sigma^{(K)} \tag{6-4}$$

则语音信号子空间的维数 M 表示为

$$M = \arg \max_{1 \leqslant k \leqslant K} \{\lambda_\Sigma^{(k)} > 0\} \tag{6-5}$$

式中，K 表示特征值的个数。实现语音信号最优估计的增益矩阵 g_{kk} 如式(6-6)所示：

$$g_{kk} = \begin{cases} \dfrac{\lambda_\Sigma^{(k)}}{\lambda_\Sigma^{(k)} + \mu}, & k = 1,2,\cdots,M \\ 0, & k = M+1,\cdots,K \end{cases} \tag{6-6}$$

式中，参数 μ 可用于权衡残留噪声和语音失真大小，μ 值的估计，关系到语音增强信号质量的优劣，其取值满足

$$\mu = \begin{cases} \mu_0 - (\mathrm{SNR_{dB}})/s, & -5 < \mathrm{SNR_{dB}} < 20 \\ 1, & \mathrm{SNR_{dB}} \geqslant 20 \\ 5, & \mathrm{SNR_{dB}} \leqslant -5 \end{cases} \tag{6-7}$$

其中，参数取值为

$$\mu_0 = 4.2, \quad s = 6.25, \quad \mathrm{SNR_{dB}} = 10\lg \mathrm{SNR} \tag{6-8}$$

$$\mathrm{SNR} = \frac{\mathrm{tr}(V^{\mathrm{T}} R_s V)}{\mathrm{tr}(V^{\mathrm{T}} R_d V)} = \frac{\sum_{k=1}^{M} \lambda_\Sigma^{(k)}}{K} \tag{6-9}$$

这里，tr()表示矩阵的迹，是指矩阵主对角线各元素的总和，也等于特征值之和。

实现最优估计的传输函数 H_{opt} 如式(6-10)和式(6-11)所示：

$$H_{\mathrm{opt}} = R_d V \begin{bmatrix} G_1 & 0 \\ 0 & 0 \end{bmatrix} V^{\mathrm{T}} = V^{-1} \begin{bmatrix} G_1 & 0 \\ 0 & 0 \end{bmatrix} V^{\mathrm{T}} \tag{6-10}$$

$$G_1 = \mathrm{diag}\{g_{11}, g_{22}, \cdots, g_{MM}\} \tag{6-11}$$

最后实现的最优估计语音信号 $\hat{S}$ 如式(6-12)所示：

$$\hat{S} = H_{\text{opt}} \cdot y \tag{6-12}$$

6.1.2 信号子空间多通道语音增强算法

基于信号子空间的单通道语音增强算法简单有效且易于实现，但其增强语音中常伴有令人反感的音乐噪声。为了弥补这一不足，并期望在尽量运用较少麦克风的情况下，得到理想的语音增强效果，本节提出了一种基于信号子空间的多通道语音增强算法。该算法的前提是限定噪声信号为白噪声，在麦克风与说话人距离相对干扰源较近的情况下，假设通过 M 个麦克风形成一个传感器阵列，为确保所有的麦克风信号都能准确同步，信号首先通过一个时延补偿模块，这时第 i 个麦克风中的观测数据可表示为

$$y_i = s + d_i \tag{6-13}$$

式中，y_i、s 和 d_i 分别表示 K 维带噪语音、纯净语音和噪声向量。那么来自第 i、j 个麦克风中的信号协方差矩阵 R_{ij} 可表示为

$$R_{ij} = E\{y_i, y_j^{\mathrm{T}}\} = R_s + R_{d_{ij}} \tag{6-14}$$

式中，R_s 为纯净语音信号的协方差矩阵；$R_{d_{ij}}$ 为噪声 d_i 和 d_j 的互协方差矩阵，噪声和语音信号互不相关。定义长度为 N 的列向量 Y 为

$$Y = [y_1^{\mathrm{T}}, y_2^{\mathrm{T}}, \cdots, y_N^{\mathrm{T}}]^{\mathrm{T}} \tag{6-15}$$

式中，$N=MK$。其中，M 是信号子空间的维数或麦克风个数；K 是信号向量的维数。全局协方差矩阵 R_Y 可以写成

$$R_Y = E\{YY^{\mathrm{T}}\} \tag{6-16}$$

$$R_Y = \begin{bmatrix} R_{11} & R_{12} & \cdots & R_{1m} \\ R_{21} & R_{22} & \cdots & R_{2m} \\ \vdots & \vdots & & \vdots \\ R_{m1} & R_{m2} & \cdots & R_{mm} \end{bmatrix} = \begin{bmatrix} R_s & R_s & \cdots & R_s \\ R_s & R_s & \cdots & R_s \\ \vdots & \vdots & & \vdots \\ R_s & R_s & \cdots & R_s \end{bmatrix} + \begin{bmatrix} R_{d_{11}} & R_{d_{12}} & \cdots & R_{d_{1m}} \\ R_{d_{21}} & R_{d_{22}} & \cdots & R_{d_{2m}} \\ \vdots & \vdots & & \vdots \\ R_{d_{m1}} & R_{d_{m2}} & \cdots & R_{d_{mm}} \end{bmatrix}$$

$$= R_s + R_N \tag{6-17}$$

当加性噪声是方差为 σ^2 的白噪声时，有

$$R_N = \sigma^2 I_N \tag{6-18}$$

式中，I_N 为一个 $N \times N$ 维单位矩阵。

通过对 R_Y 进行特征值分解，可近似获得 R_s 的特征向量矩阵 U_s 和特征值对角矩阵 Λ_s，分别如式(6-19)和式(6-20)所示：

$$U_s = \sqrt{M} C U_1 \tag{6-19}$$

$$\Lambda_s = \frac{1}{M}(\Lambda_1 - \sigma^2 I_K) \tag{6-20}$$

式中，$K \times N$ 维矩阵 C 为

$$C = \frac{1}{M}[I_K, \cdots, I_K] \tag{6-21}$$

I_K 为一个 $K \times K$ 维的单位矩阵；U_1 和 Λ_1 分别为 $N \times K$ 与 $K \times K$ 维矩阵，并且满足

$$R_y = U\Lambda y U^{\mathrm{T}} = [U_1 \quad U_2]\begin{bmatrix}\Lambda_1 & 0 \\ 0 & \Lambda_2\end{bmatrix} = \begin{bmatrix}U_1^{\mathrm{T}} \\ U_2^{\mathrm{T}}\end{bmatrix} \tag{6-22}$$

则在白噪声背景下，增益矩阵为 G_μ 时，纯净语音信号 s 的估计 $\hat{S}$ 为

$$\hat{S} = U_s G_\mu U_s^{\mathrm{T}}(GY) \tag{6-23}$$

6.2　基于盲源分离的语音增强算法

1986 年，由法国学者 Herault 和 Jutten 提出了递归神经网络模型和基于 Hebb 学习律的学习算法，实现了独立源信号混合的分离，这一开创性的工作揭开了盲源分离(blind source separation，BSS)问题的研究，而盲信号语音增强处理则是当前信号处理研究的热点之一。

目前比较有代表性的算法是：基于信号瞬时相关特性的盲分离算法、基于高阶统计量的盲分离算法，以及基于信息理论的盲分离算法。其中前两种算法较为经典，它们利用特征值分解或中心极限定理作为理论依据，在所需假设条件得以满足的情况下，能够很好地实现多种信源信号的盲分离。

6.2.1　信号盲源分离

1. 盲信号处理

盲信号处理是一种新兴的信号处理技术。盲源分离和盲信号提取是从观测信号中恢复源信号的有效方法，目前已成为信号处理领域的研究热点。盲信号处理广泛地应用于通信、语音增强、遥感、医学成像、地震探测、地球物理、计量经济学、数据挖掘等领域。

20 世纪 80 年代，法国学者对信号盲源分离 H-J 算法进行了研究，H-J 算法是在生物体运动时，中枢神经系统能够分离不同运动信息的启发下引入的。在 H-J 算法基础上，他们提出了独立分量分析(independent component analysis，ICA)的概念，并由 Sorouchyari 和 Comon 分别使用不同的方法，对 H-J 算法进行了收敛性和稳定性分析，最后 Deville 将两位学者的研究成果结合起来应用，解决了只存在两个源信号和两个混合信号的最简单情况下的收敛性问题。

20 世纪 90 年代初期到中期提出的信号盲源分离算法中，有很大一部分是利用信号高阶统计量的代数结构，进行信号盲分离的。由于需要对混合信号或是源

信号的某些统计量进行估计,因此一般把这类算法称为显式利用信号高阶统计量的信号盲源分离算法。这类算法实际上可以看做是盲辨识算法,一般不对源信号进行估计。Cardoso 和 Comon 都提出,对混合信号进行预白化处理后,可以把信号盲源分离问题转化为对一个正交矩阵的计算问题。在 Comon 以后 Bell 和 Sejnowski 提出信息最大化方法,该方法是基于神经网络方法的独立分量算法。Bell 和 Sejnowski 研究了信息在非线性单元组成的网络中的传输情况,提出了一种自组织学习的梯度算法,该算法能够将非线性网络传输的信息量实现最大化。

但是这些算法当混合矩阵接近奇异矩阵,或者源信号中有某些分量比其他分量微弱得多的时候,这些算法就无法成功地实现信号源的盲分离,甚至可能导致算法不收敛,即算法的鲁棒性较差。Cichocki 和 Unbehauen 在 H-J 算法的基础上,提出了一类鲁棒的神经网络信号源盲分离算法,包括前向神经网络和递归的反向神经网络,这两种网络算法都具有自动调节输出信号幅值的能力,能够对所有网络权值进行调整,使得网络算法的收敛性不依赖于算法的初始条件以及具体的混合矩阵,因此将这两种算法称为鲁棒的神经网络方法。此外,日本学者 Amari 等提出了集中利用自然梯度方法的神经网络信号盲源分离算法。20 世纪 90 年代中期,国内的研究人员也积极地开展了盲信号与图像处理的研究工作,何振亚、张贤达等发表了创见性的论文,提出了新的判据和学习算法。他们主要以独立分量分析和非线性分析为主要研究对象。

2. 盲源分离算法

盲源分离是根据观测到的混合数据向量来确定某一变换,以恢复原始信号或信源的技术。典型情况下,观测数据向量是一组传声器的输出,其中每个传声器接收到的是源信号的不同组合。

术语"盲"具有以下两重含义:

(1) 源信号不能被观测;

(2) 源信号如何混合是未知的。

盲源分离是分离或解混合矩阵的学习算法,它属于无监督学习,其基本思想是抽取统计独立的特征作为输入的表示,同时保证信息不丢失。当混合模型为非线性时,一般无法从混合数据中恢复源信号,除非对信号和混合模型有进一步的先验知识可以利用。因此在大多数的研究中,只讨论线性混合模型。

线性、瞬时、无噪声的盲源分离问题可以用式(6-24)～式(6-26)所示的混合方程来描述:

$$x(t) = As(t) \tag{6-24}$$

$$x(t) = [x_1(t), x_2(t), \cdots, x_N(t)]^{\mathrm{T}} \tag{6-25}$$

$$s(t) = [s_1(t), s_2(t), \cdots, s_M(t)]^{\mathrm{T}} \tag{6-26}$$

上述公式中，$x(t)$为 N 维观测数据向量，上标 T 表示矩阵或向量的转置；A 为 $N\times M$ 维矩阵，称为混合矩阵；$s(t)$为 M 个源信号构成的向量，如式(6-26)所示。式(6-24)的含义是 M 个源信号 $s(t)$经过混合后，得到 N 维观测数据向量 $x(t)$。

盲源分离所要解决的问题是：在源信号和混合矩阵未知的情况下，只根据观测数据向量 $x(t)$，确定分离矩阵 W 和变换后的输出 $y(t)$，使得 $y(t)$是源信号 $s(t)$的拷贝或估计，如下所示：

$$y(t) = Wx(t) \tag{6-27}$$

独立分量分析是信号处理领域在 20 世纪 90 年代后期发展起来的一种信号处理方法，是盲源分离中的一类方法。它以非高斯信号为研究对象，在独立性假设和满足一定条件的前提下，从多路观测信号中较好地分离出隐含的独立源信号。盲源分离就是从若干观测到的混合信号中，恢复出无法直接观测的各个源信号的过程。

1. 独立分量分析算法

1）中心化

中心化就是去均值，去均值是为了简化独立分量分析的估计算法。用经过去均值处理的数据，估计独立分量 s，再把 s 的均值 $A^{-1}m$ 加上即可，其中，A 为混合矩阵，m 为 $x(t)$的均值。

2）白化

将观测向量 $x(t)$通过一个白化滤波器，得到白色的 $\tilde{x}$。$\tilde{x}$ 的元素是不相关的，而且具有单位方差，即 $\tilde{x}$ 的协方差矩阵是一个单位阵，如下所示：

$$E[\tilde{x}\tilde{x}^{\mathrm{T}}] = I \tag{6-28}$$

通常白化处理采用特征值分解的办法，假设式(6-29)成立：

$$E[\tilde{x}\tilde{x}^{\mathrm{T}}] = Q\Lambda Q^{\mathrm{T}} \tag{6-29}$$

式中，Q 为 $E[\tilde{x}\tilde{x}^{\mathrm{T}}]$的特征向量；$\Lambda$ 为特征值对角阵。则通过式(6-30)，可完成对数据的白化处理，得到白色的 $\tilde{x}$，如下所示：

$$\tilde{x} = Q\Lambda^{-\frac{1}{2}}Q^{\mathrm{T}}x \tag{6-30}$$

2. 分离算法

近年出现了一种快速独立分量分析算法，是基于定点递推算法的，可以通过下面的迭代和归一化公式(6-31)和公式(6-32)，迭代并归一化至收敛来提取出独立的源信号：

$$\begin{aligned} w_i^{+} &= \{E[\tilde{x}g(w_i^{\mathrm{T}}\tilde{x})] - E[\tilde{x}g'(w_i^{\mathrm{T}}\tilde{x})]\}w_{i-1} \\ w_i &= w_i^{+}/\parallel w_i^{+}\parallel \end{aligned} \tag{6-31}$$

式中，$E[\cdot]$是求数学期望的操作；向量 w 是分离矩阵或解混合矩阵 W 的一行；$\tilde{x}$ 是观测信息 x 的白化向量；且有增益矩阵

$$
\begin{gathered}
G = WA \\
g(u) = G'(u) \\
g'(u) = G''(u) = (WA)''(u)
\end{gathered}
\tag{6-32}
$$

6.2.2　语音增强中的盲源分离

1. 基于盲源分离和小波变换的语音增强

在盲源分离理论中，观测信号的数目小于源信号数目，属于欠定盲源分离问题，但是，如果声源信号的非高斯性强于噪声的非高斯性，则语音和噪声是可以部分分开的。根据以上分析，考虑到小波变换可以消除噪声，引入了一种基于盲源分离和小波变换相结合的语音增强方法，该方法的原理框图如图 6-1 所示。

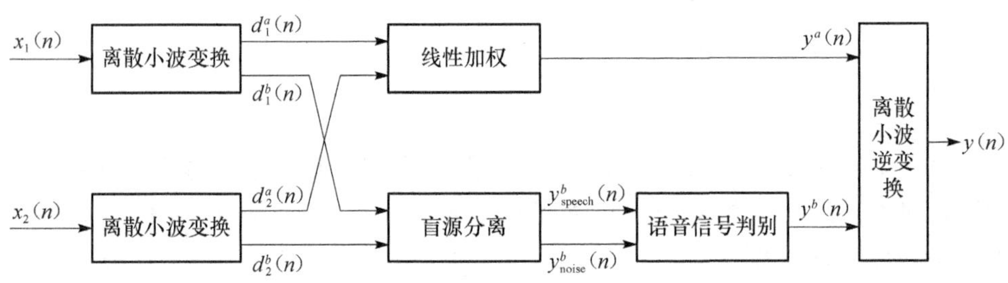

图 6-1　基于盲源分离和小波变换的语音增强原理框图

该方法将盲源分离算法在小波域中进行，首先将麦克风接收到的两路观测信号进行离散小波变换，使观测信号分解为一系列的尺度系数和小波系数，而信号的噪声分量主要集中在信号的小波系数上，因此，对小波系数进行盲源分离，得到两路输出信号，其中一路输出目标信号能量占主要部分，另一路输出噪声干扰信号占主要部分，然后利用四阶统计量来判断出哪一路输出为目标信号，并将此信号作为离散小波逆变换的小波系数。在小波变换的尺度系数中，由于含有的噪声能量较少，因此进行线性加权得到另一路输出信号，作为离散小波逆变换的尺度系数，最后将得到的尺度系数和小波系数进行离散小波逆变换，获得最终增强后的语音信号。

由图 6-1 可知，该方法的实现分为四个步骤。

1）离散小波变换

语音信号与噪声具有不同性质的 Lipschitz 指数 α。语音信号是正奇异性，$\alpha>0$，随机噪声是负奇异性，$\alpha<0$。例如，高斯白噪声是广义随机分布的，几乎处处奇异，它的 $\alpha=-0.5-\varepsilon, \forall\varepsilon>0$。由此可知，语音信号和噪声在不同尺度的小波变换中，呈现出的特性截然相反。语音信号的变换模值随小波尺度的增加而增加，而噪声的变换模值随小波尺度的增加而减小。由于带噪语音信号的噪声分量主要集中表现在信号的小波系数上，这样，连续进行几次小波变换后，噪声所对应的小波系数基本被去除或幅度变得很小，语音所对应的小波系数幅度增大。

如图6-1所示，麦克风阵列接收到的两路观测信号 $x_1(n)$、$x_2(n)$经过离散小波变换，分解为尺度系数 $d_1^a(n)$、$d_2^a(n)$和小波系数 $d_1^b(n)$、$d_2^b(n)$，此时小波系数中的噪声分量被部分抑制，这样更有利于盲源分离算法进行分离，因此选择对小波系数进行盲源分离，由于尺度系数中含有的噪声分量较少，因此可对其进行线性加权，进一步去除残留噪声。

2）盲源分离

经过离散小波变换得到小波系数 $d_1^b(n)$和 $d_2^b(n)$，由于其中噪声分量被部分抑制，语音分量得到增强，使得两路信号相关性增强，近似满足盲源分离的条件，因此利用快速独立分量分析算法对两路小波系数进行盲源分离，得到两路分离信号 $d_{\text{speech}}^b(n)$和 $d_{\text{noise}}^b(n)$。

3）线性加权

经过离散小波变换得到尺度系数 $d_1^a(n)$和 $d_2^a(n)$，由于其中含有的噪声分量较少，因此利用公式(6-33)，对两路尺度系数进行线性加权，得到一路输出信号 $y^a(n)$，并将其作为离散小波逆变换的尺度系数，如下所示：

$$y^a(n) = \sum_{i=1}^{2} a_i d_i^a(n) \tag{6-33}$$

式中，加权系数 a_i 为一固定常数，这里取$\frac{1}{2}$；i 表示分解尺度。

4）归一化峰度

归一化峰度 Kurtosis 是一个四阶统计量，常常被用来度量一个信号的非高斯性。设 y_i 是盲源分离的一个输出信号，$\sigma_{y_i}^2$ 是 y_i 的方差，则其 Kurtosis 值 ξ 的计算如式(6-34)所示：

$$\xi = \frac{E[\mid y_i \mid^4] - 2E^2[\mid y_i \mid^2] - \mid E^2[y_i^2] \mid}{\sigma_{y_i}^4} \tag{6-34}$$

式中，$E[\cdot]$表示期望；$|\cdot|$表示取绝对值。高斯分布信号的四阶统计量 $\xi=0$，而一个超高斯分布信号的四阶统计量 $\xi>0$，亚高斯分布 $\xi<0$。

以上介绍的方法中，小波系数 $d_1^b(n)$和 $d_2^b(n)$经过盲源分离后将产生两路输出信号 $y_{\text{speech}}^b(n)$和 $y_{\text{noise}}^b(n)$，由于盲源分离算法分离顺序的不确定性，并不知道它们中的哪路是以语音信号为主，哪路是以噪声信号为主。通过计算四阶统计量 Kurtosis 对两路信号的非高斯性进行度量，就可以区分出哪一路是以语音为主的输出信号，哪一路是以噪声为主的输出信号，以此解决分离后的信号顺序不确定问题。在该部分输出中，具有较大 Kurtosis 值的那一路信号被认为是以语音为主的输出信号 $y_{\text{speech}}^b(n)$，并将此信号作为离散小波逆变换的小波系数。

2. 基于子带盲源分离和后置处理的语音增强算法

空间的回响深度，即空间的回响造成的时间延迟，回响深度越大，造成延迟越大。在现实环境下，回响深度比理想的要深很多，混合滤波器的系数一般上千阶，系统需要有许多参数来描述，使得计算复杂度大大增加；而去卷积系统参数收敛时缺乏稳定性，分离滤波器的系数多于100阶时，系统参数就可能发散，从而无法得到理想的分离效果。

针对这一问题，通常采用基于子带分解的盲源分离算法。其中，减小抽样率的过程称为信号的"下抽样"，也称为"抽样率压缩"。增加抽样率的过程称为信号的"上抽样"，也称为"抽样率扩张"。它们都是信号时间尺度变换，是多抽样率数字信号处理的基本环节。而通常所说的"抽样"是指固定频率的抽样，比如自然抽样、平顶抽样等。简单地说，上下抽样就是对普通的抽样进行了一些尺度变换。

基于子带分解的盲源分离算法，将接收到的信号首先通过分析滤波器组，对语音信号进行子带分解，然后对子带信号进行下抽样，在各个子带内进行语音分离，对分离后的信号进行上抽样，最后通过综合滤波器组恢复出源信号。利用子带分解技术可以将混合滤波器的卷积系数，分配到各个子带中去，从而解决了时域算法中去卷积系统的参数收敛时，缺乏稳定性的问题。

Siow Yong Low 等提出了一种子带盲源分离和后置处理的语音增强算法，它将盲源分离算法和改进的自适应噪声抵消器的算法相结合，其目的是仅用两路观测信号在复杂噪声环境下来增强目标语音信号。由于盲源分离并不需要知道声源和声场的先验信息，因此在第一阶段，利用盲源分离方法从干扰中分离出目标信号，然后盲源分离的输出通过自适应噪声抵消器(adaptive noise canceler，ANC)得到进一步增强。盲源分离的输出经过第二步处理后，将产生一个更加纯净的输出信号。这是因为经过盲源分离，以干扰为主的输出信号被循环使用作为 ANC 中的参考信号，使得盲源分离输出中的目标主导信号进一步增强。考虑到房间混响问题，因此整个算法的实现是在子带中进行的，这样，可以近似认为在子带中各个混响通道的单位冲激响应函数是固定不变的，从而减少了房间混响对语音增强质量的影响。

由图 6-2 可知，该语音增强系统由多个模块组成。最初，对接收到的信号进行盲源分离，将目标信号从干扰中分离出来。分离过程产生了两个输出，一个输出包括主要的目标信号和部分余扰，另外一个输出包括大部分干扰信号。然后，计算两个盲源分离输出的四阶统计量，来确定哪个输出主要是干扰信号，并将这个输出作为 ANC 的参考信号，来消除另一个盲源分离输出中的余扰。该算法实现流程如下所述。

1) 分析和综合滤波器组

利用均匀过采样分析 DFT 滤波器组将每个观测信号分解成 M 个子带。同样的，利用综合滤波器组将子带信号重建。

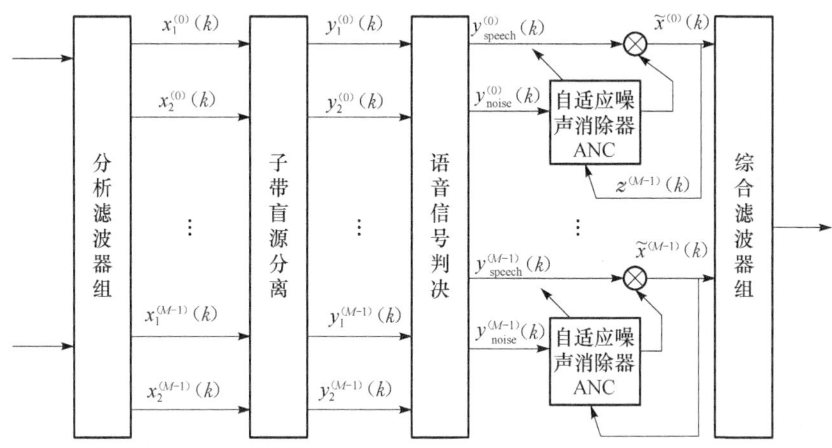

图 6-2　基于子带盲源分离和后置处理的语音增强算法

2) 子带盲源分离

在真实的房间环境中，传声器所接收到的信号可看做是原始语音信号和房间冲激响应的卷积，房间冲激响应表征了声源和传声器之间的传递函数，可以用一个高阶的 FIR 滤波器来近似，即

$$x(t) = A_{\text{conv}} * s(t) \tag{6-35}$$

式中，$x(t)$是传声机接收到的 $N\times1$ 维向量信号；A_{conv}是一个 $N\times N$ 混合滤波器矩阵，其中每个单元是一个有限冲激响应滤波器；$*$ 表示卷积；$s(t)$表示原始语音信号。

为了解决这种卷积混叠的盲源分离问题，在短时傅里叶变换域对信号实施分离，将时域的卷积混叠问题，转变为频域的瞬时混叠问题。这样做至少有两点好处：一是可以大大减少运算量；二是有很多性能优越的解决瞬时混叠的算法可供参考。

利用子带盲源分离的方法，在子带域中重写式(6-35)如下：

$$X^{(m)}(k) = A^{(m)}S^{(m)}(k) \tag{6-36}$$

式中，$X^{(m)}(k)$和 $S^{(m)}(k)$是 $x(t)$和 $s(t)$的第 m 个子带变换；$A^{(m)}$是一个矩阵，这个矩阵包括第 m 个子带混合滤波器 A_{conv}中的元素。

尺度和置换的不确定性在盲源分离中是固有的。这种不确定性不利于子带盲源分离，因为每个子带不可能有相同的尺度和置换排列。尺度不确定性导致每个子带有不同的尺度和重建过程中的空间畸变。为了解决这些问题，将去混合矩阵的行列式变为单位阵，可有效保证每个子带的音量守恒。

另外，置换不确定性导致了严重的分离失真。这是因为如果去混合矩阵对所有的子带没有进行相同的变换，那么重建的信号依然是混合的，可利用信号的归一化峰度 Kurtosis 来解决置换不确定问题。

3) 归一化峰度

假定接收到的传声器信号是包含目标语音信号和干扰信号的混合信号。如果子带盲源分离算法收敛,将产生两个盲源分离的输出信号:目标信号和干扰信号。但是,并不知道它们中的哪个是以语音信号为主,哪个是以干扰信号为主。利用Kurtosis值的大小可以区分出两个盲源分离输出中哪一路是以语音为主的信号,哪一路是以噪声为主的信号,解决了分离后的信号顺序不确定问题。在该部分输出中,具有更小的Kurtosis值的输出被认为是以噪声为主的信号 $y_{\text{noise}}^{(d)}(k)$,将其作为滤波器的参考信号 $y_n^{(d)}(k)$。若Kurtosis值比较大,则认为是以语音为主的信号 $y_{\text{speech}}^{(d)}(k)$,将其作为滤波器的输入信号 $y_s^{(d)}(k)$。

为了计算Kurtosis值,对所有的 M 个子带计算Kurtosis的均值 ξ,在子带域中可写成

$$\xi=\frac{1}{M}\sum_{m=0}^{M-1}\frac{E[|y^{(m)}(k)|^4]-2E^2[|y^{(m)}(k)|^2]-|E^2\{[y^{(m)}(k)]^2\}|}{\sigma_{y^{(m)}}^4(k)} \tag{6-37}$$

式中,$E[\cdot]$表示期望值的统计运算符;$|\cdot|$表示绝对值运算符;$y^{(m)}$是盲源分离的一个输出;$\sigma_{y^{(m)}}^2(k)$是 $y^{(m)}(k)$的方差。ξ 值小的子带盲源分离输出,用 $y_{\text{noise}}^{(m)}(k)$表示,另一个输出用 $y_{\text{speech}}^{(m)}(k)$表示。

4) 自适应噪声消除器

如图6-2所示,ANC是用来消除混杂在 M 个子带中,$y_{\text{speech}}^{(m)}(k)$中与 $y_{\text{noise}}^{(m)}(k)$相关的部分信号的。这里,采用修改的带泄漏LMS算法,如下所示:

$$w^{(m)}(k+1)=(1-\beta)w^{(m)}(k)+\tilde{x}^{(m)*}(k)y_{\text{noise}}^{(m)}(k)f^{(m)}(k) \tag{6-38}$$

式中,β 为衰减因子;运算符$(\cdot)^*$表示共轭,并满足如下等式:

$$w^{(m)}(k)=[w_1^{(m)}(k)\quad w_2^{(m)}(k)\quad\cdots\quad w_K^{(m)}(k)]^{\mathrm{T}} \tag{6-39}$$

$$y_{\text{noise}}^{(m)}(k)=[y_{\text{noise}}^{(m)}(k)\quad y_{\text{noise}}^{(m)}(k-1)\quad\cdots\quad y_{\text{noise}}^{(m)}(k-K+1)]^{\mathrm{T}} \tag{6-40}$$

非线性函数 $f^{(m)}(k)$为

$$f^{(m)}(k)=\frac{\mu}{K\hat{\sigma}_{\tilde{x}^{(m)}}^2(k)+\mu\|y_{\text{noise}}^{(m)}(k)\|^2} \tag{6-41}$$

其中,μ 是滤波器的步长;K 是滤波器阶数;$\hat{\sigma}_{\tilde{x}^{(m)}}^2(k)$是 $\tilde{x}^{(m)}(k)$的方差。采用长度为 k 的输出信号的矢量模平方,来估计输出信号的功率,如下所示:

$$\hat{\sigma}_{\tilde{x}^{(m)}}^2(k)=\lambda\hat{\sigma}_{\tilde{x}^{(m)}}^2(k)+(1-\lambda)\hat{\sigma}_{\tilde{x}^{(m)}}^2(k-1) \tag{6-42}$$

式中,λ 是修匀参数。

6.3 基于听觉掩蔽效应的语音增强算法

人耳的听觉掩蔽效应是指当两个能量不等的声音作用于人耳时,能量高的声音信号将会使能量低的声音信号不易被觉察。应用听觉掩蔽效应进行语音增强

时，语音信号能掩蔽与其同时进入人耳的能量较小的噪声，而使得这部分噪声不被人所感知。利用一个功率谱域的基于听觉掩蔽阈值的不等式准则，动态选择一个参数自适应变化的非线性函数，来估计语音短时谱，从而实现语音增强。利用这种方法进行语音增强时，不需要把噪声完全去除，只要残留的噪声不被感知即可，因此在消噪时，可以减少不必要的语音失真。

采用谱减法实现语音增强时，要求残留噪声小，但引入了较大的语音失真；如果希望语音失真小一点，残留噪声又会很大，所以很难在两者之间找到很好的平衡点。听觉掩蔽效应给这一问题提供了很好的解决办法。如果语音能量比较大，那么语音对噪声的掩蔽效应就比较大，也就是残留噪声不易被感知，此时不需采用过减的方法，就可以减小语音失真；反之，语音对噪声的掩蔽效应不明显，此时就需要用过减的方法，使残留噪声尽可能小。因而可以通过计算语音信号临界带宽内的噪声掩蔽阈值，来自适应地调节谱减法中的过减因子，即当噪声掩蔽阈值较高时，选用较小的过减因子，减小语音失真；当噪声掩蔽阈值较低时，选用较大的过减因子，抑制残留噪声，从而听觉掩蔽效应的应用使该算法具有更大的灵活性和实用性。

6.3.1　噪声掩蔽阈值

以 Johnston 提出的模型为依据，建立在临界带分析的基础之上，近似地估计出掩蔽阈值。噪声掩蔽阈值的计算步骤如下。

1）计算临界带宽的功率谱

划分临界带宽 j，并对每个临界带宽内的功率谱求和。设 $P_i(k)$ 为离散傅里叶变换后的各个频率点的信号功率谱，则每个临界带宽的功率谱 B_{ij} 为

$$B_{ij} = \sum_{k=b_{jl}}^{b_{jh}} P_i(k) \tag{6-43}$$

式中，b_{jl} 为临界带宽 j 的下边界；b_{jh} 为临界带宽 j 的上边界；i 为第 i 帧语音信号；j 为第 j 个 Bark 带。

2）计算临界带宽的扩展功率谱 C_{ij}

通过每个临界带宽的功率谱 B_{ij} 与扩展函数 $\mathrm{SF}_{jj'}$ 的卷积，可得扩展临界带宽功率谱 C_{ij}。$\mathrm{SF}_{jj'}$ 用来估计不同临界带宽之间的掩蔽效应，可表示为

$$10\lg \mathrm{SF}_{jj'} = 15.81 + 7.5(j - j' + 0.474) - 17.5[1 + (j - j' + 0.474)^2]^{\frac{1}{2}} \text{(dB)} \tag{6-44}$$

式中，j 为被掩蔽的临界带宽指数，j' 为掩蔽信号的临界带宽指数，且 $|j'-j| \leqslant j_{\max}$。临界带宽的功率谱与扩展函数的卷积，可用式(6-45)所示的矩阵形式来实现：

$$C_{ij} = \mathrm{SF}_{jj'} * B_{ij} \tag{6-45}$$

式中，C_{ij} 为第 j 个临界带宽的扩展功率谱。

3）计算噪声掩蔽扩展阈值

语音频谱有清音/浊音之分，不同的频谱特性有不同的掩蔽阈值。谱平坦性测

度(spectral flatness measure,SFM)是用来确定频谱特性的常用参数,它定义为功率谱的集合均值 Gm_i 与算术均值 Am_i 之比,即

$$\mathrm{SFM}(i)=10\lg\frac{Gm_i}{Am_i}\tag{6-46}$$

式中的参数表示为

$$Gm_i=\Big[\prod_{k=b_{jl}}^{b_{jh}}P_i(k)\Big]^{\frac{1}{b_{jh}-b_{jl}+1}}\tag{6-47}$$

$$Am_i=\frac{1}{b_{jh}-b_{jl}+1}\sum_{k=b_{jl}}^{b_{jh}}P_i(k)\tag{6-48}$$

通过 SFM 产生音调参数 α,该参数用于表征功率谱为浊音的程度,如下所示:

$$\alpha=\min\left\{\frac{\mathrm{SFM}(i)}{\mathrm{SFM}_{\max}},1\right\}\tag{6-49}$$

式中,$\mathrm{SFM}_{\max}=60\mathrm{dB}$。例如,当 SFM=0,$\alpha=0$ 表示信号完全是噪声特性;$\alpha=1$ 表示信号完全是纯音特性;而实际中的语音信号既非噪声又非纯音,α 是介于 0 和 1 之间的一个值。

利用 O 来表示语音频谱的清/浊音特性产生的阈值偏移量,下标 ij 表示第 i 帧语音信号的第 j 个 Bark 带,则有

$$O_{ij}=\alpha(14.5+j)+5.5(1-\alpha)\tag{6-50}$$

扩展阈值估计值 T'_{ij} 为

$$T'_{ij}=10(\lg C_{ij}-0.1O_{ij})\tag{6-51}$$

4) 阈值再归一化,并与绝对阈值相比较

$$T_{ij}=\max\left\{T_a(i),\frac{T'_{ij}}{\sum_{j=1}^{j_{\max}}\mathrm{SF}_{jj'}}\right\}\tag{6-52}$$

式中,T_{ij} 为噪声掩蔽阈值;$T_a(i)$ 为绝对听阈,听力正常的年轻人的绝对听阈为 $T_a(i)=3.64f^{-0.8}-6.5\exp[-0.6(f-3.3)^2]+0.001f^4$,其中,$f$ 表示语音信号的线性频率;T'_{ij} 为扩展阈值估计值;$\mathrm{SF}_{jj'}$ 为扩展函数。

谱减算法中,自适应调整是根据噪声掩蔽阈值 T_{ij} 的高低进行的。如果噪声掩蔽阈值较高,说明残留噪声可以很自然地被语音信号掩蔽而不被人耳感知,此时就没必要对残留噪声作任何处理,也可以保证较小的语音失真。而当噪声掩蔽阈值很低时,残留噪声将被人耳感觉到,可通过加大衰减因子 β 来抑制噪声。

设噪声掩蔽阈值 T_{ij} 的最小值对应于衰减因子 β 的最大值,则 β 的自适应调整可通过式(6-53)实现:

$$\beta=f(\beta_{\max},\beta_{\min},T_{ij})\tag{6-53}$$

式中,$\beta_{\max}$、$\beta_{\min}$ 分别表示衰减因子 β 的最大值和最小值;T_{ij} 为噪声掩蔽阈值,函数

$f(x)$的定义如图 6-3 所示。

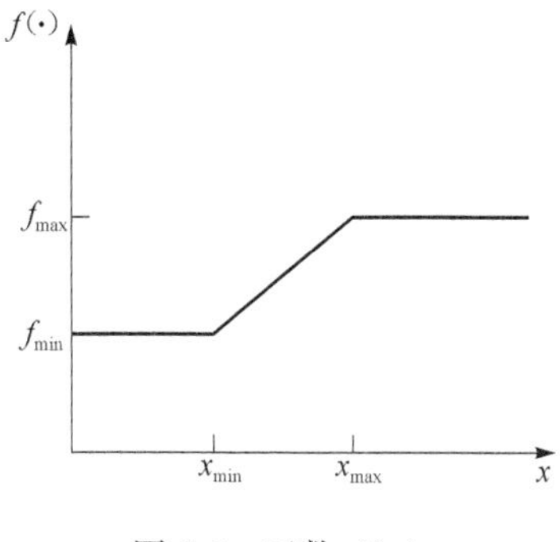

图 6-3　函数 $f(x)$

6.3.2　语音增强中的掩蔽效应

在传统的语音增强方法中，残留的音乐噪声严重影响着增强后语音的听觉舒适度。一般可用过减或平滑的方法来处理残留噪声，但这两种方法都会带来负面影响，前者会对语音带来过多的损伤而造成失真，后者会使语音清晰度下降。听觉掩蔽模型在语音压缩编码上取得了很大成功，因此许多学者也将其引入到语音增强处理中，结果表明听觉掩蔽在消除音乐噪声和保证语音清晰度上，明显优于传统方法。

听觉掩蔽模型常与传统的语音增强算法结合实现去噪，其实现过程为：

(1) 基于一种传统的语音增强方法，通常为功率谱减法，对语音信号进行粗估计；

(2) 通过语音信号粗估计，计算出听觉掩蔽阈值；

(3) 根据听觉掩蔽阈值和噪声参数的估值，结合相应的增强算法计算出增益，并以此估计出纯净语音。

下面介绍几种基于掩蔽效应的语音增强方法。

1. 与掩蔽效应结合的改进谱减法

Virga 在其著作中提出可将掩蔽效应与谱减法结合来实现语音增强。Virga 得到的纯净语音估值为

$$\hat{S}(k)=\begin{cases}\left(1-\alpha\left[\dfrac{|D(k)|}{|Y(k)|}\right]^{\gamma_1}\right)^{\gamma_2}Y(k), & \left[\dfrac{|D(k)|}{|Y(k)|}\right]^{\gamma_1}<\dfrac{1}{\alpha+\beta}\\ \left(\beta\left[\dfrac{|D(k)|}{|Y(k)|}\right]^{\gamma_1}\right)^{\gamma_2}Y(k), & \text{其他}\end{cases}\tag{6-54}$$

式中，$\hat{S}(k)$为纯净语音信号频谱的估值；$Y(k)$和 $D(k)$分别为带噪语音信号和噪声的频谱；α 为谱减阈值系数，加大这个系数将会提高信噪比，但也将加大语音信号的失真；β 为谱减噪声系数，它是为掩蔽残留的音乐噪声而加的一点背景噪声，β 的增大起到了降低音乐噪声的作用，但同时也使得背景噪声的能量增加，从而使信噪比降低。当 $\gamma_1=\gamma_2$ 时，决定了公式的尖锐程度，通常取 $\gamma_1=\gamma_2=2$。

2. 与掩蔽效应结合的改进 MMSE 算法

Azirani 提出了一种基于听觉掩蔽效应的语音增强方法：当噪声分量被语音掩蔽时，将带噪语音的谱分量直接作为估计的谱分量；当噪声分量未能被语音掩蔽

时,用传统的 MMSE-STSA 估计法对各谱分量进行估计。由于噪声的出现具有不确定性,如果每个语音谱分量的估计,均通过噪声的掩蔽状态概率,即对噪声被掩蔽和未被掩蔽两种状态下的估计进行加权求和,应该能得到更好的增强效果。

假设 H_0 表示语音掩蔽噪声,而 H_1 表示噪声未被语音掩蔽,则增强效果最佳的语音可由式(6-55)和式(6-56)表示:

$$\hat{S}(f)=\sqrt{P\cdot|Y(f)|^2+(1-P)\cdot E[S(f)\mid Y(f),H_1]^2} \tag{6-55}$$

$$P=P[H_0\mid Y(f)]=1-P[H_1\mid Y(f)] \tag{6-56}$$

式中,P 是掩蔽状态概率;$E[S(f)|Y(f),H_1]$表示噪声未被掩蔽的状态下的语音估计,因此这里使用 MMSE-STSA 语音增强算法。

设 MMSE-STSA 算法的增益为 G_{MMSE},则有

$$E[S(f)\mid Y(f),H_1]=G_{\mathrm{MMSE}}\cdot|Y(f)| \tag{6-57}$$

将式(6-57)代入式(6-55)得到

$$\begin{aligned}\hat{S}(f)&=\sqrt{[P+(1-P)G_{\mathrm{MMSE}}^2(f)]\cdot|Y(f)|^2}\\&=\sqrt{[P+(1-P)G_{\mathrm{MMSE}}^2(f)]}\,|Y(f)|\end{aligned} \tag{6-58}$$

式中,P 可以由式(6-59)计算得到:

$$P(f)=1-\exp\left(-\frac{T(f)}{\lambda_n(f)}\right) \tag{6-59}$$

其中,$T(f)$是噪声掩蔽阈值,$\lambda_n(f)$是噪声方差。

3. 后置感知滤波器结合子空间法

Klein 通过在子空间滤波器后加一个后置滤波器来平滑信号。后置滤波器的目的是要除去所有的音乐噪声,包括两个方面:一是减少可听见部分的失真,二是将剩余噪声的峰值通过频谱的短时平滑来去除,该算法流程如图 6-4 所示。

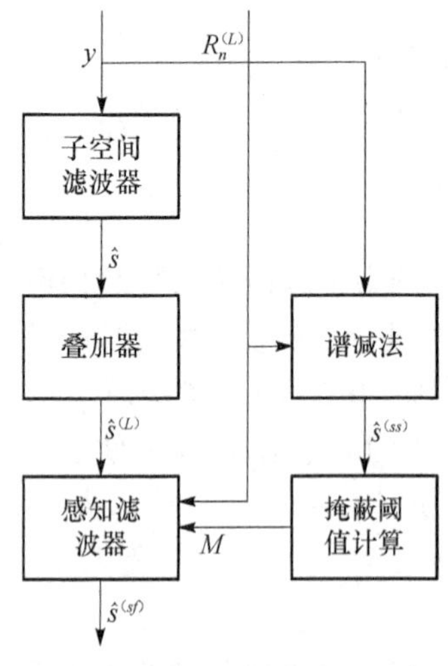

图 6-4　感知滤波器与子空间法结合的算法流程图

带噪语音信号 y 通过子空间滤波器后,得到纯净语音的估计信号 $\hat{s}$。子空间滤波器对于小于 15ms 的短帧信号十分有效,但短帧不适合计算掩蔽阈值。所以将第 L 个子空间滤滤器的输出$\hat{s}_1,\cdots,\hat{s}_L$ 叠加成一个长帧,作为感知滤波器的输入。感知滤波器的另一个输入为掩蔽阈值 M,它是先经过谱减法得到纯净语音的粗估计,再通过掩蔽阈值计算方法,计算出的掩蔽阈值。感知滤波器的作用是:在限制剩余噪声与掩蔽阈值的前提下,最小化输出

语音信号的误差。

6.4 基于分数阶傅里叶变换的语音增强算法

Namias在20世纪80年代推广了分数阶傅里叶变换(fractional rank Fourier transform,FRFT)后,分数阶傅里叶变换为信号处理提供了一个全新的数学工具。由于分数阶傅里叶变换具有很多传统傅里叶变换所不具备的性质,使得分数阶傅里叶变换在科学研究和工程技术领域得到了广泛应用。如chirp信号,即声调首尾不平滑产生变调效果的信号,可利用该信号的时频聚焦性,实现单分量和多分量chirp信号的检测和参数估计,该方法目前已被应用于雷达信号处理中的目标识别、合成孔径雷达(SAR)与逆合成孔径雷达(ISAR)成像等方面;其次,分数阶傅里叶变换应用于时频分析领域,可以有效实现时变滤波器、扫频滤波器的设计等;此外,将分数阶域滤波的原理应用到多路复用技术中,可以实现分数阶傅里叶域的多路复用技术。另外,分数阶傅里叶变换在解微分方程、量子力学、光传输、光学系统和光信号处理等方面也有较广泛的应用。由于利用光学设备很容易实现分数阶傅里叶变换,所以分数阶傅里叶变换在光信号处理中应用较多。

随着分数阶傅里叶变换快速计算方法的出现,分数阶傅里叶变换正逐步应用到电信号处理中。本节将分数阶傅里叶变换技术应用到语音信号处理领域,对分数阶傅里叶变换在实现语音增强方面的性能进行分析研究。根据信号和噪声在不同变换阶次下表现出的不同时频特征,选择合适的变换阶次来处理信号,达到噪声去除的目的。同时,在20世纪80年代发展起来的神经网络技术具有较好的非线性特性,在对非线性相关的信号处理时具有独特的优势,目前已逐步应用到语音信号处理中。接下来,将利用分数阶傅里叶域最优滤波的思想,结合分数阶傅里叶域谱减法和神经网络最佳逼近准则,来研究语音增强的实现过程。

6.4.1 分数阶傅里叶变换算法

1. 分数阶傅里叶变换及其快速离散算法

在信号处理领域中,传统傅里叶变换是研究成熟、应用广泛的数学工具。傅里叶变换是一种线性变换算子,若将其看成从时间轴逆时针旋转$\pi/2$到频率轴,则分数阶傅里叶变换FRFT算子就是任意角度α的算子,并因此得到信号新的表示形式。因此说分数阶傅里叶变换是传统傅里叶变换的一种广义形式,实现了信号从时间轴逆时针旋转任意角度α后到u轴,u轴被称为分数阶傅里叶域。从本质上讲,信号在分数阶域上的表示,同时融合了信号在时域和频域上的信息,被认为是一种新的时频分析方法,与其他时频分析工具有着极其密切的联系。

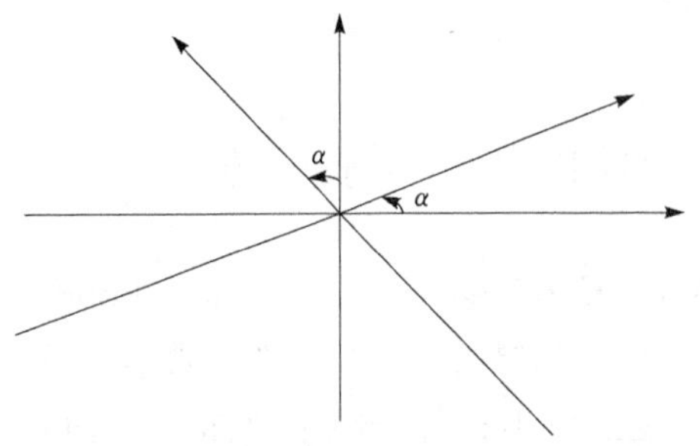

图 6-5　分数阶傅里叶变换的旋转特性

如果将时频平面旋转某一角度，但这一角度不是$\frac{\pi}{2}$的整数倍数，而是分数倍数，信号在这个域的表示则由分数阶傅里叶变换给出，这个域称为分数阶傅里叶变换 FRFT 域，如图 6-5 所示。如果说傅里叶变换给出信号在频率域表示的结果，分数阶傅里叶变换则提供了信号由时间域表示到频率域表示的变化过程，在连续变化的分数阶傅里叶变换域中，某些非平稳信号呈现的特征更明显，是在时间域和频率域表示所没有的。

分数阶傅里叶变换的概念最早由 Wiener 提出，但它的重要性直到 1980 年 Namias 的理论推出后，才引起人们的注意，并受到信号处理界的关注。Namias 从特征值与特征函数的角度，以纯数学的角度提出了分数阶傅里叶变换的概念，并将它用于求解偏微分方程。他把分数阶傅里叶变换定义为传统傅里叶变换的分数幂形式，并揭示了分数阶傅里叶变换的几个特性，但不足之处是没有得出这种时频表示的变换关系。之后几年，McBride 和 Kerr 分别继承了 Namias 的工作，他们用更加严格的积分形式进行了定义，为分数阶傅里叶变换的发展作出了重要的贡献。

信号 $f(t)$的 p 阶($0<|p|<2$)FRFT 定义为

$$F^p[f(t)] = f_p(u) = \int_{-\infty}^{+\infty} K_p(t,u) f(t) \mathrm{d}t \tag{6-60}$$

式中，变换核函数 $K_p(t,u)$为

$$K_p(t,u) = \begin{cases} A_\alpha \exp[\mathrm{j}\pi(u^2 \cot\alpha - 2ut\csc\alpha + t^2\cot\alpha)], & \alpha \neq n\pi \\ \delta(t-u), & \alpha = 2n\pi \\ \delta(t+u), & \alpha = (2n+1)\pi \end{cases} \tag{6-61}$$

变换核函数 $K_p(t,u)$的幅值函数 A_α 为

$$A_\alpha = \sqrt{1-\mathrm{j}\cot\alpha}, \quad \alpha = \frac{p\pi}{2}, p \neq 2n \tag{6-62}$$

2. 分数阶傅里叶变换的逆变换

分数阶傅里叶变换的逆变换对应着一个 α 角度的分数阶傅里叶变换，其表达式为

$$f(t)=\int_{-\infty}^{\infty}K_{-p}(t,u)F_{-p}(u)\mathrm{d}u \tag{6-63}$$

式中，$F_{-p}(u)$表示 p 阶 FRFT；$K_{-p}(t,u)$为分数阶傅里叶逆变换的核函数，定义为

$$K_{-p}(t,u)=\begin{cases}A_\alpha\exp[\mathrm{j}\pi(u^2\cot\alpha-2ut\csc\alpha+t^2\cot\alpha)], & \alpha\neq n\pi\\ \delta(t-u), & \alpha=2n\pi\\ \delta(t+u), & \alpha=(2n+1)\pi\end{cases} \tag{6-64}$$

其中，$\alpha=\dfrac{p\pi}{2}$。

分数阶傅里叶变换的逆变换式表明，信号 $f(t)$被分解在以逆变换核函数 $K_{-p}(t,u)$为基的函数空间上，而该核是 u 域上的一组线性调频函数 chirp 正交基，调频斜率是$-\cot\alpha$，它随分数阶傅里叶变换的角度改变而改变，线性调频基函数被瞬时频率 $u\csc\alpha$ 的复正弦信号所调制，这也是分数阶傅里叶变换的 chirp 基分解特性。从分数阶傅里叶变换性质中，可以更好地理解分数阶傅里叶的逆变换特性。

3. 离散分数阶傅里叶变换

分数阶傅里叶变换的实际工程应用中，必须采用离散形式。目前国内外学者提出了多种离散分数阶傅里叶变换的定义及其快速算法，可将 FRFT 的定义式变形为

$$F_p(u)=A_\alpha\exp(\mathrm{j}\pi u^2\cot\alpha)\int_{-\infty}^{+\infty}\exp(-\mathrm{j}2\pi ut\csc\alpha)\cdot\exp[\mathrm{j}\pi t^2\cot(\alpha)f(t)]\mathrm{d}t \tag{6-65}$$

假设信号 $f(t)$的 Wigner 分布限定在以原点为中心、直径为 Δt 的圆内。在此假设条件下，将阶数 p 限制在 $0.5\leqslant|p|\leqslant1.5$。于是，线性调制函数 $\exp[\mathrm{j}\pi\cot(\alpha)x^2]f(t)$在频域具有带宽 Δt。因此，$\exp[\mathrm{j}\pi\cot(\alpha)x^2]f(t)$可以用 Shannon 插值公式表示为

$$\exp[\mathrm{j}\pi\cot(\alpha)x^2]f(t)=\sum_{n=-N}^{N}\exp\left[\mathrm{j}\pi\cot(\alpha)\left(\frac{n}{2\Delta t}\right)^2\right]\cdot f\left(\frac{n}{2\Delta t}\right)\sin c\left[2\Delta t\left(t-\frac{n}{2\Delta t}\right)\right] \tag{6-66}$$

式中，$N=(\Delta t)^2$。由于假定 $f(t)$在$[-\Delta t/2,\Delta t/2]$以外为零，所以求和区间是从$-N$ 到 N。将式(6-66)代入式(6-65)并交换积分与求和的顺序得到

$$\begin{aligned}F_p(u)=&A_\alpha\exp[\mathrm{j}\pi\cot\alpha]\sum_{n=-N}^{N}\exp\left[\mathrm{j}\pi\cot(\alpha)\left(\frac{n}{2\Delta t}\right)^2\right]\\&\cdot f\left(\frac{n}{2\Delta t}\right)\int_{-\infty}^{+\infty}\exp[-\mathrm{j}2\pi\csc(\alpha)ut]\cdot\sin c\left[2\Delta t\left(t-\frac{n}{2\Delta t}\right)\right]\mathrm{d}t\end{aligned} \tag{6-67}$$

式(6-67)的积分项等于 $\exp\left\{\dfrac{-\mathrm{j}2\pi\csc(\alpha)un}{2\Delta t}\right\}\dfrac{1}{2\Delta t}\cdot\mathrm{rect}\left\{\dfrac{\csc(\alpha)t}{2\Delta t}\right\}$，rect()表示矩形函数。在 $0.5\leqslant|p|\leqslant1.5$ 的范围内，矩形函数 $\mathrm{rect}\left\{\dfrac{\csc(\alpha)t}{2\Delta t}\right\}$在变换函数的支撑区

恒等于 1。因此可以得到

$$F_p(u)=\frac{A_0}{2\Delta t}\sum_{n=-N}^{N}\exp[\mathrm{j}\pi\cot(\alpha)u^2]\exp\left\{-\frac{\mathrm{j}2\pi[\csc(\alpha)un]}{2\Delta t}\right\}$$
$$\cdot\exp\left\{\frac{\mathrm{j}\pi[\cot(\alpha)n^2]}{(2\Delta t)^2}\right\}f\left(\frac{n}{2\Delta t}\right) \tag{6-68}$$

这样，变换后的函数样本值如下所示：

$$F_p\left(\frac{m}{2\Delta t}\right)=\frac{A_0}{2\Delta t}\sum_{n=-N}^{N}\exp\left\{\frac{\mathrm{j}\pi\cot(\alpha)m^2}{(2\Delta t)^2}-\frac{\mathrm{j}\pi\csc(\alpha)mn}{(2\Delta t)^2}+\frac{\mathrm{j}\pi\cot(\alpha)n^2}{(2\Delta t)^2}\right\}f\left(\frac{n}{2\Delta t}\right) \tag{6-69}$$

这是一个有限求和，可以利用原函数 $f(t)$ 的离散采样值，求出其分数阶傅里叶变换 $F_p(u)$ 的离散采样值。直接计算式(6-69)的运算量为 $O(N^2)$，为了减少运算量，将上式改写为

$$F_p\left(\frac{m}{2\Delta t}\right)=\frac{A_0}{2\Delta t}\exp\left\{\frac{\mathrm{j}\pi[\cot(\alpha)-\csc(\alpha)m^2]}{(2\Delta t)^2}\right\}$$
$$\cdot\sum_{n=-N}^{N}\exp\left\{\frac{\mathrm{j}\pi\csc(\alpha)(m-n)^2}{(2\Delta t)^2}\right\}\cdot\exp\left\{\frac{\mathrm{j}\pi[\cot(\alpha)-\csc(\alpha)]n^2}{(2\Delta t)^2}\right\}f\left(\frac{n}{2\Delta t}\right) \tag{6-70}$$

可以看出式(6-70)的求和，实际上是信号 $\exp[\mathrm{j}\pi\csc(\alpha)n^2/(2\Delta t)^2]$ 和线性调频函数 $\exp\left\{\frac{\mathrm{j}\pi[\cot(\alpha)-\csc(\alpha)]n^2}{(2\Delta t)^2}\right\}f\left(\frac{n}{2\Delta t}\right)$ 的卷积计算，该卷积可用快速傅里叶变换计算，计算复杂度为 $O[N\mathrm{lb}\,N]$。

Ozaktas 提出，任何一种形式的离散分数阶傅里叶算法，必须满足以下四个条件：

(1) 酉性，即 $(F^p)^{-1}=F^{-p}$；

(2) 旋转相加性，$F^{p_1}F^{p_2}=F^{p_1+p_2}$；

(3) 一阶运算退化为离散傅里叶变换(DFT)，即 $F^1=F$，F 为 DFT 算子；

(4) 阶数取值的连续性。

4. 分数阶余弦变换

由傅里叶变换与余弦变换、正弦变换的内在联系，可得到分数阶余弦变换(FRCT)、分数阶正弦变换(FRST)。Lohmann 等取 FRFT 的实部作为 FRCT，虚部作为 FRST，但是这种形式的 FRCT、FRST 不满足分数阶变换的可加性，其逆变换不易实现；Pei 等将离散余弦变换(DCT)、离散正弦变换(DST)特征值、特征向量推广到分数阶傅里叶变换域，得到另一种形式的 FRCT、FRST。

DCT 的变换核有四种形式，分别如下所述。

DCT-Ⅰ型，如式(6-71)所示：

$$R_{N+1}^{\mathrm{I}} = \sqrt{\frac{2}{N}K_m K_n \cos\left(\frac{mn\pi}{N}\right)}, \quad m,n = 0,1,\cdots,N-1 \tag{6-71}$$

DCT-Ⅱ型，如式(6-72)所示：

$$R_{N+1}^{\mathrm{II}} = \sqrt{\frac{2}{N}K_m K_n \cos\left[\frac{m(n+1/2)\pi}{N}\right]}, \quad m,n = 0,1,\cdots,N-1 \tag{6-72}$$

DCT-Ⅲ型，如式(6-73)所示：

$$R_{N+1}^{\mathrm{III}} = \sqrt{\frac{2}{N}K_m K_n \cos\left[\frac{(m+1/2)n\pi}{N}\right]}, \quad m,n = 0,1,\cdots,N-1 \tag{6-73}$$

DCT-Ⅳ型，如式(6-74)所示：

$$R_{N+1}^{\mathrm{IV}} = \sqrt{\frac{2}{N}K_m K_n \cos\left[\frac{(m+1/2)(n+1/2)\pi}{N}\right]}, \quad m,n = 0,1,\cdots,N-1 \tag{6-74}$$

式中，系数 K_m、K_n 如式(6-75)所示：

$$K_m, K_n = \begin{cases} \dfrac{1}{\sqrt{2}}, & m,n = 0 \text{ 或 } m,n = N \\ 1, & \text{其他} \end{cases} \tag{6-75}$$

DCT-Ⅰ和 DCT-Ⅳ的变换核具有对称结构，并且具有 2 周期性。而 DCT-Ⅰ和 DCT-Ⅲ结构不对称，没有周期性。下面以 DCT-Ⅰ为例来建立 FRCT。

Mendlovic 等提出，基于离散傅里叶变换的埃尔米特向量可建立离散 FRFT，其变换结果与连续的 FRFT 有相同的形式。N 点离散 FRFT 的变换核可表示为

$$R_N^p = W_N \mathrm{diag}\{1, \mathrm{e}^{-\mathrm{j}p\pi/2}, \cdots, \mathrm{e}^{-\mathrm{j}(N-1)p\pi/2}\} W_N^{\mathrm{T}} \tag{6-76}$$

式中，p 为阶次；W_N 如下式所示：

$$W_N = [V_0(x), V_1(x), \cdots, V_{(N-1)}(x)] \tag{6-77}$$

$$V_K(x), \quad K = 0,1,2,\cdots,N-1 \tag{6-78}$$

式(6-78)为 DFT 的第 K 阶埃尔米特特征向量。如果下式成立：

$$V = [v_0, v_1, \cdots, v_{N-2}, v_{N-1}, v_{N-1}, \cdots, v_2, v_1, v_0]^{\mathrm{T}} \tag{6-79}$$

式(6-79)是 $2N-2$ 点的 DFT 的偶特征向量，则 N 点 DCT-Ⅰ型的特征向量为

$$V = [v_0, \sqrt{2}v_1, \cdots, \sqrt{2}v_{N-2}, v_{N-1}]^{\mathrm{T}} \tag{6-80}$$

Pei 将 DCT-Ⅰ型推广到分数阶，得到离散 FRCT(DFRCT)，其变换核为

$$S_N^p = U_N \mathrm{diag}\{1, \mathrm{e}^{-\mathrm{j}p\pi}, \cdots, \mathrm{e}^{-\mathrm{j}(N-1)p\pi}\} U_N^{\mathrm{T}} \tag{6-81}$$

式中

$$U_N = [V_0(x), |V_1(x)|, \cdots, |V_{2(N-1)}(x)|] \tag{6-82}$$

基于此，Pei 定义如(6-83)所示的 DFRCT：

$$C_S^p[f(t)] = \sum_{m=0}^{\infty} \mathrm{e}^{-\mathrm{j}mp\pi} A_{2m} V_{2m}(t) \tag{6-83}$$

式中

$$A_{2m}=\int_{-\infty}^{+\infty}f(t)V_{2m}(t)\mathrm{d}t \tag{6-84}$$

式(6-84)为 $f(t)$ 以 $V_{2m}(t)$ 为基的展开式系数。

6.4.2 基于分数阶域的谱减法语音增强

1. 经典的分数阶域最优滤波方法

当信号和噪声在某个角度分数阶傅里叶域不再耦合时，便可以通过适当的扫频滤波器来滤除噪声。Gabor 变换中，没有交叉项困扰，计算效率高，因此更适于设计分数阶傅里叶域乘性滤波器。利用 Gabor 变换来确定分数阶域乘性滤波器的最优阶次，以及设计所用传递函数的通带宽度方法如下：

(1) 对要滤波的信号进行 Gabor 变换(GT)。

(2) 在 GT 后的时频平面上，寻求能够更好地隔离开信号区域和噪声区域的截止线。

截止线的确定可以通过"聚类"和"分割"这些图像处理中的常用方法来实现。首先利用聚类把时频平面分割成噪声区域、信号区域，以及既没有噪声又不存在信号的区域。然后，寻找可以很好分离噪声区域和信号区域的直线。如果噪声区域没有邻近于信号区域，那么截止线就位于两者之间。如果噪声区域邻近于信号区域，那么截止线就应该逼近于两者的边界。

(3) 利用这些截止线来确定 FRFT 的阶次和分数傅里叶域传递函数：

① 截止线的斜率决定了 FRFT 的阶次；

② 截止线与坐标原点的距离决定了传递函数的通带宽度。

以上分析都是基于信号与噪声在时频平面不交叠的情况，如果信号和噪声的时频分布，不论怎么旋转分解都不能解除耦合，即两者的时频分布本身就有重叠，那么该方法的有效性就取决于重叠部分的多少、滤波器的个数以及旋转角度的选取。

针对一般的带噪信号模型，存在畸变系统使信号发生畸变，或者不能通过坐标轴旋转来完全解除信号和噪声的时频耦合时，可在某种准则下最大限度地消除畸变和噪声的影响。这时的滤波算子取决于采用的准则，以及关于有用信号、噪声、畸变系统的先验知识。通常所采用的准则是最小均方误差准则(MMSE)。如果畸变模型非时变，信号和噪声为平稳过程，那么这时的最优线性估计算子就是经典的维纳滤波。但如果畸变模型时变，或信号和噪声不满足平稳过程的约束条件，那么下面将具体介绍此时该如何求最优的滤波算子。

2. 分数阶域最优滤波算子构造

假设纯净语音信号为 $s(t)$，加性噪声信号为 $d(t)$，则带噪语音信号 $y(t)$ 满足

$$y(t)=s(t)+d(t) \tag{6-85}$$

由分数阶傅里叶变换的基本性质可知，它是一个线性变换算子，故对式(6-85)两边取 α 角度下的分数阶傅里叶变换，有

$$Y_\alpha(t,\mu) = S_\alpha(t,\mu) + D_\alpha(t,\mu) \tag{6-86}$$

式中，变换角度 $\alpha = p\pi/2$，p 为阶数。

假定在分数阶域存在某个线性滤波算子 $H[\cdot]$，对 $Y_\alpha(t,\mu)$ 进行滤波，则滤波后信号如式(6-87)所示：

$$\hat{S}_\alpha = H_\alpha[Y_\alpha(t,\mu)] = (h_0 + \beta \cdot \Delta h_0) \cdot Y_\alpha(t,\mu) \tag{6-87}$$

式中，h_0 为最优线性滤波算子；Δh_0 为 h_0 的任意扰动因子；β 为常数。

如果采用 MMSE 准则，以最小均方误差 σ^2 来定义代价函数 J，则有

$$J = \sigma^2 = E[\| S_\alpha - \hat{S}_\alpha \|^2] \tag{6-88}$$

式中，$\| \cdot \|$ 表示二次幂可积空间 L^2 的范数，展开得

$$J = \sigma^2 = E[\| S_\alpha - \hat{S}_\alpha \|^2] = E\left[\int_{-\infty}^{+\infty} (S_\alpha - \hat{S}_\alpha)(S_\alpha - \hat{S}_\alpha)^* \,\mathrm{d}\mu\right] \tag{6-89}$$

当 J 取最小时，对应有式(6-90)成立：

$$\frac{\partial J}{\partial \beta}\Big|_{\beta=0} = 0 \tag{6-90}$$

展开即有

$$\frac{\partial J}{\partial \beta} = \frac{\partial E[\| S_\alpha - \hat{S}_\alpha \|^2]}{\partial \beta} = \frac{\partial E[S_\alpha S_\alpha + \hat{S}_\alpha \hat{S}_\alpha - 2 S_\alpha \hat{S}_\alpha]}{\partial \beta} \tag{6-91}$$

$$\frac{\partial \hat{S}_\alpha}{\partial \beta} = \Delta h_0 \cdot Y_\alpha \tag{6-92}$$

将式(6-92)代入式(6-91)，得

$$\begin{aligned} \frac{\partial J}{\partial \beta} &= 2E\left[(\hat{S}_\alpha - S_\alpha)\frac{\partial \hat{S}_\alpha}{\partial \beta}\right] = 2E[(\hat{S}_\alpha - S_\alpha)Y_\alpha]\Delta h_0 \\ &= 2F_\alpha(R_{Y_\alpha Y_\alpha} - R_{S_\alpha Y_\alpha}) \cdot \Delta h_0 \end{aligned} \tag{6-93}$$

式中，F_α 为 α 阶分数傅里叶变换算子。当 $\frac{\partial J}{\partial \beta}\big|_{\beta=0} = 0$ 时，可得分数阶最优线性滤波算子 $H[\cdot]$，如式(6-94)所示：

$$H_\alpha = \frac{R_{S_\alpha Y_\alpha}}{R_{Y_\alpha Y_\alpha}} = \frac{E[S_\alpha Y_\alpha]}{E[(Y_\alpha)^2]} \tag{6-94}$$

最后，可得滤波后的信号为

$$s'(t) = F_{-\alpha}\{H_\alpha \cdot F_\alpha[s(t) + d(t)]\} \tag{6-95}$$

式中，$F_{-\alpha}$ 为 α 阶分数傅里叶逆变换算子。

3. MMSE 准则下的最佳变换阶次的选取

分数阶傅里叶变换作为传统傅里叶变换的一种广义形式，在变换角度 $\alpha = \pi/2$

时,对应变换阶次 $p=1$,此时实现了信号从时间轴到频率轴的跳变,同时信号的时域表征特性也转换到频率域。传统谱减算法正是在此基础上提出的,它是以频域的功率谱特性为估计对象,实现对原始纯净语音功率谱估计的。

既然分数阶傅里叶变换表征了信号从时域到频域的转换过程,那么在选取分数阶功率谱作为估计对象时,将会取得一定的滤波效果。

在估计纯净语音的 p 阶分数阶功率谱模型时,在上述基础上引入噪声衰减因子 ρ,得到分数阶谱减模型,如下所示:

$$|\hat{S}_\alpha|=|Y_\alpha|-\rho E[|D_\alpha|] \tag{6-96}$$

式中,噪声衰减因子 $\rho\geqslant 1$;$E[|D_\alpha|]$为噪声统计平均功率谱。

衡量滤波有效性的指标是信号恢复后的最小均方误差。根据最小均方误差准则,定义分数阶功率谱估计误差函数 ε_α,如式(6-97)所示:

$$\varepsilon_\alpha=||S_\alpha|-|\hat{S}_\alpha||=|\rho E[|D_\alpha|]-|D_\alpha|| \tag{6-97}$$

则最小均方误差 σ^2 如式(6-98)所示:

$$\begin{aligned}\sigma^2=E[\varepsilon_\alpha^2]&=E[|\rho E[|D_\alpha|]-|D_\alpha||^2]\\&=\rho^2E^2[|D_\alpha|^2]-2\rho E^2[|D_\alpha|]+E[|D_\alpha|^2]\end{aligned} \tag{6-98}$$

由分数阶傅里叶变换的性质可知,分数阶傅里叶变换关于变换阶次 p 具有对称性,即在整个变换区间内,存在一个最佳变换阶次 p,使得最小均方误差 σ^2 在其分布区域上,取得最小值。因此,根据 σ^2 最小的原则,可初步确定分数阶傅里叶变换的变换阶次 p。然后,根据语音信号和噪声的不同混合程度,从理论上按照 σ^2 最小的原则,进一步确定最佳变换阶次 p。

接着对带噪语音实施对应旋转角度下的分数阶傅里叶变换,提取该最佳变换阶次 p 下的幅值特性和相位特性,并将相位特性保留。然后对噪声进行估计,对提取的幅值特性进行分数阶谱估计,得到估计后幅值特性,插入保留的相位特性,进行 p 阶次下分数阶傅里叶逆变换,得到增强后的语音信号。

4. 基于分数阶域谱减算法

分数阶域谱减算法是通过对带噪语音信号进行分数阶傅里叶变换,最终实现语音和噪声在分数阶域的分离。假设有式(6-99)~式(6-101)成立:

$$Y_\alpha(u_k)=Y_{\alpha.k}\exp(\mathrm{j}\phi_{\alpha.y.k}) \tag{6-99}$$

$$S_\alpha(u_k)=S_{\alpha.k}\exp(\mathrm{j}\phi_{\alpha.s.k}) \tag{6-100}$$

$$D_\alpha(u_k)=D_{\alpha.k}\exp(\mathrm{j}\phi_{\alpha.d.k}) \tag{6-101}$$

结合前面的讨论可得

$$Y_{\alpha.k}\exp(\mathrm{j}\phi_{\alpha.y.k})=S_{\alpha.k}\exp(\mathrm{j}\phi_{\alpha.s.k})+D_{\alpha.k}\exp(\mathrm{j}\phi_{\alpha.d.k}) \tag{6-102}$$

式中,$Y_{\alpha.k}$、$S_{\alpha.k}$、$D_{\alpha.k}$和$\phi_{\alpha.y.k}$、$\phi_{\alpha.s.k}$、$\phi_{\alpha.d.k}$分别表示$Y_\alpha(u_k)$、$S_\alpha(u_k)$和$D_\alpha(u_k)$的第 k 个

分数阶，即 α 阶谱分量的幅值和相位。根据理想谱相减模型，可知带噪语音幅度谱是纯净语音幅度谱和噪声幅度谱之和，有式(6-103)成立：

$$Y_{\alpha.k} = S_{\alpha.k} + D_{\alpha.k} \tag{6-103}$$

分数阶谱减法的目标是，在已知噪声谱信息 $D_\alpha(u_k)$ 时，从带噪语音 $Y_\alpha(u_k)$ 中估计出纯净语音 $S_\alpha(u_k)$。由于人耳对相位不敏感，所以只需估计出 $S_{\alpha.k}$，然后利用带噪语音相位 $\phi_{\alpha.y.k}$，进行分数阶傅里叶逆变换，就可得到增强语音，如式(6-104)所示：

$$\hat{s}(n) = \text{IFRFT}[\hat{S}_{\alpha.k}\exp(\mathrm{j}\phi_{\alpha.y.k})] \tag{6-104}$$

式中，IFRFT 表示分数阶傅里叶逆变换。当 $\alpha=1$ 时分数阶谱减法退化为传统的谱减法。图 6-6 为分数阶谱减算法流程图。

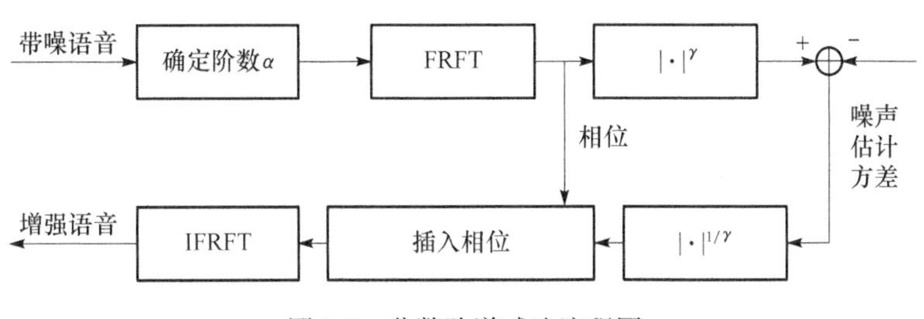

图 6-6　分数阶谱减法流程图

图 6-6 中，γ 表示噪声相减因子，且 $\gamma \leqslant 1$。

6.4.3　离散分数余弦变换自适应滤波算法

时域最小均方(LMS)算法是经典有效的自适应滤波算法，在第 4 章已进行了详细介绍，其结构简单、鲁棒性好，但该算法也存在局限性，由于输入向量的相关矩阵的特征值扩散，LMS 自适应算法收敛比较慢。变换域 LMS 自适应算法正是为克服此缺点而提出的，它通过一种正交变换将输入信号解相关，即旋转误差曲面，有效地使输入向量相关矩阵的特征值比变小。

1. 变换域 LMS 自适应滤波器

1) 变换域 LMS 自适应滤波算法原理

针对上述时域 LMS 中输入信号自相关矩阵特征值比较大的情况，可通过输入信号正交化，来降低其特征值比从而提高收敛速度。基于这一点，Dentio 等提出了变换域自适应滤波算法的概念。变换域 LMS 自适应滤波算法的基本思想是，把时域信号变为变换域信号，在变换域中采用自适应算法。变换域 LMS 自适应滤波算法框图如图 6-7 所示。

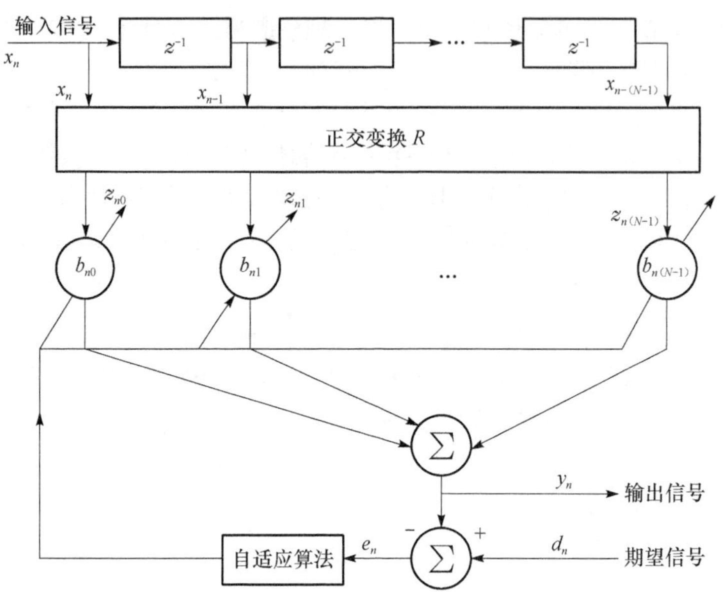

图 6-7　变换域 LMS 自适应滤波算法框图

2）常用的变换域 LMS 自适应滤波算法

（1）基于频域的 LMS 自适应滤波算法。

在变换域 LMS 自适应滤波算法中，基于频域的 LMS 自适应滤波算法是最常见的。该算法是将输入信号和期望信号分别形成 N 点数据块，然后进行 N 点离散傅里叶变换，权系数每 N 个样点更新一次，并且每次更新都由 N 个样点的误差信号的累加结果控制。这样，不仅保证了与时域 LMS 自适应滤波算法有相同的收敛性，也可以利用快速傅里叶变换，用序列的循环卷积来计算线性卷积，即重叠保留法，从而使运算量大大减少。

（2）基于离散余弦变换域的 LMS 自适应滤波算法。

基于离散余弦变换域的 LMS 自适应滤波算法也是一种应用比较广泛的变换域自适应滤波算法，可以用于噪声抑制、自适应收发隔离和自适应均衡等方面。该算法之所以在变换域自适应滤波器中研究较多，是因为余弦变换能够较好地近似理想正交变换。研究表明，基于余弦变换域的 LMS 自适应滤波算法，减少了输入信号的自相关程度，明显提高了收敛速度，减少了算法的计算量。同时，由于语音信号的离散余弦变换参数几乎不相关，使离散余弦变换域滤波尤其适用于语音信号。

2. 离散分数阶余弦变换 LMS 算法

1）正交变换的性能分析

在变换域自适应滤波器中，对于正交变换的选择很重要。对正交变换方法通常有两个要求：一是变换后信号的正交性要好，即该变换应尽量接近理想的正交变换；二是变换方法应具有快速算法，尽可能减少变换的运算量。变换域自适应滤波器的最佳正交变换是 K-L 变换，然而，由于 K-L 变换的变换矩阵依赖于输入信号，不能实时进行运算。离散余弦变换(DCT)是 K-L 变换一种良好的近似，并且具有快速算法，可这种近似仍然不理想。离散分数余弦变换(DFRDCT)是一种新型的正交变换，DFRDCT 与 DCT 相比，有更好的去相关能力，对 K-L 变换的近似性能更好。

Macchi 等论述了 DCT 相对于一阶马尔可夫过程，在某种程度上近似于 K-L 变换，并给出了定量估计它与 K-L 变换近似程度的方法。

令 R_x 是 $N\times N$ 的待变换输入信号的相关矩阵，R_y 是输出信号的相关矩阵。若变换是 K-L 变换，那么，R_y 将是对角阵；若不是 K-L 变换，R_y 将为近似对角阵。衡量正交变换对 K-L 变换的近似性能好坏的参数是去相关效率 η，其计算方法为

$$\eta = 1 - \lambda_1/\lambda_2 \tag{6-105}$$

式中

$$\lambda_1 = \sum_{\substack{i,j=1 \\ i\neq j}}^{N} | R_x(i,j) | \tag{6-106}$$

$$\lambda_2 = \sum_{\substack{i,j=1 \\ i\neq j}}^{N} | R_y(i,j) | \tag{6-107}$$

其中，N 表示相关矩阵的长度，λ_2 越大，说明 R_y 越接近于对角阵，该变换对 K-L 变换近似的性能越好。当一阶马尔可夫过程系数是 0.91，$N=16$ 时，DCT、DFRDCT 的去相关效率分别为 91.75%和 94.22%，因此 DFRDCT 比 DCT 有更好的去相关效率。

2) 离散分数余弦变换 LMS 原理

离散分数余弦变换 LMS 原理框图如图 6-8 所示。若去掉图中离散分数余弦变换部分，图 6-8 就是传统 LMS 算法框图。在传统 LMS 算法框架下，x_n 为输入信号，y_n 为自适应滤波输出信号，d_n 为期望信号，误差信号为 $e_n=d_n-y_n$。

为了确定滤波器系数的适当更新方式，可利用误差信号构造一个自适应算法所需的目标函数。目标函数的最小化，意味着在某种意义上，自适应滤波器的输出信号与期望信号实现了最优匹配。

在图 6-8 中，自适应 LMS 滤波器接收到新的输入信号向量 $X_n=[x_n, x_{n-1},\cdots,x_{n-(N-1)}]^{\mathrm{T}}$ 后，权重系数向量 $B_n=[b_{n0},b_{n1},\cdots,b_{n(N-1)}]^{\mathrm{T}}$ 不断更新，下标表示 n 时刻第 i 个变换，从而使得输出均方误差最小。由于 LMS 的收敛速度依赖于输入向量的自相关矩阵的特征值比 EVR，当 EVR 变大时，LMS 算法的收敛速度急剧变慢，需要经过多次迭代才能减少误差。实际中的信号都具有较高的 EVR，如语音信号的 EVR 高达 1874。

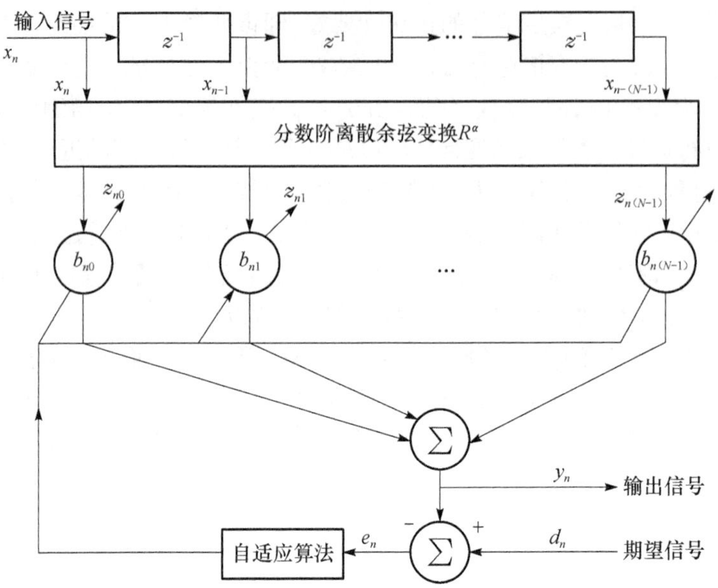

图 6-8　离散分数余弦变换 LMS 算法框图

变换域 LMS 自适应算法为解决这个问题提供了新的方法。对于离散分数余弦变换，它有着良好的去相关效率，对 K-L 变换的近似性能更好。这种新型的正交变换，构成了离散分数余弦变换 LMS 自适应滤波器的基础。

下面分析离散分数余弦变换 LMS 自适应滤波算法。

在离散分数余弦变换 LMS 算法框架下，R^α 为分数阶离散余弦变换，其中，α 为变换阶次，x_n、d_n、y_n 分别为输入信号、期望信号和输出信号，输入向量 $X_n=[x_n,x_{n-1},\cdots,x_{n-(N-1)}]^{\mathrm{T}}$ 经过 DFRDCT，得到变换后向量 Z_n，该变换可表示为

$$Z_n=R^\alpha X_n \tag{6-108}$$

变换域权向量 B_n 乘以变换后向量 Z_n，形成自适应输出信号 y_n 和相应的误差 e_n，分别表示为

$$y_n=Z_n^{\mathrm{T}}B_n \tag{6-109}$$

$$e_n=d_n-y_n \tag{6-110}$$

如果令 σ_n^2 表示变换后信号 Z_n 的功率，那么 σ_n^{-2} 是一个对角线矩阵，其元素是 Z_n 功率估计值矩阵的逆，则权向量 B_n 的更新方程如式(6-111)所示：

$$B_{n+1}=B_n+2\mu\sigma_n^{-2}e_nZ_n \tag{6-111}$$

式中，μ 是滤波器步长。最小均方误差 MMSE 的值 ε_n 表示为

$$\varepsilon_n=\frac{E[e_n^2]}{N} \tag{6-112}$$

式中，$E[\cdot]$表示求期望。根据在无穷大处 MMSE 值 ε_n 趋向于零，由 DFRDCT-

LMS 算法的收敛条件,推导可得

$$0 < \mu < \frac{2}{\lambda_{\max}} \tag{6-113}$$

式中,$\lambda_{\max}$是变换后向量 Z_n 的相关矩阵 R_T 的最大特征值。

为了加快算法收敛速度,用归一化 LMS 算法来更新变换域的系数。变换将使 MSE 曲面得到有效的旋转,自适应滤波器系数的步长是随信号功率而改变的,低信号功率将产生大的步长值,高信号功率将使步长变小。

一般的,采用如式(6-114)所示的递归方程,来使变换域信号功率 $\sigma_{n,i}^2$归一化:

$$\sigma_{n,i}^2 = \gamma\sigma_{(n-1),i}^2 + (1-\gamma) \mid Z_{n,i} \mid^2 \tag{6-114}$$

式中,γ 是取值范围在 $0<\gamma\leqslant 0.1$ 的因子;$\sigma_{n,i}^2$表示 n 时刻第 i 个信号的功率;$Z_{n,i}$表示 n 时刻第 i 个变换后的信号。这种情况下,权向量系数 B_n 的更新方程表示为

$$B_{n+1} = B_n + 2\mu\sigma_n^{-2}e_nZ_n \tag{6-115}$$

离散分数余弦变换 LMS 自适应滤波算法的具体步骤如下:

(1) 初始化算法参数,$n=0$,$B_0=[0,\cdots,0]^{\mathrm{T}}$;

(2) 计算最优的变换阶次 α,根据 α 计算 DFRDCT 的核心矩阵 R^α;

(3) 根据式(6-108),利用输入信号向量 X_n 计算变换后向量 Z_n;

(4) 根据式(6-109)计算变换后向量 y_n,根据式(6-110),利用期望向量 d_n,计算误差向量 e_n;

(5) 根据式(6-111)更新权向量 B_{n+1};

(6) 利用 $n=n+1$ 更新 X_n,转向步骤(3),循环直到算法结束。

6.5　基于分形理论的语音增强算法

6.5.1　分形理论

非线性理论的研究对于语音信号处理有着举足轻重的作用,其中的混沌、分形理论尤其受到了各国学者的重视。空气动力学表明,语音信号的产生并非一个确定性过程,即非纯随机过程,而是一个复杂的非线性过程。语音是由混沌的自然音素组成的,其中存在着混沌机制。语音信号会在声道边界层产生涡流,并最终形成湍流,而湍流本身已经被证明是一种混沌。辅音信号的混沌程度大于元音信号的混沌程度,因为发辅音信号时,送气强度及其声道壁的摩擦程度比元音信号要强。这一结果使人们将混沌理论引入语音信号分析中。

分形是描述混沌信号的一种手段,人们在试图了解确定混沌状态下的涡流特性时,发现混沌动力学系统可以被建模为分形吸引子。从某种程度上分析,涡流的一些几何特征如涡流点的形成、一些类似涡流的边界、涡流中粒子的路线就是分形。现已证明语音气流的某些机制可被视为混沌,因此,语音信号中的各种程度的

涡流结构特征，可以通过分形建模，作为数学和计算工具来对语音进行定量分析。

分形维数是在分形意义下，由标度关系得出的一个定量数值，标志着该结构的自相似构造规律。分形维数是非常重要的，它是分形可以广泛应用于各学科领域的出发点。

欧氏空间中，拓扑维数只能取整数，表示描述一个对象所需的独立变量的个数。如在直线上确定一个点需要一个坐标，在平面上确定一个点需要两个坐标，在三维空间中确定一个点需要三个坐标等，因此，点对应零维，线、面和球面分别对应一维、二维，都是整数维。

分形中的维数表示分形集的不规则程度，从测度的角度将分形维数从整数扩展到分数，突破了一般维数只能是整数的限制。

由于分形理论正处于发展阶段，往往笼统地把取非整数值的维数称为分形维数。事实上，并不存在严格的规则，来确定某个量能否被合理地当做一个维数。在确定一个量能否作为维数时，通常是去寻找它的某种类型的比例性质、在特殊意义下定义的自然性，以及维数的典型性质等。

Caratheodory 在 1914 年提出了用集的覆盖来定义测度的思想，Hausdorff 在 1919 年用这种方法定义了以他名字命名的测度和分形维数，即 Hausdorff 维数 D_{H}。以此为基础，至今数学家已经提出了十多种不同的维数，如相似维数、计盒维数、容量维数、信息维数、关联维数、谱维数、填充维数、分配维数和 Lyapunov 维数等。大部分维数的定义，忽略了尺寸小于 δ 时的不规则性，并在“用尺度 δ 进行量度”的假设下，查看当 $\delta \to 0$ 时，这些测量值的变化。

在分形研究中，由于测定维数的对象不同，分形维数有多种定义方式，应使用不同的名称将不同类型的维数区分开来。

6.5.2　语音增强中的分形理论

1. 子波变换后的信号维数

子波分析是利用一簇具有良好时域局部特性的函数，去表示或逼近一个信号或函数，它是通过一个基本子波 $\psi(x)$ 平移或伸缩实现的。函数 $f(x) \in L^2(\mathbf{R})$ 的连续子波变换，定义如式(6-116)所示：

$$W(a,b) = |a|^{-\frac{1}{2}} \int_n f(x) \psi\left(\frac{x-b}{a}\right) \mathrm{d}x \tag{6-116}$$

对于具有分形结构的语音信号，可推导出其子波变换在一定的尺度范围内，具有标度不变性，即在分形上任选一局部区域，对它进行放大，这时得到的放大图又会显示出原图的形态特征。因此，只需在子波重构时，保留某一个固定尺度范围内的信息，而将其他对应噪声的部分信息，在子波重构时平滑掉，就可以计算出带噪语音信号的真实分形维数。

2. 分形内插的维数计算

语音信号并非加性信号，语音信号波形可被视为二维空间中的开曲线，这种曲线难以用传统的几何语言来描述，由于信号波形在一定尺度下局部与整体之间具有统计自相似性，因此可以应用分形的语言来描述。这里采用线性分形内插方法来计算分形维数，其特点是在短时序列中可较准确地计算信号的维数。

该算法如下：把序列分成固定点和目标点，固定点代表内插的端点，目标点代表内插必须通过的点，通过压缩映射 $W(\cdot)$，来实现分形内插为

$$D[W(x),w(y)]<S\cdot D(x,y) \tag{6-117}$$

式中，$D(\cdot)$表示空间的测度；S 表示压缩因子；压缩映射 $W(\cdot)$可由式(6-118)表示：

$$\left\{R_i^2 W_i\begin{bmatrix}x\\y\end{bmatrix}\right\}=\begin{bmatrix}a_i & 0\\c_i & d_i\end{bmatrix}\begin{bmatrix}x\\y\end{bmatrix}+\begin{bmatrix}e_i\\f_i\end{bmatrix},\quad i=1,2,3,\cdots,N \tag{6-118}$$

并使式(6-118)满足

$$W_i\begin{bmatrix}X_0\\Y_0\end{bmatrix}=\begin{bmatrix}x_{i-1}\\F_{i-1}\end{bmatrix} \tag{6-119}$$

$$W_i\begin{bmatrix}X_N\\Y_N\end{bmatrix}=\begin{bmatrix}x_i\\F_1\end{bmatrix} \tag{6-120}$$

式中，a_i、c_i、e_i、f_i 为第 i 次迭代时的常数，如式(6-122)所示；d_i 表示垂直标度因子。分形内插是自仿射映射，如果用 d_f 表示分形维数，由式(6-121)的假设条件可得式(6-122)：

$$\sum_{i=1}^{N}|d_i|a_i^{(d_f-1)}=1 \tag{6-121}$$

$$\begin{cases}a_i=(x_i-x_{i-1})/(x_N-x_0)\\e_i=(x_N x_{i-1}-x_0 x_i)/(x_N-x_0)\\c_i=[(F_i-F_{i-1})-d_i(F_N-F_0)]/(x_N-x_0)\\f_i=[(x_N F_{i-1}-x_0 F_i)-d_i(x_N F_0-x_0 F_N)]/(x_N-x_0)\end{cases} \tag{6-122}$$

通过数值计算和实验结果分析，对于带噪语音信号的一般准则是，噪声大的语音信号波形较曲折，分形维数 d_f 大；噪声小的语音信号波形较平坦，分形维数 d_f 小。

3. 语音信号与噪声的自适应分离方法

子波去噪的方法一般基于以下两个性质。

(1) 具有混沌特性的语音信号的子波变换，在每个尺度内的时间函数，其概率分布随时间的平移而变化，而噪声概率分布不随时间的平移而变化。

(2) 噪声的子波变换有如下性质：假设 $\eta(x)$是一实的、方差为 σ^2 的平稳白噪

声，而且满足

$$W_{2^k}[\eta(x)] = \frac{1}{2^k}\int_{\mathbf{R}} \eta(t)\psi\left(\frac{x-t}{2^k}\right)\mathrm{d}t \tag{6-123}$$

式(6-123)是 $\eta(x)$ 的二进子波变换，$\psi(x)$ 是一基本子波，从而有

$$\begin{aligned} E\{\mid W_{2^k}[\eta(x)]\mid^2\} &= 2\iint_{\mathbf{R}} \sigma^2\sigma(u-v)\psi(2^i(u-v))\mathrm{d}u\mathrm{d}v \\ &= 2^i\sigma^2\int_{\mathbf{R}} \mid \psi(2^i(u-v))\mid^2 \mathrm{d}u = \sigma^2 \parallel \psi \parallel^2 \end{aligned} \tag{6-124}$$

式(6-124)表明，$W_{2^k}[\eta(x)]$ 的平均功率与尺度 2^i 无关。在上述条件下，$W_{2^k}[\eta(x)]$ 的局部模极大值的平均稠度 d_s 如式(6-125)所示：

$$d_s = \frac{1}{2^i\pi}\frac{\parallel \psi'' \parallel}{\parallel \psi' \parallel} \tag{6-125}$$

式中，ψ'、ψ'' 分别表示一阶和二阶导数。可见，模极大值的平均稠度 d_s 与尺度 2^i 成反比。

子波变换模极大值反映信号奇异性的位置和大小，因此可以用它来恢复原始信号。利用上述结论，引入一种基于维数作为判决条件，进行子波重构的自适应滤波器，其算法流程如图 6-9 所示。

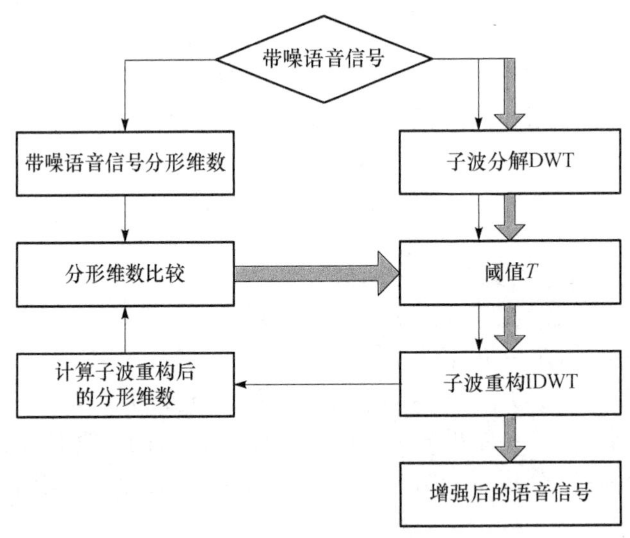

图 6-9　基于分形维数的语音增强流程

图 6-9 中，单箭头表示第一步骤，双箭头表示第二步骤。输入一段带噪语音信号，选择合适的阈值 T，利用子波重构进行处理，得到相应的尺度函数和小波系数。大于尺度的噪声和语音信息被去除，对该尺度利用分形内插的方法计算其分形维数 d_f、带噪语音信号的维数 d_y，根据 d_f、d_y 的值来自适应控制各阶子波分解得到

的信号阈值，然后进行重构，得到增强后的语音信号。

6.6　基于神经网络的语音增强算法

6.6.1　神经网络

1. 神经网络概述

神经网络是近年发展起来的比较热门的交叉学科，有着非常广泛的应用背景。人工神经网络(artificial neural network，ANN)是在对人脑神经网络基本认识的基础上，模仿人脑神经网络行为特征，进行分布式并行信息处理的数学模型。

人工神经网络是由大量简单的处理单元，即神经元按照某种方式联结而成。它的每一个神经元的结构和功能都很简单，其工作是“集体”进行的，它没有运算器、存储器、控制器，其信息是存储在神经元之间的联结上的，这种网络具有与人脑相似的学习、记忆、知识概括和信息特征抽取能力，既是高度非线性动力学系统，又是自适应组织系统。人工神经网络采用了并行处理机制、非线性信息处理机制和信息分布存储机制等多种现代信息技术成果，具有高速的信息处理能力和较强的自动调节能力，在训练过程中能通过不断调整自身的参数权值和拓扑结构，来适应环境和系统性能优化的需求，在模式识别中具有速度快、识别率高等显著特点。

神经网络的研究始于 1943 年，Mcculloch 和 Pitts 提出了 M-P 模型，利用该模型可以建立逻辑关系。M-P 模型的提出不仅具有开创意义，而且为以后的研究工作奠定了基础。1949 年，Hebb 提出了神经元之间突触强度调整的假设，从而首先提出了一种调整神经网络连接权值的规则，这就是著名的 Hebb 学习规则。1958 年，Rosenblatt 提出了著名的感知器(perception)模型，这是第一个完整的神经网络。这个模型由值单元构成，初步具备了如并行处理、分布储存和学习等神经网络的一些基本特征，从而确立了从系统的角度研究神经网络的基础。1960 年，Widrow 和 Hoff 提出了自适应线性神经网络神经元理论，它可以用于自适应滤波、预测和模型识别。20 世纪 50 年代末至 60 年代初，神经网络的研究受到人们的重视，研究工作进入了高潮。1969 年，Minsk 出版了 *Perceptrons* 一书，提出了单层的感知只能用于线性问题的求解，而求解非线性问题需要利用多层神经网络。Hopfield 于 1982 年提出了一个新的神经网络模型：Hopfield 模型。1984 年，他引入了实现该网络模型的电子电路，为神经网络的工程实现指明了方向。1986 年，Rumelhart 和 Mccleland 等提出了多层前馈网络的反向传播(back propagation，BP)算法，该算法解决了感知器所不能解决的问题。在接下来的内容中，将对基于 BP 神经网络的语音增强算法进行详细论述。

2. 神经网络的学习算法

通过向环境学习、获取知识并改进自身性能，是神经网络的一个重要特点，其本质是可变权值的动态调整。改变权值的规则称为学习规则或学习算法，神经网络的学习算法很多，一般将其归纳为三类。

1）监督学习，也称导师学习

在监督学习中，将训练样本数据加到神经网络输入端，同时将相应的期望输出与网络输出相比较，得到误差信号，以此控制权值连接强度的调整方向，经过多次训练后，收敛到一个确定的权值。当样本情况发生变化时，经学习可以修改权值，以适应新的环境。

2）无监督学习，也称无导师学习

无监督学习时，事先不给定标准样本，直接将神经网络置于环境之中，学习阶段与工作阶段成为一体。此时，学习规律的变化满足连接权值的演变方程。

3）强化学习

这种学习介于有导师学习和无导师学习之间，外部环境对系统输出结果只给出评价信息：奖或惩。学习系统通过强化那些受奖的动作，来改善自身的性能。

第 2 章对神经网络的基本理论已经作了详细介绍，接下来将对神经网络在语音增强中的应用进行介绍。

6.6.2　语音增强中反向传播神经网络

1. 反向传播神经网络的构建

神经网络最强大的应用之一是函数逼近。神经网络函数逼近是指从样本出发，对未知函数的非线性逼近。神经网络可以用来推算复杂的输入与输出结果之间的关系。因此，神经网络可用于非线性函数模式特征不明确、数据模糊或含噪较多等情况。自从第一个神经元感知器模型提出以来，至少有数十种不同的神经网络结构被研究和应用，一大批学习算法也相继产生，BP 算法就是其中应用较广泛的一种。

神经网络理论中著名的 Kolmogorov 定理，也称映射网络存在定理，如下所述：给定任一从 n 维空间到 m 维空间的连续映射如式(6-126)所示，在对应闭区间[0,1]上，f 可以精确地用一个三层前向网络来实现，此网络第一层，即输入层有 n 个处理单元，中间层或隐含层有 $2n+1$ 个处理单元，第三层有 m 个处理单元。

$$f: U\times\cdots\times U \rightarrow \mathbf{R}\times\cdots\times\mathbf{R},\quad f(X)=Y \tag{6-126}$$

Kolmogorov 定理保证了任一连续函数可以由一个三层神经网络来实现，但并没有提供构造这样一个网络的可行方法。也就是说，还不能直接用 Kolmogorov

定理来建立语音增强模型。通过研究 Kolmogorov 定理，人们发现 BP 神经网络，可以在任意希望的精度上，实现任意的连续函数。因此，有如下所述的 BP 定理：给定任意 $\varepsilon>0$，任意一个从 n 维空间到 m 维空间的函数如式(6-127)所示，存在一个三层 BP 网络，它可以在任意平方误差精度内，逼近连续函数 f。

$$f:[0,1]\times\cdots\times[0,1]\rightarrow\mathbf{R}\times\cdots\times\mathbf{R},\quad f(X)=Y \tag{6-127}$$

此网络第一层，即输入层有 n 个神经元，中间层有 $2n+1$ 个神经元，第三层有 m 个神经元。

通过对语音 MFCC 特征参数的研究，C_k 在某一维是一个固定的参数，同时语音经过端点检测后，可以得到带噪语音中噪声的参数，噪声经过分帧，采用“逐帧渐变”(frame-by-frame)技术，可以得到某一帧噪声的参数。归一化后，将带噪语音信号模型函数改写为 $F[C_k,\mu_k(i)]:[0,1]\times[0,1]\rightarrow\mathbf{R}$。因而，根据 BP 定理，可以用一个三层 BP 网络，在任意精度上对带噪语音进行去噪处理。BP 网络各层次之间的神经元相互连接，各层次内的神经元之间互不连接，根据经验，中间层或隐含层一般选取 $3\sim(2n+1)$个神经元。

2. 神经网络自适应滤波器

基于神经网络的语音增强系统如图 6-10 所示。设纯净语音信号为 $s(n)$，$g(n)$ 为噪声源，$d(n)$包含 $s(n)$和噪声 $u_1(n)$，构成了带噪语音信号。设计系统的目的是将噪声 $u_1(n)$滤除，如式(6-128)所示：

$$d(n)=s(n)+u_1(n) \tag{6-128}$$

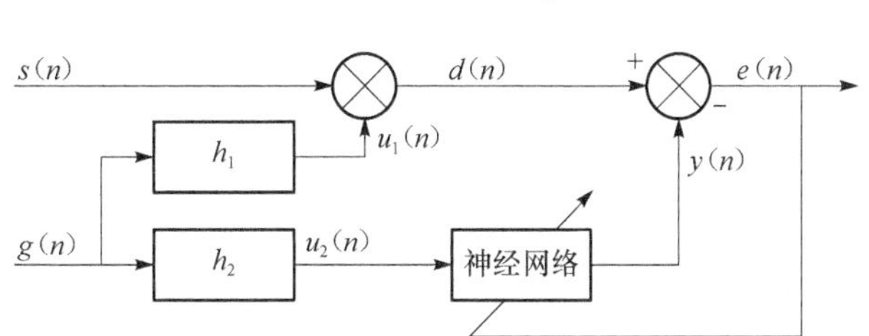

图 6-10　基于神经网络的自适应语音增强系统

$u_2(n)$直接输入到神经网络，神经网络的主要作用是使其输出 $y(n)$尽可能接近噪声，这样，在输出端可减去该噪声值。同时相对语音信号来说，噪声信号的带宽很窄，且有很强的相关性，因此可用 $d(n)$的过去值来估计 $u_1(n)$。当估计出 $u_1(n)$后，在输出端减去 $u_1(n)$的估计值 $y(n)$，将窄带噪声滤除掉，在线误差 $e(n)$为

$$e(n)=s(n)+u_1(n)-y(n) \tag{6-129}$$

利用如式(6-129)所示的训练滤波器，使 $u_1(n)-y(n)$达到最小，即可达到增强语音的目的。由于神经网络具有非线性能力，因此可以消除信道中的非线性噪声。

6.6.3 语音增强中小波神经网络自适应滤波

1. 小波神经网络

小波神经网络结合了小波分析良好的时频局部化特性和神经网络良好的自学功能，是一种新型的神经网络，因而具有较强的逼近能力及容错能力，已经被广泛地应用于信号处理、模式识别和控制等领域。小波与神经网络的结合方式通常有两种：一种是辅助式结合，也称为松散型结合方式；另一种是嵌套式结合，也称为紧致型结合方式。

松散型小波神经网络模型，即将小波分析作为神经网络的前置预处理手段，为神经网络的输入提供特征向量，然后用神经网络进行处理，输出结果达到预定要求后，再将结果进行小波重构，得到最终结果。

小波与神经网络松散式结合的研究方法也可分为两类：一种是先将输入信号进行小波分解，在小波域进行必要的信号处理，然后将处理后的信号进行小波逆变换，并将此时的输出信号作为神经网络的输入，该输入信号实际上是经过一次小波滤波后的重建信号，因而为神经网络处理排除了许多干扰因素；另一种方法是先将输入信号进行小波变换，直接将变换后的小波域信号，作为神经网络的输入，因为经过小波变换已经把一个混频信号分解为若干个频带互不重叠的信号，相当于对原始信号进行了滤波或检波，这时将其作为神经网络的输入，可以取得非常好的效果。

紧致型的小波神经网络是目前广泛采用的一种结构方式，其基本思想由 Zhang Qinghu 等于 1992 年正式提出，即将小波基函数融入到神经网络中，用小波基函数代替神经网络中的激励函数。紧致型小波神经网络分为权值型和函数型小波神经网络，本节采用函数型小波神经网络。

2. 小波神经网络自适应噪声抵消算法

基于小波神经网络的语音增强系统如图 6-11 所示。由于叠加在输入信号中的噪声是经过实际环境的，往往是非线性的，所以图中用 $H(z)$来模拟实际信号所经过的通道，$n(k)$是通过实际通道后叠加在输入信号中的噪声。为了获得输出 $y(k)$，需要通过自适应小波神经网络，来辨识出 $H(z)$系统，从而获得在噪声源 $n_R(k)$条件下，自适应神经网络无限逼近于 $H(z)$，即 $y(k)$无限逼近于 $n(k)$，从而达到噪声抵消的目的。

学习过程由信号的正向传播与误差的逆向传播两个部分组成。正向传播时，模式作用于输入层，经隐含层处理之后，传到输出层。如果输出层未能够得到期望的输出，则转入到误差的逆向传播阶段，将输出误差按照某种方式，通过隐含层向

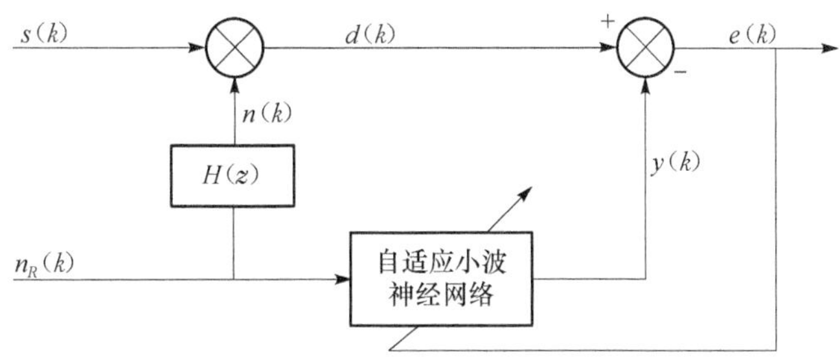

图 6-11　基于小波神经网络的自适应噪声抵消系统

输入层逐层返回，并把它“分摊”给各层的所有单元，从而获得各层单元的参考误差或误差信号，用来作为修改各单元权值的依据。这种信号正向传播与误差逆向传播的各层权矩阵的修改过程，是循环往复进行的。权值不断修整的过程，也就是网络的学习或者称做训练的过程，这个过程一直要进行到输出层的输出误差逐步减小到可以接受的范围或者达到预先设定的学习次数为止。紧致小波神经网络结构图如图 6-12 所示。

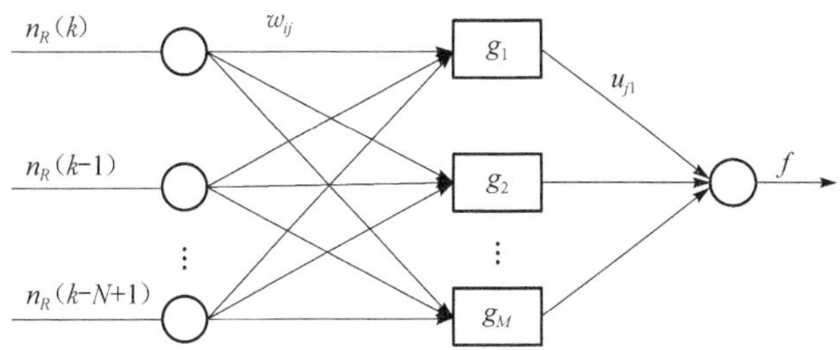

图 6-12　小波神经网络模型

图 6-12 中，$n_R(k)$，$n_R(k-1)$，…，$n_R(k-N+1)$为输入样本，$g_j(j=1,2,\cdots,M)$为小波基函数，f 为网络的输出，w_{ij} 为输入层第 i 个神经元与隐含层第 j 个神经元间的连接权值，u_j 表示隐含层第 j 个神经元与输出层的连接权值。网络学习规则的指导思想是：依据误差，对网络连接权值和阈值进行调整，误差沿梯度方向下降。网络学习规则如下。

隐含层的输出为

$$y_j = g\Big[\sum_{i=1}^{N} w_{ij} n_R(k-i+1) - \theta_i\Big] = f(\mathrm{net}_h) \tag{6-130}$$

式中，y_j 为隐含层第 j 个神经元输出；$n_R(k-1)$，…，$n_R(k-N+1)$为 $n_R(k)$的延迟；w_{ij} 表示输入层第 i 个神经元与隐含层第 j 个神经元间的连接权值；θ_i 为隐含层第 i 个神经元阈值；net_h 表示隐含层。

输出层神经元输出 o 为

$$o = f\left(\sum_{j=1}^{M} u_{j1} y_j - \theta\right) = f(\text{net}_0) \tag{6-131}$$

将式(6-130)代入式(6-131),得到

$$o = f\left\{\sum_{j=1}^{M} u_{j1} g\left[\sum_{i=1}^{N} w_{ij} n_R(k-i+1) - \theta_i\right] - \theta_i\right\} \tag{6-132}$$

式中,o 表示输出层神经元输出;u_j 为隐含层第 j 个神经元的权值;net_0 表示隐含层;M 为隐含层神经元个数。小波神经网络中,激励函数是如式(6-133)所示的小波基函数:

$$g_i = g\left(\frac{x - b_j}{a_i}\right) \tag{6-133}$$

式中,a_i、b_j 分别为该小波基函数的尺度参数和平移参数。此时,神经网络的隐含层输出为

$$y_j = g\left[\frac{\sum_{i=1}^{N} w_{ij} n_R(k-i+1) - b_j}{a_j}\right] = g(\text{net}_h) \tag{6-134}$$

输出层输出如下:

$$o = \sum_{j=1}^{M} u_{j1} g_j = \sum_{j=1}^{M} u_{j1} g\left[\frac{\sum_{i=1}^{N} w_{ij} n_R(k-i+1) - b_i}{a_j}\right] \tag{6-135}$$

输出误差如式(6-136)所示:

$$E = \frac{1}{2}(d-o)^2 = \frac{1}{2}\left\{d - \sum_{j=1}^{M} g\left[\frac{\sum_{i=1}^{N} w_{ij} n_R(k-i+1) - b_i}{a_j}\right]\right\}^2 \tag{6-136}$$

根据 Delta 学习规则,权值修正规则为

$$\Delta u_{j1} = -\eta_1 \frac{\partial E}{\partial u_{j1}} = \eta_1 (d-o) \cdot o' \cdot y_j \tag{6-137}$$

阈值修正规则如式(6-138)所示:

$$\Delta \theta_i = \eta_2 \frac{\partial E}{\partial \theta_i} = \eta_2 \cdot o \cdot (d-o) \cdot o' \cdot w_{ij} \tag{6-138}$$

式中,η_1、η_2 为学习因子,改变其值可以调节训练误差的收敛速度。

6.7 本章小结

本章首先讨论了基于信号子空间的语音增强算法利用语音非活动期间采集到的噪声统计特性,进行带噪语音处理,尽量减小信号失真程度,以提高语音信号质

量,该方法简单有效且易于实现,但其增强后的语音中,会含有不同程度的音乐噪声。因此可通过有效消除音乐噪声,来改进基于信号子空间的语音增强算法。

在实际应用中,要根据具体的噪声情况和特定环境,选用不同的语音增强算法或者几种增强算法的组合,来达到消除噪声和提高语音清晰度的目的。若为了减小对语音的听觉失真,提高语音的清晰度,可以采用听觉掩蔽效应和其他方法的组合,如基于听觉掩蔽效应的改进谱减法。还有基于分数阶域的语音增强算法。其基本思想即在频域谱减增强的基础上,将噪声去除推广到分数阶域中,在处理噪声信号时,当加性噪声与信号时频无耦合的情况下,可以通过坐标轴旋转来完全解除信号和噪声的时频耦合性。

此外由于语音信号具有分形特征,用分形理论对语音信号在时域进行分析,并试图通过计算分形维数来定量地描述声音特性,希望能够找出具有意义的特征参数,从而达到语音信号增强的效果。

基于盲源分离、神经网络理论以及分数阶域的语音增强算法在一定的应用环境中也体现了其优越性,与其他算法组合能否达到最优效果还需进一步研究。

参 考 文 献

裴文江,刘文波,于盛林. 1997. 基于分形理论的混沌信号与噪声分离方法. 南京航空航天大学学报,29(5):483—487.

沈亚强,金洪震,刘旭. 2000. 基于小波变换的语音去噪方法. 信号处理,16(3):221—226.

王振力,张雄伟,白志强. 2007. 语音增强新方法的研究. 南京邮电大学学报,27(2):10—14.

韦晓东,胡光锐. 1998. 一种应用神经网络的实时语音增强方法. 上海交通大学学报,32(4):100—103.

吴北平,李辉,戴蓓倩,等. 2009. 基于子空间域噪声特征值估计的语音增强方法. 信号处理,25(3):460—463.

徐望,王炳锡,丁琦. 2004. 一种基于信号子空间和听觉掩蔽效应的语音增强方法. 信号处理,20(2):112—116.

张金杰,曹志刚,马正新. 2007. 一种基于听觉掩蔽效应的语音增强方法. 清华大学学报,41(7):1—4.

Almeida L B. 1994. The fractional Fourier transform and time-frequency representations. IEEE Transactions on Signal Processing,42(11):3084—3091.

Amein A S,Soraghan J J. 2005. A new chirp scaling algorithm based on the fractional Fourier transform. IEEE Transactions on Signal Processing,12(10):705—708.

Asano F,Ikeda S,Ogawa M,et al. 2003. Combined approach of array processing and independent component analysis for blind separation of acoustic signals. IEEE Transactions on Speech and Audio Processing,11(3):204—215.

Bell A J,Sejnowski T J. 1995. An information maximization approach to blind separation and blind deconvolution. Neural Computation, 260—267.

Boll S F. 1979. Suppression of acoustic noise in speech using spectral subtraction. IEEE Transactions on Acoustics, Speech and Signal Processing, 27(2): 113—120.

Cappe O. 1994. Elimination of the musical noise phenomenon with noise suppressor. IEEE Transactions on Speech and Audio Processing, 2(2): 345—349.

Cardoso J F. 1993. Blind beamforming for non-Gaussian signals. IEEE Proceedings—F, 140(6): 362—370.

Cardoso J F. 1997. Information and maximum likelihood for source separation. IEEE Signal Processing Letters, 4(4): 678—681.

Cardoso J F. 1998. Blind signal separation: Statistical principles. Proceedings of the IEEE, 86(10): 2009—2025.

Cardoso J F, Laheld B. 1996. Equivariant adaptive source separation. IEEE Transactions on Signal Processing, 44(12): 3017—3030.

Cariolaro G, Erseghe T, Kraniauskas P, et al. 2000. Multiplicity of fractional Fourier transform and their relations. IEEE Transactions on Signal Processing, 48(1): 227—241.

Comon P. 1991. Blind separation of sources, Part Ⅱ: Statement problem. Signal Processing, 24(1): 11—20.

Comon P. 1994. Independent component analysis: A new concept? Signal Processing, 36(3): 663—674.

Delfosse N, Loubaton P. 1995. Adaptive blind separation of independent sources: A deflation approach. Signal Processing, 45(1): 41—44.

Ephraim Y, van Trees H L. 1995. A signal subspace approach for speech enhancement. IEEE Transactions on Speech and Audio Processing, 3(4): 251—256.

Fah L B, Hussain A, Samad S A. 2000. Speech enhancement by noise cancellation using neural network. TENCON Proceedings, Kuala Lumpur, 1: 39—42.

Fran J, Cardoso C. 1998. Blind signal separation: Statistical principles. Proceedings of the IEEE, 86(10): 2009—2015.

Jensen S H, Hansenn P C, Hansen S D, et al. 1995. Reduction of broad-band noise in speech by truncated QSVD. IEEE Transactions on Speech and Audio Processing, 3(6): 439—448.

Kim T. 2007. Blind signal separation exploiting higher-order frequency dependencies. IEEE Transactions on Speech and Audio Processing, 15(1): 70—79.

Kneeht W G, Sehenkel M E, Mosehytz G S. 1995. Neural network filters for speech enhancement. IEEE Transactions on Acoustics, Speech and Signal Processing, 3(6): 433—438.

Le T T, Mason J S. 1996. Artificial neural networks for nonlinear time-domain filtering of speech. IEEE Proceedings on Vision, Image and Signal Processing, 143(3): 149—154.

Lee T W. 1999. Independent component analysis: Theory and applications. IEEE Transactions on Neural Networks, 10(4): 982.

Leung K F, Leung F H F, Lam H K, et al. 2003. Recognition of speech commands using a modified neural fuzzy network and an improved GA. IEEE International Conference on Fuzzy Systems, St. Louis, 1: 190—195.

Lev A H, Ephraim Y. 2003. Extension of the signal subspace speech enhancement approach to colored noise. IEEE Signal Processing Letters, 10(4): 104—106.

lmeida L B. 1994. The fractional Fourier transform and time-frequency representations. IEEE Transactions on Signal Processing, 42(11): 3084—3091.

Prasad R, Saruwatari H, Shikano K. 2005. Blind separation of speech by fixed-point ICA with source adaptive negentropy approximation. IEICE Transactions on Fundamentals, 1683—1692.

Ran Q, Yeung D S, Tsang E C C, et al. 2005. General multifractional Fourier transform method based on the generalized permutation matrix group. IEEE Transactions on Acoustics, Speech and Signal Processing, 53(1): 83—98.

Soo C P, Wen L H, Ding J J. 2006. Discrete fractional Fourier transform based on new nearly tridiagonal commuting matrices. IEEE Transactions on Signal Processing, 54(10): 3815—3828.

Sorouchyari E. 1991. Blind separation of sources, Part Ⅲ: Stability analysis. Signal Processing, 24(1): 21—29.

Virag N. 1999. Single channel speech enhancement based on masking properties of the human auditory system. IEEE Transactions on Speech and Audio Processing, 7(2): 126—130.

第 7 章　语音增强质量评价

语音增强算法性能的评价最终取决于增强后的语音信号的质量,如何制定一种实用、可靠的语音质量评价系统成为语音信号处理领域研究的一个重要课题,也是评价语音增强方法有效性的最重要方面。语音质量包括两方面内容:清晰度和理解度。前者是衡量语音中字、单词和句的清晰程度,而后者则是对讲话人的辨识水平。语音质量评价不但与语音学、语言学和信号处理等学科有关,而且还与心理学、生理学等有着密切的联系,因此语音质量评价是一个极其复杂的问题。对此多年来人们不断地努力,提出了许多语音质量评价的方法,总体上看可以将语音质量评价分为主观评价和客观评价两大类,主观评价不可重复、费时费力,客观评价具有可重复、省时省力等优点。在实际应用中,通常将主观评价和客观评价结合使用。客观评价常用于系统的设计、调整以及现场实时监控,主观评价用于实际效果的最终检验,两者相辅相成,可用于不同的场合。其次,客观评价系统的优劣,取决于由它得到的客观评价结果与主观评价结果,是否具有统计意义上的高相关性以及小的偏差,因此客观评价系统的设计必须以主观评价为基础,并需借鉴主观评价主体的感知功能和智能特性。合格的客观评价系统可在一定使用范围内,代替主观评价对语音质量作出基本正确的判断。

但是传统的信噪比与主观评价的相关度仅为 0.24,而且它是在一段完整信号的持续时间内计算的,这样信噪比的值会被高能量的区域所支配,由于语音信号的非平稳性,它具有许多高能量和低能量的区域,传统信噪比并不能真实反映语音的局部失真水平,本章在探讨各种主客观评价方法的基础上,提出采用分段信噪比对语音增强算法的噪声消除水平和失真程度进行性能比较,采用语音感知质量评价测度对语音增强算法进行语音质量可懂度方面的性能比较的综合方法,这样就可以从多个角度全面地评估语音增强算法的性能。

7.1　语音质量评价

7.1.1　听觉系统

人的听觉器官包括外耳、中耳和内耳三个部分,即包括从外耳的耳廓起,直到能把声刺激转变为神经活动的器官为止。人耳结构示意如图 7-1 所示。

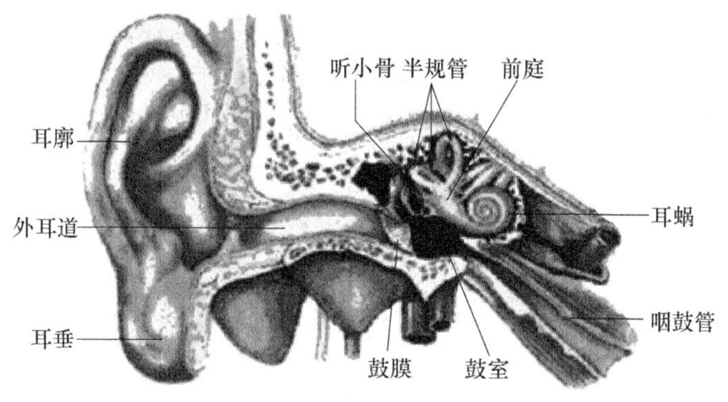

图 7-1　人耳结构示意图

1. 外耳

外耳是听觉器官的第一层，由耳廓、外耳道和鼓膜组成。虽然结构比较简单，但在听觉系统中起着非常重要的作用。如果没有外耳，耳朵的听觉就不会那么灵敏，许多声音就可能听不到。成年人的外耳道长约 2.7cm，直径约 0.7cm。外耳道封闭时，最低共振频率约 3060Hz。由于外耳道的共振效应，声音得到了 10dB 左右的放大。一般认为，外耳对声音的感知有两个作用，即声源的定位和对声音的放大。除了外耳道的共振可使声音放大之外，头的衍射效应也会增加鼓膜处的声压，可使声音放大约 20 倍。

2. 中耳

中耳包括三块听小骨，即锤骨、砧骨和镫骨。其中，锤骨与鼓膜相邻，镫骨则与内耳的前庭窗相接触。中耳的作用有两个：一是进行阻抗变换，即将中耳两端的声阻抗匹配起来；另一个作用是保护内耳。在一定的声强范围内，听小骨实现声音的线性传递，而在声强特大时，听小骨实现声音的非线性传递。

3. 内耳

内耳的主要构成是耳蜗。耳蜗是听觉的受纳器，将声音通过机械变换后，产生神经信号。耳蜗长约 3.5cm，最宽处约 0.32cm，呈螺旋状盘绕 2.5～2.75 圈。

整个耳蜗由耳蜗隔膜隔成三个区域。中间的隔膜叫基底膜，上部为瑞士膜，中间区域称为耳蜗管。上下两个区域分别称为前庭阶和鼓阶，二者在尖端部分相通。耳蜗管中充满高黏度的胶状内淋巴液，而与其相通的前庭阶和鼓阶内，则充满黏度为水两倍的淋巴液。基底膜的听觉响应与刺激的频率有关，频率较低时，靠近耳蜗尖部的基底膜产生响应；反之，频率较高时，则靠近圆形窗、窄而紧的基底膜产生响应。基底膜频率响应的空间分布，导致基底膜上不同位置的柯蒂氏器官的纤毛细胞，对不同频率的声音引起弯曲，从而刺激其附近的听觉神经末梢，产生电化学脉冲，并沿听觉神经束传递到大脑。大脑对送来的脉冲进行分析和判断，便可以识别并理解该语音的含义。

7.1.2 语音质量

语言是人类社会特有的信息交流手段，其书面表现形式——文字，可以长期记录和传承人类积累的知识，而语言的口头表现形式——语音，则是日常生活中与其他人沟通交流的基本方法。现今是信息丰富的时代，信息的表现形式多种多样，但最重要和最常用的信息源依然是声音、图像或视频、文字，其中，声音中的语音是人类有意识、主动发送信息的最主要、最便捷的传输载体。语音承载着与文字对应的信息，包含说话人特征、情感等信息内容，因此除具有生理的、物理的自然属性外，还具有复杂的社会属性。

语音在现代信息传输和处理过程中，要经历采集、发送、传输、接收、变换、处理和存储等多种环节。利用语音编码、合成、存储、变换及传输等模块构成的语音通信系统是现代信息传输的基础设施，该系统的性能优劣直接影响到信息交流的通畅与否。因此，常需要对语音传输系统的性能进行评价，评价这些语音处理环节和系统性能好坏的主要指标是语音质量。

语音质量的评价是一个看似简单，实际上十分复杂的问题。从评价主体进行划分，可以分为主观评价和客观评价两大类。主观评价由人来完成，它真实反映人收听语音时，对语音质量的满意程度。主观评价方法虽然符合人对语音质量的感觉，但它费时费事，且评价结果可能因人因时因地而异。为此，使用以计算机信息处理为核心的机器，来对系统输出语音的质量进行客观评价，已成为目前的研究热点。

声音包括两种含义，物理学上是指声波，生理学上是指声波作用于听觉器官引起的一种主观感觉。尽管这两种含义有所不同，但它们之间有一定的内在联系。听觉的主观属性属于心理学范畴。由于人类的感觉不像传声器和傅里叶分析系统那样绝对化，人类对声音的主观响应通常与声音的物理量描述不一致。

通常，人既是语音的发送主体，也是语音的接收主体。语音所具备的自然属性和社会属性决定了人对语音的感知涉及语音信号的物理特征、听觉器官对语音的听觉表征及听觉心理诸多方面，因此难以对语音质量作出全面、精确的定义。

一般的，语音质量至少包括三方面内容：清晰度、可懂度和自然度。清晰度是指语音中语言单元意义不连贯的，如音素、声母、韵母等单元的清晰程度；可懂度是指语音中有意义的语言单元，如单词、单句等内容的可识别程度；自然度则与语音的保真性密切相关。目前对语音可懂度、清晰度的主观评测已有国际和国内标准，对语音自然度还缺乏公认的评价准则。

在本章,语音特指通信系统中,频带带宽在 300～3400Hz 的语音信号,在不发生混淆的情况下,可将语音质量简称为音质。

7.1.3　语音质量评价方法

语音质量的评价不仅与语音学、语言学、信号处理等学科有关,还涉及心理学、生理学,甚至文化传统等方面,是一个非常复杂的问题。根据评价主体不同,对语音质量进行评价可分为主观评价和客观评价两种方法。

主观评价以人为主体,在某种预设原则的基础上,对语音的质量作出主观的等级意见或者给出某种比较结果,它反映听评者对语音质量好坏的主观印象。不同的主观评价方法对语音质量考察的侧重点不同。

因为感知语音的主体是人,所以主观评价是人对语音质量的真实反映。但主观评价的缺点是,它不利于对日益复杂的通信网络和通信设备进行评价,因此众多研究者把目光转向研究具有实用价值的客观评价,所以各种音质的客观评价方法相继被提出和应用。

客观评价不受人为主观因素的影响,成本低廉,灵活性好,效率高,具有可重复性,可实时使用,如在 VoIP 网络,可用于对语音传输质量的实时监控,以及指导系统中设备的参数调整等。

尽管科学家对人类的感官感知和神经信息处理机制,进行了大量的研究并取得了一定成果,但对人类感知的机理和大脑活动的运作方法,仍处于一知半解的初级阶段,因此还无法建立一个能完全模仿人类音质感知过程的客观评价系统,只能根据所获得的信息,作出尽可能正确的评价,所建立的客观评价系统也与人类所具有的感知评价能力相差甚远。因此,客观评价并不能完全取代主观评价。

在实际应用中,通常将主观评价和客观评价结合使用。客观评价常用于系统的设计、调整以及现场实时监控,主观评价用于实际效果的最终检验,两者相辅相成,可用于不同的场合。其次,客观评价系统的优劣,取决于由它得到的客观评价结果与主观评价结果,是否具有统计意义上的高相关性以及小的偏差,因此客观评价系统的设计必须以主观评价为基础,并需借鉴主观评价主体的感知功能和智能特性。合格的客观评价系统可在一定使用范围内,代替主观评价对语音质量作出基本正确的判断。

接下来将分别论述主、客观评价方法,并且着重分析客观评价方法。

7.2　语音质量主观评价

主观评价以人为主体,在某种预设原则的基础上,对语音质量作出主观的等级意见或者给出某种比较结果,它反映听评者对语音质量好坏的主观印象。

常见的主观评价方法有平均意见分(mean opinion score,MOS)法、判断韵字测试(diagnostic rhyme test,DRT)法、失真平均意见分(degradation mean opinion score,DMOS)法、判断满意度测试(diagnostic acceptability measure,DAM)法和汉语清晰度测试法。

ITU-T 推荐的用于传输性能主观评价的方法有以下几种。

1) 绝对等级评价

绝对等级评价(absolute category rating,ACR)主要通过平均意见分 MOS 对音质进行主观评价。这种情况下没有参考语音,听音者只听失真语音,然后对该语音作出 1～5 分的评价。

ACR 评价法不需要参考音,比较灵活,然而由于听音者对不同声音的喜好不同,这种灵活性会导致一定的不公平性。

2) 失真等级评价

失真等级评价(degradation category rating,DCR)主要通过失真平均意见分 DMOS 来实现对音质的主观评价。这种评价方法要求听音者在给失真语音打分前,先熟悉原始语音即参考语音,再将失真语音与原始语音的差异按一定标准来描述。

DCR 常用于评价以汽车噪声、街道噪声或其他说话人干扰等为背景噪声时的音质好坏。噪声的类型和数量将直接影响失真等级的评定。

3) 相对等级评价

相对等级评价(comparison category rating,CCR)主要采用相对平均意见分 CMOS 对音质进行主观评价。CCR 类似于 DCR,不同的是,在应用 CCR 法时,原始语音和失真语音的播放次序是随机的,听音者不知道哪个是原始音、哪个是失真音。听音者只是在上一个音的基础上,评定出当前音相对于上一音的好坏程度。

CCR 法允许对处理后语音即失真语音的评价,高于对原始音的评价。因此,它可以用来评价具有噪声抑制和语音增强功能的编码器,也可以用来比较两种未知编码器的性能优劣。

在系统性能评价中,MOS 评分法使用最为普遍,广泛应用于语音编码、通信设备性能测试等场合。MOS 法是对语音整体满意度的评价,其等级标准如表 7-1 所示。

表 7-1　MOS 评分描述表

MOS 判分	质量级别	失真级别	收听注意力等级
5	优	不察觉	可完全放松,但不需要注意力
4	良	刚察觉	需要注意,但不需明显集中注意力
3	中	有察觉且稍觉可恶	中等程度的注意力
2	差	明显察觉,且感觉可恶但能忍受	需要集中注意力
1	坏	不可忍受	即使努力去听,也很难听懂

各评听人员在听完测试语音后，从表 7-1 所示的 5 个等级中选择其中某一级，作为他对所评测语音的质量评价。全体实验者的平均分就是所测语音质量的 MOS 分。由于主观和客观上的原因，每次测试得到的 MOS 分可能会有波动。为了减少波动，除了要求参加测试的评听人要足够多，一般至少 40 人，所测语音材料也应足够丰富，测试环境也要尽量保持相同。

对于普通通信系统的性能测试，通常认为 MOS 分为 4.0～4.5 分是高质量语音，达到长途电话网的质量要求。MOS 分为 3.5 分左右称为通信质量，这时听者能感觉到语音质量有所下降，但不影响正常的通话，可以满足多数通信系统的使用要求。MOS 分在 3.0 以下称为合成语音质量，是指一些声码器合成是语音所能达到的语音质量，具有足够的可懂度，但自然度不够。

主观评价的优点是直接、易于理解、能真实反映语音质量的实际情况。然而，主观评价不但对听评条件、听评流程有严格要求，为避免个别听评者的感知偏差，还需要对大量听评者的评价结果进行统计，因此主观评价费时费力、成本高、灵活性差、重复性不好，难以应用于实时性场合。

7.3　语音质量客观评价

7.3.1　客观评价系统

基于输入-输出的客观评价是在提取语音信号特征的基础上，对失真语音和原始语音进行比较的。图 7-2 为基于输入-输出的客观评价原理图，从流程上分为预处理、语音信号特征提取、客观失真量计算和质量等级映射四个步骤。

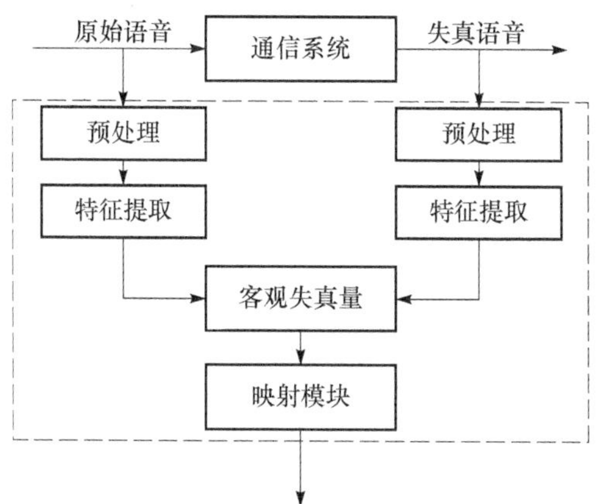

图 7-2　基于输入-输出的语音质量客观评价流程图

预处理包括输入-输出语音信号的同步处理、电平规整、分帧等过程。

同步处理是为了保证所比较的输入和输出语音单元之间有正确的对应关系，

否则将使客观评价结果产生巨大的偏差；为了消除语音信号幅度差异对主观听觉的影响，必须通过电平规整，保证输入和输出语音的声压级基本相同；虽然语音是时变的非平稳信号，但是在短时间 10～30ms 范围内，其特性相对稳定，因此可以将连续语音信号分割为短时间范围的时间片序列，以便于后续的特征参数分析。这样，对于整体的语音信号，通过预处理环节后，被分割为以帧为单位、加窗处理过的短时信号。

语音信号分析是语音信号处理的前提和基础，分析的目的是提取需要的信息，获取特征参数。虽然语音信号是一维波形信号，但仅从时域上描述其特性是远远不够的，特别是在音质评价中，两个时域波形差别很大的语音信号的主观音质感觉可能基本相同，因此需要使用频域分析及其他信号分析方法来表示语音信号的特征。对于语音帧序列，语音信号特征提取模块通过适当的分析方法，可得到表示语音信号的特征参数。特征参数对音质评价效果有极其重要的影响，音质评价的特殊性对所使用的语音特征参数有着独特的要求。

客观失真量模块用于计算失真量。失真量是指原始语音和输出语音特征参数之间的总体差异量，该量值反映语音通过系统后的质量变化，即输出语音对于原始语音的失真程度。由于尚不清楚人类听觉系统、感知神经系统以及大脑思维在判断语音质量过程中的相互作用，无法建立人类感知语音失真程度的真实数学模型，因此常采用 L_p 范数形式计算客观失真量。

为了与主观评价等级一致，通常将客观评价所得到的失真量，映射为主观评价的尺度表示，如 MOS 的 5 级表示，映射模块即完成此功能。映射模块可按二次或者三次多项式函数拟合形式，建立客观失真量与主观等级分之间的对应关系。

使用基于输入-输出的客观评价时，要求原始语音和失真语音之间做到严格同步，而在实际应用中，严格同步的要求并不容易得到满足，同时在某些应用场合中，难以或者不便于采集到原始语音材料，这就要求进一步研究基于输出语音的客观评价方法。

基于输出语音的客观评价方法仅对输出语音进行处理，因此在预处理中不再需要端点同步处理这一步骤，其他处理模块的功能等同于基于输入-输出的客观评价方法，但在模块具体实现中，如特征提取等，必须使用适合基于输出评价方式的方法和技术手段。图 7-3 为基于输出语音的客观评价流程图。

7.3.2 客观评价测度

客观评价弥补了主观评价的不足，但要找到一个绝对完善的测度和十分理想的测度方法是不可能的，只能尽量利用所获得的信息作出基本准确的评价。性能良好的失真测度是客观评价的核心，由于对语音质量的评价是建立在语音信号特征矢量参数间的失真距离上的，因此研究和选取特征矢量之间的度量方法，对客观

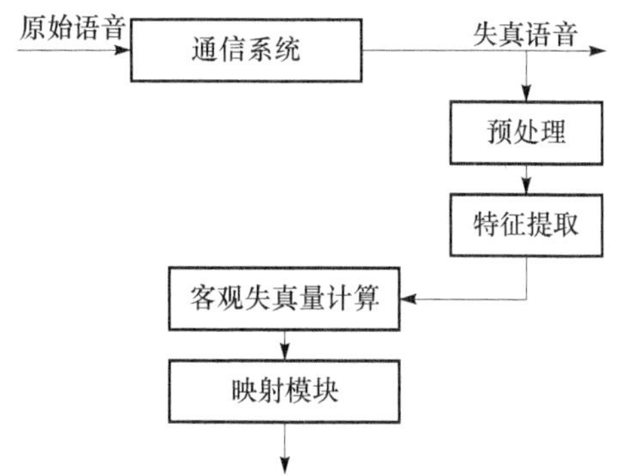

图 7-3　基于输出语音的客观评价流程图

评价来说非常重要，它决定了整个系统的性能。

失真距离是按一定的准则来计算两个矢量之间的畸变程度，这样的准则称为失真测度，比较两种频谱的差异大小称为谱失真测度。假设两个语音特征矢量为 X 和 Y，失真测度用 $D(X,Y)$ 表示，则其应具有以下性质：

(1) 非负性，即 $D(X,Y)\geqslant 0$；

(2) 满足三角不等式 $D(X,Y)+D(Y,Z)\geqslant D(X,Z)$；

(3) 与语音质量的主观评价相一致；

(4) 便于计算。

通常在定义一种失真测度时，一般着重考虑失真测度的计算方便与否，是否与主观评价相一致，即小的失真对应于良好的语音质量。

总体说来，失真测度准则可以分为两大类，第一类是欧氏距离准则，失真距离 $D(X,Y)$ 用欧氏距离来衡量，表示为

$$D(X,Y) \geqslant \| X-Y \|^2 \tag{7-1}$$

式中，$\|\cdot\|^2$ 表示取模值；X、Y 为特征矢量。

第二类是不同于欧氏距离的变换域，如频域、感知域等距离测试。语音质量的客观评价是建立在提取语音信号特征参数的基础之上的，由延时信号 $X(n)$ 和失真语音信号 $Y(n)$ 的特征参数所表征的失真函数 $F[X(n,k),Y(n,k)]$ 的失真距离 $D(X,Y)$，其计算公式为

$$D(X,Y)=\frac{\sum_{k=1}^{M}\sum_{n=1}^{N}W(n,k)F[X(n,k),Y(n,k)]}{\sum_{k=1}^{M}\sum_{n=1}^{N}W(n,k)} \tag{7-2}$$

式中，$W(n,k)$ 是以特征分析为基础的加权函数，n、k 为帧数和发音人数的变量取值；N 和 M 分别表示测试信号的帧数和发音人数。语音质量客观评价的核心是，对每种测度求取一个最佳的失真函数 $F[X(n,k),Y(n,k)]$ 和合理的加权函数

$W(n,k)$。

目前从语音特征参数的提取上看，失真测度可分为时域失真测度、频域失真测度和感知域失真测度。

1. 时域失真测度

时域失真测度通常定义为原始语音和失真语音之间的波形对比失真程度。信噪比 SNR 和分段信噪比 SegSNR 是两种应用较为广泛的时域失真测度参数。

1) 信噪比

信噪比(SNR)是衡量增强语音质量好坏的常用参数，定义为

$$\mathrm{SNR} = 10\lg\left\{\frac{\sum_{n=0}^{M} s^2(n)}{\sum_{n=0}^{M}[s(n)-\hat{s}(n)]^2}\right\} \tag{7-3}$$

式中，$s(n)$为原始语音信号；$\hat{s}(n)$为估计语音信号；M 为帧数。

但是，经典形式的信噪比对于语音质量的估计并不令人满意。这主要有两个原因，一是因为经典形式的信噪比与语音质量主观属性的相关度不高，仅为 0.24；二是因为它同等对待时域波形中的所有误差。语音的能量是时变的，而噪声的能量则是均匀分布的，因而帧与帧之间的信噪比应该是不同的。如果一段语音在它的浊音部分有很多能量聚集，这就有可能得到具有欺骗性的高信噪比。因为具有较少能量的清辅音部分受噪声的影响相当大，使人对它的感知变得困难，而分段信噪比可以改善上述问题。

2) 分段信噪比

分段信噪比(SegSNR)是基于帧的信噪比，通过计算语音信号每一帧的信噪比，最后取平均值得到。分段信噪比的计算公式为

$$d_{\mathrm{SegSNR}} = \frac{10}{M}\sum_{m=0}^{M-1}\lg\frac{\sum_{n=Nm}^{Nm+N-1} s_{\varphi}^2(n)}{\sum_{n=Nm}^{Nm+N-1}[s_d(n)-s_{\varphi}(n)]^2} \tag{7-4}$$

式中，M 为语音帧数；N 为语音帧长度；$s_{\varphi}(n)$、$s_d(n)$分别为纯净语音帧和带噪语音帧。

这里需要考虑两个问题：一是如何处理没有语音的帧，它们的存在会降低信噪比；二是如何处理计算结果中信噪比过高的帧，它们的存在会增加信噪比。当信噪比超过 35dB 时，人耳就不能辨别语音帧之间的差异了。以上两个问题可以通过设置阈值来解决，如高低阈值分别设为 35dB 和－10dB，对于区间外的数值可以强制设为阈值。一般分段信噪比越大，说明语音中包含的噪声和失真越小，其时域波

形就越接近纯净语音。

2. 频域失真测度

频域失真测度也叫谱失真测度，如对数似然比测度（log likelihood ratio，LLR）、线性预测编码（LPC）参数距离测度、线性预测编码倒谱距离测度（LPC conceptual distance，LPC-CD）等方法以及它们的一些改进方法。这些测度与时域测度相比，性能更可靠，对信号的时间同步要求也不高。若测度计算的结果值越小，则说明失真语音和原始语音越接近，即语音质量越好。

1）基于带通滤波器组的频谱参数及其失真测度

采用带通滤波器组进行频谱分析是一种传统方法，其本质是对信号谱包络进行抽样表示。为模仿听觉系统对于频率分辨的非线性特点，带通滤波器组频带的划分采用了非等宽划分方法，通常利用以下三种方法之一，确定各滤波器的中心频率和带宽：

（1）恒 Q 滤波器。其中心频率为对数分布，而所有滤波器的 Q 值都相同，即相对通带宽度恒定。

（2）模仿人耳听觉特征的临界频带划分法，如将 16000Hz 的频率范围，划分为 24 个频带。

（3）Mel 频率刻度划分法。

近似地认为在 1000Hz 以下为线性刻度，1000Hz 以上为对数刻度。基于滤波器组的频谱参数表示法的主要优点是：便于硬件实现，可以做成专用芯片，在语音识别中实现实时特征提取，因此在早期的语音识别器中广为应用。基于滤波器组的频谱参数表示，是对语谱包络的一种粗糙表示。为了避免浊音信号的谐波谱结构特性对提取谱包络参数的不良影响，通常所用滤波器的数目不超过 20 个，而且相邻滤波器的频率，设计为相互搭接。

基于滤波器组提取的特征参数，其谱失真测度通常采用对数谱偏差的 L_2 范数来表示，如式(7-5)所示：

$$d(x;y) = \sum[\ln x_1 - \ln y_1]^2 \tag{7-5}$$

式中，省略了 L_2 范数的开平方运算。在语音识别等许多应用中，常常是直接比较几个失真值的相对大小，省略开平方运算不会带来差错，因为开平方函数是单调升函数。

2）基于线性预测的参数表示及其失真测度

通过线性预测法除了能获得线性预测系数外，还可以推导出几种其他的推演参数，如反射系数、对数面积比函数、线性预测系数的自相关函数、声道滤波器单位冲击响应的自相关函数、线谱对参数、倒谱系数等。

原理上，大多数推演参数都是等价的，都可用于描述声道特性，但是它们的量化特性和内插特性，以及所对应的谱失真测度与主观感知的吻合程度，存在较大差异。下面主要介绍几种应用广泛的特征参数及其相应的失真测度。

(1) 板仓-斋田谱失真测度。

板仓-斋田谱失真测度又称为匹配误差测度，是由日本学者板仓(Irakura)和斋田(Saito)提出的，通过高斯自递归信源的最大似然估计推导线性预测频谱得到的，板仓-斋田谱失真测度 d_{IS} 的定义如式(7-6)所示：

$$d_{\mathrm{IS}}(S;Y)=\int_{-X}^{X}\frac{X(\omega)}{Y(\omega)}\frac{\mathrm{d}\omega}{2\pi}-\ln\frac{\sigma_x^2}{\sigma_y^2} \tag{7-6}$$

式中，$X(\omega)$ 和 $Y(\omega)$ 分别是两个被比较信号 $x(n)$ 和 $y(n)$ 的能量密度谱；σ_x^2 和 σ_y^2 分别为 $X(\omega)$ 和 $Y(\omega)$ 的能量，表达式为

$$\sigma_x^2=\lim\sigma_x^2(n)=\frac{\det R_n}{\det R_{n-1}}=\exp\left(\int_{-\pi}^{\pi}X(\omega)\frac{\mathrm{d}\omega}{2\pi}\right) \tag{7-7}$$

其中，R_n 为信号 $x(n)$ 的 n 阶自相关矩阵。假设 $Y(\omega)$ 是一个全极点模型的频谱函数，表达式为

$$Y(\omega)=\frac{\sigma^2}{|A(\omega)|^2} \tag{7-8}$$

则板仓-斋田谱失真测度或匹配误差测度可改写为

$$d_{\mathrm{IS}}(X;Y)=d_{\mathrm{IS}}\left(X;\frac{\sigma^2}{|A(\omega)|^2}\right)=\frac{1}{\sigma^2}\int_{-\pi}^{\pi}X(\omega)\,|A(\omega)|^2\frac{\mathrm{d}\omega}{2\pi}-\ln\sigma_x^2+\ln\sigma_y^2 \tag{7-9}$$

式中，$a=\{a_1,a_2,\cdots,a_p\}$ 为信号 Y 的 p 阶线性预测系数。实际上，式(7-9)的值就是全极点模型 $Y(\omega)$ 对信号 X 进行线性预测，所产生的预测残差能量。

板仓-斋田谱失真测度与被比较的两种谱能量大小有关。在许多实际应用中，通常希望只比较两种谱的形状，因为谱形状反映声道形状，而把能量、增益分离出来另外考虑。因此，由上述谱失真测度出发，将两个被比较的谱增益都归一化，这就推导出了著名的板仓失真测度，或称为增益归一化似然比失真测度，如式(7-10)所示：

$$d_{\mathrm{IS}}(X;Y)=d_{\mathrm{IS}}\left(\frac{1}{|A_x|^2};\frac{1}{|A|^2}\right)=\int_{-\pi}^{\pi}\frac{|A(\mathrm{e}^{\mathrm{j}\omega})|^2}{|A_x(\mathrm{e}^{\mathrm{j}\omega})|^2}\frac{\mathrm{d}\omega}{2\pi}-1=\frac{a'R_pa}{\sigma_x^2}-1 \tag{7-10}$$

式中，R_p/σ_x^2 表示信号 X 的增益归一化自相关矩阵。上述两种失真测度能在一定程度上反映人的主观感觉，其值的大小对应于听觉上的差异大小。然而，它们既不具有对称性，也不满足三角不等式，因此，都不是谱距离测度，但对它作一点修改，就可以得到一种对称的失真测度，其定义为

$$d_{\mathrm{COSH}}(\bar{x};\bar{y})=\frac{1}{2}[d_{\mathrm{IS}}(\bar{x};\bar{y})+d_{\mathrm{IS}}(\bar{y};\bar{x})] \tag{7-11}$$

(2) 线性预测倒谱系数(LPC coefficient,LPCC)及其谱失真测度。

通常用平方和测度表示倒谱失真测度,如式(7-12)所示:

$$d_{\text{cep}}(\overline{C};\overline{C}') = \sum_{n-1}^{L}(c_n - c'_n)^2 \tag{7-12}$$

式中,$\overline{C}=\{c_1,c_2,\cdots,c_L\}$和$\overline{C}'=\{c'_1,c'_2,\cdots,c'_L\}$分别为两组倒谱系数。

这种倒谱失真测度是一种与谱能量无关的测度,它只与谱形状有关,反映的是两种谱形状之间的误差能量。该测度不仅是一种良好的失真测度,而且它与欧氏距离有着直接关系。由于倒谱系数的傅里叶变换就是信号谱的对数模函数,根据 Parseval 定理可知,倒谱域的平方和测度等价于频域的对数模函数的平方和测度,如式(7-13)所示:

$$d_{\text{cep}}(\overline{C};\overline{C}') = \sum_{n=1}^{N}(c_n - c'_n)^2 = \sum_{k=1}^{N}[X_L(k) - X'_L(k)]^2 \tag{7-13}$$

式中,$X_L(k)$和 $X'_L(k)$分别为$\{c_n\}$和$\{c'_n\}$的 N 点离散傅里叶变换,它们是信号频谱经倒谱窗函数平滑后的对数模函数的估计值。因此,这种测度与人耳的听觉特性是近似相符的。

大量实践证明:倒谱特征矢量及其谱失真测度优于增益归一化似然比失真测度,因此,在语音识别、语音质量客观评价方法的研究中,得到了广泛的应用。然而,虽然它是直接由线性预测系数递推得到的,但它在倒谱域作了截短,相当于在频域进行了倒谱窗平滑,将共振峰展宽了,因此它不再是线性预测系数的等价参数,在语音合成与编码中也很少采用。

对倒谱系数进行某种加权,就得到加权倒谱失真测度,如式(7-14)所示:

$$d_{\text{wcep}}(\overline{C};\overline{C}') = \sum_{n=1}^{N}(w_n c_n - w_n c'_n)^2 \tag{7-14}$$

式中,加权函数 w_n 可以有多种形式,总的变化趋势是由小到大,然后再由大到小。典型的加权系数为升正弦函数,如式(7-15)所示:

$$w_n = \begin{cases} 1 + h\sin\left(\dfrac{n\pi}{L}\right), & n = 1,2,\cdots,L \\ 0, & n > L \end{cases} \tag{7-15}$$

(3) 线谱对参数(line spectrum pairs,LPS)及其失真测度。

线谱对参数具有很好的量化性能和内插性能,在语音编码与合成中得到了广泛的应用。利用线谱对参数表示的特征矢量的失真测度,通常采用加权平方和失真测度,如式(7-16)所示:

$$d_{\text{lsp}}(\overline{x};\overline{y}) = \sum_{i=1}^{p}[w_i c_i(x_i - y_i)]^2 \tag{7-16}$$

式中,p 为预测器阶数;w_i 为第 i 个分量的加权因子,w_i 可以通过式(7-17)得到;c_i 为第 i 个分量的辅助加权因子,它的值与第 i 个线谱概率相关,通常取值为 $c_1\sim$

$c_8=1.0$，$c_9=0.8$，$c_{10}=1.4$，则

$$w_i = P(w_i) \tag{7-17}$$

式中，$P(w_i)$是由线性预测分析得到的能量密度谱。

3. 感知域失真测度

频域失真测度往往作为判定语音编码器设计模型性能优劣的重要依据。与此相比，感知域失真测度的计算，则更多地基于人耳的听觉感知模型。计算中，语音信号从线性频域变换到 Bark 域，由于符合人耳主观听觉感受，这类失真测度对语音质量主观评价的预测，达到了较高的水平。

通过近几年国内外语音质量客观评价失真测度的研究可知，只有较好地利用或体现人的感知特性的客观评价失真测度，才能在同样的失真条件下，得到主客观测试结果的更好相关。因此，以心理声学为基础，体现人的感知特性的客观失真测度的研究，成为目前的研究热点，主要的研究成果包括 Mel 频率倒谱系数 MFCC 距离测度、Bark 谱失真测度 BSD、ITU-TP. 861 建议的感知语音质量测度 PSQM、度量标准化段 MNB。

1）基于 Mel 倒谱的参数表示及其失真测度

（1）语音信号的倒谱分析。

倒谱分析作为信号处理技术，最初是由 Boger、Healy 和 Tukye 于 1963 年引入的。它是一种非参数方法，因此，对大多数信号均有效。虽然信号的倒谱是一种简单的变换，但它包含的信息比其他参数多，而且具有丰富的性质。

倒谱分析，也称同态分析，是解卷的一种。解卷是指由卷积结果求得参与卷积的各个信号，即将各卷积分量分开。倒谱系数的一个重要特点是，它所反映的谱包络信息主要集中于低时间区域，因此，常常只需取十个左右倒谱系数就够了，而且，时间原点的倒谱系数通常不用，因为它是反映频谱能量的。

基于线性预测的倒谱分析是建立在语音的源系统模型之上的，因为语音信号可以视为激励信号和声道单位冲激响应的卷积，而倒谱分析能将两者分离。该理论认为：任何同态系统都能表示为三个同态系统的级联。也就是说，同态系统可以分解为三个特征系统，只取决于信号的组合规则和处理要求，如图 7-4 所示。

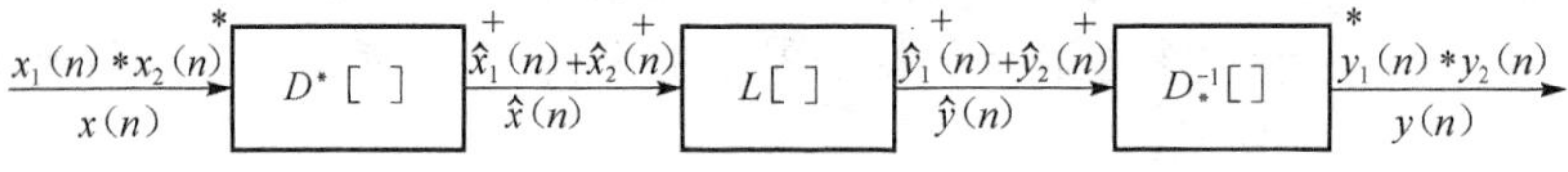

图 7-4　同态系统的组成

同态系统中的第一个系统，以若干信号的卷积组合作为其输入，并将它变换成对应于输出的加性组合；第二个系统是一个普通线性系统，它服从叠加原理；第三

个系统是第一个系统的逆系统，它将线性处理过的加性信号组合反变换为卷积组合。

语音信号的 Mel 倒谱系数表示是一种基于短时傅里叶变换的谱包络参数表示法，与基于线性预测的倒谱系数相比，其突出优点在于，它不依赖全极点语音生成模型，在噪声环境中表现出更强的鲁棒性，因此，在语音识别与合成中得到了广泛应用，在音质客观评价中也得到了较好的应用。

(2) Mel 倒谱系数分析。

Mel 倒谱系数分析是基于倒谱分析的。信号解卷后，需要将线性频率刻度映射为 Mel 频率刻度，然后通过一个三角带通滤波器组，而各个带通滤波器的带宽在 Mel 频率刻度上是均匀的，或者说，在 Mel 频率域是等带宽的，这样起到了对信号平滑的作用。带通滤波器组的能量谱在各个带宽加权求和，得到一个矢量。最后，将该矢量通过离散余弦变换，就得到 Mel 倒谱系数。Mel 频率和线性频率的映射关系可以表示为

$$\mathrm{Mel}=\begin{cases}f, & f\leqslant 1000\mathrm{Hz}\\ 1000\mathrm{lb}\left(1+\dfrac{f}{1000}\right), & f>1000\mathrm{Hz}\end{cases}\tag{7-18}$$

式中，Mel 频率的单位是 Mel；f 是线性频率，单位是 Hz。

(3) Mel 倒谱系数的参数表示。

由于人耳听觉对高低频段灵敏度的不同，对语音信号的对数功率谱，先经过一定的频率坐标尺度弯折处理，即在 1000Hz 以下采用线性的频率弯折，而在 1000Hz 以上采用对数的频率弯折，得到新的频率坐标，然后进行离散傅里叶逆变换，就得到短时语音信号的一维 Mel 倒谱，如式(7-19)所示：

$$C(i,k)=\frac{1}{k}\sum_{k=0}^{N-1}X(i,k)W^{1k}\tag{7-19}$$

式中

$$X(i,k)=\mathrm{Tw}[\ln|S(i,k)|^2]\tag{7-20}$$

$$W^{1k}=\exp(-\mathrm{j}2\pi/N)\tag{7-21}$$

其中，N 为一帧语音中的采样点数；Tw 为 Mel 频率尺度弯折操作函数；$S(i,k)$为语音信号$\{S(n,k)\mid n=0,1,\cdots,N-1\}$的频谱，表达式为

$$S(i,k)=\sum_{n=0}^{N-1}S(i,k)\exp\left(-\mathrm{j}2\pi n\frac{i}{N}\right)\tag{7-22}$$

按频率坐标尺度的弯折算法，1000Hz 以下及以上，为通信频带内 Mel 频谱系数，分别设计 10 个等三角形带宽响应的滤波器，则第 i 个 Mel 倒谱系数 MFCC_i 的计算可简化为

$$\mathrm{MFCC}_i=\frac{1}{N}\sum_{k=1}^{M}X_k\cos\left[i\left(k-\frac{1}{2}\right)\frac{\pi}{20}\right],\quad i=1,2,\cdots,M\tag{7-23}$$

式中，M 为滤波器抽头系数总数；$X_k(k=1,2,\cdots,M)$ 为第 k 个滤波器的对数谱能量输出。对第 1 帧输入和输出信号谱距离的定义，如式(7-24)所示：

$$\text{Mel}-\text{CD}(1) = \sum_{i=1}^{M}(\text{MFCC}_{x_i}^{1} - \text{MFCC}_{y_i}^{1})^2 \tag{7-24}$$

式中，$\text{MFCC}_{x_i}^{1}$ 为原始语音信号的第 1 帧第 i 阶系数；$\text{MFCC}_{y_i}^{1}$ 为输出语音信号的第 1 帧第 i 阶系数。

计算 Mel 倒谱系数 MFCC 的流程如图 7-5 所示。

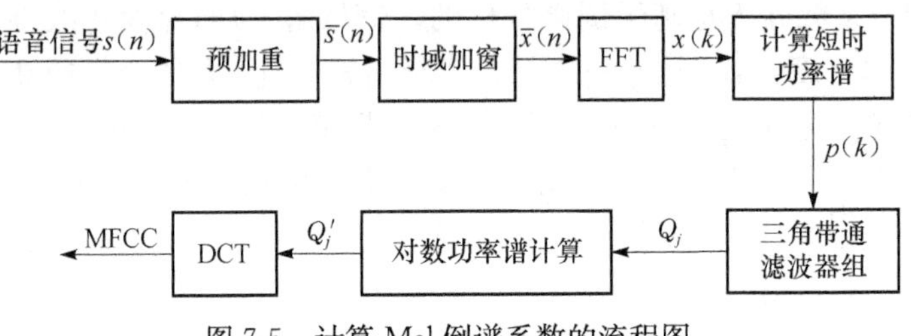

图 7-5　计算 Mel 倒谱系数的流程图

2) 基于 Bark 谱的参数表示及其失真测度

Bark 谱失真测度是基于短时傅里叶变换的，它考虑了人耳的多种听觉生理特性，模拟了人类听觉系统中噪声对纯音的掩蔽效应，以及人耳对低频比高频有更好分辨率的特点，是一种更接近于人类主观评价的客观测度。

线性频率与 Bark 频率的转换关系可以由式(7-25)近似表示：

$$\Omega(\omega) = 6\ln\left\{\frac{\omega}{1200\pi} + \left[\left(\frac{\omega}{1200\pi}\right)^2 + 1\right]^{0.5}\right\} \tag{7-25}$$

式中，Ω 是 Bark 频率，单位为 Bark；ω 是线性频率，单位为 Hz。此外，为模拟人耳对不同频率声强，具有不同敏感性的特点，又进行了修正。最后，还要完成从响度级到响度的转换，这样就得到了 Bark 谱。它充分反映了人耳对频率及幅度的非线性传递特性，以及人耳在听到复杂声音时，所表现的频率分析和谱合成特性。

Hermansky 和 Wang 比较详细地研究了这一算法。通过以下三个步骤，将式(7-26)所示的语音信号功率谱，变换成由人耳感知特性决定的听觉谱，Bark-SD 测度用于计算原始和失真语音信号听觉谱的距离：

$$P(\omega) = \text{Re}[S(\omega)]^2 + \text{Im}[S(\omega)]^2 \tag{7-26}$$

式中，$\text{Re}[S(\omega)]$是 $S(\omega)$的实部；$\text{Im}[S(\omega)]$为 $S(\omega)$的虚部。计算 Bark 谱的流程如图 7-6 所示。

(1) 临界频带分析处理。

先通过式(7-27)将线性频率 ω 转换为 Bark 频率 Ω，从而得到 $P(\Omega)$，然后将它与模拟的听觉掩蔽临界频带模型 $\varphi(\Omega)$进行卷积，如式(7-27)所示：

$$\theta(\Omega_1) = \sum_{\Omega=-1.3}^{2.5} P(\Omega - \Omega_1)\varphi(\Omega) \tag{7-27}$$

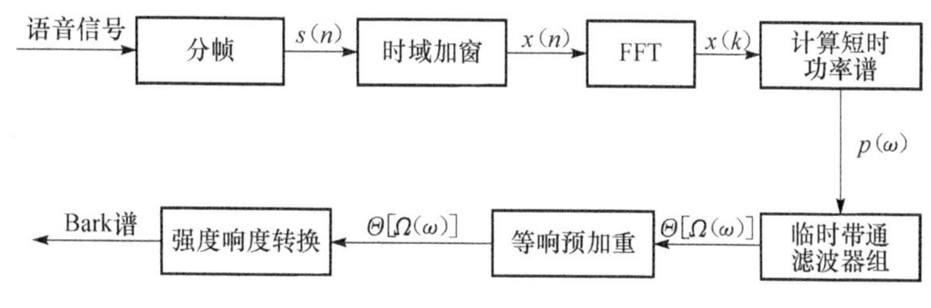

图 7-6　计算 Bark 谱的流程图

式中，$\varphi(\Omega)$如式(7-28)所示，将卷积结果以 Bark 间隔进行下采样处理，得到采样序列 $\Theta[\Omega(\omega)]$：

$$\varphi(\Omega)=\begin{cases}0, & \Omega<-1.3\\ 10^{2.5(\Omega+0.5)}, & -1.3\leqslant\Omega\leqslant-0.5\\ 1, & -0.5\leqslant\Omega\leqslant 0.5\\ 10^{-1.0(\Omega-0.5)}, & 0.5\leqslant\Omega\leqslant 2.5\\ 0, & \Omega>2.5\end{cases} \tag{7-28}$$

(2) 等响曲线预加重处理。

心理声学实验指出，人耳对不同频率所感受到的响度不同，因此，通过模拟人耳大约 40dB 的、如式(7-29)所示的等响曲线，对 $\Theta[\Omega(\omega)]$进行预加重处理：

$$E(\omega)=[(\omega^2+56.8\times10^6)\omega^2]/(\omega^2+6.3\times10^6)^2\times(\omega^2+0.38\times10^9) \tag{7-29}$$

(3) 强度、响度变换。

人所感觉的声音响应和它的强度，即响度级之间不是线性关系，可用 1/3 次幂形式逼近和模拟该特性。设 $B(\Omega)$是人耳听觉频率的声音响应，则有

$$B(\Omega)=\Theta(\Omega)^{1/3} \tag{7-30}$$

设信号帧 I 在分析频带内的响应为$B^I(\Omega_1)$，语音信号传输和失真输出的 Bark 谱距离由欧氏距离表示，如式(7-31)所示：

$$\text{Bark}-\text{SD}(I)=\sum_{I=1}^{N}[B_x^I(\Omega_1)-B_y^I(\Omega_1)]^2 \tag{7-31}$$

式中，N 是 Bark 频带数；x、y 分别表示输入语音和输出语音信号。在 0～3400Hz 语音频带内，取 17 个 Bark 带对信号进行分析滤波。

由于 Bark 谱模拟了人耳的多种听觉特性，因而在语音质量的客观评价中具有比较好的性能。

7.3.3　客观评价算法

1. 客观评价的研究现状

最早的语音质量客观评价方法可以追溯到 20 世纪 40 年代，1947 年，French

和 Steinberg 提出清晰度指数(articulation index,AI)方法。以客观评价中使用的特征参数为线索,客观评价研究经历了从时域分析到频域分析,再到感知域分析的发展历程。感知域分析通常是在频域分析的基础上,将语音通过适当的处理,如听觉处理,转换为反映声学心理特征的内部特征表示。这个变换处理过程至少要部分地模拟听觉系统外围、耳蜗中的语音信号处理过程及心理声学特性,所产生的语音特征参数,包含了高层神经系统感知处理所使用的信息内容。当前主要的客观评价方法都使用基于感知分析的语音特征参数,因此统称为语音质量感知分析客观评价系统。

1) 基于输入-输出的语音客观评价

1985 年,Karjalainen 提出使用听觉谱距离,估计可听误差的一般模型。该模型对时频单元的响度进行比较,并通过模拟更多的感知效应来提高其有效性,但这个模型在当时并没有得到足够的重视和深入的研究。1992 年,Wang 采用了类似于 Karjalainen 的方法,提出 Bark 谱失真测度(Bark spectral distortion,BSD)。该测度对以后的研究工作影响较大,是语音质量感知分析客观评价的代表方法之一。BSD 以人的心理声学特性为基础,构造出一种变换模型,模拟了人对语音信号的如下感知机理:

(1) 线性频率到临界带的变换;

(2) 对不同频率的语音强度的非线性感知特性;

(3) 物理强度与感知响度之间的非线性变换等。

BSD 通过听觉感知模型,计算在 Bark 带内、以 sone 为刻度的响度谱,并对 Bark 谱距离求平均,得到失真测度值。Novorita 提出将异时掩蔽效应引入 BSD,以改善客观评价性能。Yang、Yantorno 则同时将掩蔽效应、频域掩蔽用于改进 BSD,计算噪声掩蔽阈值,提出了 MBSD(modified Bark spectral distortion)方法和 EMBSD(enhanced modified Bark spectral distortion)方法。在其研究工作中,MBSD 与主观评价相关度达到 0.95。1993 年,Kublchek 在倒谱系数失真测度的基础上,结合人的非线性频率感知特性,提出了 Mel 倒谱失真距离测度(Mel frequency campestral distance measure,Mel-CD)。Rix 和 Hollier 在 British Telecom 的支持下,提出用于电话系统语音质量评价的感知分析测量系统(perceptual analysis measurement system,PAMS)。PAMS 首先优选出多种语音特征参数,构成特定的参数域,再建立参数域到主观质量域的映射,以保证语音质量评价方面的鲁棒性和一致性。ASCOM 在其商业产品 Qvoice 中,使用人工神经网络和模糊逻辑来预测主观评价结果,用于评测移动通信系统中的语音质量。该标准主要考虑了面向应用场合应该解决的一些问题,其算法核心是前一时期发展和深入研究的感知语音质量评价算法。1996 年,ITU-T 公布了对电话频带 300～3400Hz 语音编解码器质量的客观评价方法 P. 861:感知语音质量测量(perceptual speech quality measure,PSQM)。在适用范围内,PSQM 与主观评价的相关度可达 0.94。1997 年,Voran 提出了一种度量标准化段(measuring normalizing block,MNB)的语音质量客观评价方法,并在 MNB 基础上提出基于 MNB 的听觉距离(auditory distance based on measuring normalizing block,AD/MNB)评价方法。MNB-1 和 MNB-2 已被选为 P.861 的补充内容。2002 年,Rix、Beerends、Hollier、Hekstra 将 PAMS 和 PSQM99 结合,提出语音质量感知评价(perceptual evaluation of speech quality,PESQ),被纳为 ITU 端到端语音质量评价推荐标准ITU-T P.862,取代了 P.861。

除了上述主要的语音质量感知评价研究外,一些学者尝试使用其他方法进行客观评价研究。例如,Hauenstein 使用耳蜗内部信号表示模型来评价语音质量。

2) 基于输出的客观评价

基于输出的客观评价也称为非侵入式客观评价,在 20 世纪 90 年代中后期开始取得进展,主要应用于无线移动通信、航天航海以及军事通信等领域。

1996 年,Kublchek、Jin 等学者提出了基于 PLP 参数的客观评价方法。Picovici 提出了以自组织映射聚类和匹配为基础的、基于输出的客观评价方法,在一定条件下取得了不错的相关性。上述两种基于输出的语音质量客观评价,实际上是一种广义的基于输入-输出的客观评价系统,通过特殊手段获得模型内部参考模板,以供以后评测使用。语谱图中包含了大量的声学信息,Au 和 Lam 提出了基于语谱图分析的客观评价测度(output-based measure,OBM)OBM1 和 OBM2,但与主观评价的相关度不高。Chen 使用度量语谱图谱密度分布特征法(measuring distribution characteristics of spectrogram density,MDCSD)来描述语谱图特征,将语谱图评价指数(spectrogram evaluation index,SEI)作为语音质量的描述参数。Tiago 等通过训练,建立了混合高斯马尔可夫模型(Guassian mixture Markov model,GMM),用于非侵入式客观评价。该方法使用无失真语音特征的混合高斯马尔可夫概率模型,作为纯净语音的参考模型,将测试语音特征与参考语音特征之间的一致性描述,作为质量的度量,通过多变量自适应样条函数回归,将一致测度映射为客观质量分。Gray、Hollier、Massara 使用声道模型变化信息来描述语音质量差异,用于估计网络传输中失真语音流的质量。2003 年,Li、Kublchek 提出了用连续隐马尔可夫模型(HMM)来表示音质的客观评价方法。该模型中,一个对称距离测度被用来刻画输入和输出 HMM 模型之间的相似度,最终得到语音质量的估计值。2004 年,Kim、Tarraf 提出使用包络谱的听觉非侵入质量估计模型(auditory non-intrusive quality estimation,ANIQUE)。该感知模型模拟了人类听觉系统的外围和核心层次的部分功能。

目前基于输出的语音质量客观评价的评测结果,与主观评价的相关度一般在 0.9 左右或者更低,这表明基于输出的客观评价方法有待于进一步研究和改进。

2. 客观评价的性能指标

为了使主客观评价等级一致，映射模块需建立客观失真量与主观质量分之间的对应关系。假设主观质量分为 MOS 值，所使用的函数映射关系为

$$S_o(i) = P(d_i) \tag{7-32}$$

式中，$P(\cdot)$为预测函数或回归函数，可以是线性或是非线性回归函数；d_i 为第 i 个样本的客观失真量值或客观失真测度值；$S_o(i)$为 d_i 通过 $P(\cdot)$对应的 5 级尺度范围内的质量分值，称为客观 MOS 分或预测 MOS 分。对失真语音进行主客观评价关联，将得到一些分布在二维平面上的点，其横坐标为客观失真测度值 d，纵坐标为 MOS 值。如果使用二次多项式函数形式，拟合确定 a、b、c 的数值，便得到客观失真测度值与客观 MOS 值之间的对应关系如式(7-33)所示：

$$S_o(i) = ad_i^2 + bd_i + c \tag{7-33}$$

通过式(7-33)所获得的拟合关系，只对特定使用范围内的客观评价有效。当使用评价系统时，先由客观评价系统计算出语音的客观失真测度值，再代入拟合公式进行计算，最后得出客观 MOS 值。

不同客观测度的评价效果并不相同。由于客观评价结果实际上是对主观评价结果的一种估计，所以客观评价的性能通常以主、客观评价结果之间相关程度来衡量。主客观评价结果的相关性，一般采用 Pearson 相关系数加以描述，其相关程度 ρ 和偏差 σ 分别通过式(7-34)和式(7-35)来计算。相关度表示统计意义上的一致性、线性程度，偏差是误差范围的描述，可以表示估计的置信区间。

$$\rho = \frac{\sum_{i=1}^{M}\{[S_o(i) - S_o][S_s(i) - S_s]\}}{\sqrt{\sum_{i=1}^{M}[S_o(i) - S_o]^2 \sum_{i=1}^{M}[S_s(i) - S_s]^2}} \tag{7-34}$$

$$\sigma = \sqrt{\frac{\sum_{i=1}^{M}[S_o(i) - S_s(i)]^2}{M}} \tag{7-35}$$

式中，$S_o(i)$是第 i 个失真语音的客观 MOS 值；$S_s(i)$是第 i 个失真语音的主观 MOS 值；M 是失真语音的数量。

目前客观评价的基本要求是：相关值高于 0.90，达到 0.95 左右时，则认为是高度一致相关。若主客观 MOS 之间的相关值低于 0.85，一般认为客观评价结果的可靠性和有效性不是十分理想。

3. 客观评价存在的问题

针对语音信号的特征提取，已经提出了很多种信号分析方法，但目前为止还没

有任何一种或几种特征参数的组合，能够完整地表示出语音的所有特征。同时，由于对脑科学和感知机制的理解还处于初级阶段，还没有能力模拟出主观评价语音质量时，人脑中的思维过程和判断机理。所以，尽管在语音质量客观评价领域已经取得了一定的成果，但当试图建立更一般的客观评价系统时，依然存在着许多问题，这些问题也是改善客观评价性能新思路的源头。

1）合理的特征参数表示

语音的参数表示是客观评价中最重要的环节，其任务是从语音波形中提取出少量能充分体现人耳对语音感知特性的特征参数。应用于音质客观评价与语音编码中以重构原始信号为目的的语音分析具有很大的不同。

失真测度是对特征参数空间中的失真度量，特征参数对失真测度或者客观评价系统的性能评价有重要的影响。因此，使用能够体现语音质量感知分析的技术是特征参数合理与否的关键。

2）评价特征参数分量的作用

语音分析所提取的特征参数，通常表示为多维矢量或向量。对于参数向量，虽然各分量对语音感知的影响并不相同，并且恰当的分量加权有利于改善评价的性能，但对大多数特征参数而言，各分量之间的相对重要性以及对评价结果的影响，是难以直接获得的。因此，寻找合理的技术手段获取特征分量，是改善客观评价性能的有效途径。

3）更有效的感知判断模型

在通常的评价过程中，质量的感知判断功能由客观失真量计算模块和映射模块两部分实现。一般的，失真量计算和映射函数都使用简单的函数关系，因此限制了感知判断功能的有效表示。如果能够建立更有效的感知判断模型，就可以更准确地估计语音质量。

4）时间信息的缺失问题

语音在时域上表示为一维的非平稳信号，利用常用的频域分析方法对语音分帧处理后，再将语音帧当做短时平稳段进行变换处理，这样所得到的特征参数，将不再包含每帧语音内部的时间信息，割裂了语音内部的时间关联，而语音包含的时间信息被认为是高层神经系统用于语音分离和理解的必要信息。

5）基于输出的客观评价

目前绝大部分基于输出的客观评价方法，实际上是一种广义的输入-输出评价系统，并不是真正从输出语音直接得到的客观评价值，这种依赖于参考模板库的评价系统，当其应用于不同场合时，可能产生非常大的误差。

6）可懂度的客观评价研究

对于 MOS 客观评价已有不少研究、应用乃至标准，但对语音信息传输过程中，接收者是否能够正确辨识发送的语音信息等涉及清晰度或者可懂度方面的客观研究，目前的成果还不多。对于直接衡量语音通信中语音可懂度的客观评价方法还在研究中，而可懂度的客观评价对于实际的通信传输应用具有现实意义，如战场环境中命令的传递和执行等。

7.4 语音质量评价算法

本节主要研究语音质量评价算法和实现过程。

图 7-7 为语音质量客观评价算法的实现流程。首先需要建立含有大量语料的标准语音库和失真语音库，并且对这些语料进行规范的主观意见得分(MOS)评测。在客观评价算法方面，通过对国内外大量有关文献查阅和多次实验分析论证，对以下四种客观测度进行了研究，即 LPC 倒谱、Mel 倒谱、Bark 谱和加权对数谱，并且对它们的组合测度也进行了探讨。对应于不同测度，运用统计相关分析原理，分别建立了各自的主客观评价相关模型，它们的相关系数均在 0.80 以上。

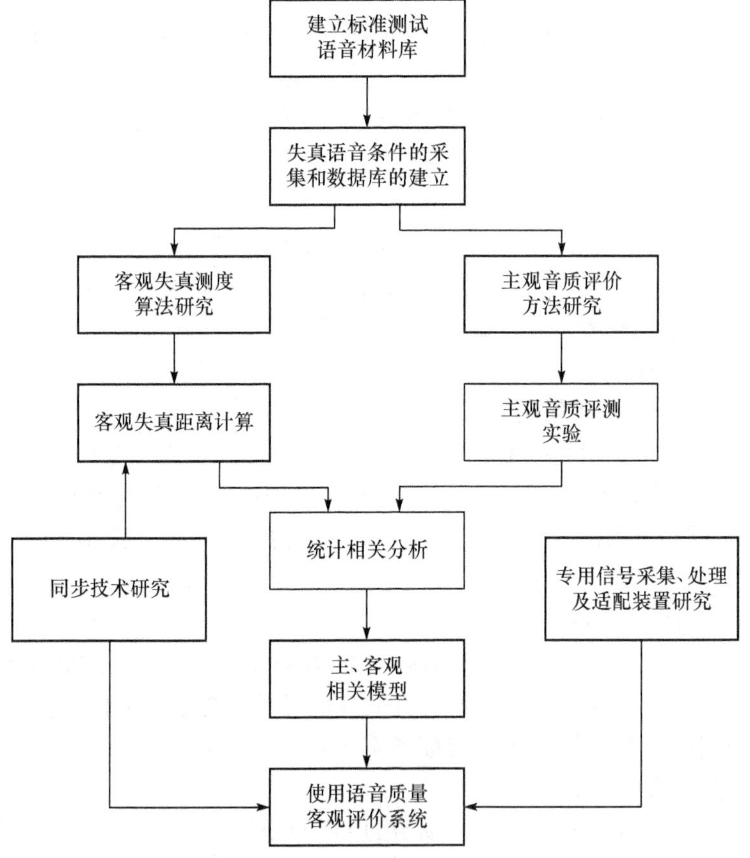

图 7-7 语音质量客观评价算法实现流程图

7.4.1　语音质量评价算法的实现

1. 测试语音库的建立

语音数据库的建立是整个评价研究的基础。由于客观测度是建立在原始语音和失真语音的差异对比上的，所以除了要建立不失真的标准测试语音数据库外，还必须有充分大的失真参考语音数据库，故测试语音数据库由以上两个库组成。

1）标准测试语音数据库的设计和建立

语音信号是一种短时平稳的随机过程，对于标准测试语音材料集合的选取，应注意，建立的集合应满足汉语语音的基本统计特性，即

(1) 其幅度分布概率应与伽马(Gamma)分布逼近；

(2) 其长时平均功率密度谱的分布要与统计的标准(GB 7347)接近；

(3) 汉语是有调语音，还必须基本符合音调统计特性。

2）参考失真语音数据库的设计和建立

根据 ITU-P 系列建议，进行任何语音系统的任何条件的 MOS 测试，都将在充分必要的参考条件下进行。参考条件不仅包括 SNR 等级的加性随机噪声条件，而且包括若干等级的乘性噪声，即调制噪声参考单元失真条件。不仅要有从最差到最好，而且还要有与被测条件质量相当的参考语音。显然为了得到较好的主、客观相关关系，采用的参考失真测试条件越多越好，在能够实现的基础上尽可能地将典型的语音编码器、模拟数字语音终端以及其他典型的级联工作方式中的不失真和干扰失真条件，都作为研究用的失真条件。

3）主观评价方法的选择和实现

目前主观评测方法主要采用 DRT、DAM 和 MOS 法。DRT 法是一种可懂度测试，主要适用于低速语音编码器。而 DAM 和 MOS 虽同属音质评价方法，但 MOS 更倾向于整体满意度得分，而且不需要专业的评听队伍，容易实施。因此一般在研究中常选用 MOS 作为主观评价测度。MOS 评价法的核心内容是将语音的整个质量分成五个等级。

DMOS 是由失真等级评价法(degradation category rating，DCR)发展而来。在对高质量语音通信系统的评价中，它比 ACR 具有更高的灵敏度。DCR 用干扰等级评分，在每次评测之前需有一参考系统，评听者根据参考系统判断被测系统语音失真的大小，判断标准可参考表 7-1。

2. 客观评价的工作原理

客观音质评价方法一般是建立在语音信号的参数表示与谱失真测度的基础之上的。要评价一个语音通信系统输出语音的质量，先要逐帧计算输入语音信号

$X(n)$和输出信号$Y(n)$的特征参数，并计算原信号和失真后信号特征矢量之间的失真值的加权和，如式(7-36)所示：

$$d(x,y)=\frac{\sum_{s=1}^{M}\sum_{n=1}^{N}W(n,s)F[X(n,s,\varphi),Y(n,s,d)]}{\sum_{s=1}^{M}\sum_{n=1}^{N}W(n,s)} \tag{7-36}$$

式中，$W(n,s)$是以特征分析为基础的加权函数；$F[X,Y]$是某种失真测度函数。语音评价研究重点就是寻求最佳的失真测度函数$F[X,Y]$和合理的加权函数$W(n,s)$。

3. 语音质量客观评价方法

由前面分析可知，语音质量客观评价方法有如下几大类：时域方法，如 SNR、SegSNR 等；频谱分析法，如 SD 等；模型参数法，如 LPC 分析、CD 等；听觉模型法，如 BSD、MBSD、PSQM 等；听觉模型与判断模型的混合(hybrid)模型方法，如 AD/MNB；此外还有相关函数法(coherence function)和转移概率距离(TPD)等评价方法，TPD 是以一阶马尔可夫模型为基础的失真测度，其特点是对原始语音与失真语音是否同步不敏感。

目前，已有的研究结果表明，任何一种测度都不能完全适应不同编码方式或失真形式的语音通信系统。如果综合运用多种测度的线性加权或几何平均，会得到优于仅采用一种测度的度量结果，具有更大的灵活性。

设$D(1),\cdots,D(n)$是n个性质相近的失真测度，如果加权系数均设为1，则评估失真就可用如式(7-37)定义的组合失真测度表示：

$$D_{\text{comb}}=\sqrt[n]{D(1)\cdot D(2)\cdot\cdots\cdot D(n)} \tag{7-37}$$

听觉模型在语音质量客观评价的研究中，占有十分重要的地位，只要在评价中考虑了人对语音信号的感知特性，就会大幅度提高整个评价方法的性能。具有代表性的基于听觉模型的方法有：BSD、MBSN、PSQM、PESQ、PLP、MSD 等。

判断模型的研究也开始受到人们重视。人对语音质量的评估包括两个过程：听过程和判断过程，因此，有必要构造良好的判断模型并和听觉模型结合起来，建立更符合主观评估过程的客观评价方法。虽然目前判断模型的研究已有所进展，如 AD/MNB 方法等，但是这方面的研究还有待进一步深入下去。

7.4.2 基于听觉模型的客观评价算法

1. 语音感知机理

感知听觉模型在语音质量评价中占有很重要的地位，在介绍各种基于感知听觉模型的评价方法前，先分析人对语音的感知机理。

人耳听觉系统能够感知的声音频率在 20Hz～20kHz 内，且人耳对各频率的灵敏度是不同的。受声强影响，人耳对太强或者太弱的声音的频率分辨率都会降低。在2～4kHz的频段内，人耳对声音的分辨率最高，很低的电平就可以被听到，而在其他频段，相对高一点的电平才能被听到。人耳对声音还具有掩蔽效应，即对一个声音的听觉感受会受到另一个声音的影响。下面从三方面来详细介绍人耳的听觉特性。

1）响度

物理上，客观测量声音强弱的物理量是声压或声强；而心理上，主观感觉声音强弱程度的变量为响度。一般来说，声音频率一定时，声强越强，则响度越大。但是，响度也与频率有关，相同的声强，频率不同时响度也可能不同。当声音的强弱小到人的耳朵刚刚可以听见时，称为“听阈”。如果加大声音的强度，使它达到人耳感到疼痛时的阈值，称为“痛阈”。

响度的单位是“宋”(son)，定义频率1kHz、在听阈之上40dB的纯音，所具有的响度为1son。响度也可以像声强那样用相对值表示，这就是响度级，单位为“方”(phon)。响度S和响度级P之间的关系为

$$S = 2^{(P-40)/2} \tag{7-38}$$

2）音高

物理上用频率表示声音的音调，而人主观感觉音调是个心理过程，用音高来表示，单位是Mel。音高与声音的频率并不成正比，它还与声音的强度和波形有关。响度级为40phon、频率为1000Hz的声音的音高定为1000Mel。Mel和Hz的转换关系，可近似表示为

$$T_{\text{Mel}} = 3322.23\lg(1 + 0.001 f_{\text{Hz}}) \tag{7-39}$$

差阈是一种对声强和频率的主观阈值，它表示最小可分辨差异(just noticeable difference，JND)。在频率不变的条件下，可觉察到的最小强度变化称为响度差阈，在声强级不变的条件下，人耳可觉察到的最小频率变化称为音高差阈，差阈反映了人耳的听辨能力。

3）掩蔽效应

一个声音的听觉感受者受到同时听到的另一个声音的影响，这种现象称为掩蔽效应。此时前者称为被掩蔽音，后者称为掩蔽音。被掩蔽音刚能听到时，掩蔽音的强度称为掩蔽阈限。

人耳的频域掩蔽效应可分为纯音对纯音的掩蔽和噪声对纯音的掩蔽。

纯音对纯音的掩蔽表现在两个方面：一是对于中等掩蔽强度来说，纯音最有效的掩蔽出现在其频率附近；二是低频纯音可以有效地掩蔽高频纯音，而高频纯音对低频纯音的掩蔽作用很小。噪声也会对纯音产生掩蔽效应。为了描述这种掩蔽效果，引入临界带宽的概念。一个纯音可以被以它为中心频率且具有一定频率带宽的连续噪声所掩蔽，如果这一频带内噪声的功率等于该纯音的功率，此时该纯音处

于刚被听到的临界状态，称这一带宽为临界带宽。

2. 基于听觉模型的客观评价方法

1）感知语音质量测量算法

感知语音质量测量（perceptual speech quality measure，PSQM）模型最初由Beerends和Stemerdink于1994年提出，此方法相比之前的各种客观评价方法，具有对主观质量最精确的估计。1996年8月，ITU-T将其纳为P.861建议，该建议是ITU第一个通过的语音质量客观评价标准，用于测量电话频段300～3400Hz语音编解器的客观质量。

PSQM模型首先将输入输出信号分帧，并变换到频域计算功率谱密度，再根据人耳的感知特性计算出Bark谱密度，最终映射成人耳可以分辨的响度密度，通过认知模型产生噪声干扰，进而计算出PSQM得分，并用此分值来估计感受到的语音质量。PSQM算法的框图如图7-8所示。

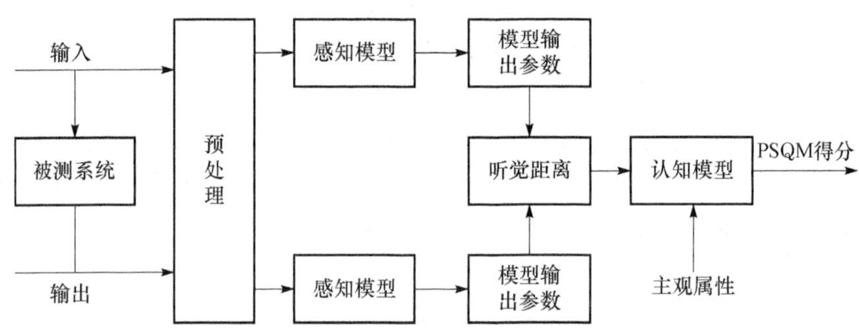

图7-8　PSQM算法模型

PSQM引入了认知模型来描述参考语音与失真语音在听觉变换过程中产生的干扰差，通过模拟不对称和对称语音信号不同部分的不同加权，改进了客观评估分值与MOS分值的相关性。PSQM算法要求待测信号具有以下特点：

(1) 输入输出信号在进入模型前是时间同步的。

(2) 输出信号相对于输入信号，不存在如传输比特误码、帧丢失或信元丢失等影响信道传输特性的因素。

(3) 语音源是“纯净的”，即在发送端没有环境噪声。但如果输入输出信号的背景噪声是同样的，则对PSQM得分没有影响。

如果待测语音不满足以上三点要求中的任一点，都会影响到最终评价结果，导致较高的PSQM得分，即获得了较差的语音质量。

2）感知分析测试系统算法

感知分析测试系统（perceptual analysis measurement system，PAMS）是以

Hollier 提出的模型为基础的。Hollier 通过组合一系列用于谱分析的线性滤波器，不仅考虑了失真的大小，还考虑了失真的分布，扩展了 Bark 谱失真模型。PAMS 用于测量电话网络的语音质量，是第一个实现端到端语音质量测量的模型，也可用于评估语音编解码器。其算法流程如图 7-9 所示。

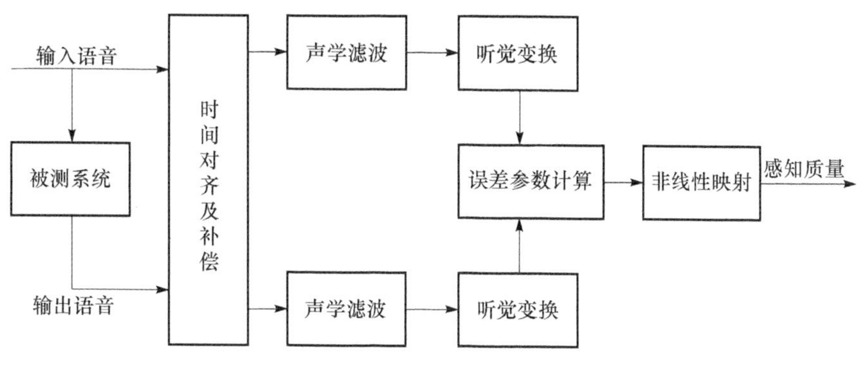

图 7-9　感知分析测试系统

图 7-9 中，首先将输入语音和输出语音信号划分为语句，计算时延，进行时间对齐。将对齐后的信号进行听觉变换，基于听觉变换过程计算一系列误差参数，从而对不同类型的失真进行测量。对这些误差在时间上取平均，然后通过一个非线性函数映射得到质量评价分。

3）感知音频质量评价算法

2001 年 ITU-R 推出了 BS. 1387-1 建议，到目前为止，该建议是唯一针对音频质量的客观测试方法。它采用感知音频质量评价（perceptual evaluation of audio quality，PEAQ）模型，如图 7-10 所示。

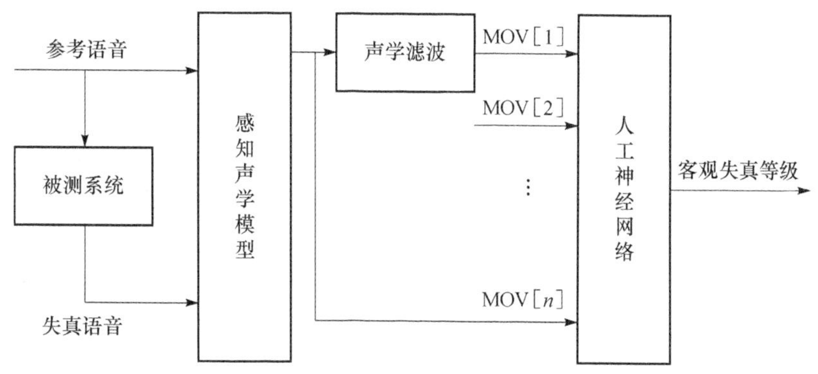

图 7-10　感知音频质量评价模型

图 7-10 中，参考信号和失真信号首先通过感知声学模型，模拟人对音频信号的感知，然后认知模型将感知声学模型输出值在频域和时域进行综合，产生一系列

模型输出变量，并将其通过人工神经网络，计算出最终的客观失真等级。

4）AD/MNB算法

PSQM算法对高速率编码语音的质量评价效果较好，但是当信道中存在诸如传输比特误码、帧丢失或信元丢失等失真时，其性能比较差。为此ITU-T开始研究用于评估存在信道失真时语音质量测量的方法。1998年，ITU-T将测量归一化块(measuring normalizing block，MNB)算法作为附件加入到P. 861标准中。

该算法是由Voran在总结前人工作基础上提出来的。他认为人对语音的评价应该包括两个方面，一个是收听过程，另一个是判断过程。虽然这两个过程不能严格区分，但是人在感觉语音质量时，在这两个过程中的行为是不同的。之前的方法如利用听觉模型，比较侧重于模拟人的收听过程，判断过程则予以很大的简化。AD/MNB算法在考虑听觉过程的基础上，采用MNB结构来模拟人的判断过程，再求出听觉距离(auditory distance，AD)，将其映射到一个有限的范围内，产生最终的模型输出L或AD。AD/MNB的算法框图如图7-11所示。

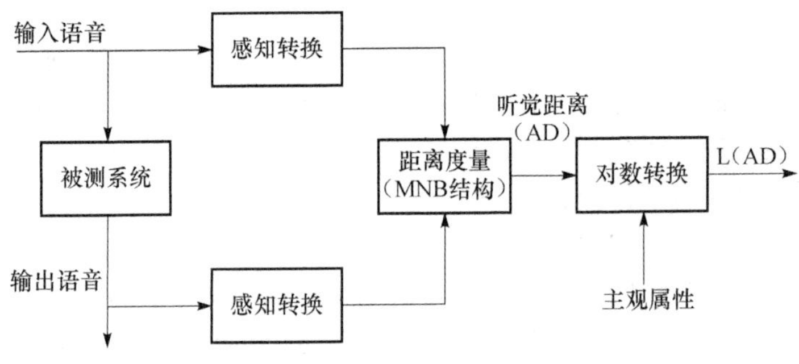

图7-11　AD/MNB的算法模型

3. 早期模型存在的缺陷

近年来VoIP技术逐渐兴起并成熟，服务质量(QOS)成为影响VoIP发展和推广的主要因素，成为人们最关注的问题，如何方便、快捷地测试通话质量，成为VoIP中一项关键技术。与普通电话网相比，VoIP电话网采用语音压缩编码算法，将语音用数据包的形式在分组交换网上传输。因此，对传输线路的时空利用率有大幅度的提高。但现代分组电话也遇到了传统电话所没有的语音质量问题，如传输语音畸变和频繁的断话现象。引起这些问题的主要原因是VoIP网络的延时、丢包、边沿切割和抖动等问题，其中延时问题尤为明显。早期模型不能很好地解决这些问题。

1）可变延时

VoIP网络中采用分组交换，实时地传输语音和数据。在基于分组的传输中，语音被编码并分割成独立的数据包。这些数据包通过网络传送到接收端，在接收端进行重组、解码，还原成语音流。由于传输数据包的路由不同，导致这些数据包可能会以不同的顺序到达接收端，产生不同的时延甚至还会丢包。PESQ 模型考虑了这种情况，将系统的延迟考虑为分段常量延迟。

此外，在 VoIP 网络中，语音编码大多采用参数编码方式，如 ITU-T 的 G. 729 和 G. 723. 1 算法。这些算法本身就存在着算法延时。

早期模型的听觉转换都是先用加窗 FFT 得到谱估计，接着把频谱映射到感知频域并进行响度刻度。通过帧到帧的比较，提取出残差参数。然而，对参考信号和失真信号加窗并进行 FFT 变换时，加窗会对信号产生人为的作用。而语音信号具有时变特性，如果参考信号和失真信号的时间对齐产生错误，即使仅是帧长的一小部分，也会导致所测残差信号误差增大。PSQM、MNB 模型对可变延时的敏感度很高。实验证明，一个 20ms 的延迟变化，足够导致 PSQM 的质量下降大约 1MOS 分；而对于 MNB 模型，5ms 的延迟变化就能够导致 1MOS 分的下跌。

2）线性滤波

现代通信网的许多模块都用到了大量的线性滤波器。尽管收听者能够感受到线性滤波器的一些效果，但是与非线性编码失真相比，其影响非常小。早期模型如 BSD、PSQM、MNB 并没有对此作区别，因此仅由线性滤波就会测出大量的残差，这就要求用于端到端语音质量评价的感知模型，要提供较小的线性失真，才能获得满意的效果，这可以通过均衡参考信号与失真信号达到。常规的线性函数均衡技术是不能用的，因为它将使低速率语音编码器不稳定。采用部分补偿的方法可以消除滤波效果的大部分，而只有其中一小部分能够被感知模型测得，这种方法已经被应用到 PSQM 和 PESQ 模型中。PEAQ 则使用全部补偿，由此产生的线性失真作为一部分算入到最终的主观 MOS 分的回归分析中。

3）可变增益

有时语音要经过低频振幅调制，这个过程一般伴随着自动增益控制（AGC），AGC 能够动态地调整语音到一个标准电平级上，以消除用户设备可变损耗，或不同国家网络间传输幅度级变换产生的影响。然而，在语音质量评价中，有时会因为背景噪声和正常声音变化的影响，产生不希望出现的增益变化。由于语音是时变的，在连续情况下，达 10dB 的增益变化也不会使人反感。因此，对于基于内部响度表示比较的语音感知模型，跟踪和增益均衡是十分必要的，否则即使是人耳听不到的失真，也会引起 MOS 分值很大的跌落。早期模型 MNB 没有考虑可变增益的影响，PAMS 模型只有当增益变化发生在语音静默期时，才对其进行计算并消除，而对于发生在活动期的增益变化只进行测量。

PESQ 模型沿用 PSQM 模型中的方法，能够自适应地跟踪帧到帧的包络变化，并且经过一段时间，会检测到由增益变化引起的残差，从而消除增益变化的影响。下面详细介绍 PESQ 算法。

7.4.3　感知语音质量评价算法

2001 年 2 月，ITU-T 推出了最新的 P. 862 标准，即“窄带电话网络端到端语音质量和语音编解码器质量的客观评价方法”，该标准使用感知语音质量评价 PESQ 算法。与其他流行的算法如 PSQM 和 PAMS 相比较，PESQ 算法既考虑了端到端的时延，可以评估不同类型的网络，又采用了改进的听觉模型等比较先进的技术，对通信时延、环境噪声等有较好的鲁棒性，完全符合系统要求。在综合比较之后，最终采用 PESQ 算法作为系统的评估算法。

如图 7-12 所示，PESQ 实现的总体思路为：首先将参考语音信号和失真语音信号的电平，调整到标准听觉电平，再用输入滤波器模拟标准电话听筒进行滤波，然后将两个信号进行时间对齐，将对齐的信号进行听觉转换，转换之后的输入和输出信号差值称为干扰度，通过认知模型处理，最后得到 PESQ 分值。在干扰度的处理中可能会识别出坏区间，这样就需要对坏区间进行重新对齐。

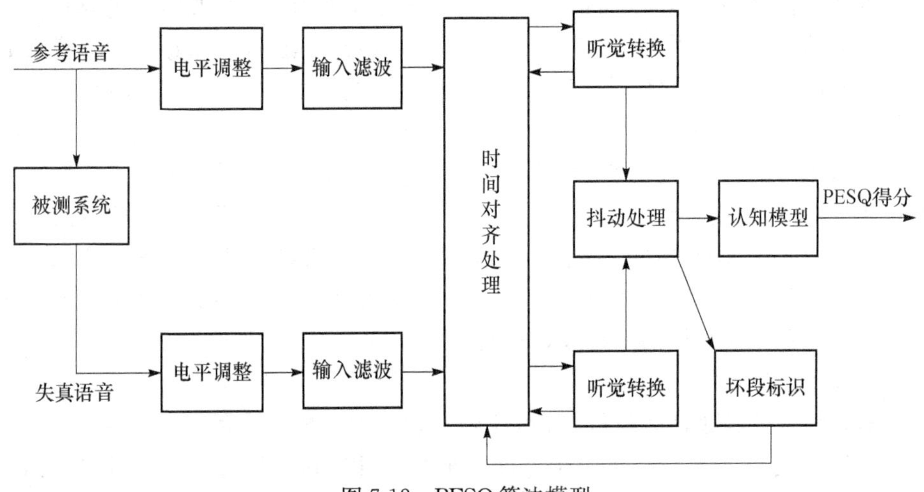

图 7-12　PESQ 算法模型

1. 频域整形

频域整形包括电平调整和滤波两个过程。

1）电平调整

不同的语音系统增益差别很大，当原始语音信号通过语音系统之后，信号电平发生了差异。为了便于比较，需要将二者调整到统一、恒定的电平上。PESQ 设定首选的听觉电平为 79dB SPL。SPL 用来度量声压等级（sound pressure level, SPL），声压级定义为信号声压和裸声参照点的声压比。裸声指人耳听觉曲线上的感知阈值点。规定1kHz单音对应声压值如式(7-40)所示：

$$p_r = 20\mu\text{Pa} \tag{7-40}$$

式(7-40)表示，参考声压 p_r 的大小为 2×10^{-5}Pa。

将式(7-40)作为声压级别SPL的参考点0dB SPL，即基准声压级，也是一般人耳听觉的感知起点，信号的声压级计算为

$$\text{SPL} = 10\lg\frac{p}{p_r} \tag{7-41}$$

式中，p 为语音信号的声压；p_r 为参考声压。

2) IRS滤波

在实测中测试主体是通过电话听筒接收到语音信号的，因此语音质量评价模型需要将这个因素考虑进去。PESQ算法用修正的IRS(intermediate reference system)滤波来模拟电话机的发送频率特性，该滤波特性充分考虑了原始语音信号的特性，得到的语音信号可以作为电话终端输出，再反馈到网络中去。频域滤波过程如下：

(1) 考虑到听筒的接收特性，对原信号 $X(n)$ 和失真信号 $Y(n)$ 分别进行带通滤波，通带为300～3400Hz。

(2) 对经过带通滤波后的原信号 $X(n)$ 和失真信号 $Y(n)$ 分别计算其平均功率，并由此分别计算出全局缩放因子。

(3) 将原信号 $X(n)$ 和失真信号 $Y(n)$ 分别应用相应的缩放因子，得到能量级对齐后信号 $X_s(n)$ 和 $Y_s(n)$。

(4) 对整体语音进行FFT变换，在频域内利用和IRS接收特性相似的分段线性频率响应进行滤波，接着对整个语音进行逆FFT变换，实现IRS滤波。这样就得到了输入信号 $X_s(n)$ 和输出信号 $Y_s(n)$ 滤波后的信号，即 $X_{\text{IRSS}}(n)$ 和 $Y_{\text{IRSS}}(n)$。

2. 时间对齐

在进行听觉变换之前，需要估计出失真语音和原始语音之间的时间延迟。因为计算PESQ分值的参数是逐帧进行的，而语音信号本身是时变的，每帧的延时并不相同。如果帧与帧之间时间没有对齐，则会产生较大的误差。PESQ算法考虑了这种时变延时，相对早期模型有了较大改进，采用基于包络互相关的粗略延时估计和基于帧到帧的加权直方图，精细延迟估计。其算法框图如图7-13所示。

PESQ算法的具体实现过程如下。

1) 预处理

根据说话者年龄和性别的不同，自然语音的60%～90%的能量集中在500Hz以下。但是，对于感知质量评价来说，1～3kHz频率范围内的内容是最重要的，因为这个频率范围包含了对可懂度至关重要的语音成分。因此，经过IRS滤波后的

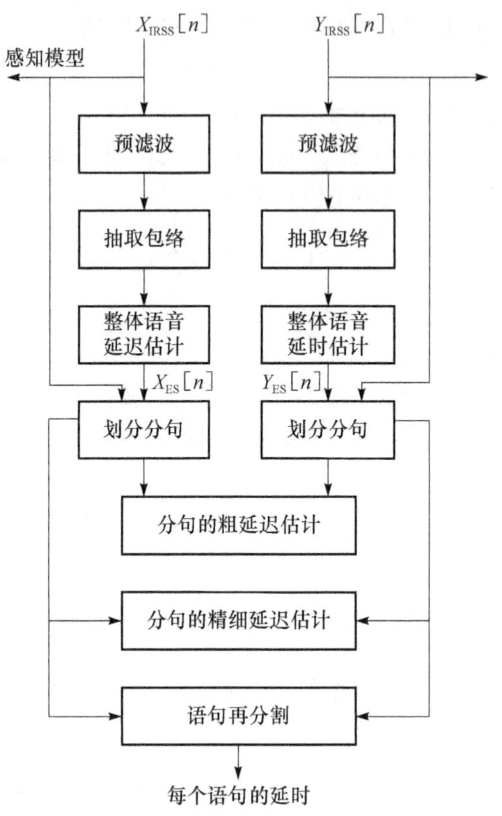

图 7-13 PESQ 算法模型图

两路语音信号通过窄带滤波，将低于 500Hz 的分量强烈衰减，突出对感知模型作用重要的部分。

2) 整体语音的时延估计

对整体语音采用基于包络的时延估计算法，计算出整体语音文件的粗略时延值。其实现过程如下：

(1) 计算不交叠的 4ms 帧功率。

对经过窄带滤波后的两路语音信号，均进行语音活性检测(voice activity detector，VAD)。首先求出每 4ms 帧语音的平均能量，接着由一个语音检测器得到一个阈值，低于该阈值认为是噪声帧，将其功率置为零；高于该阈值认为是语音帧，其功率用 P 表示，定义如式(7-42)所示：

$$P = 10\lg \frac{\mathrm{d}y}{\mathrm{d}x}\left(\max\left\{\frac{E[k]}{\mathrm{Ethresh}},1\right\}\right) \tag{7-42}$$

式中，$E[k]$为第 k 个 4ms 帧的能量；Ethresh 是由语音检测器得到的阈值。由两路语音信号的不交叠 4ms 帧功率，构成了它们的包络 $X_{\mathrm{ES}}(n)$和 $Y_{\mathrm{ES}}(n)$。

(2) 计算信号包络的互相关。

两信号包络的最大互相关值定义为粗略延时估计值，如式(7-43)所示：

$$C[n] = \mathrm{Corr}[X_{\mathrm{ES}}(n)_k, Y_{\mathrm{ES}}(n)_k] \tag{7-43}$$

式中，Corr(·)为互相关函数；$C[n]$是 $X_{\mathrm{ES}}(n)$和 $Y_{\mathrm{ES}}(n)$的包络互相关值，其分辨率比较低，所以认为是“粗略”的。但由于语音信号的包络中，包含有足够的信息，所以这种方法是比较精确的。假设信号包含 500ms 的语音，这种粗略延时估计的误差，通常在±8ms 范围内。

(3) 语句的标识。

为了达到时间对齐的目的，定义了语句的概念。语句指一段语音，它应该包含至少 300ms 的连续活动语音，并且包含的静音期不超过 200ms。PESQ 模型利用参考信号的活动语音检测，将语音分割为语句，语句间的分界线位于语句间隔的静默期之间。

(4) 语句的延时估计。

对于每一语句，首先采用上述基于包络的延时估计，得到其粗略的时延值，接着用基于加权直方图的精细延时估计法，计算出语句的精细延时估计，具体计算方法如下。

首先，对预处理后的两路语音信号分别加汉宁窗，把信号划分为长 64ms 的帧，相邻帧采用 75%重叠。求出每一个 64ms 帧的互相关绝对值最大时的序号，该序号为每一帧的延时。对绝对值最大的互相关进行 0.125 次幂运算，所得结果作为该帧的加权因子，也称为置信度。

其次，构造延迟估计的加权直方图。根据互相关绝对值最大时的序号，把每一帧的加权因子加到相应的直方图中，由此得到每一语句的加权直方图。

然后，归一化加权直方图，即将加权直方图乘以所有加权因子的和。

最后，平滑直方图，将归一化后的加权直方图和一个宽 2ms、峰值为 1 的三角窗进行卷积运算。经过平滑的直方图峰值所对应的时域值，加上之前计算出的粗略时延值，即为该语句的实际延迟值，直方图峰值则作为该语句的延迟置信度。

(5) 语句的分割。

上述对语句的延时估计，没有考虑活动语音期间的延迟变化。如果语句内不同时间间隔的延迟不同，就会产生较大的误差。为了解决这个问题，PESQ 算法采用语句分割的办法进行改进。

通常把每一语句在某一分割点处分为两部分，每部分使用与前面相同的方法，求其粗略和精细延时估计值。在语句的不同分隔点进行同样处理，直到找到这样一个分隔点，该分隔点产生的两部分语音的延迟变化为 4ms 或更大，即该部分语音延迟置信度变化比较大，此时在该分隔点把语句分为两段，对每段新产生的语句用同样的方法处理，直到时延不发生变化。对其他语句也进行同样的处理，经过这些步骤以后,可以得到每个语句的时延值,且认为每一语句内的时延是没有变化的。

经过时间对齐后,得到的两路语音信号为 $X_{\text{IRSS}}(n)$ 和 $Y_{\text{IRSS}}(n)$。

3. 听觉变换

听觉变换是一个生理声学模型,它将语音映射到时频域中,来模拟人耳接收语音的过程。

人耳对外界声音信号的听觉感受,主要取决于音高、响度和掩蔽效应等因素。为了模拟人耳的听觉特性,引入临界带宽的概念,其单位是 Bark,用来表示一个临界频带的频率宽度。以 Bark 为单位的频率刻度,要比以 Hz 为单位的频率刻度更好,因为在一个临界频带内,人耳的很多听觉特性是一样的,比如掩蔽效应。

因此,可以将人耳看成一个并联的滤波器组,每个滤波器组有不同的带宽,对听觉有不同的贡献,结合各子带的掩蔽效应以及响度与频率的关系,求出各个临界频带的失真分布。听觉变换的具体实现步骤如下。

1) 校准因子

根据预先定义的声压级 SPL,计算出 Bark 谱密度校准因子 S_P 和响度校准因子 S_I,如式(7-44)和式(7-45)所示。

$$S_P = \frac{10000}{\max\limits_j[\text{Px}_i(j)]} \tag{7-44}$$

$$S_I = \frac{1}{\text{Lx}_i} \tag{7-45}$$

首先将频率为 1kHz、幅度为 40dB 声压级的正弦波,通过加窗 FFT,变换到频域,再变换到感知域,得到 Bark 谱密度 $\text{Px}_i(j)$,之后变换为响度 $\text{Lx}_i(j)$。

2) 时域-频域变换

经过时间对齐后的两路语音信号 $X_{\text{IRSS}}(n)$ 和 $Y_{\text{IRSS}}(n)$ 加 32ms 的汉宁窗后,得到 $X_{\text{WIRSS}}(n)$ 和 $Y_{\text{WIRSS}}(n)$,然后进行短时 FFT 变换,相邻帧重叠 50%,计算每一帧的频域功率谱密度 $\text{PX}_{\text{WIRSS}}[k]_n$ 和 $\text{PY}_{\text{WIRSS}}[k]_n$,其中下标 n 代表每帧的序号,具体表示如式(7-46)~式(7-49)所示:

$$\begin{cases} X_{\text{WIRSS}}[n]_n = W[n]X_{\text{IRRS}}[n] \\ Y_{\text{WIRSS}}[n]_n = W[n]Y_{\text{IRRS}}[n] \end{cases} \tag{7-46}$$

式中,汉宁窗如(7-47)所示:

$$W[n] = 0.5\left(1-\cos\frac{2\pi n}{N}\right), \quad 0 \leqslant n \leqslant N-1 \tag{7-47}$$

$$\begin{cases} X_{\text{WIRSS}}[n]_n \overset{\text{FFT}}{\Rightarrow} \text{PX}_{\text{WIRRS}}[k]_n \\ Y_{\text{WIRSS}}[n]_n \overset{\text{FFT}}{\Rightarrow} \text{PY}_{\text{WIRRS}}[k]_n \end{cases} \tag{7-48}$$

$$\begin{cases} \mathrm{PX}_{\mathrm{WIRRS}}[k]_n = (\mathrm{Re}X_i[k])^2 + (\mathrm{Im}X_i[k])^2 \\ \mathrm{PY}_{\mathrm{WIRRS}}[k]_n = (\mathrm{Re}Y_i[k])^2 + (\mathrm{Im}Y_i[k])^2 \end{cases} \tag{7-49}$$

其中，Re、Im 分别代表实部与虚部。

3) Bark 谱密度

将 Hz 刻度上的功率谱变换到 Bark 尺度上的谱密度 $\mathrm{PPX}_{\mathrm{WIRSS}}[j]_n$ 和 $\mathrm{PPY}_{\mathrm{WIRSS}}[j]_n$，如式(7-50)和式(7-51)所示：

$$\mathrm{PPX}_{\mathrm{WIRSS}}[j]_n = S_P \cdot \frac{\Delta f_j}{\Delta z} \cdot \frac{1}{I_l[j] - I_f[j] + 1} \sum_{I_f[j]}^{I_l[j]} \mathrm{PX}_{\mathrm{WIRSS}}[k]_n \tag{7-50}$$

$$\mathrm{PPY}_{\mathrm{WIRSS}}[j]_n = S_P \cdot \frac{\Delta f_j}{\Delta z} \cdot \frac{1}{I_l[j] - I_f[j] + 1} \sum_{I_f[j]}^{I_l[j]} \mathrm{PY}_{\mathrm{WIRSS}}[k]_n \tag{7-51}$$

式中，$I_f[j]$是第 j 个 Hz 频段上第一个样点的序号；$I_l[j]$是第 j 个 Hz 频段上最后一个样点的序号；Δf_j 是第 j 个频段的带宽；Δz 是在临界频率群上的带宽。

4) 线性频率响应补偿

考虑到被测系统的线性滤波问题，需要进行频域补偿。因为失真语音是被评价的目标，所以频率补偿只针对参考语音进行。首先计算两路信号能量超过绝对听觉阈值 30dB 以上的有效语音帧的平均 Bark 谱值，将两路信号的平均 Bark 谱比值作为补偿因子 S_j，S_j 最大不超过 20dB。参考信号每一帧的 Bark 谱密度 $\mathrm{PPX}_{\mathrm{WIRSS}}[j]_n$ 乘以 S_j，得到参考信号线性滤波后的 Bark 谱密度 $\mathrm{PPX}'_{\mathrm{WIRSS}}[j]_n$，如式(7-52)和式(7-53)所示：

$$S_j = \frac{\sum_n \mathrm{PPY}_{\mathrm{WIRSS}}[j]_n}{\sum_n \mathrm{PPX}_{\mathrm{WIRSS}}[j]_n} \tag{7-52}$$

$$\mathrm{PPX}'_{\mathrm{WIRSS}}[j]_n = S_j \cdot \mathrm{PPX}_{\mathrm{WIRSS}}[j]_n \tag{7-53}$$

5) 增益补偿

求两路信号每一帧中超过绝对听觉阈值部分的可听功率和，二者的比值通过一阶低通滤波器进行平滑，其输出作为增益补偿因子 S_n，该补偿因子被限制在 $3\times10^{-4}\sim5$ 之间。然后将失真信号每一帧的功率密度乘以 S_n，如式(7-54)和式(7-55)所示：

$$S_n = \frac{\sum_j \mathrm{PPX}'_{\mathrm{WIRSS}}[j]_n}{\sum_j \mathrm{PPY}_{\mathrm{WIRSS}}[j]_n} \tag{7-54}$$

$$\mathrm{PPY}'_{\mathrm{WIRSS}}[j]_n = S_n \cdot \mathrm{PPY}_{\mathrm{WIRSS}}[j]_n \tag{7-55}$$

6) 响度变换

在心理上，主观感觉声音强弱的物理量是响度级或响度，所以应将两路信号的功率谱密度映射到响度级。设 $LX[j]_n$ 和 $LY[j]_n$ 为两路信号每个时频单元的响度,则由 Zwieker 定律可得

$$LX[j]_n = S_1 \cdot \left(\frac{P_0[j]}{0.5}\right)^{\gamma} \cdot \left[\left(0.5 + 0.5 \cdot \frac{PPX'_{WIRSS}[j]_n}{P_0[j]}\right)^{\gamma} - 1\right] \tag{7-56}$$

$$LY[j]_n = S_1 \cdot \left(\frac{P_0[j]}{0.5}\right)^{\gamma} \cdot \left[\left(0.5 + 0.5 \cdot \frac{PPY'_{WIRSS}[j]_n}{P_0[j]}\right)^{\gamma} - 1\right] \tag{7-57}$$

式中,$P_0[j]$为绝对听阈;S_1 为响度调整因子,且 $S_1 = 240.05$。响度低于 4Bark 时,γ 缓慢增长;高于 4Bark 时,$\gamma = 0.23$。

4. 认知模型

PESQ 模型采用了改进的认知模型,它比 PSQM 算法的认知模型要复杂。这也是 PESQ 算法性能卓越的一个重要表现。

1) 干扰密度

利用 PESQ 算法计算干扰密度时,采用了比 PSQM 更复杂的方法。首先计算两路语音信号响度密度差 $D_{raw}[j]_n$。当差值为正时,失真信号引入了一些分量,如噪声;差值为负时,失真信号损失了一些分量,这个差值也称原始干扰密度。考虑到人耳的掩蔽效应,需要对每个时频分量进行掩蔽处理,得到原始干扰密度。

首先对原始信号和失真信号的每个时频分量,求出每对时频分量的响度密度较小者,乘以 0.25,将其结果作为掩蔽阈值,形成掩蔽序列 $M[j]_n$,如式(7-58)和式(7-59)所示:

$$D_{raw}[j]_n = LY[j]_n - LX[j]_n \tag{7-58}$$

$$M[j]_n = \frac{1}{4}\min\{LX[j]_n, LY[j]_n\} \tag{7-59}$$

接着,对每个时频分量运用如下规则进行处理:

(1) 如果原始干扰密度为正值并且大于掩蔽值,则其干扰度等于原始干扰度减去这个掩蔽值;

(2) 如果原始干扰密度的幅度介于掩蔽值的正负值之间时,则干扰度为零;

(3) 如果原始干扰密度为负且比掩蔽值负值更小,则干扰度等于原始干扰度加上这个掩蔽值。

经过上述处理,使原始干扰密度的值向绝对值减小的方向,移动了掩蔽阈值大小的一段距离,从而得到干扰度密度的时间和频率的函数,即 $D[j]_n$。该规则模拟了当每个时频分量中有强信号时,听不到具有较小干扰度的失真,即强信号掩蔽了失真,使收听者不能感知到它存在的现象。

2) 非对称处理

测试表明,当信号中引入一个新的时频分量时,其主观得分要比信号中丢失一个时频分量更低。因为当编码器或传输系统的输入信号引入一个新的时频分量

时，这个新的分量和输入信号混为一体，使输出信号分解为两个不同的知觉对象，即输入信号和失真，这将导致明显的听觉失真。然而，当损失一个时频分量时，输出信号不能按同样方式分解，失真也变得不太明显。这种不对称现象在静默期，表现得更加明显。

每帧的干扰密度 $D[j]_n$ 乘以一个非对称因子得到非对称干扰密度 $\mathrm{DA}[j]_n$，用于模拟非对称效应。该非对称因子为失真信号和参考信号 Bark 谱密度比值的 1.2 次幂，若非对称因子小于 3，取值为 0；若大于 12，则取值为 12，如式(7-60)所示：

$$\mathrm{DA}[j]_n = D[j]_n\left(\frac{\mathrm{PPY}'_{\mathrm{WIRSS}}[j]_n}{\mathrm{PPX}'_{\mathrm{WIRSS}}[j]_n}\right)^{1.2} \tag{7-60}$$

3）干扰度

使用不同的范数 L_p，对干扰密度 $D[j]_n$ 和非对称干扰密度 $\mathrm{DA}[j]_n$，在 Bark 域上取平均，得到帧干扰度 D_n 和非对称帧干扰度 DA_n，设 M 为临界带宽的个数，则有

$$D_n = M_n \cdot \sqrt[p]{\sum_{j=1,\cdots,M}(\mid D[j]_n \mid \cdot W_j)^P} \tag{7-61}$$

$$\mathrm{DA}_n = M_n \cdot \sum_{j=1,\cdots,M}(\mid D[j]_n \mid \cdot W_j) \tag{7-62}$$

式中，M_n 为乘因子，其值与该帧功率有关；W_j 为一系列和修正 Bark 频带组宽度成比例的常量。

对于语句间静默期的若干帧，其干扰度及非对称干扰度需要进行特殊处理。如果发现后一语句的延时比前一语句的延时少 16ms 以上时，则忽略它们之间静默期的干扰度及非对称干扰度，能得到更好的效果。发生这种情况时，将这些帧的干扰度及非对称干扰度置为零。

4）坏区间的重对齐

在少数情况下，时间对齐模块可能没有正确地确定延时变化，这样由于错误的延时估计，将导致较大的计算误差。PESQ 算法考虑了这种情况，把干扰度超过给定阈值的帧称为坏帧。如果在一段连续帧中有一帧的干扰度超过给定的阈值，则称为坏区间。PESQ 算法确定出每个坏区间的范围与坏区间的个数，重新计算坏区间内参考信号和失真信号的最大互相关，对坏区间估计一个新的延时。并且，当该最大互相关小于给定的阈值时，认为该区间是噪声对噪声，不再称为坏区间，停止对其进行重对齐处理。否则，要重新计算坏区间帧的帧干扰度。如果所得帧干扰度更小，则用它代替原来的干扰度。

5）干扰度的时域平均

和正常的时域平均、一阶范数 L_1 相比，p 阶范数 L_p 加权，强调了响度高的干扰度，这使得客观得分和主观得分相关性更好。

干扰度和非对称帧干扰度的时域平均分两级实现，即求瞬态间隔内和语音持续时间内的干扰总和。瞬态间隔内的干扰总和采用高阶范数，语音持续期间内的干扰总和采用低阶范数。这是因为当某一段间隔区间的计算出现误差时，其他间隔区间的计算不会受到影响。分别计算对称干扰度和非对称帧干扰度，得到平均对称干扰度和平均非对称干扰度。

6）计算客观得分

PESQ 算法客观评价得分是平均对称干扰度 d_{SYM} 和平均非对称干扰度 d_{ASYM} 的线性组合，如式(7-63)所示：

$$\text{PESQMOS} = 4.5 - 0.1d_{SYM} - 0.0309d_{ASYM} \tag{7-63}$$

式(7-63)是对所有的候选参数集都进行了选择后，找到的最优组合，该式在预测精度和概括能力上达到了很好的平衡，能够获得最好的平均相关系数。

7.4.4 主客观评价方法的相关度

客观评价方法的选取首先需要考虑它与主观评价方法间的相关度，相关度表示的是客观评价方法与主观评价方法统计意义上的一致性程度。它是由主客观评价分值通过最小二乘法拟合得出的。表 7-2 为各种语音质量客观评价方法与主观评价方法的相关度。语音增强算法的性能，一般由 SNR 的提高来衡量。SNR 与主观评价的相关度仅为 0.24，而且它是在一段完整信号的持续时间内计算的，这样信噪比的值会被高能量的区域所支配，由于语音信号是非平稳信号，它具有许多高能量和低能量的区域，而且这些区域与语音的理解密切相关。而时域分段信噪比测度去除了各帧信噪比中的最大值和最小值，能够反映语音的局部失真水平，且比 SNR 与主观评价的相关度高，可信度高能够反映语音增强算法的噪声消除水平和失真程度。同时，考虑语音质量的性能应包括人的主观感受方面的性能，由表 7-2 可知语音感知质量评价与主观评价的相关度最高，最能反映人耳对语音的真实感受。

表 7-2 不同语音质量客观评价方法与主观评价方法间的相关度

语音质量客观评价方法	相关度
信噪比(SNR)	0.24
分段信噪比(SegSNR)	0.77
板仓距离测度(Irakura-Saito)	0.59
对称化的似然比失真测度(log likelihood ratio)	0.48
线谱对失真测度(line spectrum pairs)	0.35
Mel 谱测度(Mel-CD)	0.86
Bark 谱距离测度(BSD)	0.89
语音感知质量评价(PESQ)	0.94

采用分段信噪比与语音感知质量评价相结合的方法来评价语音增强的性能，

有利于语音增强算法在不同性能层面上的改进，使语音增强算法更具有针对性。

7.5　本章小结

本章针对语音增强质量评价进行了系统的介绍。语音质量评价从评价主体区分，可以分为主观评价和客观评价两大类。鉴于客观评价应用的广泛性，本章对其进行了详细的论述。但是在实际应用中，通常将主观评价和客观评价结合使用，并综合考虑主客观评价方法间的相关度。

客观评价系统的设计一般是以主观评价为基础，并借鉴了主观评价主体的感知功能和智能特性。在语音增强质量评价中，考虑到人对语音信号的感知特性，采用语音感知质量评价方法远比只单纯考虑信噪比效果要好得多。

参考文献

陈国，胡修林，张蕴玉，等. 2001. 语音质量客观评价方法研究进展. 电子学报，29(4)：548—552.

付强，易克初，田斌，等. 2001. 语音质量客观评价的一步策略. 电子学报，29(7)：885—888.

黄惠明，王瑛，赵思伟，等. 2000. 语音系统客观音质评价研究. 电子学报，28(4)：112—114.

瞿水华，张宏志. 2003. 语音质量评估系统应用探讨. 移动通信，5：60—63.

刘广建，薛磊，张知易. 2005. 一种语音通信干扰效果的客观评估方法. 电子对抗技术，20(2)：28—31.

Boll S F. 1979. Suppression of acoustic noise in speech using spectral subtraction. IEEE Transactions on ASSP，27(2)：113—120.

Hansen J H L，Pellom B L. 1998. An effective quality evaluation protocol for speech enhancement algorithms. International Conference on Spoken Language Processing, Sydney, 7：2819—2822.

Karjalainenn M. 1985. A new auditory model for the evaluation of sound quality of audio systems. IEEE International Conference on Acoustics, Speech, and Signal Processing, Tampa, 10：608—611.

Kitawaki N，Honda M，Itoh K. 1984. Speech quality assessment methods for speech-coding systems. IEEE Communications Magazine，22(10)：26—33.

Kitawaki N，Negabuchi H，Itoh K. 1988. Objective quality evaluation for low-bit-rate speech coding systems. IEEE Journal on Selected Areas in Communications，6(2)：242—248.

Kubichek R. 1993. Mel-cepstral distance measure for objective speech quality assessment. IEEE Pacific Rim Conference on Communications，Computers and Signal Processing，Minneapolis，1：125—128.

Kubichek R，Quincy E A，Kiser L L. 1989. Speech quality assessment using expert pattern recognition techniques. IEEE Pacific Rim Conference on Communications，Computers and Signal

Processing, Boston, 208—211.

Rix A W. 2004. Perceptual speech quality assessment—A review. IEEE International Conference on Acoustics, Speech, and Signal Processing, Quebec, 3: 1056—1059.

Rix A W, Hollier M P, Hekstra A P, et al. 2002. Perceptual evaluation of speech quality (PESQ): The new ITU standard for end-to-end speech quality assessment, Part Ⅱ—Psychoacoustic model. Journal of the Audio Engineering Society, 8(10): 1789—1792.

Voiers W. 1997. Diagnostic acceptability measure for speech communication systems. IEEE International Conference on Acoustics, Speech, and Signal Processing, Munich, 2: 204—207.

Voran S. 1997. Estimation of perceived speech quality using measuring normalizing blocks. IEEE Workshop on Speech Coding for Telecommunications, Pocono Manor, 83—84.

Voran S. 1998. A simplified version of the ITU algorithm for objective measurement of speech codec quality. IEEE International Conference on Acoustics, Speech, and Signal Processing, Seattle, 1: 537—540.

Voran S. 1999. Objective estimation of perceived speech quality—Part Ⅰ: Development of the measuring normalizing block technique. IEEE Transactions on Speech and Audio Processing, 7(4): 371—382.

Wang S H, Sekey A. 1990. An objective measure for predicting subjective quality of speech coders. IEEE Journal on Selected Areas in Communications, 10(5): 819—829.

Wang W, Benbouchta M, Yantorno R. 1998. Performance of the modified bark spectral distortion as an objective speech quality measure. IEEE International Conference on Acoustics, Speech, and Signal Processing, Seattle, 1: 541—544.

Yang W. 1999. Enhanced modified bark spectral distortion(EMBSD): An objective speech quality measure based on audile distortion and cognition model[Ph. D. Dissertation]. Philadelphia: Temple University, 1999.

Yang W, Dixon M, Yantorno R. 1997. A modified bark spectral distortion measure which uses noise masking threshold. IEEE Workshop on Speech Coding for Telecommunications, Pocono Manor, 55—56.

第 8 章　语音增强算法仿真

音频处理软件 Cool Edit 可以高质量地完成语音的录音、编辑及合成等多种任务，也是专业人员进行语音信号频谱分析与处理的强有力工具，通过该软件，可以观察与分析带噪语音信号的语谱图，并对语音信号进行简易去噪处理。本章利用音频处理软件对带噪语音信号的语谱图首先进行直观的观测与分析，然后根据所获取的语音信号特征，选择合适的处理方法再对语音信号进行去噪处理，达到语音增强的目的。

Matlab 仿真软件是一种包括数值计算、高级图形和可视化集成科学计算环境的高级程序设计语言。它可以将声音文件变换为离散的数据文件，然后利用其强大的数据运算能力进行处理，如数字滤波、傅里叶变换、时域和频域分析、声音回放以及各种图的呈现等，它的信号处理与分析工具箱为语音信号增强提供了十分丰富的功能函数，利用这些功能函数可以快捷而方便地完成语音信号的处理和分析，并且可通过简单的编程语言实现语音信号增强的仿真。

本章针对前面论述的各种语音增强算法，应用 Matlab 仿真软件，针对常见的加性高斯白噪声、粉红噪声、工厂噪声环境，选取有代表性的基于短时谱估计的维纳滤波法、基于统计模型的最小均方误差法、基于信号子空间的方法及小波变换法进行语音增强仿真实验，从信噪比角度对增强前后的语音进行比较和分析。同时综合考虑经过语音增强算法处理后得出的语音质量各个方面的性能，采用分段信噪比和语音质量感知评价算法相结合的方法，对语音增强算法在三种不同噪声环境下的性能进行分析和仿真，得出最佳结论。

本章还针对加性高斯白噪声环境下的 Daubechies 小波、Symlet 小波、Coiflet 小波和 Biorthogonal 小波，利用三种熵函数：Shannon 熵、SURE 熵和 threshold 熵选取最佳小波基，进行不同信噪比下小波包语音增强仿真实验，并对仿真数据进行综合比较和分析，得出不同小波基在不同熵标准及不同信噪比下的语音增强效果。

8.1　语音信号处理与仿真软件

Cool Edit 是一个功能强大的音频编辑软件，可以高质量地完成录音、编辑、合成等多种任务。Cool Edit 能记录 CD、卡座、话筒等多种音源，并可以对它们进行降噪、扩音、剪接等处理，还可以给它们添加立体环绕、淡入淡出、3D 回响等奇妙音效,制成的音频文件,除了可以保存为常见的 . wav、. snd 和 . voc 等格式外,也可以直接压缩为 MP3 或 Cool Edit 自有的 . rm 文件。此外,Cool Edit 能与现在最流行的各种专业软件很好地兼容。如 Cakewalk Pro Audio 的版本若是在 5. 0b 及以上,那么安装 Cool Edit 后,就可以在 Cakewalk Pro Audio 的工具 Tools 菜单下找到 Cool Edit 项,然后,在 Cakewalk Pro Audio 中完成作曲后,就可以直接启用 Cool Edit Pro 进行编辑,强强结合将给音乐制作带来更大的便利。

除了上述功能外,Cool Edit 还是专业人员进行语音信号频谱分析与处理的强有力工具。通过 Cool Edit 可以观察与分析输入语音信号的语谱图,提取语音信号的特征,并可对带噪语音信号进行简单去噪处理。Cool Edit 有许多版本,本章以 Cool Edit Pro 2. 1 为例介绍其主要功能。图 8-1 是 Cool Edit Pro 2. 1 的主界面。

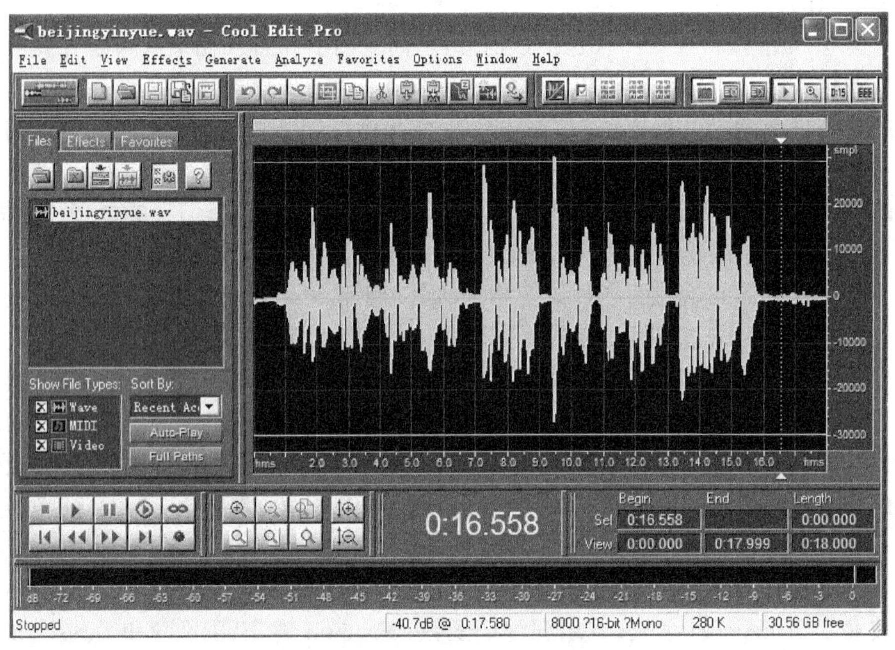

图 8-1　Cool Edit Pro 2. 1 主界面

8. 1. 1　语音编辑

用 Cool Edit 编辑语音,与在文字处理器中文本编辑相似。一方面,它包括复制、剪切和粘贴等操作;另一方面,须事先选择编辑对象或范围,这些操作才会有意义,对于声音文件而言,在波形图中,可选择某一片段或整个波形图。一般的选择方法是:在波形上按下鼠标左键向右或向左滑动,如果要往一侧扩大选择范围,可以在对应一侧右击鼠标,要选整个波形,双击鼠标即可。此外,Cool Edit 还提供了一些选择特殊范围的菜单，它们集中在 Edit 菜单下，如零交叉 Zero Crossings，可以将事先选择的波段起点和终点移到最近的零交叉点，即波形曲线与水平中线的交点；查出节拍 Find Beats，可以节拍为单位选择编辑范围。对于立体声文件，还可以单独选出左声道或右声道，进行编辑。

Cool Edit 提供了五个内部剪贴板，加上 Windows 剪贴板，总共有六个剪贴板可同时使用，它也允许同时编辑多个声音文件，这样，如果要在多个声音文件之间传送数据，就可以使用五个内部剪贴板，如果要与外部程序交换数据，可使用 Windows 剪贴板，这就像使用现在的剪贴板增强工具一样，给编辑带来了很大便利。但是，当前剪贴板只有一个，每次进行复制、剪切和粘贴等操作，始终是针对当前剪贴板。选定当前剪贴板的操作是在 Cool Edit 主窗口上，点击菜单 Edit/Set Current Clipboard，选择一个剪贴板。

利用 Cool Edit 的编辑功能，还可以将当前剪贴板中的声音，与窗口中的声音混合，具体实现方法是：点击菜单混合粘贴 Edit/Mix Paste，然后，选择需要的混合方式，如插入 Insert、叠加 Overlap、替换 Replace 或调制 Modulate。波形图中黄色竖线所在的位置为混合起点，即插入点，混合前应先调整好该位置。如果一个声音文件听起来断断续续，可以使用 Cool Edit 的删除静音功能，将它变为一个连续的文件，方法是点击菜单 Edit/Delete Silence 删除静音。

为便于编辑时观察波形变化，可以点击波形缩放按钮，而不会影响声音效果。按钮分两组，水平缩放按钮在窗口下部，有六个图标，带放大镜图标，垂直缩放按钮只有两个，在窗口右下角，同样有放大镜图标。此外，也可以在水平或垂直标尺上，直接滑动鼠标右键，右击标尺，弹出菜单，可以定制显示效果。

8.1.2　语谱图生成

语谱图是一种在语音分析以及语音合成中，具有重要实用价值的时频图，被视为语音信号的可视语言。从语谱图上不仅能看出任一时刻发声器官的共振峰特征，而且可以看出语音的基音频率，并区分出是否清音、爆破音。

语音的发声过程中，声道通常是处于运动状态的，因此它的共振峰特征也是时变的。不过这个时变过程比起振动过程，要缓慢得多。一般可以假定声道是短时平稳的，每一时刻都可以用该时刻附近的一短段语音信号，分析得到一种频谱。对语音信号进行连续的频谱分析，就可以得到一种二维图谱，其横坐标表示时间，纵坐标表示频率，而每像素的灰度值大小反映相应时刻和相应频率的信号能量密度。这种时频图称为语谱图 Sonogram 或 Spectrogam。Cool Edit 在保证时间分辨率的前提下，可以实时地显示语音信号的语谱图，步骤为：首先，利用 Cool Edit 录制一段语音；点击菜单 File/New，出现 New Waveform 对话框，选择适当的录音声道 Channels、分辨率 Resolution 和采样频率 Sample Rate。本节分别设置为 Stereo、

16bit、44100Hz；然后点击红色录音按钮，开始录音。通过麦克风录一段语音："听说你要来兰州"，然后保存、再播放，Cool Edit 窗口将出现录制文件的波形图，如图 8-2 所示；然后在录音播放过程中，点击 View 菜单下的 Spectral View，就可得到语音信号的语谱图，如图 8-3 所示。

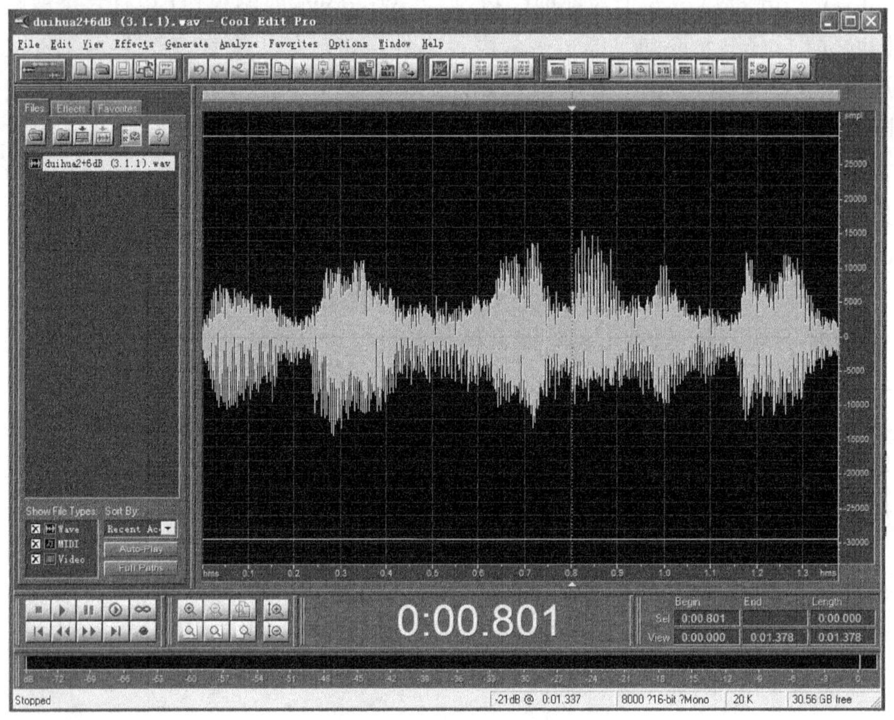

图 8-2　语音信号的波形图

通过图 8-3 可以看出，Cool Edit 显示的语谱图是经过伪彩色处理的，具有较高的分辨率和较好的视觉效果。语谱图中含有花纹、横杠、乱纹和竖直条等。

横杠是与时间轴平行的几条深黑色带纹，表示共振峰。可以明显地看出该段语音信号的共振峰结构和语谱包络。另外，通过横杠对应的频率和宽度，可以确定相应的共振峰频率和带宽。例如，第一个共振峰对应的频率范围是 200～500Hz，即带宽为 300Hz。在一幅语音段的频谱图中，有没有横杠出现，是判断它是否包含浊音的重要标志。一般的，对于语音增强需取前三至五个共振峰。

竖直条，又称冲直条，是语谱图中出现的与时间轴垂直的一条窄黑条。每个竖直条相当于一个基音，条纹的起点相当于声门脉冲的起点，条纹之间的距离表示基音周期。条纹越密，表示基音频率越高，乱纹往往表示清音、擦音或送气声。

语谱图中颜色的显示与色度条相对应，越接近上端红色区，能量值越高，越接近下端蓝色区，能量值越低，从图 8-3 可以看出能量高的值，一条条横方向的条纹，

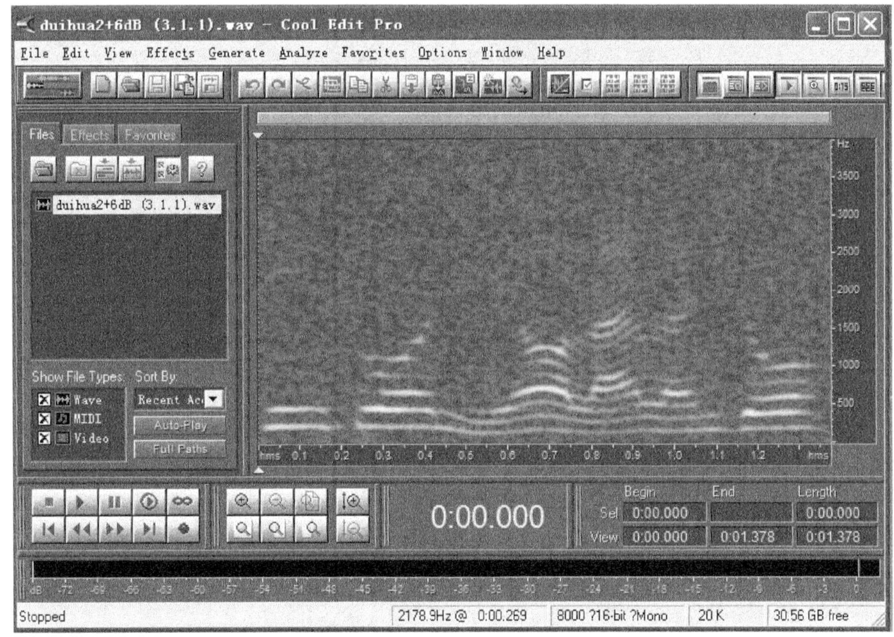

图 8-3　语音信号的语谱图

往往出现在低频区域，这也符合语音信号的特点，高频端大约在 800Hz 以上按 6dB 每倍频跌落，所以语音信号处理时常常要进行预加重，来提升高频部分，使信号的频谱变得平坦。

8.1.3　语音增强仿真工具

Matlab 是 Matrix Laboratory 的缩写，1984 年由 MathWorks 公司正式推出，内核采用 C 语言编写。Matlab 是一种包括数值计算、高级图形和可视化集成科学计算环境的高级程序设计语言。灵活的 Matlab 语言可使工程师和科学家简练地表达他们的思想，其强有力的数值计算方法便于测试和探索新的思想，而集成的计算环境便于产生快速实时的结果，强大的扩展功能为用户提供了强有力的支持。Matlab 集数学计算、图形绘制、语言设计和神经网络等 30 多个工具箱于一体，具有极高的编程效率，极大地方便了科学研究和工程应用。

语音处理中往往把数字化的语音信号表示为一维或二维矩阵，对应于双声道立体声数据，因此，基于矩阵运算的 Matlab 就很自然地被应用到语音处理领域。Matlab 提供了语音文件的读写函数以及录音和放音功能，使用时只需按照函数的语法规则，正确输入参数即可，通过这些函数可以得到语音的采样频率、量化精度和通道数等参数值。同时，Matlab 提供了语音的和、差等线性运算，以及卷积、相关等非线性运算。对于语音处理中常用到的各种窗函数，Matlab 也都提供了相应的函数,例如,Hamming(n)即宽度为 n 的汉明窗。

Matlab 的一个显著特点是易于扩展,近年来,有许多科学家、数学家、工程师开发了一些新的、有价值的应用程序,这些应用程序都可以被纳入到 Matlab 工具箱中。例如,voice box 工具箱,其中包含了很多与语音信号处理相关的函数,可以直接调用这些相关函数。Matlab 中的 30 多个工具箱大致可分为两类:功能型工具箱和领域型工具箱。功能型工具箱主要用来扩充 Matlab 的符号计算功能、图形建模仿真功能、文字处理功能以及与硬件实时交互功能,能用于多种学科。而领域型工具箱的专业性很强,如信号处理工具箱(signal processing toolbox)、控制系统工具箱(control system toolbox)等。后面的语音增强仿真会用到其中的小波工具箱,其主要功能有:

(1) 基于小波的分析和综合;

(2) 图形界面和命令行接口;

(3) 连续和离散小波变换及小波包;

(4) 一维、二维小波以及自适应去噪和压缩。

Matlab 具有很强的绘图功能,包含一系列的绘图函数,可以方便地实现函数或数据的可视化显示。直接调用 Matlab 中的曲线绘图命令 plot,就可将读入的语音信号波形显示出来。同时,通过计算语音的能量、过零率等一系列参数,可以对语音信号进行时域分析。

8.1.4 语音增强仿真准备

语音增强算法仿真及性能评价仿真的准备工作包括以下三个方面。

1. 语音材料和噪声的选取

语音材料和噪声的选取是整个研究过程的基础,语音学研究使用的语音材料有两种:一种是编制的实验室语音,另一种来自语音数据库。这里选取了普通话数据库中的标准纯净语音。汉语普通话语音与计算机语音中的语音分析、语音合成、语音识别等技术都有密切关系。

噪声选取 noisex 数据库中的不同种类的噪声。本实验中选取高斯白噪声、粉红噪声以及工厂噪声,与纯净语音生成不同信噪比的带噪语音信号,进行仿真。高斯白噪声的频带很宽,几乎占据了整个频域,与语音信号重叠,无法区分出有用信号和噪声,而且语音信号中的清音与高斯白噪声的性质相似,彼此难以区分。粉红噪声是自然界最常见的有色噪声,它的频率分量主要分布在中低频段。工厂噪声是一种不稳定的噪声。

2. 语音增强算法的选择

通过对不同原理的语音增强算法的研究分析,可知每种算法都有各自的优缺点，所以本节全面考虑了基于不同原理的语音增强算法，选取各类算法中经典的、具有代表性的算法进行仿真和性能评价，对比分析各类算法的性能优劣。

选取的语音增强算法是：维纳滤波法、最小均方误差法、信号子空间法、小波变换法。

3. 语音增强算法的性能评价方案

通过对语音质量评价方法的研究，综合考虑经过语音增强算法后，得到的语音质量的各个方面性能，主要包括噪声的消除水平、失真程度和人为主观听觉上的可懂度等因素，针对这几个方面，本章利用分段信噪比，来评价语音增强算法的噪声消除水平和失真程度方面的客观性能，利用 PESQ 算法来评价语音的可懂度等人对语音质量的主观感受方面的性能。

8.2　语音增强算法仿真

语音增强算法的性能是通过比较纯净语音与增强后语音的时域波形的信噪比得出的。本节针对前面论述的各种语音增强算法，应用 Matlab 仿真软件，针对常见的加性高斯白噪声、粉红噪声及工厂噪声环境，选取有代表性的基于短时谱估计的维纳滤波法、基于统计模型的最小均方误差法、基于信号子空间的方法及小波变换法进行语音增强仿真实验，从信噪比角度对增强前后的语音进行比较和分析。由于信噪比较高时，语音的清晰度和可懂度比较好，但是，低信噪比情况下的语音增强算法研究，却更具有实际意义，因此仿真的重点放在－15～5dB 的低信噪比环境下，仿真实验是在 Matlab R2007a 软件中进行的，实验所采用的信号均是采样率为 8kHz，并通过 16 位 PCM 量化器的单声道音频信号，语音增强算法仿真图中的横坐标为时间，单位为 s，纵坐标为归一化幅度值。语音增强算法仿真的目的是获取增强后的语音信号，判断出不同语音增强算法的性能好坏。

8.2.1　高斯白噪声仿真实验

图 8-4～图 8-15 中的(a)为纯净语音的时域波形图，(b)为带噪语音时域波形图，(c)为经过维纳滤波法增强后的语音时域波形图，(d)为经过最小均方误差法增强后的语音时域波形图，(e)、(f) 分别为经过信号子空间和小波变换法增强后的语音时域波形图。图中的横坐标为时间，单位为 s，纵坐标为归一化幅度值。为了便于观察应用维纳滤波法和最小均方误差法增强后的语音波形，将其波形图的纵坐标对应幅度放大为－0.6～＋0.6。在高斯白噪声环境下，带噪语音信噪比为－13.5823dB 时，仿真结果如图 8-4 所示。

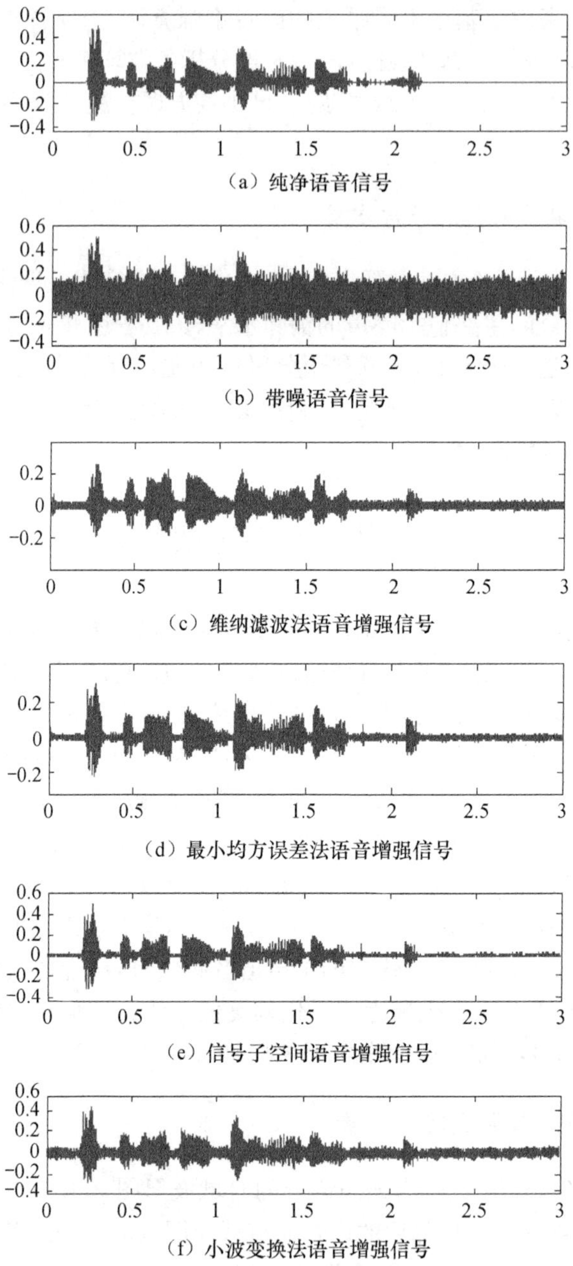

（a）纯净语音信号

（b）带噪语音信号

（c）维纳滤波法语音增强信号

（d）最小均方误差法语音增强信号

（e）信号子空间语音增强信号

（f）小波变换法语音增强信号

图 8-4　SNR＝－13.5823dB 的语音增强算法仿真图

当带噪语音信噪比为－7.1942dB 时，仿真结果如图 8-5 所示。

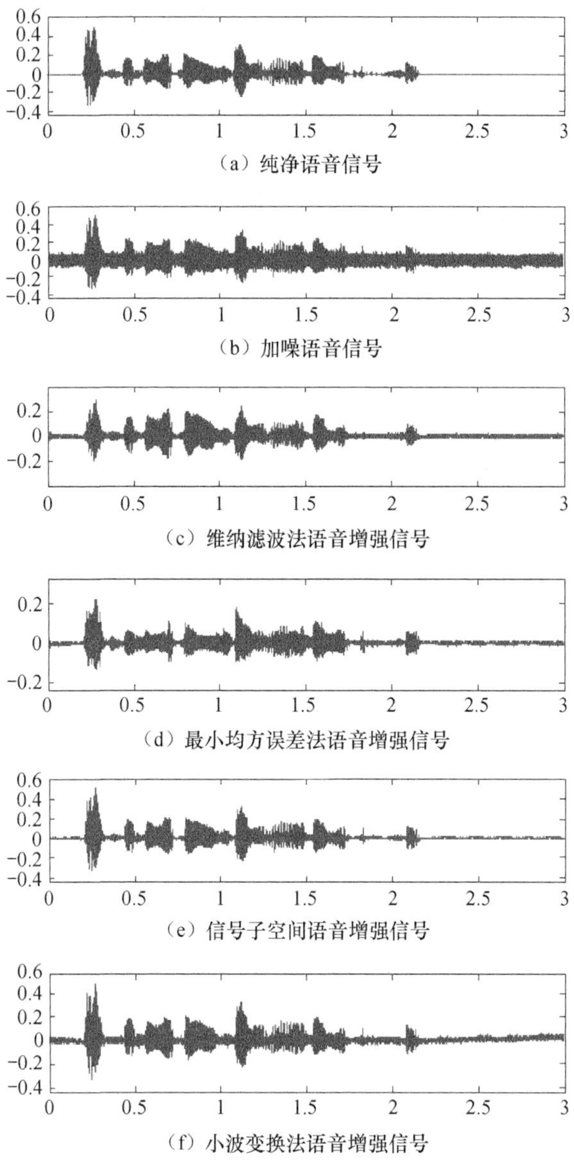

图 8-5　SNR＝－7.1942dB 的语音增强算法仿真图

当带噪语音信噪比为－2.9906dB时，仿真结果如图8-6所示。

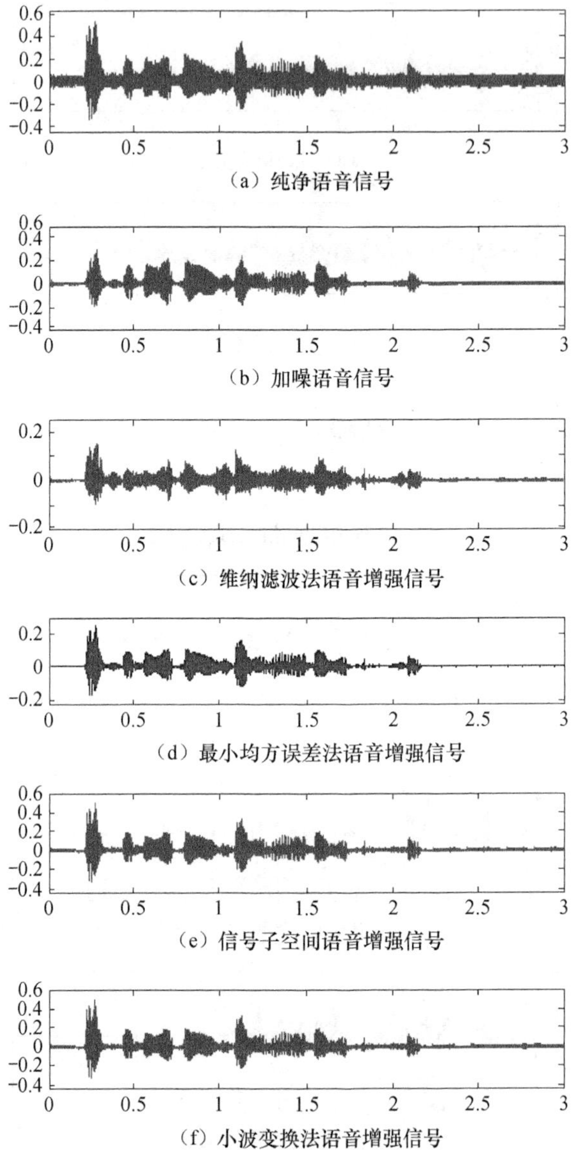

（a）纯净语音信号

（b）加噪语音信号

（c）维纳滤波法语音增强信号

（d）最小均方误差法语音增强信号

（e）信号子空间语音增强信号

（f）小波变换法语音增强信号

图8-6　SNR＝－2.9906dB的语音增强算法仿真图

当带噪语音信噪比为 2.3703dB 时，仿真结果如图 8-7 所示。

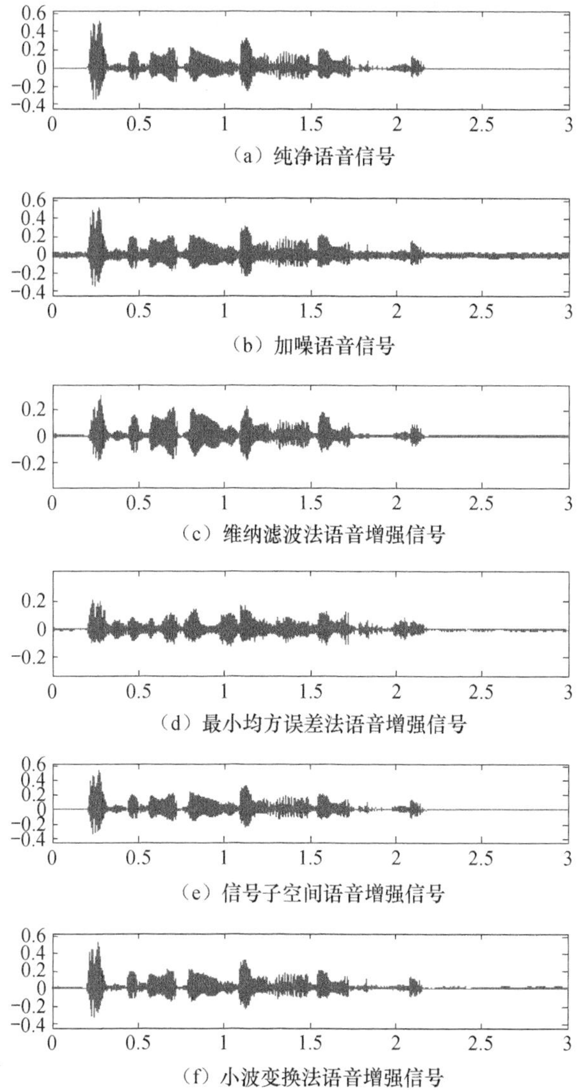

（a）纯净语音信号

（b）加噪语音信号

（c）维纳滤波法语音增强信号

（d）最小均方误差法语音增强信号

（e）信号子空间语音增强信号

（f）小波变换法语音增强信号

图 8-7　SNR＝2.3703dB 的语音增强算法仿真图

通过比较图 8-4～图 8-7 的纯净语音与增强后语音的相似程度可知，对于含有高斯白噪声的语音，各种算法增强后的波形轮廓大致和纯净语音相同，四种语音增强算法都有明显的、各不相同的增强效果，在信噪比较低时，各种算法之间的增强效果差异也比较大；随着带噪语音信噪比的增大，各种语音增强算法之间的增强效果差别也在逐渐缩小。

通过比较增强后语音和纯净语音的细节部分可知，各增强算法主要恢复的是纯净语音的大致走向，即中低频部分，但是语音信号中能量相对较低的高频部分，包含了信号音质和音感信息，纯净语音的这些细节成分在语音增强过程中，被噪声掩盖而无法恢复，就有可能造成可懂度的降低。增强后语音和纯净语音在波峰幅度上也有差别，增强后语音的波峰幅度受噪声影响较大，这使得各频率成分间的比例与纯净语音具有一定差异。

维纳滤波法增强后的语音幅度在大于 0.2 处，幅度变小、能量降低，说明该增强算法对此处的语音质量造成了损伤。而且在语音信号能量较低点，随着带噪语音信噪比的提高，噪声的消除水平越来越高。最小均方误差法增强后的语音幅度整体被压缩，但是整体上各频率成分比例，没有太大变化，在语音信号能量较低点，噪声消除水平随着带噪语音信噪比的提高而降低。信号子空间法增强后的语音在整体处理效果来看是最好的，语音信号整体噪声消除水平很高。与其他语音去噪方法相比，小波去噪在低信噪比情况下，去噪效果较好，去噪后的语音信号识别率较高，而且小波变换去噪法对时变信号和突变信号的去噪效果，尤其明显。

在高斯白噪声环境下语音增强算法仿真实验数据结果如表 8-1 所示，信噪比单位均为 dB。

表 8-1　高斯白噪声环境下语音增强算法仿真结果　　(单位:dB)

语音增强算法	增强前带噪语音信噪比 SNR_{in}	增强后输出语音信噪比 SNR_{out}	信噪比差值 ΔSNR
维纳滤波法	2.3703	3.7387	1.3684
	−2.9906	2.2622	5.2528
	−7.1942	0.6539	7.8481
	−13.5823	−2.7116	10.8707
最小均方误差法	2.3703	3.3187	0.9484
	−2.9906	−0.2047	2.7859
	−7.1942	−0.2464	6.9478
	−13.5823	−0.2964	13.2859
信号子空间法	2.3703	12.2517	9.8814
	−2.9906	9.6652	12.6558
	−7.1942	6.7725	13.8667
	−13.5823	2.7688	16.3511
小波变换法	2.3703	7.7822	5.4119
	−2.9906	4.1439	7.1345
	−7.1942	1.1911	8.3853
	−13.5823	−3.8816	9.7007

通过表 8-1 中的仿真实验数据可知，针对高斯白噪声环境下的语音，单纯从改善信噪比的角度分析，四种算法中，信号子空间法的增强效果最好，其次是小波变换法、维纳滤波法、最小均方误差法。

8.2.2　粉红噪声仿真实验

在粉红噪声环境下，当带噪语音信噪比为－13.5976dB 时，仿真结果如图 8-8 所示，图中横坐标为时间，单位为 s，纵坐标为归一化幅度值。为了便于观察应用最小均方误差法增强后的语音波形，将其波形图的对应幅度放大为－0.6～＋0.6。

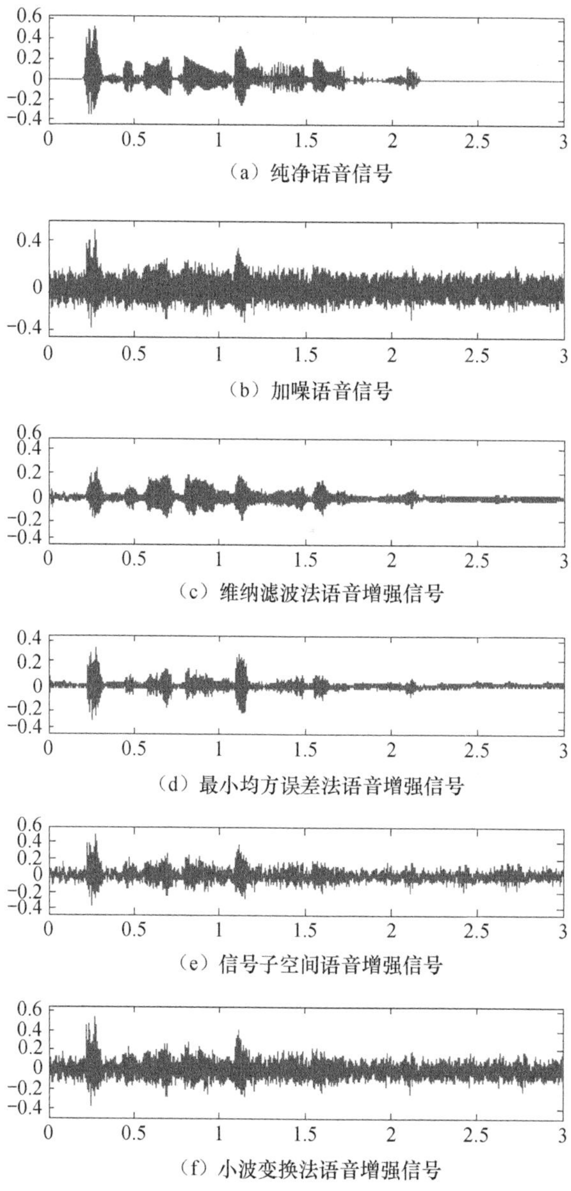

图 8-8　SNR＝－13.5976dB 的语音增强算法仿真图

当带噪语音信噪比为−7.2407dB时，仿真结果如图8-9所示。

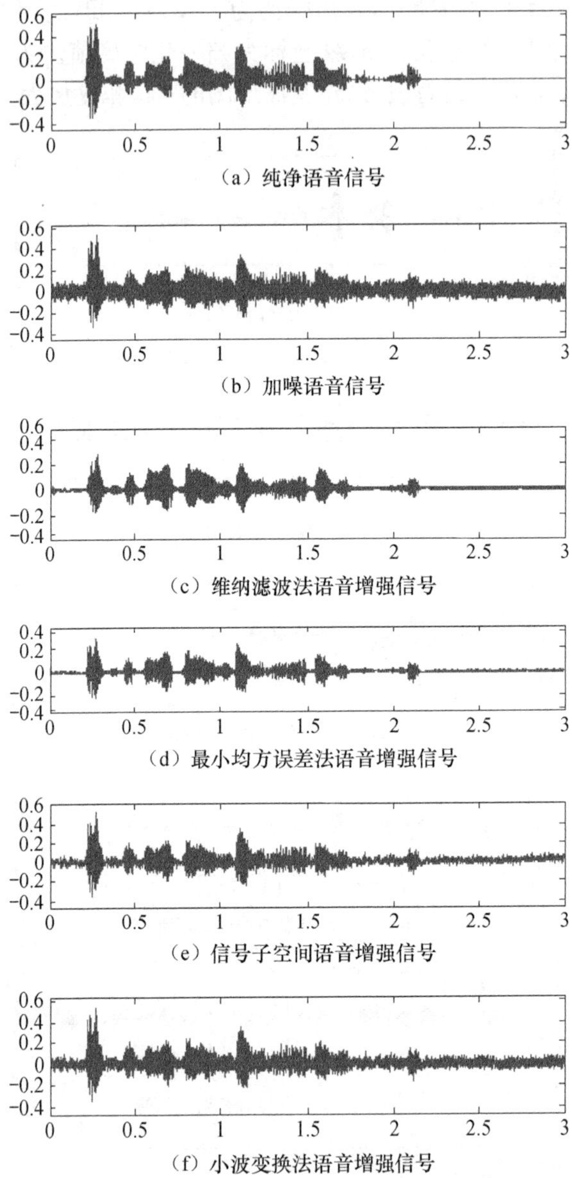

图8-9　SNR=−7.2407dB的语音增强算法仿真图

当带噪语音信噪比为−2.8686dB时，仿真结果如图8-10所示。为了便于观察应用最小均方误差法增强后的语音波形，将其波形图的对应幅度放大为−0.6～+0.6。

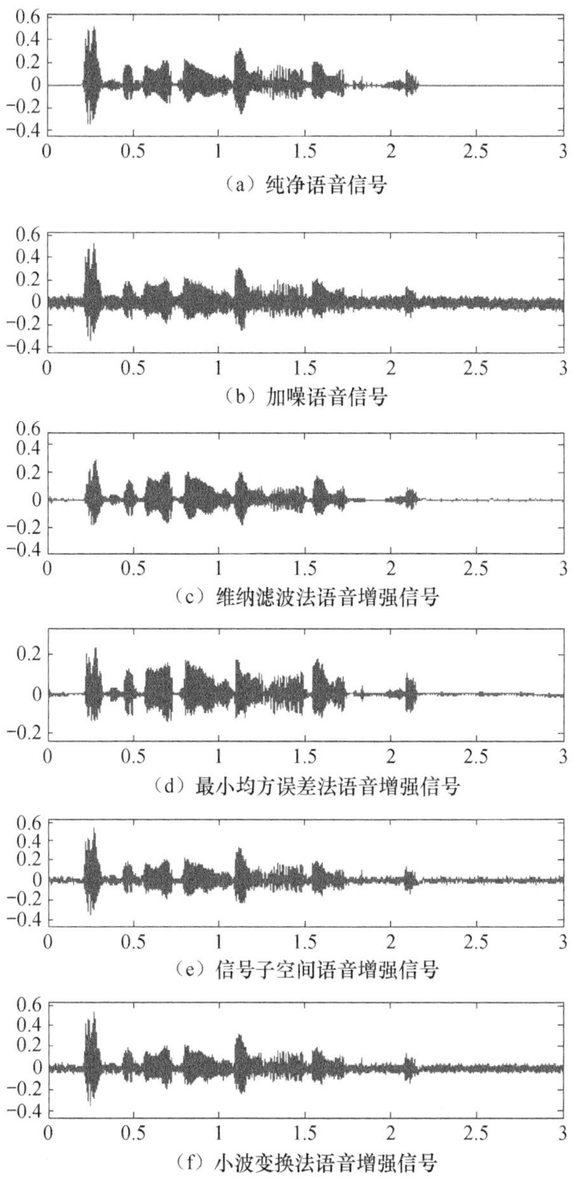

图 8-10　SNR=−2.8686dB 的语音增强算法仿真图

当带噪语音信噪比为 2.1539dB 时，仿真结果如图 8-11 所示。

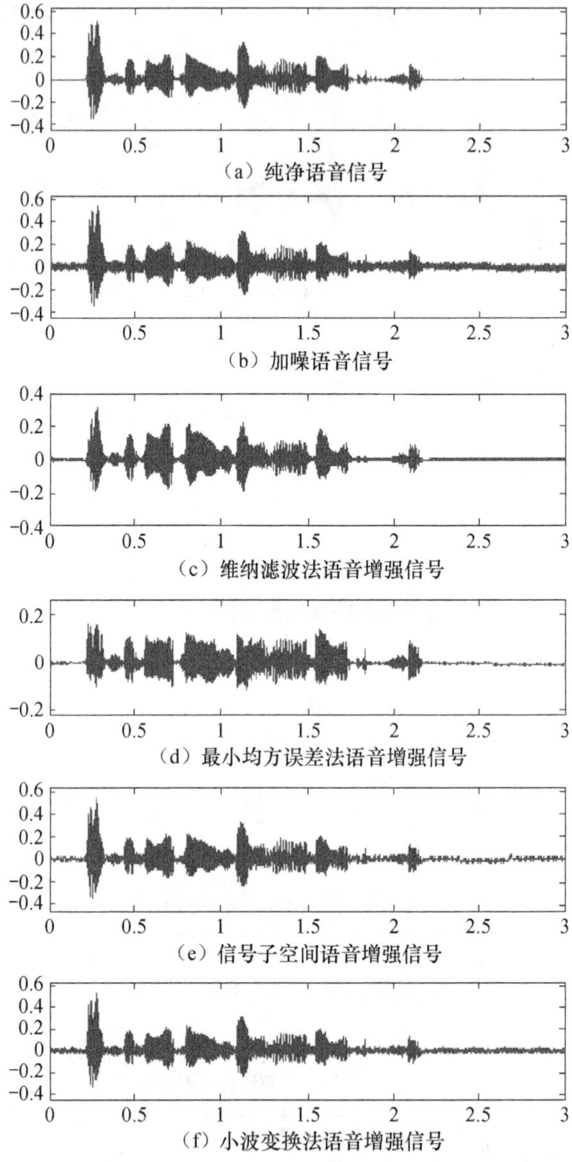

（a）纯净语音信号

（b）加噪语音信号

（c）维纳滤波法语音增强信号

（d）最小均方误差法语音增强信号

（e）信号子空间语音增强信号

（f）小波变换法语音增强信号

图 8-11　SNR＝2.1539dB 的语音增强算法仿真图

通过比较图 8-8～图 8-11 的纯净语音与增强后语音的相似程度可以得出，针对带粉红噪声的语音来说，各种算法主要恢复的是纯净语音的大致走向，纯净语音的一些细节成分被噪声掩盖而很难被恢复。增强后语音波峰幅度受噪声影响较大，这使得各频率成分间的比例与纯净语音有一定差异。四种增强算法都有明显的、各不相同的增强效果，在信噪比较低时，各种算法之间的增强效果差异也比较大；随着带噪语音信噪比的增大，各种语音增强算法之间的增强效果差异也在逐渐减小。

维纳滤波法增强后的语音幅度在大于 0.2 处，幅度变小、能量降低，说明该增强算法对此处的语音质量造成了损伤，而且在语音信号能量较低点，噪声的消除效果较好。最小均方误差法增强后的语音幅度整体被压缩，但是整体比例没有太大变化，语音整体质量没有太大损伤，在语音信号能量较低点，噪声消除效果较好。信号子空间法增强后的语音从整体来看效果一般，在语音信号能量较低点，语音信号的一些信息被噪声淹没，此处噪声消除水平很低。小波变换法增强后的语音从整体来看效果最差，噪声消除水平最低。

四种增强算法的仿真实验数据结果如表 8-2 所示，信噪比单位均为 dB。

表 8-2　粉红噪声环境下语音增强算法仿真结果　（单位：dB）

语音增强算法	增强前带噪语音信噪比 SNR_{in}	增强后输出语音信噪比 SNR_{out}	信噪比差值 ΔSNR
维纳滤波法	2.1539	4.5457	2.3918
	−2.8686	2.5694	5.4380
	−7.2407	0.5930	7.8337
	−13.5976	−2.9935	10.6041
最小均方误差法	2.1539	3.7203	1.5664
	−2.8686	2.6202	5.4888
	−7.2407	0.1977	7.4384
	−13.5976	−3.5784	10.0192
信号子空间法	2.1539	3.6763	1.5224
	−2.8686	−0.4370	2.4316
	−7.2407	−4.1385	3.1022
	−13.5976	−9.6589	3.9387
小波变换法	2.1539	3.0533	0.8994
	−2.8686	−1.4998	1.3688
	−7.2407	−5.5301	1.7106
	−13.5976	−11.5629	2.0347

从表 8-2 中的仿真实验数据可以得出，针对带粉红噪声的语音来说，四种方法的增强效果差距很大，单纯从信噪比的角度来看，四种算法中维纳滤波法的增强效果最好，其次是最小均方误差法、信号子空间法、小波变换法。

8.2.3　工厂噪声仿真实验

本章研究的高斯白噪声、粉红噪声和工厂噪声都是加性噪声，但是不同的是，工厂噪声是一种非稳态噪声，而高斯白噪声和粉红噪声是稳态噪声。稳态噪声的功率谱密度不随时间变化，包括高斯白噪声和有色噪声，在功率谱域上，稳态的高斯白噪声表现为对所有语音频率都适用的加性偏值，而有色加性噪声则是不同频率成分有不同的加性偏值；工厂噪声是一种非稳态噪声，它的统计特性随时间变化，表现为突发性与不可预知性，其特点是时域波形有突然出现的窄脉冲。通过对高斯白噪声和粉红噪声环境下与工厂噪声环境下的语音时域波形图作比较，可以看出三种噪声对纯净语音信号的影响各不相同。

工厂噪声环境下，当带噪语音信噪比为－13.5108dB 时，仿真结果如图 8-12 所示。图中横坐标为时间，单位为 s，纵坐标为归一化幅度值。为了便于观察加噪语音、应用信号子空间法和小波变换法增强后语音波形，将其部分波形图的纵坐标幅度放大为－0.6～＋0.6。

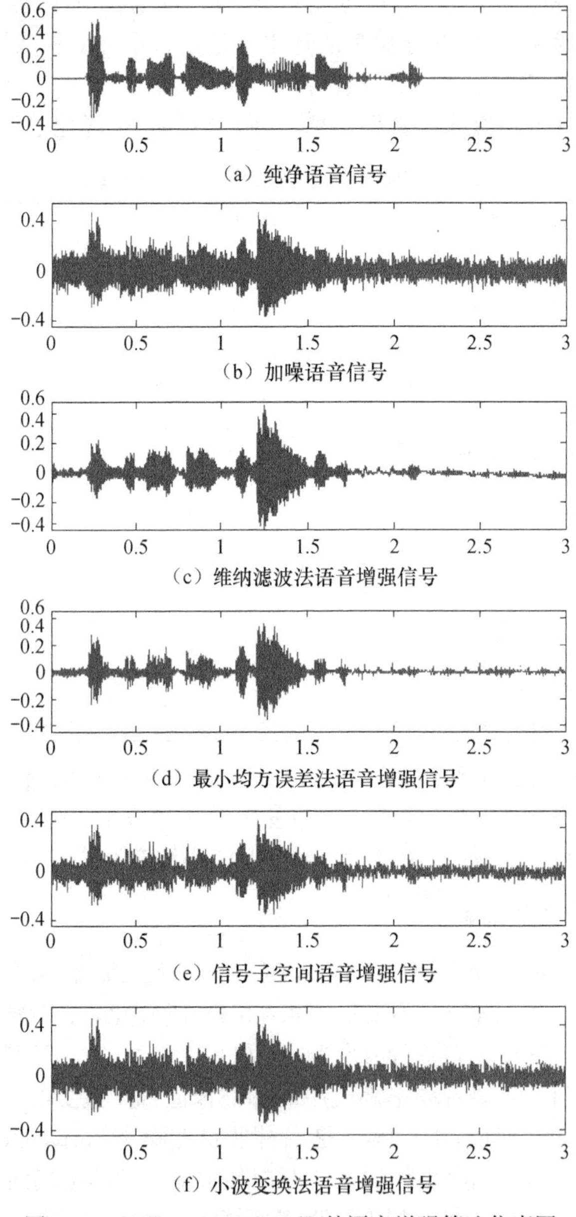

图 8-12　SNR＝－13.5108dB 的语音增强算法仿真图

当带噪语音信噪比为－7.1496dB时,仿真结果如图8-13所示。

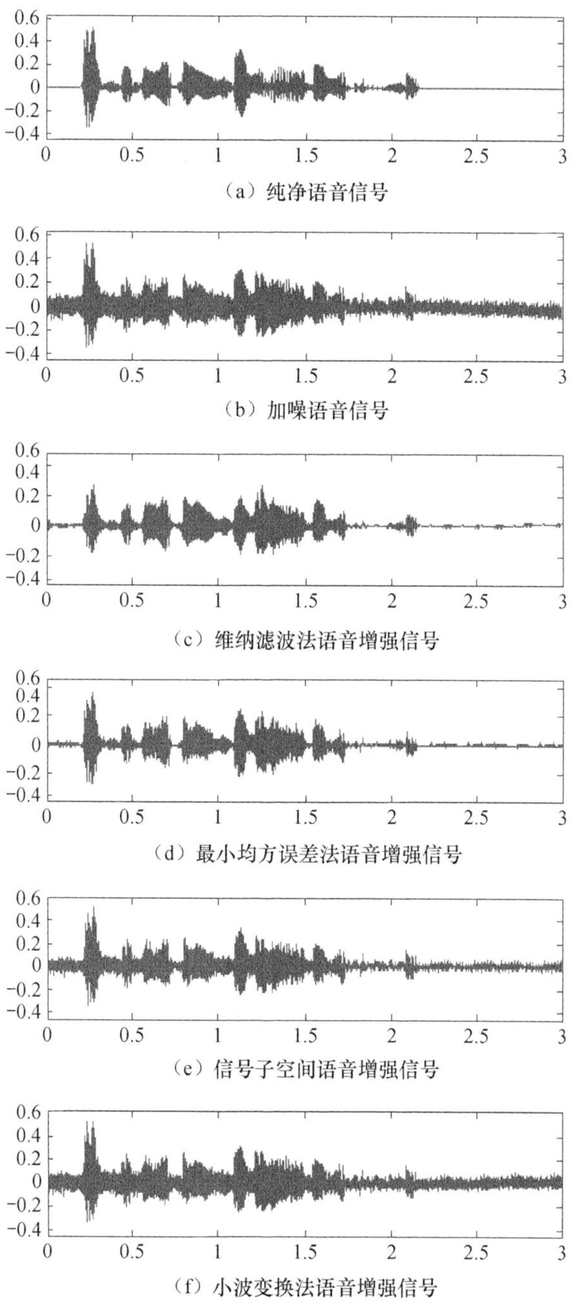

(a)纯净语音信号

(b)加噪语音信号

(c)维纳滤波法语音增强信号

(d)最小均方误差法语音增强信号

(e)信号子空间语音增强信号

(f)小波变换法语音增强信号

图8-13　SNR=－7.1496dB的语音增强算法仿真图

当带噪语音信噪比为－2.8851dB时，仿真结果如图8-14所示。

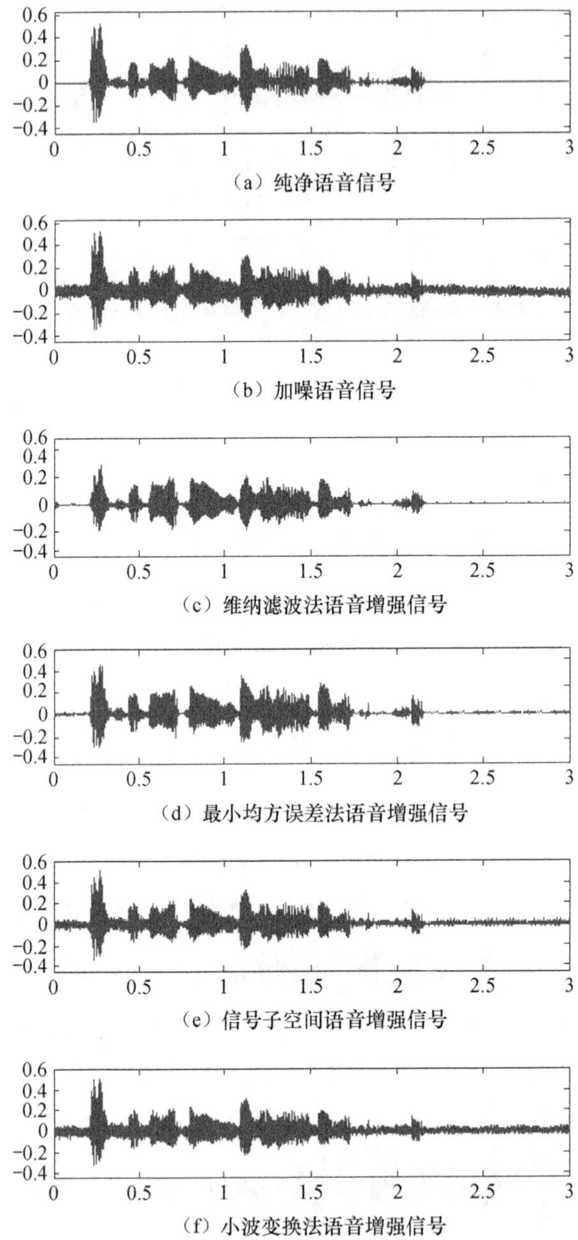

（a）纯净语音信号

（b）加噪语音信号

（c）维纳滤波法语音增强信号

（d）最小均方误差法语音增强信号

（e）信号子空间语音增强信号

（f）小波变换法语音增强信号

图 8-14　SNR＝－2.8851dB的语音增强算法仿真图

当带噪语音信噪比为2.3866dB时，仿真结果如图8-15所示。为了便于观察应用最小均方误差法增强后的语音波形，将其波形图的对应幅度放大为－0.4～＋0.4。

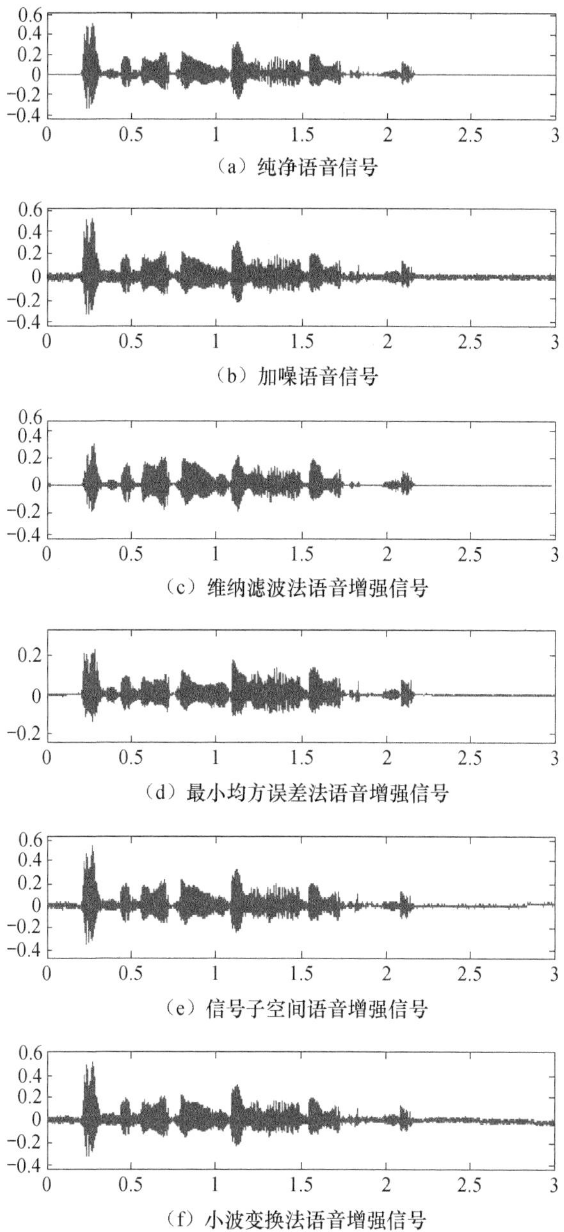

（a）纯净语音信号

（b）加噪语音信号

（c）维纳滤波法语音增强信号

（d）最小均方误差法语音增强信号

（e）信号子空间语音增强信号

（f）小波变换法语音增强信号

图 8-15　SNR＝2.3866dB 的语音增强算法仿真图

通过比较图 8-12～图 8-15 的纯净语音与增强后语音的相似程度可得出，针对带工厂噪声的语音来说，各种算法增强后的波形轮廓，在带噪语音信噪比较低时，噪声的消除水平低，导致一些语音段被噪声淹没。这是因为工厂噪声是一种不稳定噪声，工厂噪声中存在一段尖锐的类似脉冲噪声的噪声，而在带噪语音信噪比较高时，增强后语音和纯净语音波形轮廓大致相同，四种增强算法都有明显的增强效果，但是增强效果差异较大；在信噪比较低时，各种算法之间的增强效果差异也比较大。随着带噪语音信噪比的增大，各种语音增强算法之间的增强效果差异也在逐渐缩小。

维纳滤波法增强后的语音，在幅度大于 0.2 处幅度变小、能量降低，说明增强算法对此处的语音质量造成了伤害，而且在语音信号能量较低点，噪声的消除水平较高。最小均方误差法增强后的语音幅度整体被压缩，但是整体比例没有太大变化，语音整体质量没有太大损失，在语音信号能量较低点，噪声消除水平较高。信号子空间法增强后的语音，从整体来看噪声消除水平比小波变换法要高，有一定的去噪效果。小波变换法增强后的语音从整体来看，效果最差、噪声消除水平最低。

工厂噪声环境下的语音增强仿真实验数据结果如表 8-3 所示，信噪比单位均为 dB。

表 8-3　工厂噪声环境下的语音增强仿真结果　　（单位：dB）

语音增强算法	增强前带噪语音信噪比 SNR_{in}	增强后输出语音信噪比 SNR_{out}	信噪比差值 ΔSNR
维纳滤波法	2.3866	5.8442	3.4576
	−2.8851	3.1520	6.0371
	−7.1496	0.7105	7.8601
	−13.5108	−3.4833	10.0275
最小均方误差法	2.3866	2.8392	0.4526
	−2.8851	2.5815	5.4666
	−7.1496	0.1057	7.2553
	−13.5108	−4.2911	9.2197
信号子空间法	2.3866	2.8720	0.4854
	−2.8851	−1.6481	1.2370
	−7.1496	−5.4349	1.7147
	−13.5108	−11.1449	2.3659
小波变换法	2.3866	2.5916	0.2050
	−2.8851	−2.6152	0.2699
	−7.1496	−6.8533	0.2963
	−13.5108	−13.1943	0.3165

从表 8-3 中的仿真实验数据可以得出，针对工厂噪声环境中的语音，单纯从信噪比的角度来看，四种算法中维纳滤波法的增强效果最好，其次是最小均方误差法、信号子空间法、小波变换法。

8.2.4　算法仿真性能分析

四种语音增强算法在不同噪声、不同信噪比环境下的对比如图 8-16～图 8-18 所示，其中横坐标表示带不同噪声的语音信噪比，纵坐标表示增强后语音信噪比，单位均为 dB。通过比较语音信号增强前后信噪比变化情况，可得出以下结论：

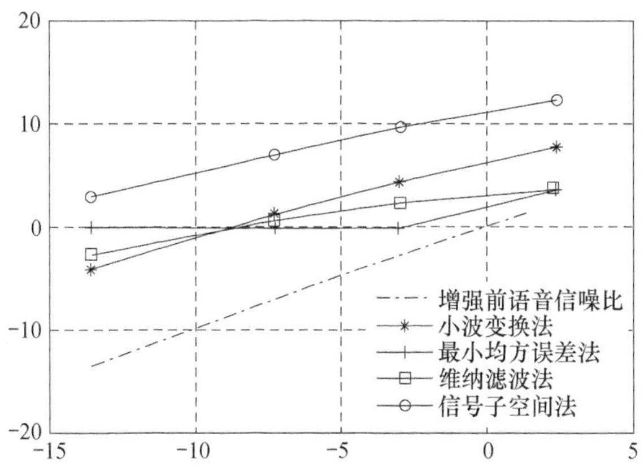

图 8-16　白噪声环境下语音增强后信噪比

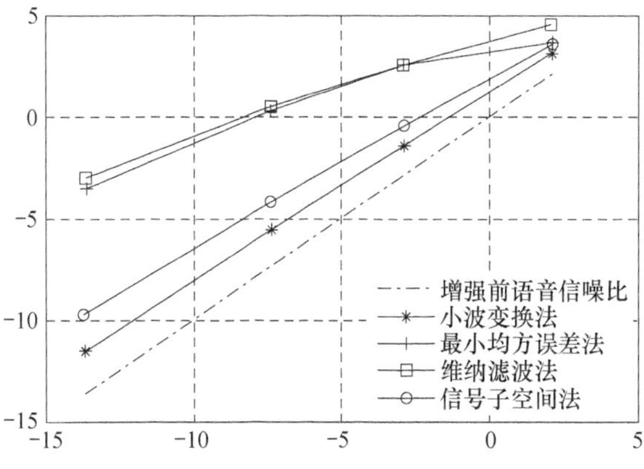

图 8-17　粉红噪声环境下语音增强后信噪比

(1) 从算法仿真实验中得出各种语音增强算法的稳定性，最好的是小波变换法、信号子空间法和维纳滤波法，其次是最小均方误差法。

(2) 四种算法的增强后语音的信噪比随带噪语音信噪比的增大而增大。

(3) 对于同种类型的带噪语音，增强的效果都是随输入信噪比的减小而降低；不同的是四种算法在处理不同类型的带噪语音时效果不同。

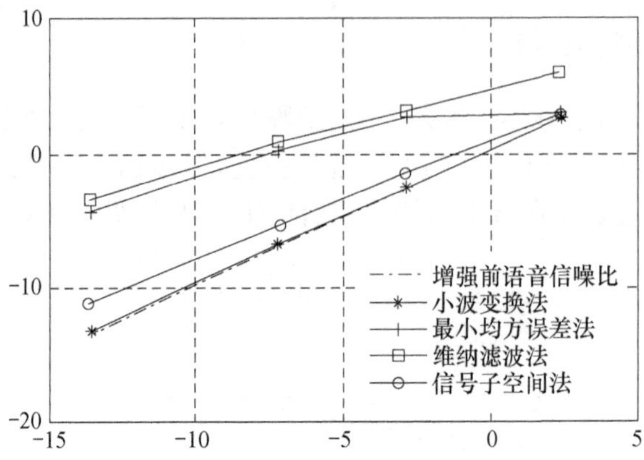

图 8-18 工厂噪声环境下语音增强后信噪比

从信噪比的角度来看，在处理高斯白噪声时，信号子空间法效果最好，然后依次是小波变换法、维纳滤波法、最小均方误差法；在处理粉红噪声时，维纳滤波法效果最好，然后依次是最小均方误差法、信号子空间法、小波变换法；在处理工厂噪声时，维纳滤波法效果最好，然后依次是最小均方误差法、信号子空间法、小波变换法。而且四种算法处理高斯白噪声的信噪比提高量最大，处理粉红噪声和工厂噪声时信噪比提高量依次减小。

8.3 熵函数最优小波基选取仿真

本节使用信噪比(SNR)作为语音增强算法的评价指标之一。设纯净语音信号为 $s(k)$，加性噪声为 $d(k)$，输入的带噪语音信号为 $y(k)$，即$y(k)=s(k)+d(k)$，且 $y(k)$经过增强处理后变成$\hat{s}(k)$，$\hat{s}(k)$是增强后的语音信号，N 为语音信号总采样点数。那么，输入信噪比(input signal to noise ratio，$\mathrm{SNR_{in}}$)和输出信噪比(output signal to noise ratio，$\mathrm{SNR_{out}}$)分别定义为

$$\mathrm{SNR_{in}} = 10\lg \frac{\frac{1}{N}\sum_{k=1}^{N} s^2(k)}{\frac{1}{N}\sum_{k=1}^{N}[y(k)-s(k)]^2} \tag{8-1}$$

$$\mathrm{SNR_{out}} = 10\lg \frac{\frac{1}{N}\sum_{k=1}^{N} s^2(k)}{\frac{1}{N}\sum_{k=1}^{N}[\hat{s}(k)-s(k)]^2} \tag{8-2}$$

下面将在 Matlab R2007a 软件中选用 Shannon 熵、SURE 熵和 threshold 熵三种熵函数，进行小波包语音去噪的仿真实验，并对仿真数据进行对比分析，最终选

定合适的最优小波基。仿真所使用的语音信号均是采样率为 8kHz，并通过 16 位 PCM 量化器的单声道音频信号，噪声为加性高斯白噪声。

8.3.1　Shannon 熵最优小波基选取仿真实验

在安静环境下采集一段语音作为原始语音信号，对含噪的语音信号分别采用 Daubechies 小波、Symlet 小波、Coiflet 小波和 Biorthogonal 小波，进行四层分解去噪，选取统一的阈值 $\lambda=\delta\sqrt{2\ln N}$ 和软阈值函数。图 8-19～图 8-66 是输入信噪比分别为 −9.8558dB、−5.0365dB、0.4604dB 和 4.5091dB 条件下语音信号的去噪仿真图，其中横坐标为时间，单位为 s，纵坐标为归一化幅度值。

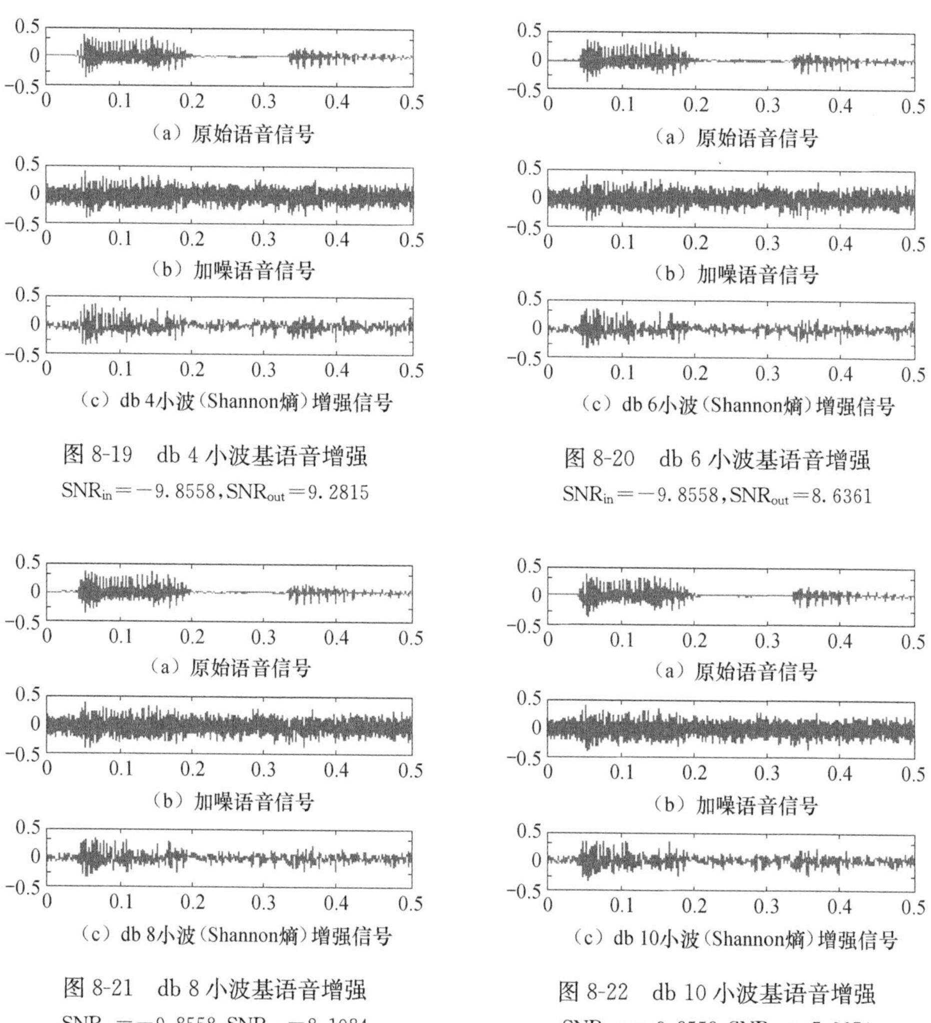

图 8-19　db 4 小波基语音增强
$SNR_{in}=-9.8558, SNR_{out}=9.2815$

图 8-20　db 6 小波基语音增强
$SNR_{in}=-9.8558, SNR_{out}=8.6361$

图 8-21　db 8 小波基语音增强
$SNR_{in}=-9.8558, SNR_{out}=8.1084$

图 8-22　db 10 小波基语音增强
$SNR_{in}=-9.8558, SNR_{out}=7.9674$

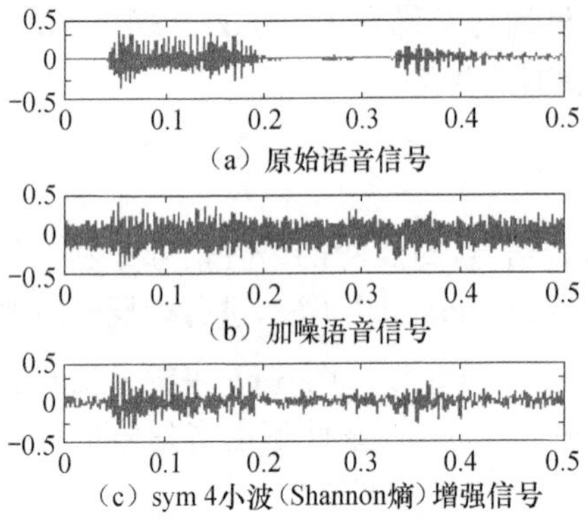

图 8-23　sym 4 小波基语音增强

$SNR_{in}=-9.8558$，$SNR_{out}=8.2961$

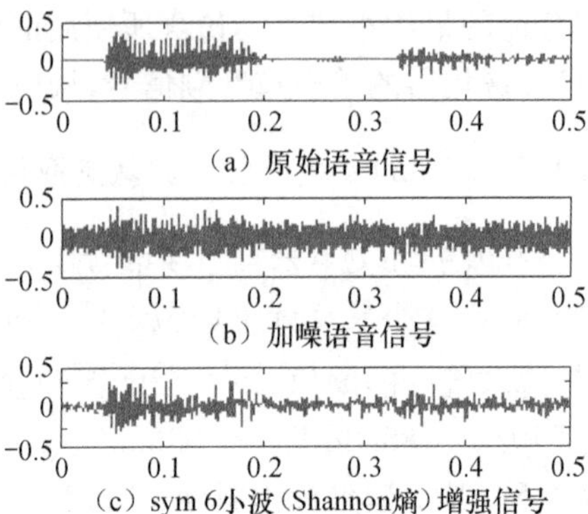

图 8-24　sym 6 小波基语音增强

$SNR_{in}=-9.8558$，$SNR_{out}=8.4595$

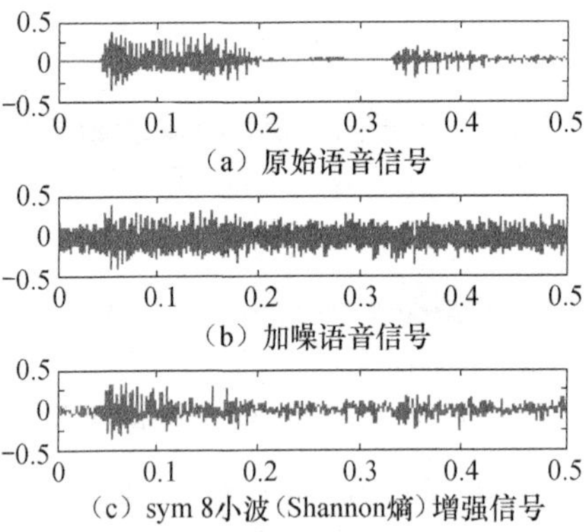

图 8-25　sym 8 小波基语音增强

$SNR_{in}=-9.8558$，$SNR_{out}=8.4276$

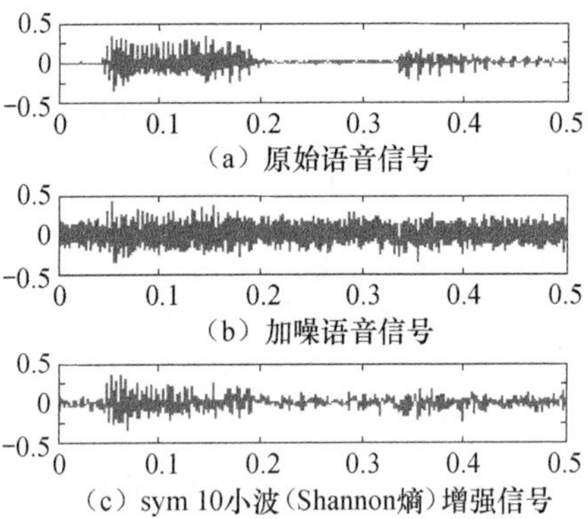

图 8-26　sym 10 小波基语音增强

$SNR_{in}=-9.8558$，$SNR_{out}=7.4602$

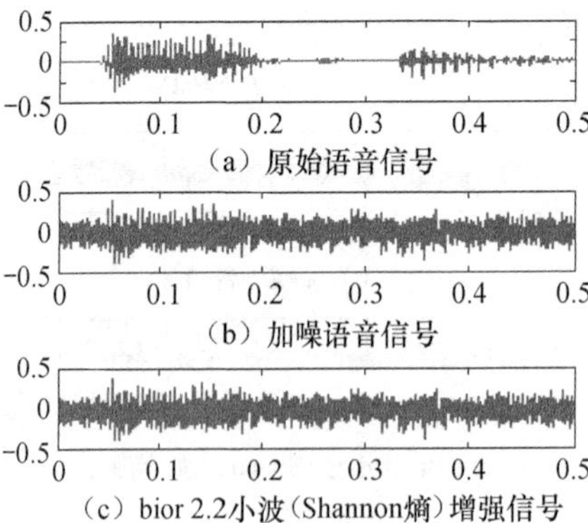

图 8-27　bior 2.2 小波基语音增强

$SNR_{in}=-9.8558$，$SNR_{out}=-5.0846$

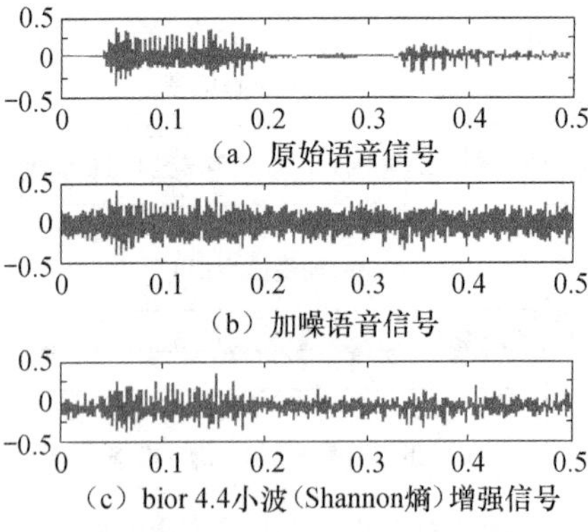

图 8-28　bior 4.4 小波基语音增强

$SNR_{in}=-9.8558$，$SNR_{out}=0.8689$

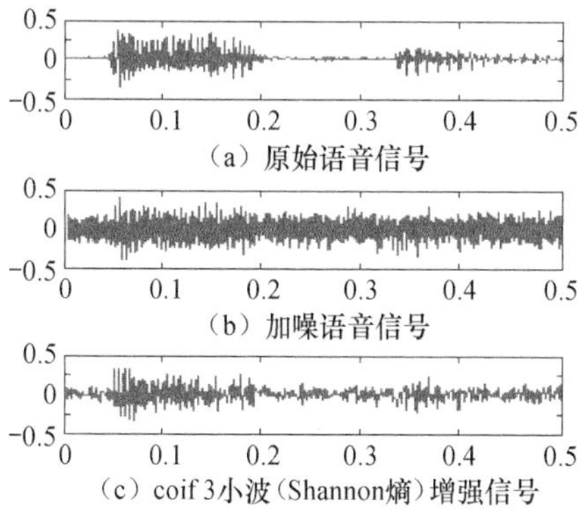

图 8-29　coif 3 小波基语音增强

SNR$_{in}$＝−9.8558，SNR$_{out}$＝7.5212

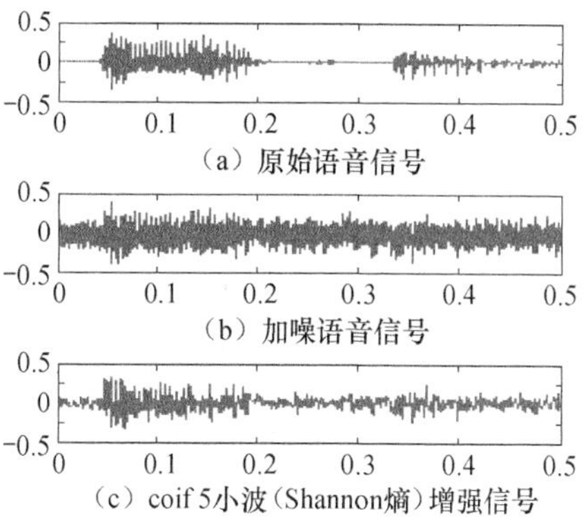

图 8-30　coif 5 小波基语音增强

SNR$_{in}$＝−9.8558，SNR$_{out}$＝7.1207

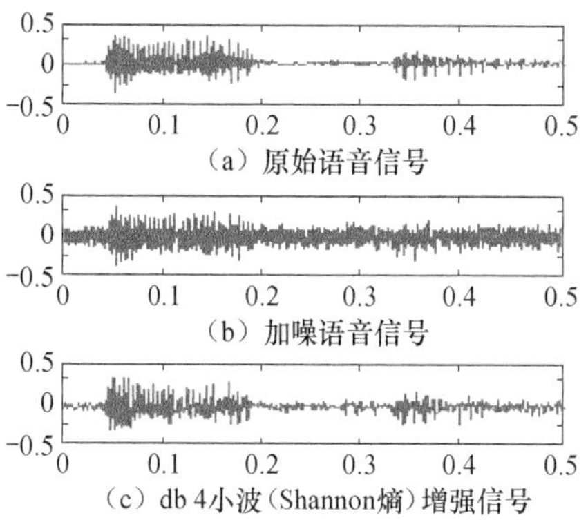

图 8-31　db 4 小波基语音增强

SNR$_{in}$＝−5.0356，SNR$_{out}$＝8.4451

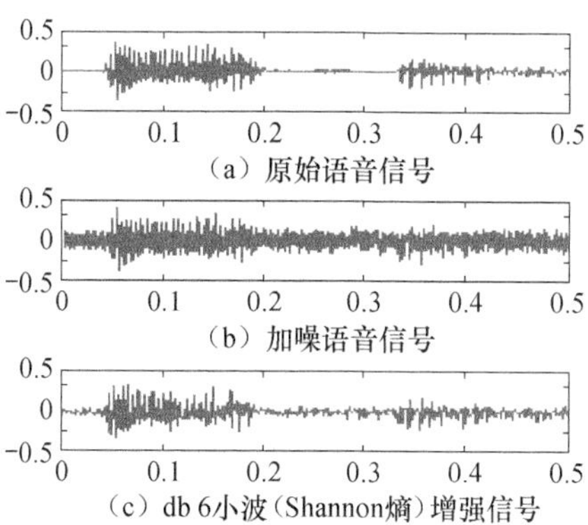

图 8-32　db 6 小波基语音增强

SNR$_{in}$＝−5.0356，SNR$_{out}$＝8.9669

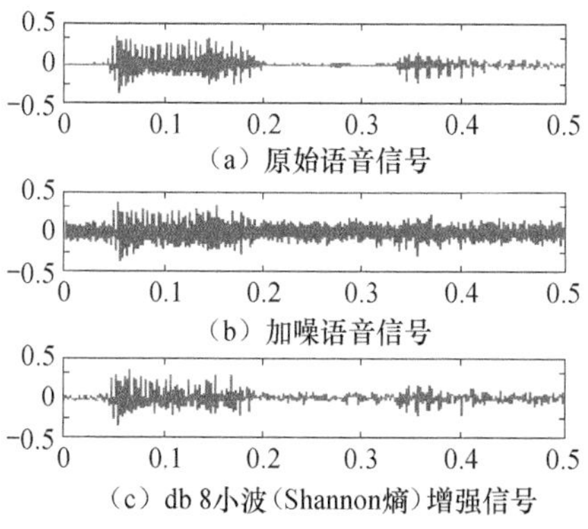

图 8-33　db 8 小波基语音增强

SNR$_{in}$＝−5.0356，SNR$_{out}$＝9.7853

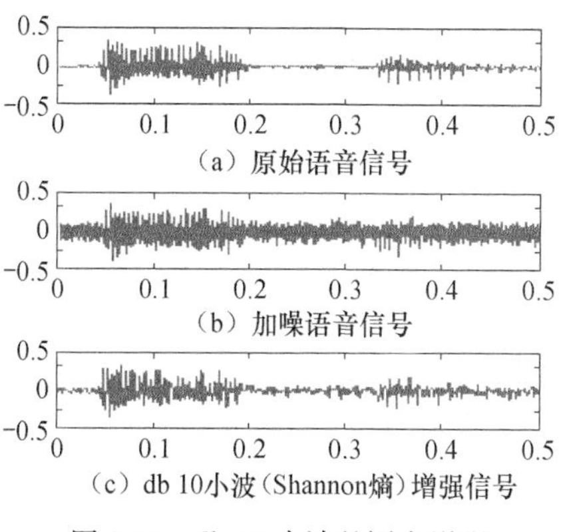

图 8-34　db 10 小波基语音增强

SNR$_{in}$＝−5.0356，SNR$_{out}$＝9.4734

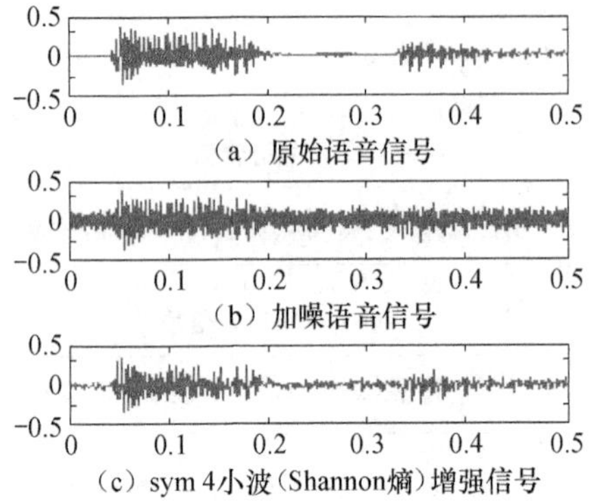

图 8-35　sym 4 小波基语音增强

SNR_{in}=−5.0356,SNR_{out}=9.0347

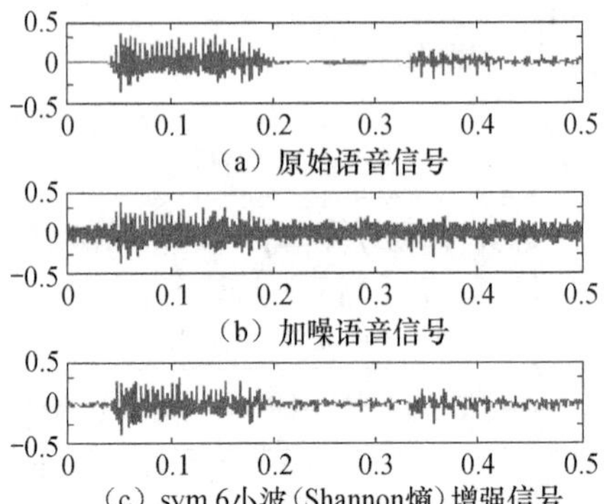

图 8-36　sym 6 小波基语音增强

SNR_{in}=−5.0356,SNR_{out}=9.2364

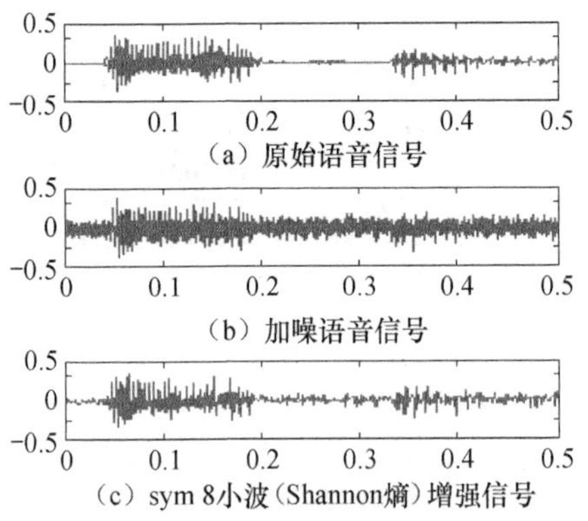

图 8-37　sym 8 小波基语音增强

SNR_{in}=−5.0356,SNR_{out}=9.3659

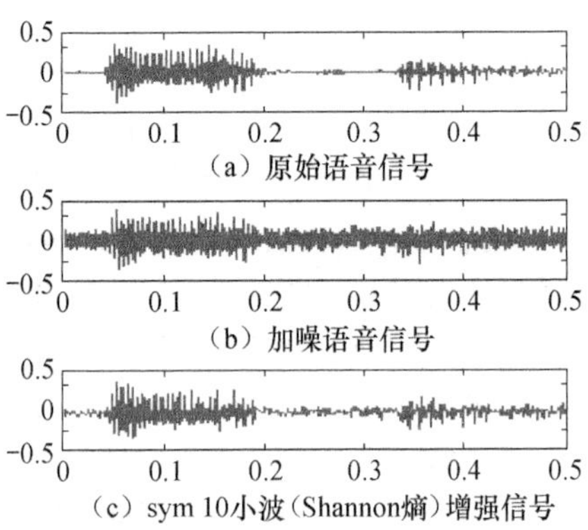

图 8-38　sym 10 小波基语音增强

SNR_{in}=−5.0356,SNR_{out}=10.4560

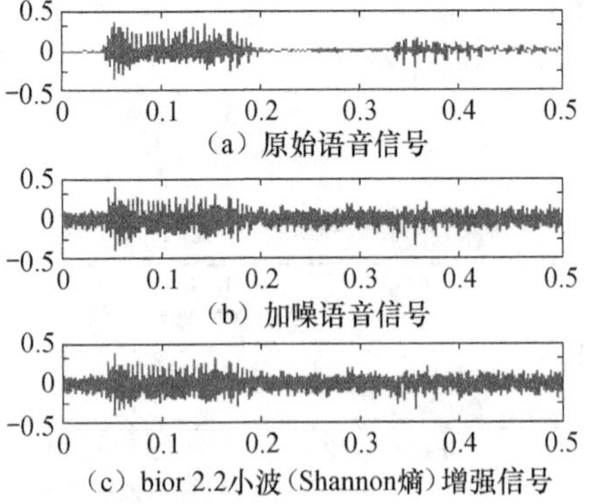

图 8-39　bior 2.2 小波基语音增强

SNR_{in}=−5.0356,SNR_{out}=−0.2644

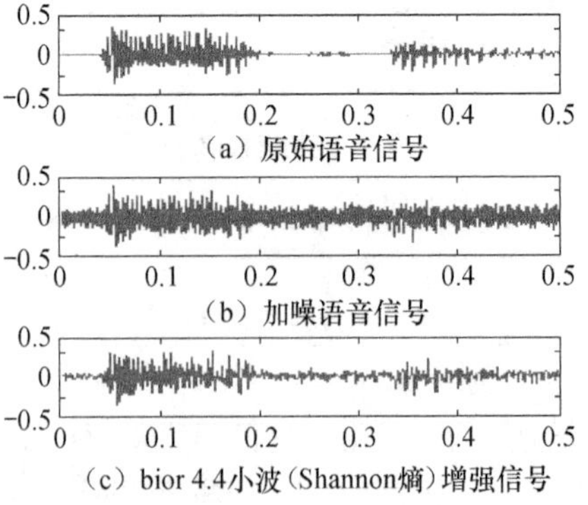

图 8-40　bior 4.4 小波基语音增强

SNR_{in}=−5.0356,SNR_{out}=8.0886

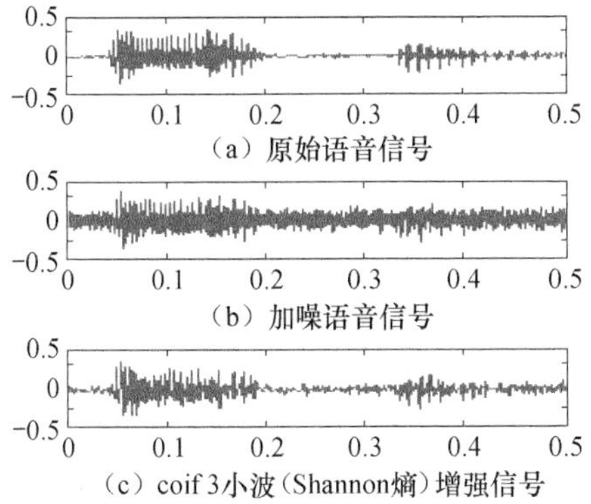

图 8-41　coif 3 小波基语音增强

$SNR_{in}=-5.0356$, $SNR_{out}=9.7592$

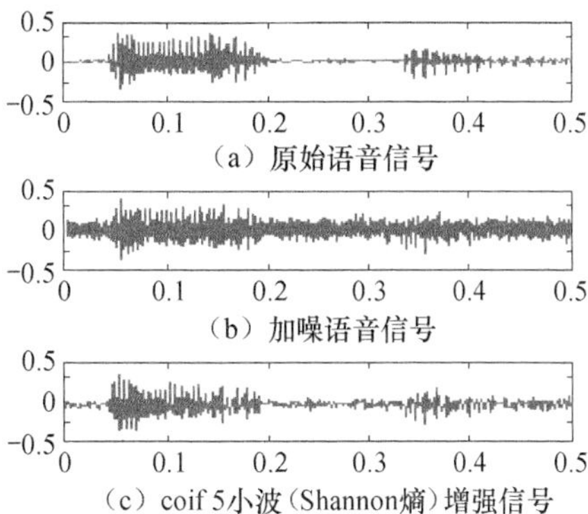

图 8-42　coif 5 小波基语音增强

$SNR_{in}=-5.0356$, $SNR_{out}=10.5378$

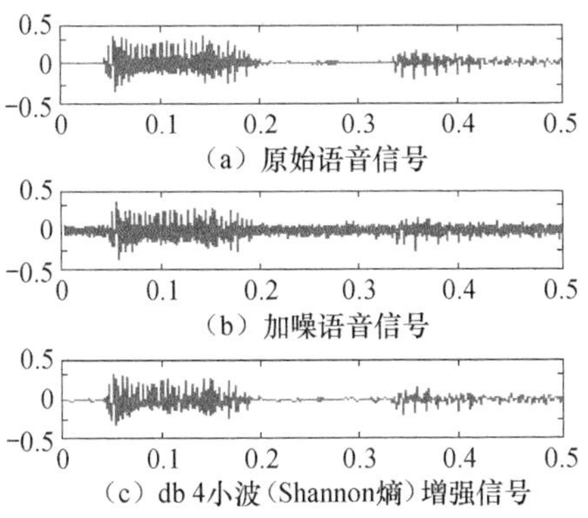

图 8-43　db 4 小波基语音增强

$SNR_{in}=0.4604$, $SNR_{out}=3.8637$

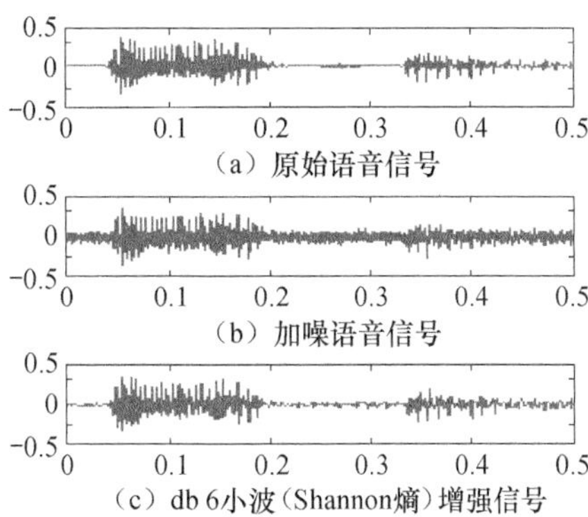

图 8-44　db 6 小波基语音增强

$SNR_{in}=0.4604$, $SNR_{out}=7.7483$

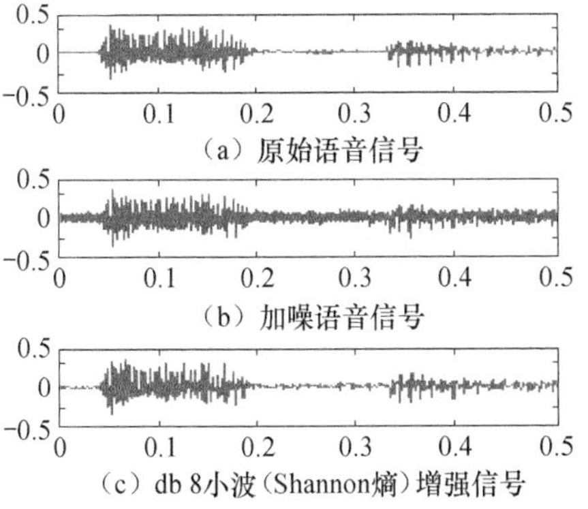

图 8-45　db 8 小波基语音增强

$SNR_{in}=0.4604$, $SNR_{out}=8.3110$

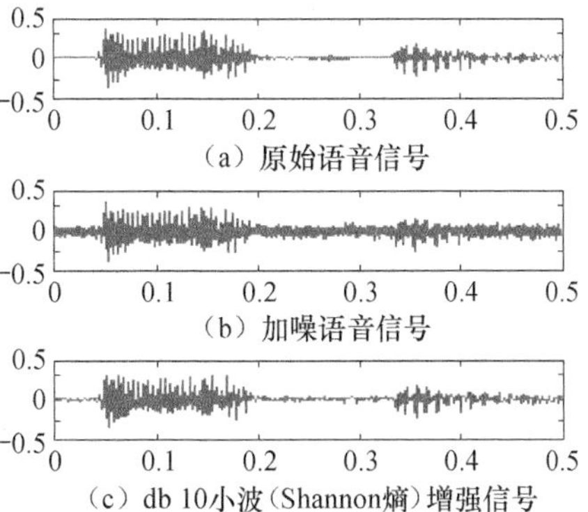

图 8-46　db 10 小波基语音增强

$SNR_{in}=0.4604$, $SNR_{out}=8.3452$

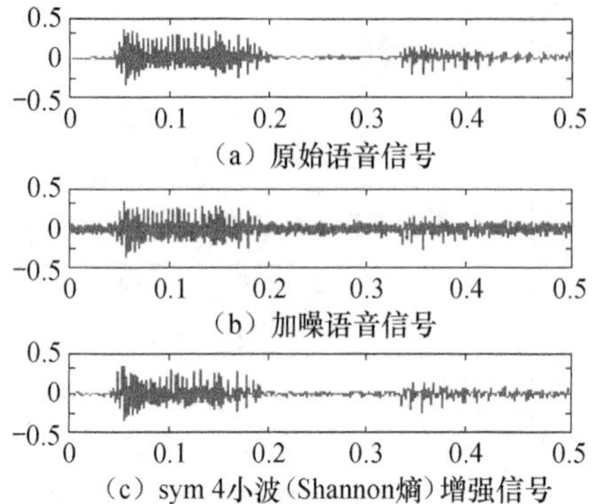

图 8-47　sym 4 小波基语音增强

$SNR_{in}=0.4604$，$SNR_{out}=7.6617$

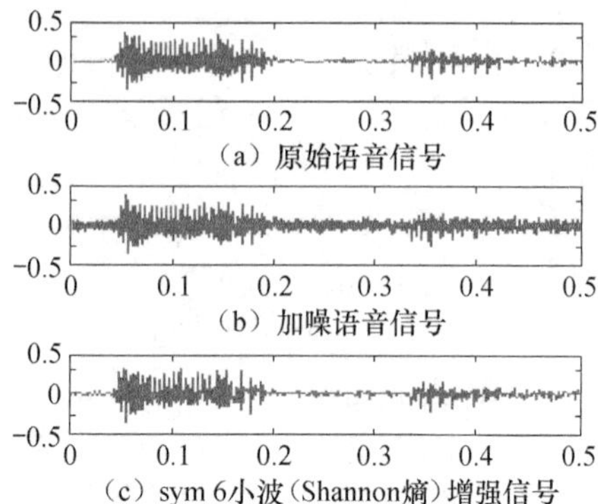

图 8-48　sym 6 小波基语音增强

$SNR_{in}=0.4604$，$SNR_{out}=7.8998$

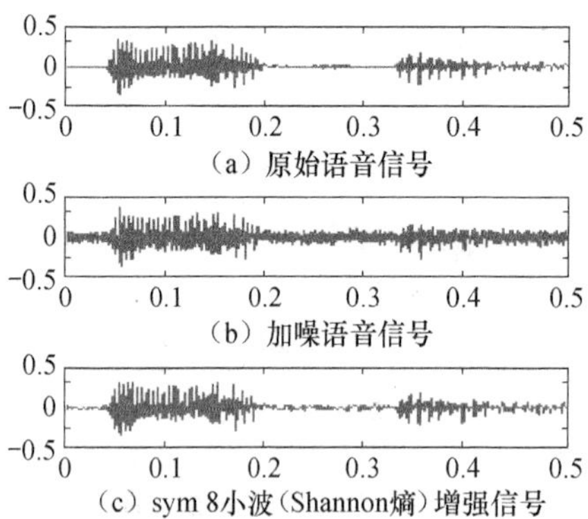

图 8-49　sym 8 小波基语音增强

$SNR_{in}=0.4604$，$SNR_{out}=7.9732$

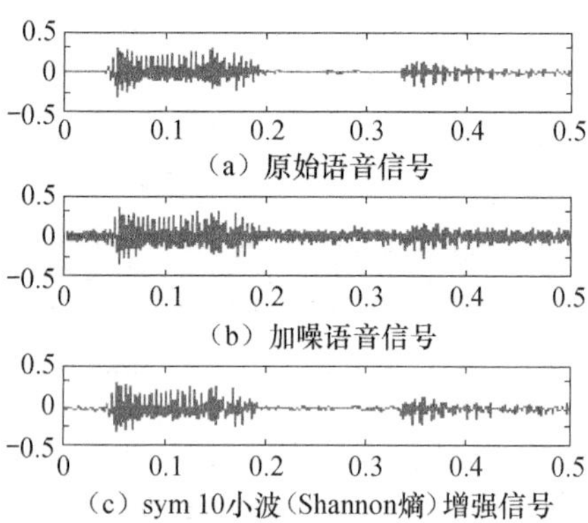

图 8-50　sym 10 小波基语音增强

$SNR_{in}=0.4604$，$SNR_{out}=8.3971$

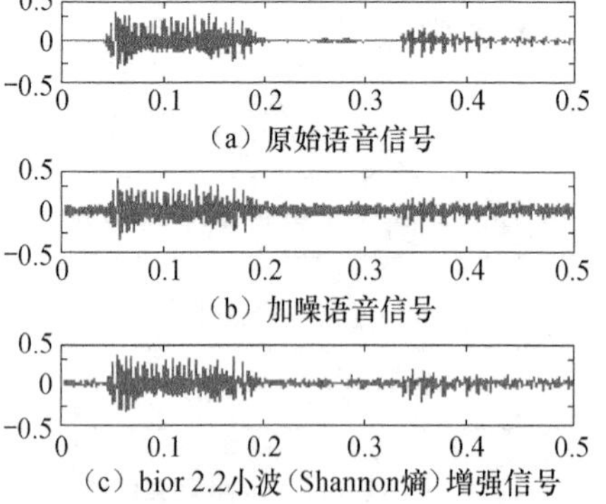

图 8-51　bior 2.2 小波基语音增强

$SNR_{in}=0.4604$，$SNR_{out}=15.0161$

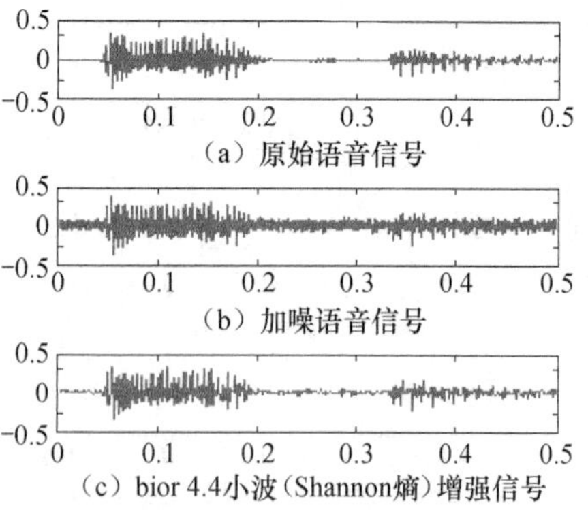

图 8-52　bior 4.4 小波基语音增强

$SNR_{in}=0.4604$，$SNR_{out}=7.1281$

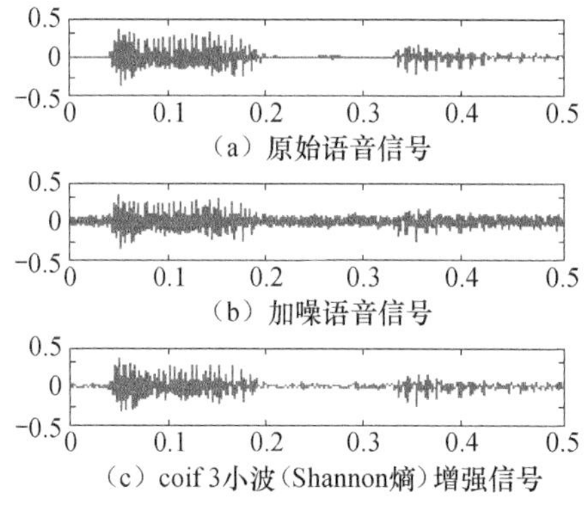

图 8-53　coif 3 小波基语音增强

$SNR_{in}=0.4604$，$SNR_{out}=8.1925$

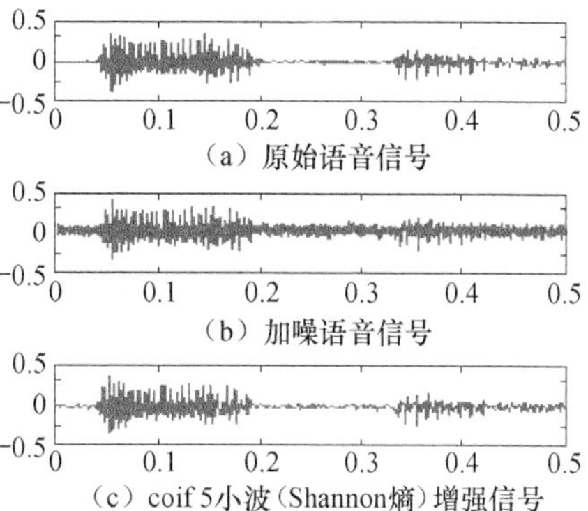

图 8-54　coif 5 小波基语音增强

$SNR_{in}=0.4604$，$SNR_{out}=8.5405$

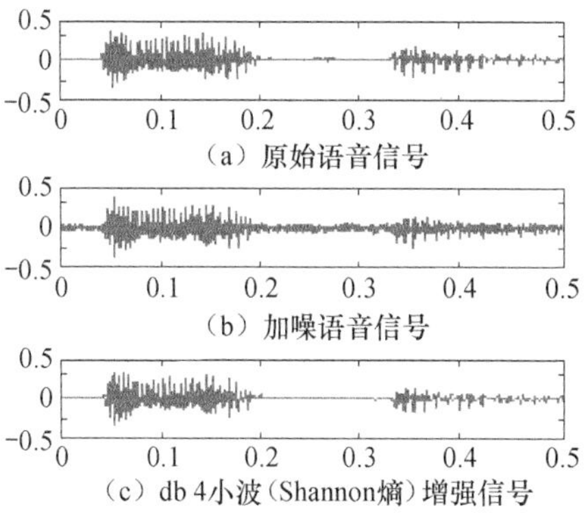

图 8-55　db 4 小波基语音增强

$SNR_{in}=4.5091$，$SNR_{out}=5.0104$

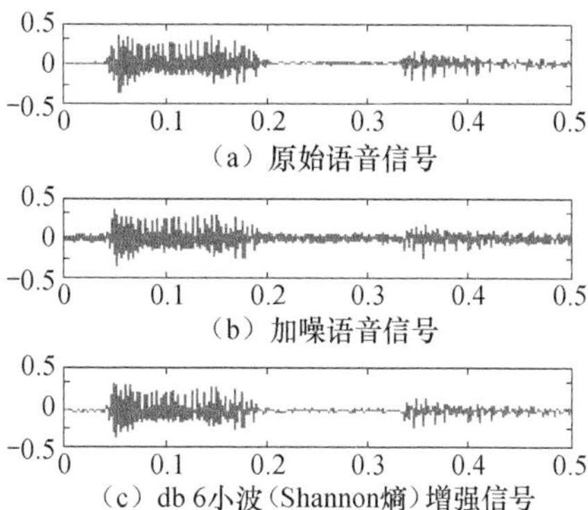

图 8-56　db 6 小波基语音增强

$SNR_{in}=4.5091$，$SNR_{out}=8.4434$

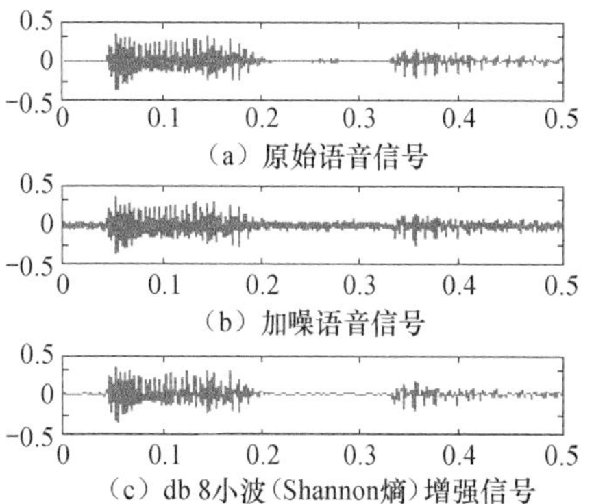

图 8-57　db 8 小波基语音增强

$SNR_{in}=4.5091$，$SNR_{out}=5.4651$

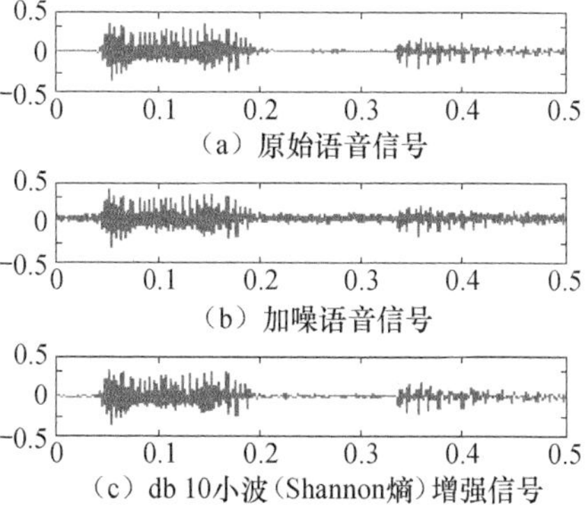

图 8-58　db 10 小波基语音增强

$SNR_{in}=4.5091$，$SNR_{out}=8.9057$

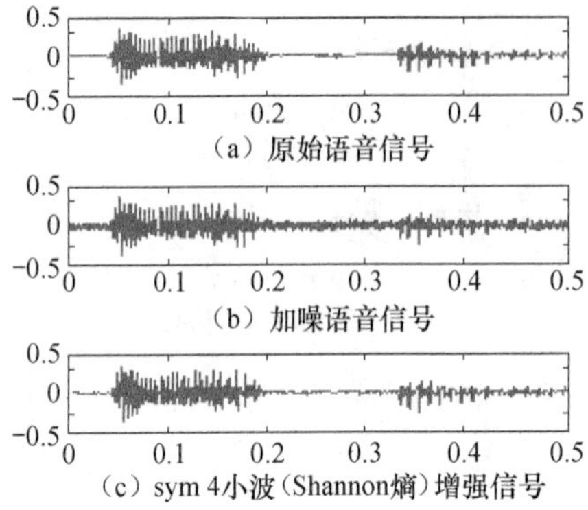

图 8-59 sym 4 小波基语音增强

$SNR_{in}=4.5091, SNR_{out}=8.3038$

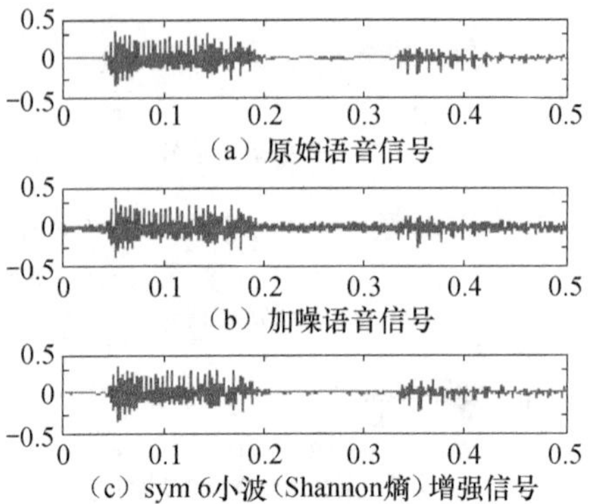

图 8-60 sym 6 小波基语音增强

$SNR_{in}=4.5091, SNR_{out}=8.6264$

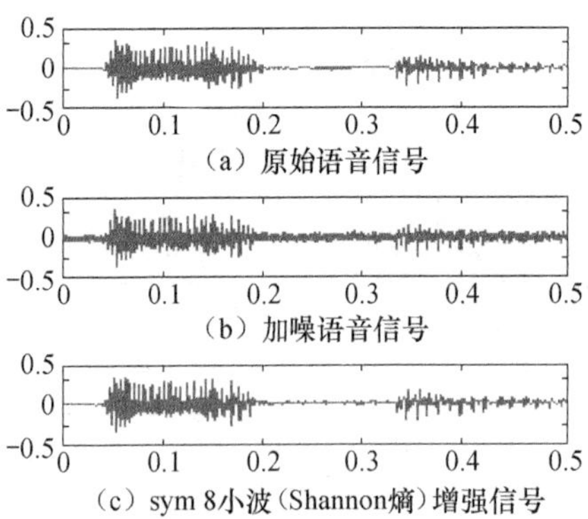

图 8-61 sym 8 小波基语音增强

$SNR_{in}=4.5091, SNR_{out}=8.6513$

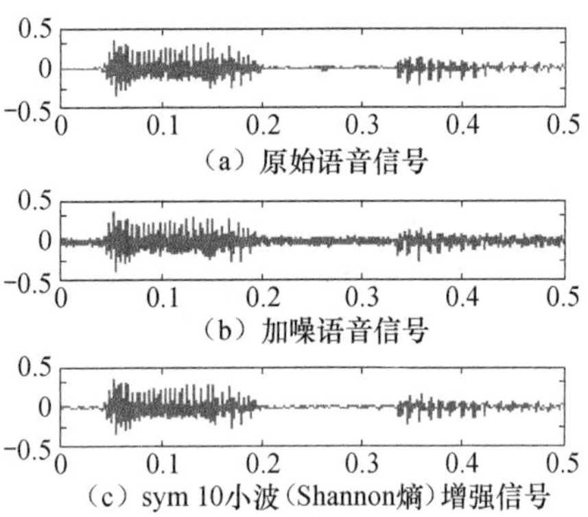

图 8-62 sym 10 小波基语音增强

$SNR_{in}=4.5091, SNR_{out}=8.9574$

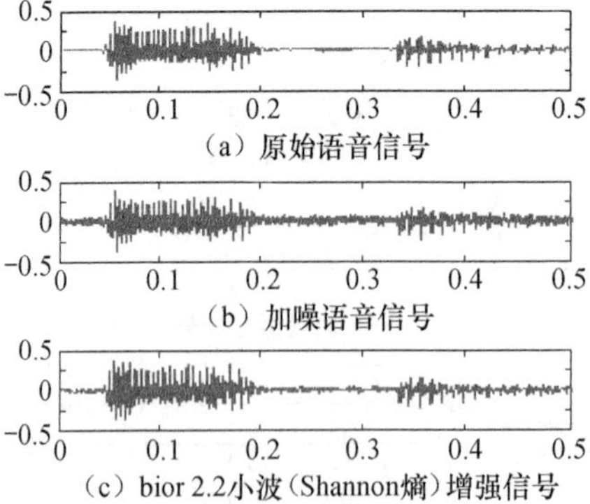

图 8-63 bior 2.2 小波基语音增强

$SNR_{in}=4.5091, SNR_{out}=11.8313$

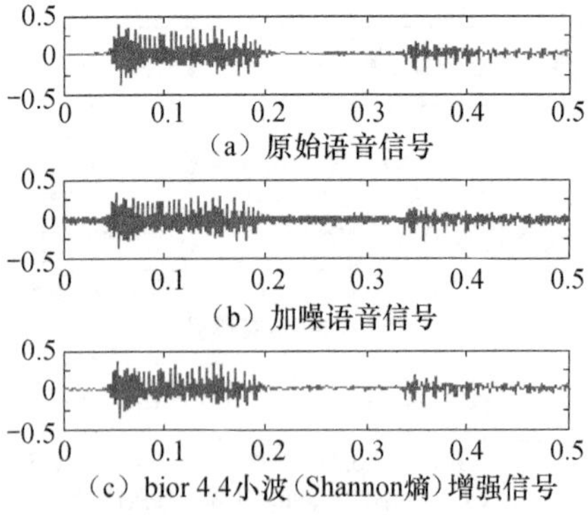

图 8-64 bior 4.4 小波基语音增强

$SNR_{in}=4.5091, SNR_{out}=7.8114$

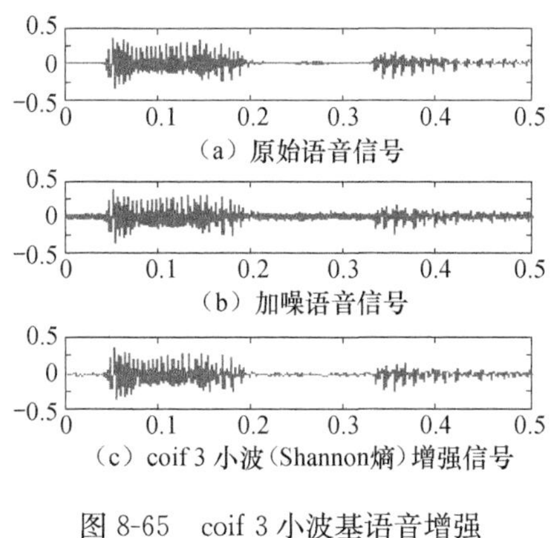

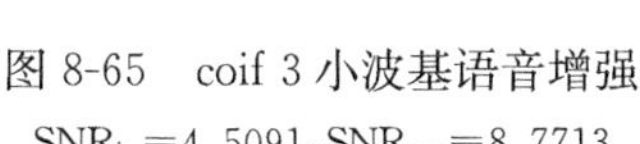

图 8-65　coif 3 小波基语音增强

SNR_{in}=4.5091，SNR_{out}=8.7713

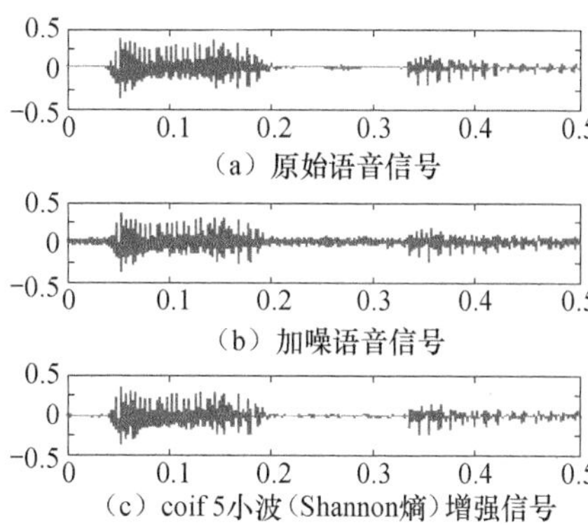

图 8-66　coif 5 小波基语音增强

SNR_{in}=4.5091，SNR_{out}=9.1641

在不同 SNR_{in} 下，采用 Shannon 熵选取不同小波基语音增强后 SNR_{out} 值列于表 8-4 和表 8-5 中，信噪比数值单位均为 dB。其中，ΔSNR 表示输出信噪比和输入信噪比的差值，若差值越大，则表明去噪效果越好。

表 8-4　较低信噪比的 Shannon 熵选取小波基信噪比变化情况　（单位：dB）

小波基	SNR_{in}	SNR_{out}	ΔSNR
db 4	−9.8558	9.2815	19.1373
	−5.0365	8.4451	13.4816
db 6	−9.8558	8.6361	18.4919
	−5.0365	8.9669	14.0034
db 8	−9.8558	8.1084	17.9642
	−5.0365	9.7853	14.8218
db 10	−9.8558	7.9674	17.8283
	−5.0365	9.4734	14.5099
sym 4	−9.8558	8.2961	18.1519
	−5.0365	9.0347	14.0712
sym 6	−9.8558	8.4595	18.3153
	−5.0365	9.2364	14.2729
sym 8	−9.8558	8.4276	18.2834
	−5.0365	9.3659	14.4024
sym 10	−9.8558	7.4602	17.3160
	−5.0365	10.4560	15.4925
bior 2.2	−9.8558	−5.0846	4.7712
	−5.0365	−0.2644	4.7721

续表

小波基	SNR_{in}	SNR_{out}	ΔSNR
bior 4.4	−9.8558	0.8689	10.7247
	−5.0365	8.0886	13.1251
coif 3	−9.8558	7.5212	17.3770
	−5.0365	9.7592	14.7957
coif 5	−9.8558	7.1207	16.9765
	−5.0365	10.5378	15.5743

表 8-5　较高信噪比的 Shannon 熵选取小波基信噪比变化情况（单位:dB）

小波基	SNR_{in}	SNR_{out}	ΔSNR
db 4	0.4604	3.8637	3.4033
	4.5091	5.0104	0.5013
db 6	0.4604	7.7483	7.2879
	4.5091	8.4434	3.9343
db 8	0.4604	8.3110	7.8506
	4.5091	5.4651	0.9560
db 10	0.4604	8.3452	7.8848
	4.5091	8.9057	4.3966
sym 4	0.4604	7.6617	7.2013
	4.5091	8.3038	3.7947
sym 6	0.4604	7.8998	7.4394
	4.5091	8.6264	4.1173
sym 8	0.4604	7.9732	7.5128
	4.5091	8.6513	4.1422
sym 10	0.4604	8.3971	7.9367
	4.5091	8.9574	4.4483
bior 2.2	0.4604	15.0161	14.5557
	4.5091	11.8313	7.3222
bior 4.4	0.4604	7.1281	6.6677
	4.5091	7.8114	3.3023
coif 3	0.4604	8.1925	7.7321
	4.5091	8.7713	4.2622
coif 5	0.4604	8.5405	8.0801
	4.5091	9.1641	4.6550

8.3.2　SURE 熵最优小波基选取仿真实验

因为 SURE 熵的仿真实验条件与 Shannon 熵的仿真实验条件完全相同，所以这里不再赘述。由于篇幅所限，本章只列出部分小波(db 4、sym 4、bior 2.2 和 coif 3)在输入信噪比分别为 −9.8558dB、−5.0365dB、0.4604dB 和 4.5091dB 下的去噪仿真图，如图 8-67～图 8-82 所示，其中横坐标为时间，单位为 s，纵坐标为归一化幅度值。

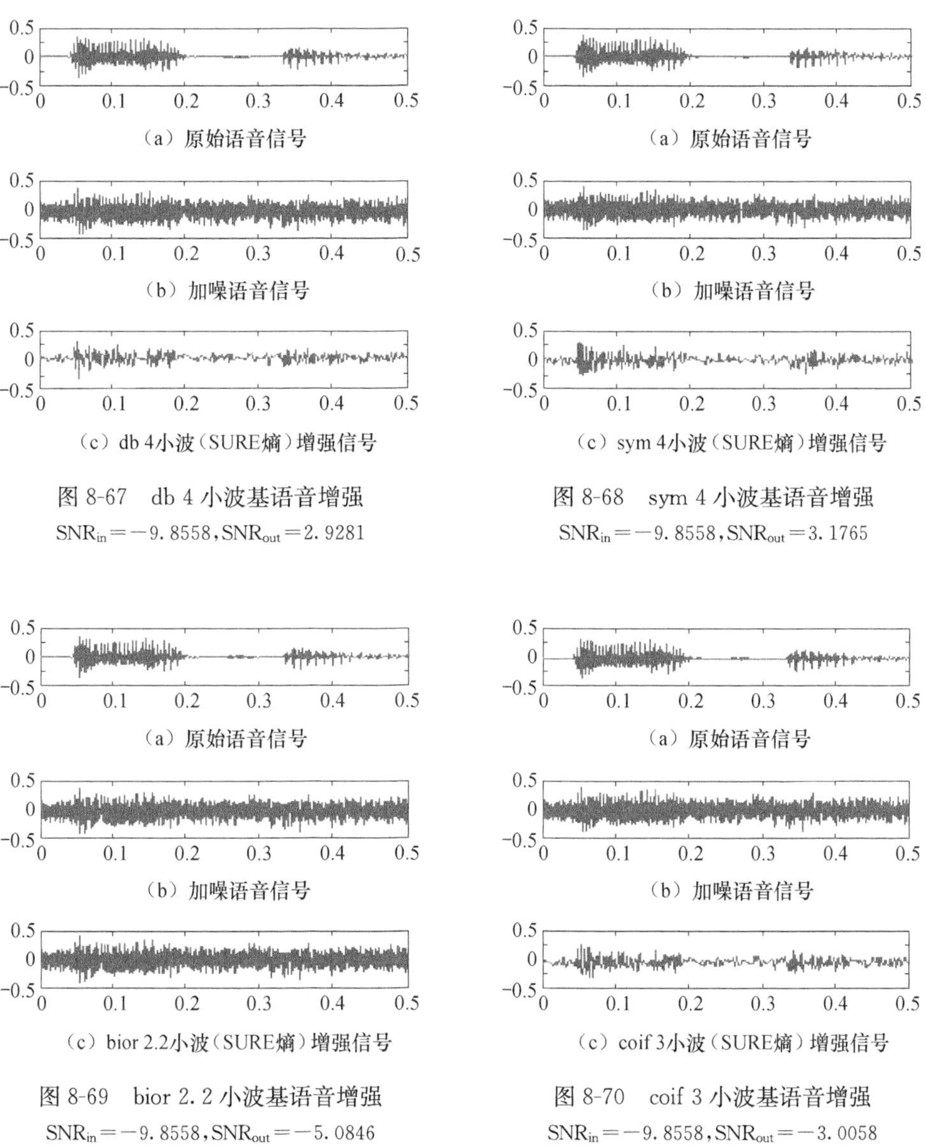

(a) 原始语音信号

(b) 加噪语音信号

(c) db 4小波(SURE熵)增强信号

图 8-67　db 4 小波基语音增强

$SNR_{in}=-9.8558$，$SNR_{out}=2.9281$

(a) 原始语音信号

(b) 加噪语音信号

(c) sym 4小波(SURE熵)增强信号

图 8-68　sym 4 小波基语音增强

$SNR_{in}=-9.8558$，$SNR_{out}=3.1765$

(a) 原始语音信号

(b) 加噪语音信号

(c) bior 2.2小波(SURE熵)增强信号

图 8-69　bior 2.2 小波基语音增强

$SNR_{in}=-9.8558$，$SNR_{out}=-5.0846$

(a) 原始语音信号

(b) 加噪语音信号

(c) coif 3小波(SURE熵)增强信号

图 8-70　coif 3 小波基语音增强

$SNR_{in}=-9.8558$，$SNR_{out}=-3.0058$

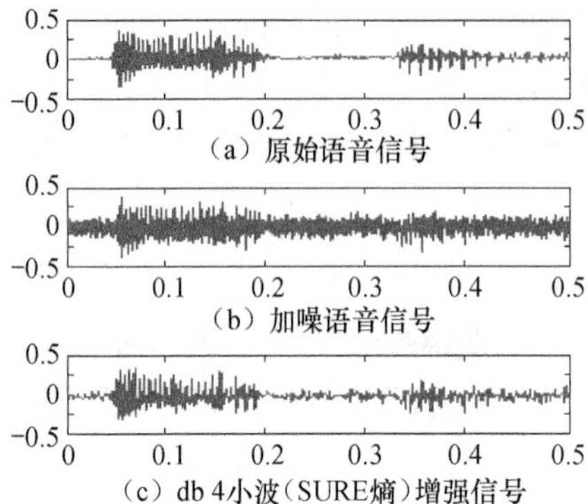

图 8-71　db 4 小波基语音增强

$SNR_{in}=-5.0356, SNR_{out}=8.4600$

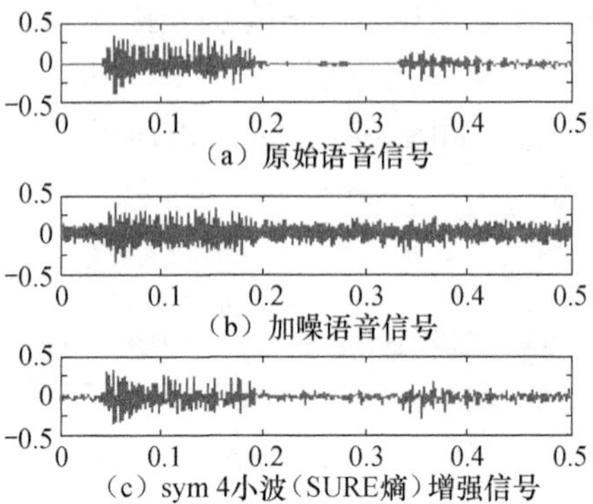

图 8-72　sym 4 小波基语音增强

$SNR_{in}=-5.0356, SNR_{out}=9.0351$

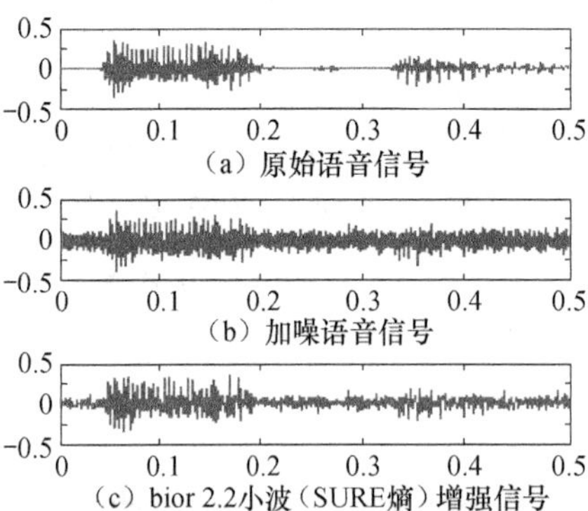

图 8-73　bior 2.2 小波基语音增强

$SNR_{in}=-5.0356, SNR_{out}=7.9158$

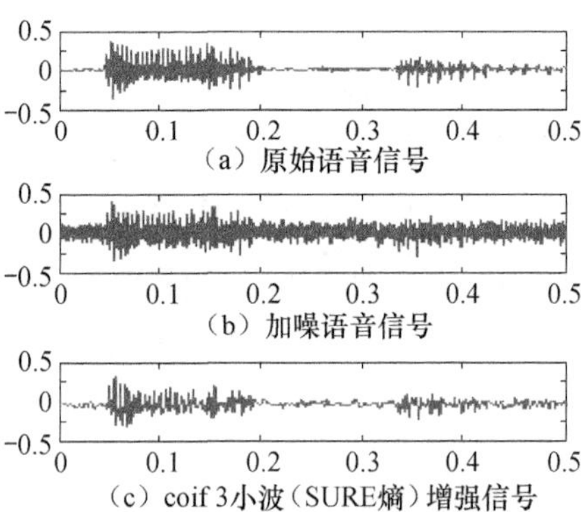

图 8-74　coif 3 小波基语音增强

$SNR_{in}=-5.0356, SNR_{out}=2.7150$

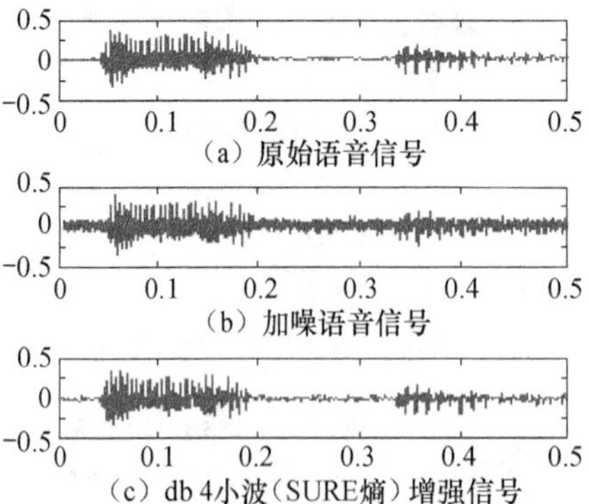

图 8-75　db 4 小波基语音增强

$SNR_{in}=0.4604, SNR_{out}=7.5017$

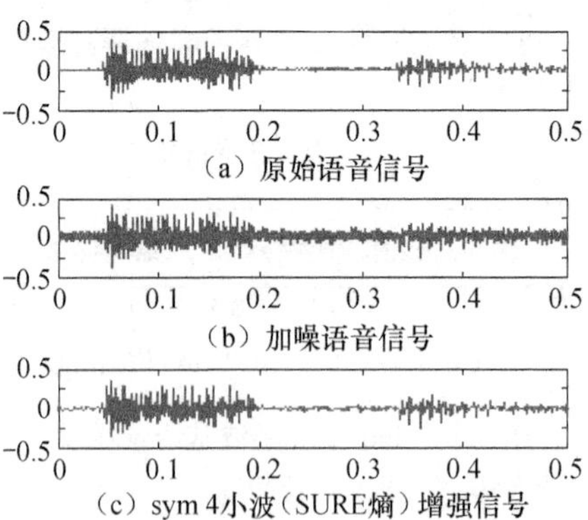

图 8-76　sym 4 小波基语音增强

$SNR_{in}=0.4604, SNR_{out}=7.6226$

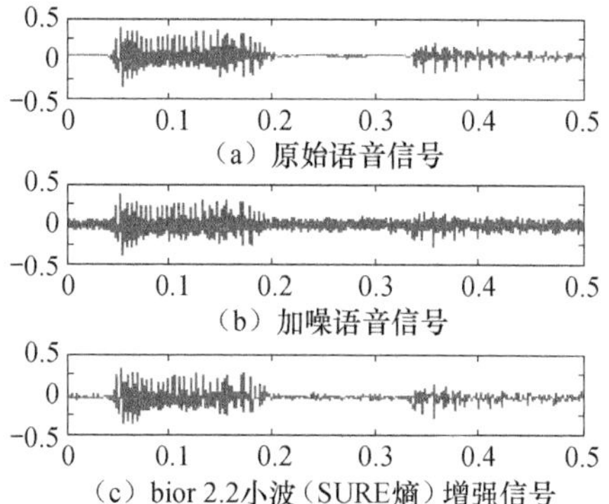

图 8-77　bior 2.2 小波基语音增强

SNR_{in}=0.4604，SNR_{out}=7.1447

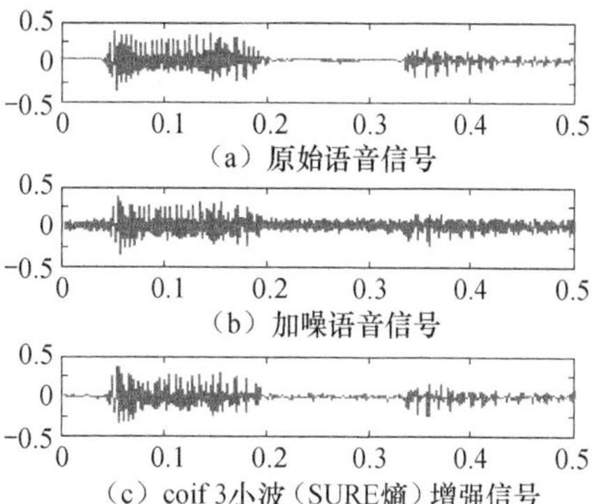

图 8-78　coif 3 小波基语音增强

SNR_{in}=0.4604，SNR_{out}=8.1084

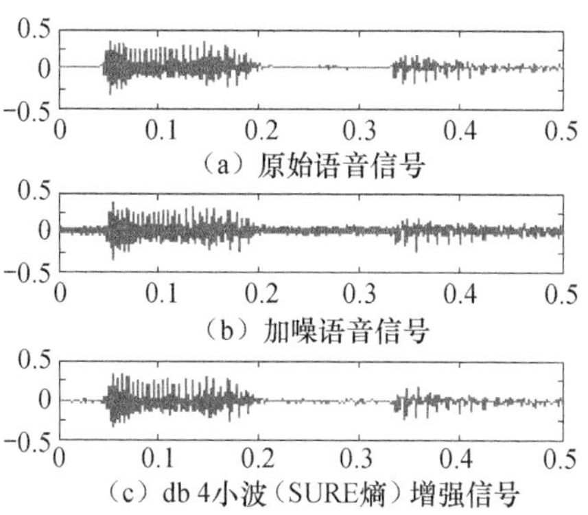

图 8-79　db 4 小波基语音增强

SNR_{in}=4.5091，SNR_{out}=8.1176

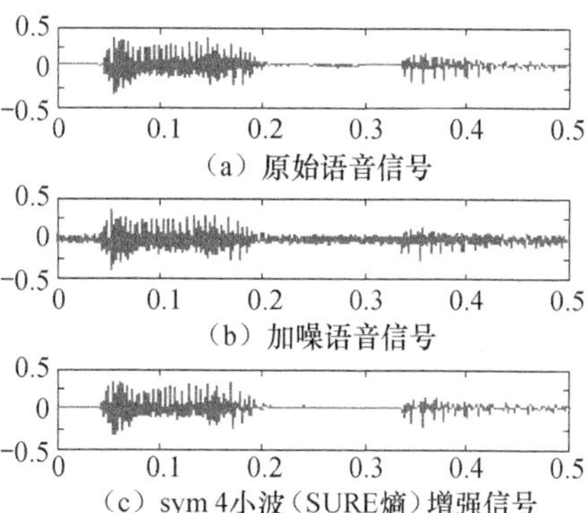

图 8-80　sym 4 小波基语音增强

SNR_{in}=4.5091，SNR_{out}=5.1302

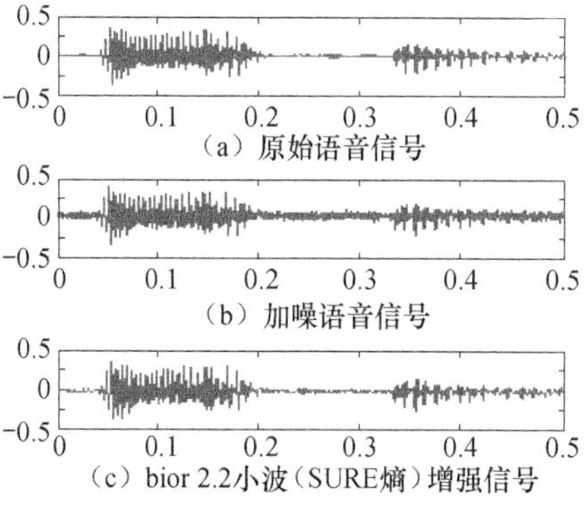

图 8-81　bior 2.2 小波基语音增强

SNR_{in}=4.5091，SNR_{out}=7.8513

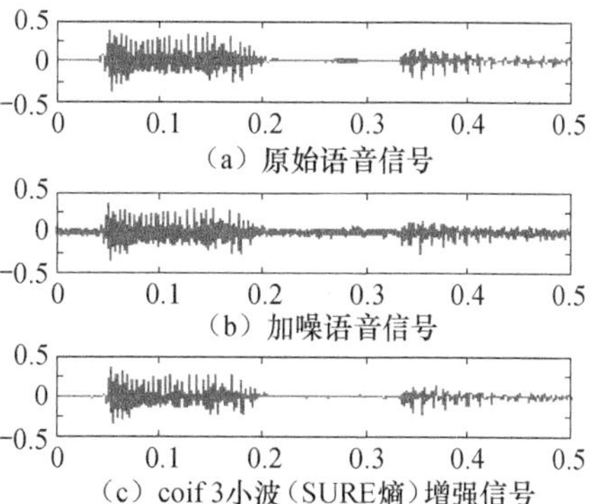

图 8-82　coif 3 小波基语音增强

SNR_{in}=4.5091，SNR_{out}=5.1144

不同 SNR_{in} 下采用 SURE 熵选取不同小波基去噪后 SNR_{out} 值，单位为 dB，如表 8-6 和表 8-7 所示。

表 8-6　较低信噪比的 SURE 熵选取小波基信噪比变化情况　（单位：dB）

小波基	SNR_{in}	SNR_{out}	ΔSNR
db 4	−9.8558	2.9281	12.7839
	−5.0365	8.4600	13.4956
db 6	−9.8558	3.0906	12.9464
	−5.0365	2.8501	7.8857
db 8	−9.8558	3.5039	13.3597
	−5.0365	3.1334	8.1690
db 10	−9.8558	3.2063	13.0621
	−5.0365	2.9487	7.9843
sym 4	−9.8558	3.1765	13.0323
	−5.0365	9.0351	14.0707
sym 6	−9.8558	3.1384	12.9942
	−5.0365	9.2399	14.2755
sym 8	−9.8558	3.1416	12.9974
	−5.0365	9.3045	14.3401
sym 10	−9.8558	3.1619	13.0177
	−5.0365	2.9019	7.9375
bior 2.2	−9.8558	−5.0846	4.7712
	−5.0365	7.9158	12.9514
bior 4.4	−9.8558	3.2109	13.0667
	−5.0365	8.1090	13.1446
coif 3	−9.8558	3.0058	12.8616
	−5.0365	2.7150	7.7506
coif 5	−9.8558	3.4465	13.3023
	−5.0365	3.0978	8.1334

表 8-7　较高信噪比的 SURE 熵选取小波基信噪比变化情况　（单位：dB）

小波基	SNR_{in}	SNR_{out}	ΔSNR
db 4	0.4604	7.5017	7.0413
	4.5091	8.1176	3.6085
db 6	0.4604	7.7468	7.2864
	4.5091	8.4413	3.9322
db 8	0.4604	8.2670	7.8066
	4.5091	8.8723	4.3632

续表

小波基	SNR_{in}	SNR_{out}	ΔSNR
db 10	0.4604	4.1105	3.6501
	4.5091	8.9042	4.3951
sym 4	0.4604	7.6226	7.1622
	4.5091	5.1302	0.6211
sym 6	0.4604	3.9614	3.5010
	4.5091	5.2770	0.7679
sym 8	0.4604	7.9187	7.4583
	4.5091	8.5934	4.0843
sym 10	0.4604	8.4008	7.9404
	4.5091	8.9650	4.4559
bior 2.2	0.4604	7.1447	6.6843
	4.5091	7.8513	3.3422
bior 4.4	0.4604	7.1341	6.6737
	4.5091	4.9676	0.4585
coif 3	0.4604	8.1084	7.6480
	4.5091	5.1144	0.6053
coif 5	0.4604	8.4167	7.9563
	4.5091	5.4506	0.9415

8.3.3 threshold 熵最优小波基选取仿真实验

因为 threshold 熵的仿真实验条件与 Shannon 熵的仿真实验条件基本相同，所以这里也不再赘述。本章只列出部分小波(db 4、sym 4、bior 2.2 和 coif 3)在输入信噪比分别为－5.0365dB、0.4604dB 和 4.5091dB 下的去噪仿真图，图中的横坐标为时间，单位为 s，纵坐标为归一化幅度值，如图 8-83～图 8-94 所示。

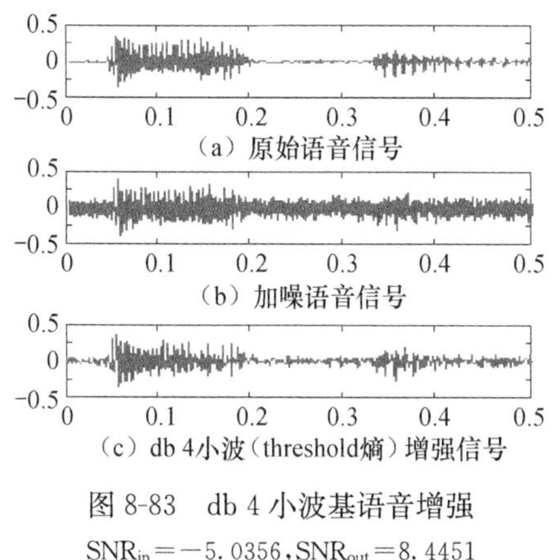

图 8-83　db 4 小波基语音增强

SNR_{in}＝－5.0356，SNR_{out}＝8.4451

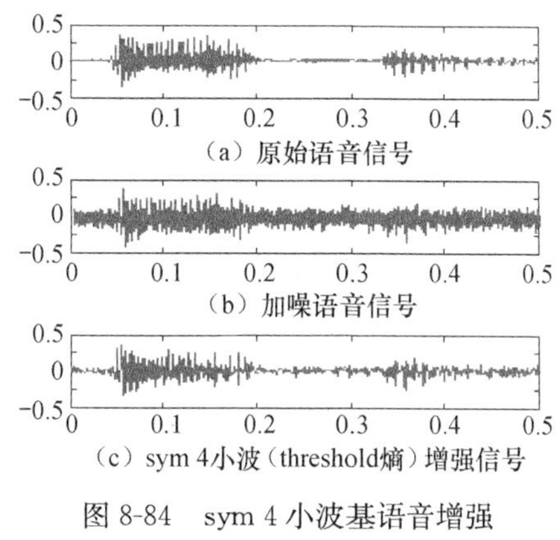

图 8-84　sym 4 小波基语音增强

SNR_{in}＝－5.0356，SNR_{out}＝8.6846

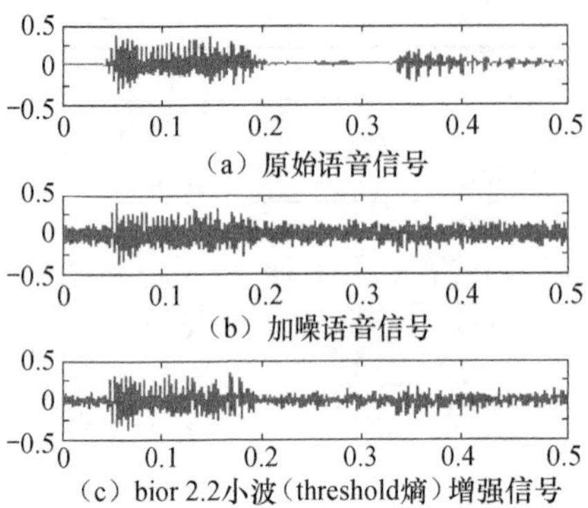

图 8-85　bior 2.2 小波基语音增强

$SNR_{in}=-5.0356, SNR_{out}=9.0140$

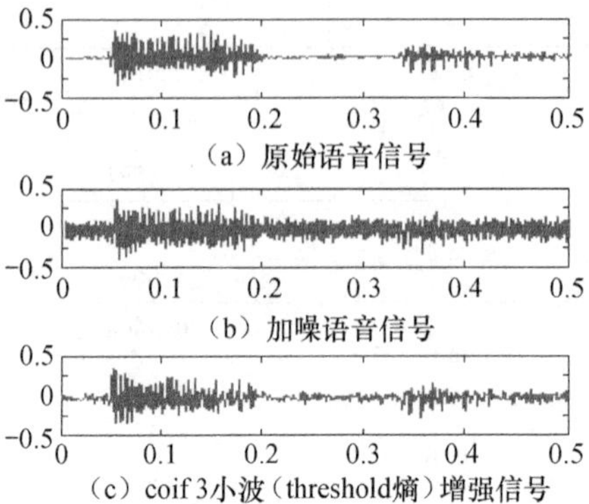

图 8-86　coif 3 小波基语音增强

$SNR_{in}=-5.0356, SNR_{out}=9.7529$

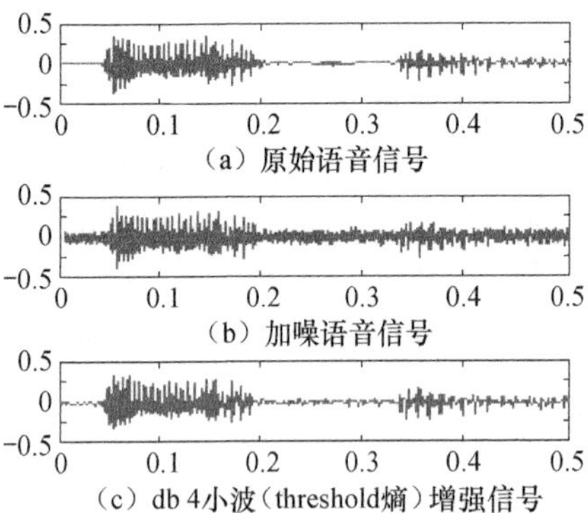

图 8-87　db 4 小波基语音增强

$SNR_{in}=0.4604, SNR_{out}=7.4540$

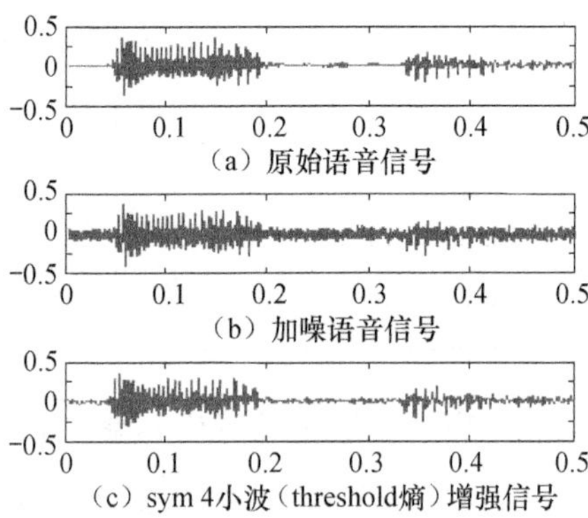

图 8-88　sym 4 小波基语音增强

$SNR_{in}=0.4604, SNR_{out}=7.6219$

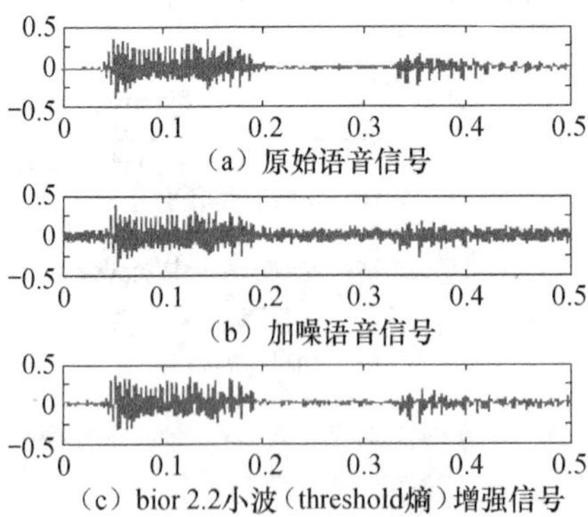

图 8-89　bior 2.2 小波基语音增强

$SNR_{in}=0.4604, SNR_{out}=7.1447$

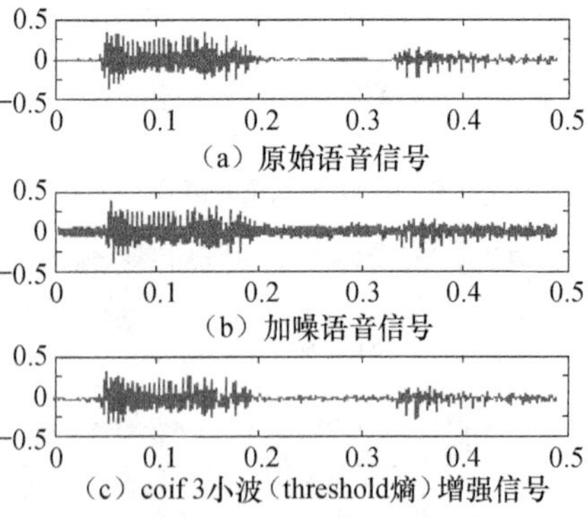

图 8-90　coif 3 小波基语音增强

$SNR_{in}=0.4604, SNR_{out}=8.1895$

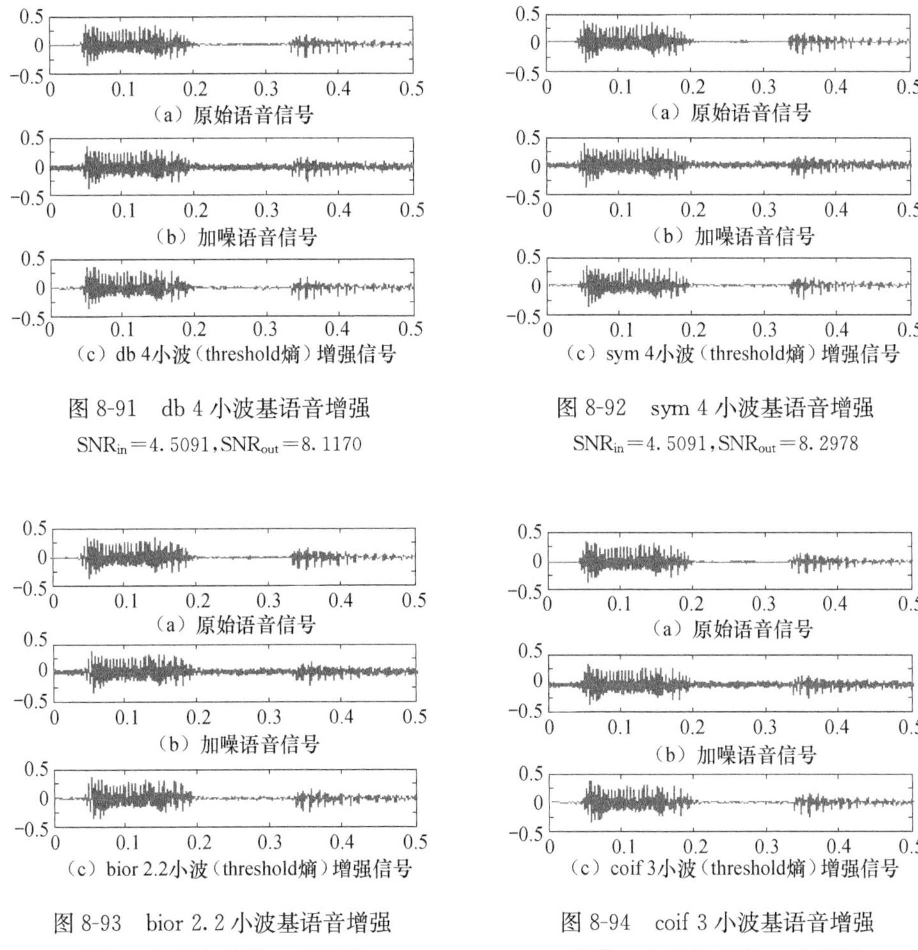

(a) 原始语音信号　(b) 加噪语音信号　(c) db 4小波(threshold熵)增强信号

图 8-91　db 4 小波基语音增强

SNR$_{in}$=4.5091,SNR$_{out}$=8.1170

(a) 原始语音信号　(b) 加噪语音信号　(c) sym 4小波(threshold熵)增强信号

图 8-92　sym 4 小波基语音增强

SNR$_{in}$=4.5091,SNR$_{out}$=8.2978

(a) 原始语音信号　(b) 加噪语音信号　(c) bior 2.2小波(threshold熵)增强信号

图 8-93　bior 2.2 小波基语音增强

SNR$_{in}$=4.5091,SNR$_{out}$=7.8318

(a) 原始语音信号　(b) 加噪语音信号　(c) coif 3小波(threshold熵)增强信号

图 8-94　coif 3 小波基语音增强

SNR$_{in}$=4.5091,SNR$_{out}$=8.7756

不同 SNR$_{in}$下采用 threshold 熵选取不同小波基去噪后 SNR$_{out}$值,单位为 dB,如表 8-8 和表 8-9 所示。

表 8-8　较低信噪比的 threshold 熵选取小波基信噪比变化情况　(单位:dB)

小波基	SNR$_{in}$	SNR$_{out}$	ΔSNR
db 4	−5.0365	8.4451	13.4807
db 6	−5.0365	2.7903	7.8259
db 8	−5.0365	9.2913	14.3269
db 10	−5.0365	9.7194	14.7550
sym 4	−5.0365	8.6846	13.7202
sym 6	−5.0365	9.1095	14.1451
sym 8	−5.0365	9.0140	14.0496

续表

小波基	SNR_{in}	SNR_{out}	ΔSNR
sym 10	−5.0365	2.8249	7.8605
bior 2.2	−5.0365	7.9158	12.9514
bior 4.4	−5.0365	8.0280	13.0636
coif 3	−5.0365	9.7529	14.7885
coif 5	−5.0365	10.5108	15.5464

表 8-9　较高信噪比的 threshold 熵选取小波基信噪比变化情况　(单位:dB)

小波基	SNR_{in}	SNR_{out}	ΔSNR
db 4	0.4604	7.4540	6.9936
	4.5091	8.1170	3.6079
db 6	0.4604	7.7469	7.2865
	4.5091	8.4404	3.9313
db 8	0.4604	8.2672	7.8068
	4.5091	8.9045	4.3954
db 10	0.4604	8.3439	7.8835
	4.5091	8.8301	4.3210
sym 4	0.4604	7.6219	7.1615
	4.5091	8.2978	3.7887
sym 6	0.4604	7.8244	7.3640
	4.5091	8.6258	4.1167
sym 8	0.4604	7.9745	7.5141
	4.5091	8.6450	4.1359
sym 10	0.4604	8.3960	7.9356
	4.5091	8.9594	4.4503
bior 2.2	0.4604	7.1447	6.6843
	4.5091	7.8318	3.3227
bior 4.4	0.4604	7.1318	6.6714
	4.5091	7.8116	3.3025
coif 3	0.4604	8.1895	7.7291
	4.5091	8.7756	4.2665
coif 5	0.4604	8.5389	8.0785
	4.5091	5.4502	0.9411

8.3.4　算法仿真性能分析

在上述仿真数据的基础上，对比分析三种熵函数(Shannon 熵、SURE 熵和 threshold 熵)的性能特点，仿真三种熵函数的变化情况，如图 8-95～图 8-106 所示，图中横坐标为输入信噪比，纵坐标为信噪比提高值，单位均为 dB。

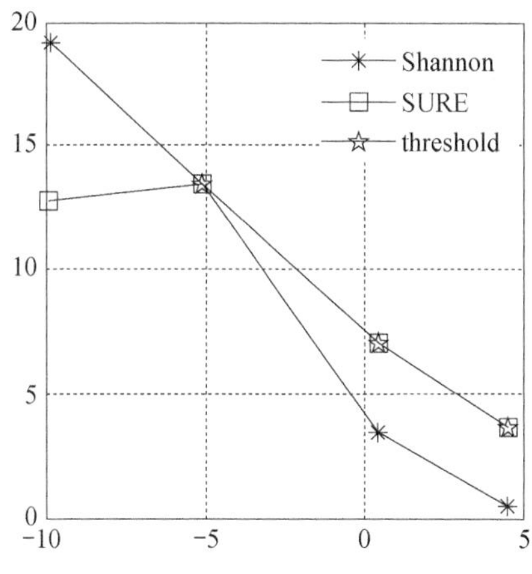

图 8-95　db 4 小波熵函数变化趋势

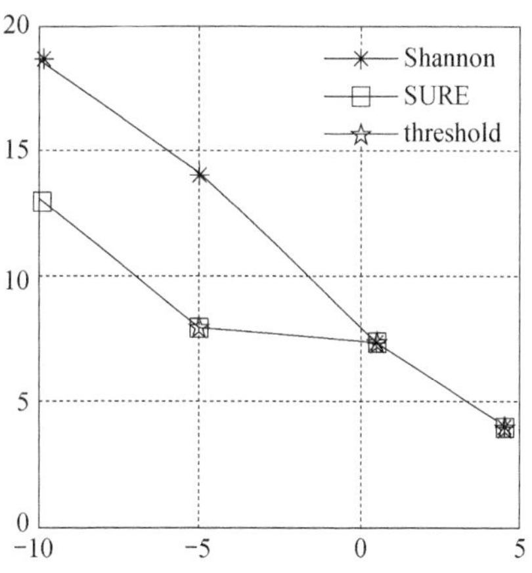

图 8-96　db 6 小波熵函数变化趋势

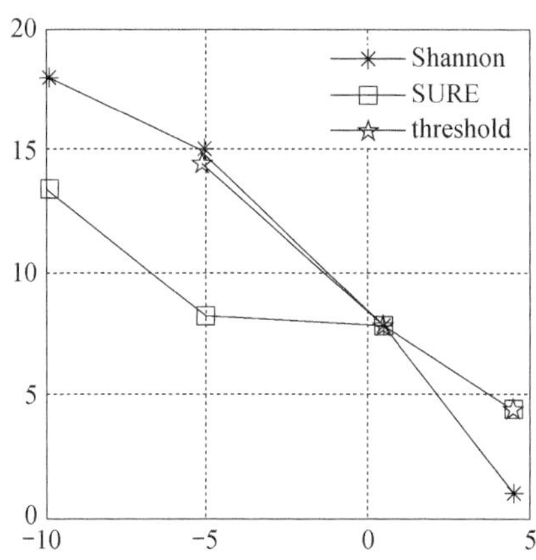

图 8-97　db 8 小波熵函数变化趋势

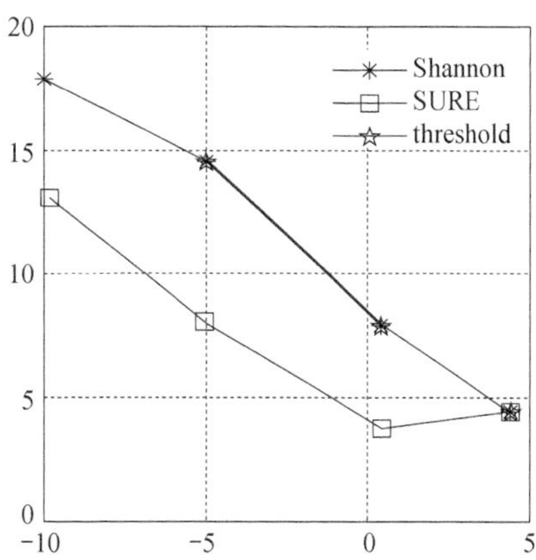

图 8-98　db 10 小波熵函数变化趋势

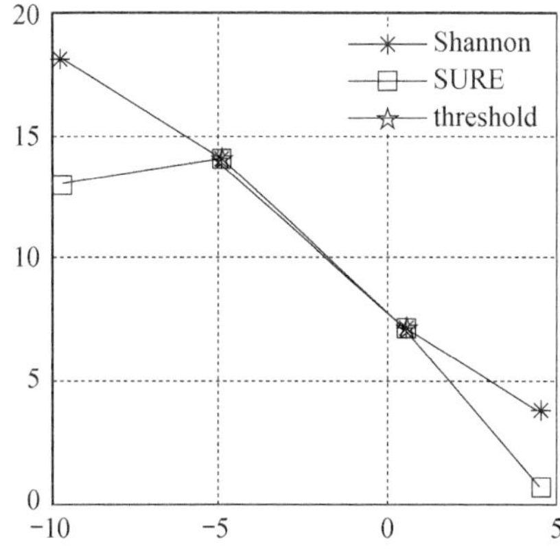

图 8-99　sym 4 小波熵函数变化趋势

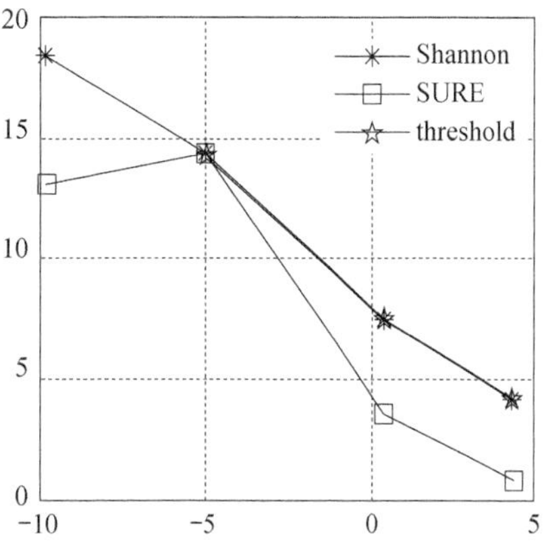

图 8-100　sym 6 小波熵函数变化趋势

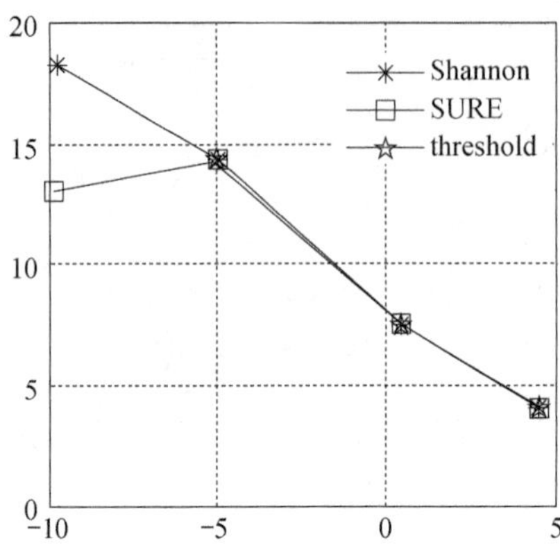

图 8-101　sym 8 小波熵函数变化趋势

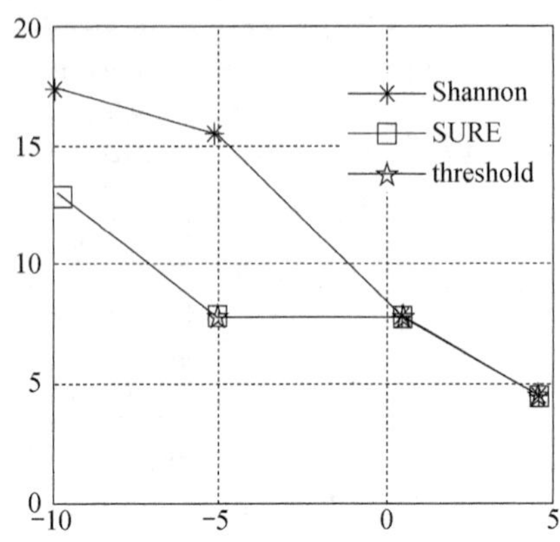

图 8-102　sym 10 小波熵函数变化趋势

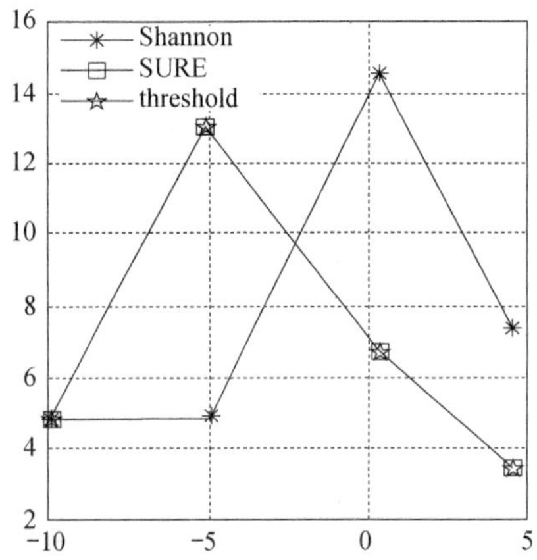

图 8-103　bior 2.2 小波熵函数变化趋势

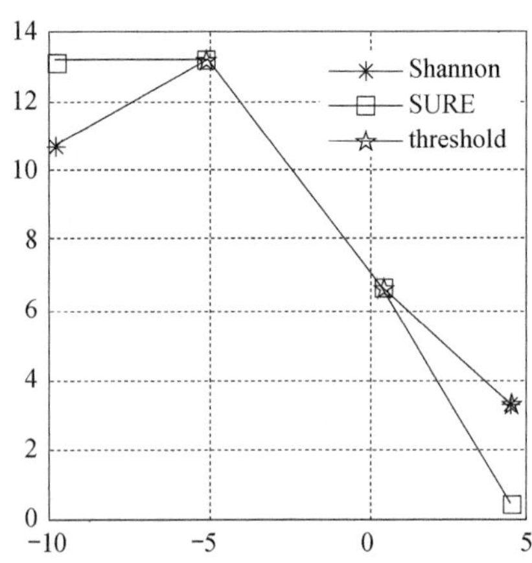

图 8-104　bior 4.4 小波熵函数变化趋势

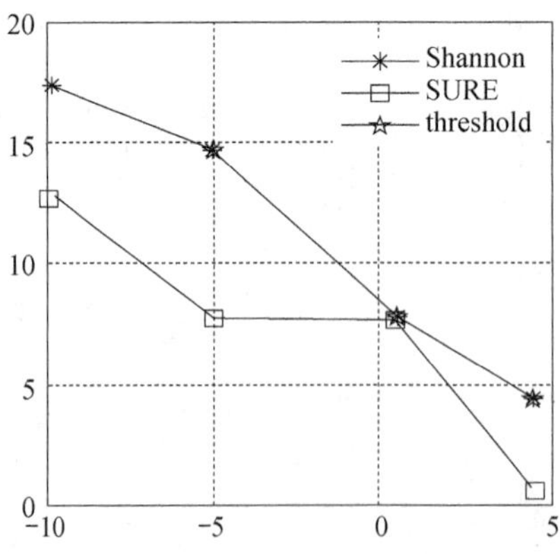

图 8-105　coif 3 小波熵函数变化趋势

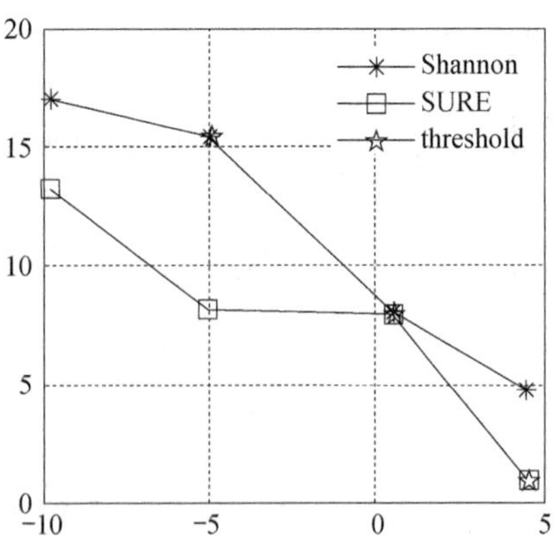

图 8-106　coif 5 小波熵函数变化趋势

从以上各图中可知，在 $-10\sim-5$dB 的低信噪比下，Shannon 熵的效果优于 SURE 熵，而 threshold 熵由于自身定义的限制在该段区间失效；在 $-5\sim0$dB，Shannon 熵优于 SURE 熵，Shannon 熵与 threshold 熵具有相似的特点，可以互相代替使用；在 $0\sim5$dB 的高信噪比下，threshold 熵优于 SURE 熵。这些仿真研究结果可为实际中选择熵函数提供依据。

8.4　小波阈值计算仿真

8.4.1　阈值函数的选取

选取阈值 λ 是小波阈值去噪算法中另一个关键因素。通常由噪声方差的估计值和小波分解后各频带系数的能量分布来确定阈值的大小，由于噪声是一种随机的信号，因此在实际应用中必须对阈值进行估计。

硬、软阈值法虽在实际中得到了广泛应用，但这些算法本身存在着一些缺陷。在硬阈值方法中，对大于阈值的小波系数不加处理，但实际情况中，大于阈值的小波系数中也存在噪声，因此对噪声清除不够干净。软阈值函数虽然连续性好，但估计小波系数与含噪信号的小波系数间存在恒定的偏差，给重构语音带来不可避免的误差，使语音清晰度大大降低。

已知噪声分量随着小波系数增大而逐渐减小，所以希望随着小波系数权值 $|w_{j,k}|$ 的增大，改进的小波系数矢量 $\hat{w}_{j,k}$ 与语音 $s_{j,k}$ 之间的偏差也能逐渐减小，为此本节采用一种加权阈值函数，如式(8-3)所示：

$$\hat{w}_{j,k}=\begin{cases}(0.5+\Delta)\cdot w_{j,k}+(0.5-\Delta)\cdot \mathrm{sgn}(w_{j,k})\cdot(|w_{j,k}|-\lambda), & |w_{j,k}|\geqslant\lambda \\ 0, & |w_{j,k}|<\lambda\end{cases} \tag{8-3}$$

式中，λ 为阈值；Δ 为调节因子，$-0.5\leqslant\Delta\leqslant0.5$。

8.4.2　阈值函数中调节因子及阈值选取

1. 最大信息熵原理

设离散随机变量 X 取值为 A_i 的概率为 p_i，其中，$i=1,2,\cdots,N$，$p_i>0$，$\sum_{i=1}^{N}p_i=1$，则随机变量 X 的信息熵定义为

$$H(x)=-\sum_{i=1}^{N}p_i\mathrm{lb}p_i\quad(\text{bit/符号}) \tag{8-4}$$

最大信息熵原理是描述在一定条件下，随机变量满足何种分布时信息熵取得

最大值。已经证明，在离散随机变量的情况下，当 X 为等概率分布时，信息熵达到最大值。

对噪声语音在 m 个尺度上进行小波分解，每个尺度上有 n 个小波系数，设在尺度 j 上的小波系数矢量为

$$w_j = (w_{j,1}, w_{j,2}, \cdots, w_{j,n}) \tag{8-5}$$

经过改进加权阈值函数处理后，得到的小波系数矢量为

$$\hat{w}_j = (\hat{w}_{j,1}, \hat{w}_{j,2}, \cdots, \hat{w}_{j,n}) \tag{8-6}$$

去噪后语音信号在尺度 j 上的能量定义如式(8-7)所示：

$$E_j = \| \hat{w}_j \|^2 = \sum_{k=1}^{n} | \hat{w}_{j,k} |^2 \tag{8-7}$$

根据小波的正交性，经过阈值函数处理后，语音信号的总能量如式(8-8)所示：

$$E = \sum_{j=1}^{m} E_j \tag{8-8}$$

信号的能量越大，表明它对系统的影响也就越大，即贡献越显著。在小波去噪中，则说明对含噪信号中原始信号恢复的贡献越大。故可定义尺度 j 上的小波能量在小波总能量中的比重，作为该层小波对去噪的贡献，如式(8-9)所示：

$$p_j = \frac{E_j}{E} = \frac{\sum_{k=1}^{n} | \hat{w}_{j,k} |^2}{\sum_{j=1}^{m}\sum_{k=1}^{n} | \hat{w}_{j,k} |^2} \tag{8-9}$$

根据式(8-4)信息熵的定义，可以得到小波的信息熵，如式(8-10)所示：

$$H(W) = -\sum_{j=1}^{m} p_j \mathrm{lb} p_j = -\sum_{j=1}^{m} \frac{\sum_{k=1}^{n} | \hat{w}_{j,k} |^2}{\sum_{j=1}^{m}\sum_{k=1}^{n} | \hat{w}_{j,k} |^2} \mathrm{lb} \frac{\sum_{k=1}^{n} | \hat{w}_{j,k} |^2}{\sum_{j=1}^{m}\sum_{k=1}^{n} | \hat{w}_{j,k} |^2} \tag{8-10}$$

根据式(8-3)可知，式(8-10)中，$\hat{w}_{j,k}$ 与调节因子 Δ 和阈值 λ 有关，因此，$H(W)$ 也与 Δ 和 λ 有关，并且是它们的函数。

根据最大信息熵原理，在约束条件 $-0.5 \leqslant \Delta \leqslant 0.5$ 时，求得 $H(W) = H(\Delta, \lambda)$ 取最大值时的 Δ 和 λ，由此便可确定阈值的大小和加权阈值函数的表达式。

2. 二重循环搜索法求解 Δ 和 λ

在实际中要求得 $H(\Delta, \lambda)$ 在约束条件下取最大值时的 Δ 和 λ，是比较复杂和烦琐的，因此，需要用一种切实可行的办法来进行求解。

因为$-0.5\leqslant\Delta\leqslant0.5$，故可令$\Delta$的初始值为$-0.5$，步长为 0.1，终值为 0.5；同样将$\lambda$的初始值也设为 0，终值则为通用阈值，步长为 0.001，进行二重循环搜索法来计算$H(\Delta,\lambda)$在约束条件下取最大值时的Δ和λ。通过改变步长的大小可得到更加精确的结果。

8.4.3　算法仿真及结果分析

仿真采用 coif 5 小波，加入高斯白噪声，分解层数为 4，根据最大信息熵原理，采用二重循环搜索法确定的调节因子及阈值分别进行去噪处理，如图 8-107～图 8-111 所示，图中的横坐标为时间，单位为 s，纵坐标为归一化幅度值。为证明本改进算法的有效性，仿真实验中同时对比了采用硬阈值函数、软阈值函数时的增强效果，如表 8-10 所示。

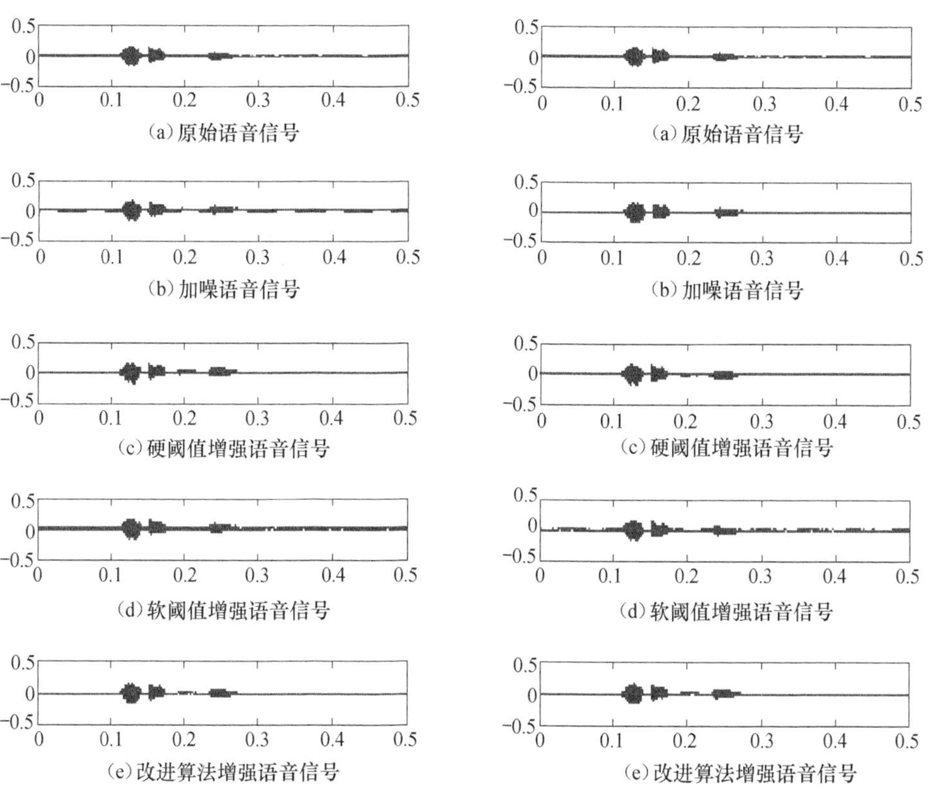

图 8-107　$SNR_{in}=22.5213$ 增强效果比较　　图 8-108　$SNR_{in}=14.3183$ 增强效果比较

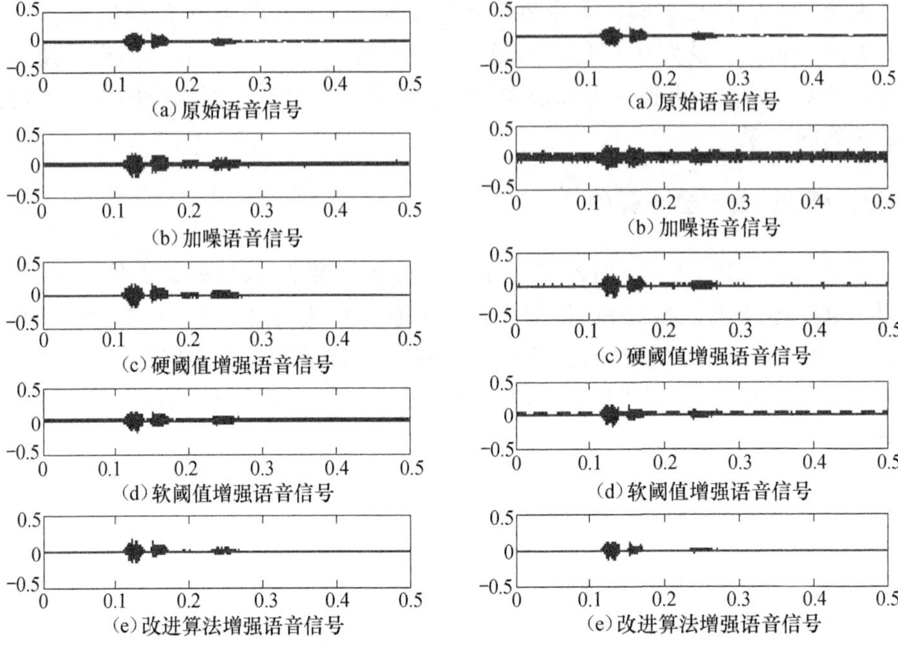

图 8-109　$\mathrm{SNR_{in}}=-2.8768$ 增强效果比较　　图 8-110　$\mathrm{SNR_{in}}=-8.8621$ 增强效果比较

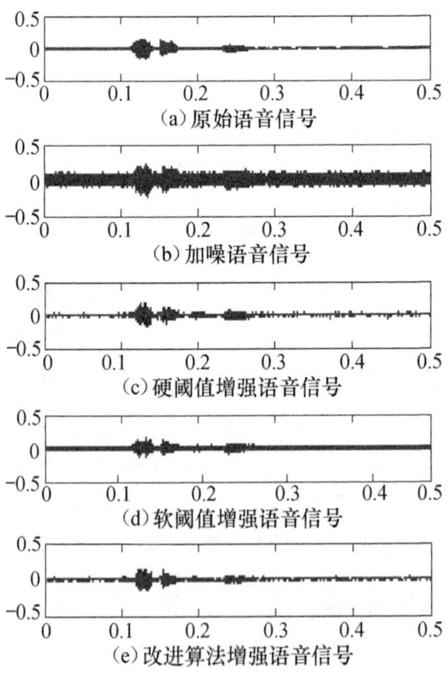

图 8-111　$\mathrm{SNR_{in}}=-28.7522$ 增强效果比较

表 8-10　基于最大信息熵的小波去噪与硬阈值及软阈值增强结果比较

（单位：dB）

SNR_{in}	SNR_{out}		
	硬阈值去噪	软阈值去噪	改进算法
22.5213	27.4705	29.7396	34.9778
14.3183	20.6475	21.5454	22.4388
−2.8768	2.9314	3.0858	6.4405
−8.8621	−5.9401	−6.8476	−0.0899
−28.7522	−22.6232	−23.4706	−20.3447

通过表 8-10 中数据的对比可以看出，基于最大信息熵的小波去噪算法，在去噪后的信噪比方面，要明显优于传统的硬阈值及软阈值去噪，这表明该算法能够很好地抑制高斯白噪声。根据以上输入输出信噪比数据得到各算法输入信噪比与输出信噪比的变化关系，如图 8-112 所示。图中横坐标表示输入信号信噪比，纵坐标为信噪比提高值，单位均为 dB。

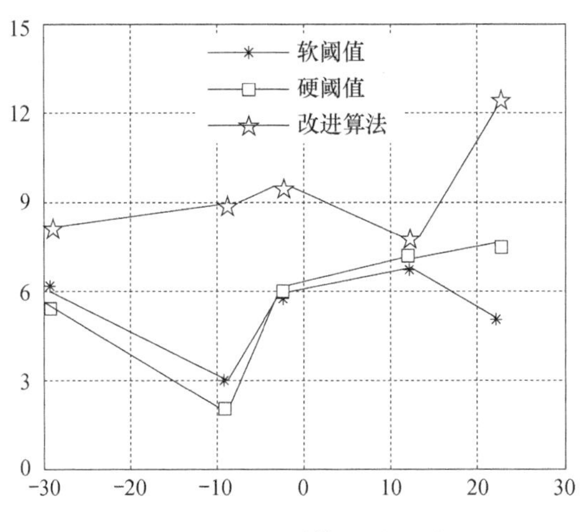

图 8-112　三种算法对比图

由图 8-112 还可以看出，软阈值和硬阈值算法在较低输入信噪比－30～－10dB 变化时，对应的信噪比提高幅度值却线性降低；当输入信噪比在－10～12dB 变化时，对应信噪比提高幅度逐渐增大；当输入信噪比高于 12dB 时，硬阈值算法对应的提高幅度仍然线性增加，而软阈值算法对应的提高幅度却线性下降。采用改进算法后，输出端信噪比的提高幅度整体高于软硬阈值算法，当输入信噪比高于 12dB 时，改进算法对应的输出信噪比提高幅度显著地呈线性增大趋势。综上，改进算法可以实现更高质量的语音增强效果。

8.5 语音增强质量评价算法仿真

8.5.1 分段信噪比仿真

前面所述的语音增强算法仿真实验得出的时域波形图和信噪比大小,实现了客观比较四种语音增强算法性能的过程。但是由于信噪比与主观评价的相关度仅为 0.24,而且它是在一段完整信号的持续时间内计算得到的,因此,信噪比的值会被高能量的区域所支配。由于语音信号是非平稳信号,它具有许多高能量和低能量的区域,而且这些区域与语音的理解密切相关。时域分段信噪比 SegSNR 去除了各帧信噪比中的最大值和最小值,能够反映语音的局部失真水平,与 SNR 相比,与主观评价的相关度高、可信度高,能够反映语音增强算法真实的噪声消除水平和失真程度。

分段信噪比是通过计算语音信号每一语音帧的信噪比,然后对各帧的信噪比求平均值,其计算过程表示为

$$\text{SegSNR}=\frac{10}{M}\sum_{l=1}^{M}\lg\frac{\frac{1}{L}\sum_{k=1}^{L}s^2(l,k)}{\frac{1}{L}\sum_{k=1}^{L}\left[s(l,k)-\tilde{s}(l,k)\right]^2}\tag{8-11}$$

式中,$s(l,k)$为纯净语音;$\tilde{s}(l,k)$为待测评的语音;L 为帧长;M 为总帧数。SegSNR 的值越大,说明语音信号失真越小,信号中的噪声越少,语音增强的效果越好。

下面是针对四种语音增强算法的分段信噪比进行的仿真实验结果。表 8-11 是在高斯白噪声环境下的四种语音增强算法的分段信噪比仿真结果,信噪比单位均为 dB。

表 8-11 高斯白噪声环境下的分段信噪比仿真结果 (单位:dB)

语音增强算法	增强前带噪语音信噪比 SNR_{in}	增强前带噪语音分段信噪比 $SegSNR_{in}$	增强后输出语音分段信噪比 $SegSNR_{out}$	分段信噪比差值 $\Delta SegSNR$
维纳滤波法	2.3703	5.5040	4.4630	−1.0410
	−2.9906	3.5954	4.1775	0.5821
	−7.1942	−1.1945	2.9070	4.1015
	−13.5823	−5.0635	0.8540	5.9175
最小均方误差法	2.3703	5.5040	1.0560	−4.4480
	−2.9906	3.5954	1.5776	−2.0178
	−7.1942	−1.1945	2.1383	3.3328
	−13.5823	−5.0635	2.4940	7.5575

续表

语音增强算法	增强前带噪语音信噪比 SNR_{in}	增强前带噪语音分段信噪比 $SegSNR_{in}$	增强后输出语音分段信噪比 $SegSNR_{out}$	分段信噪比差值 $\Delta SegSNR$
信号子空间法	2.3703	5.5040	11.0628	5.5588
	−2.9906	3.5954	6.7945	3.1991
	−7.1942	−1.1945	6.7945	7.9890
	−13.5823	−5.0635	3.7850	8.8485
小波变换法	2.3703	5.5040	8.9607	3.4567
	−2.9906	3.5954	7.6095	4.0141
	−7.1942	−1.1945	3.9625	5.1570
	−13.5823	−5.0635	0.4256	5.4891

从表 8-11 中的分段信噪比仿真数据可知，针对高斯白噪声环境中的语音，随着带噪语音信噪比的增大，带噪语音的分段信噪比也在增大，各种算法增强后的分段信噪比，出现了不同程度的增大或减小。分段信噪比增大，说明此时语音增强算法对噪声的消除水平很高，而且失真程度很低；分段信噪比减小，说明该语音增强算法对于局部某些帧的噪声消除水平很差，而且造成语音的部分失真。由于高斯白噪声是宽带噪声，它对纯净语音的整个频率范围都有影响，语音信号中的清音与白噪声的性质相似，很难区分，因此经过处理后，会将某些语音段去除，使听觉上舒适，而噪声部分却没有得到更多的消除，这就造成了分段信噪比的下降。

当分段信噪比在－15～－5dB 时，四种算法的噪声消除水平比较高，失真程度很低。其中信号子空间法的增强效果最好，其次依次是小波变换法、维纳滤波法、最小均方误差法。

表 8-12 是在粉红噪声环境下的四种语音增强算法的分段信噪比仿真结果，信噪比单位均为 dB。

表 8-12　粉红噪声环境下的分段信噪比仿真结果　（单位：dB）

语音增强算法	增强前带噪语音信噪比 SNR_{in}	增强前带噪语音分段信噪比 $SegSNR_{in}$	增强后输出语音分段信噪比 $SegSNR_{out}$	分段信噪比差值 $\Delta SegSNR$
维纳滤波法	2.1539	5.1156	4.4842	−0.6314
	−2.8686	1.3930	3.3263	1.9333
	−7.2407	−1.6388	2.0856	3.7244
	−13.5976	−5.4088	−0.2684	5.1404
最小均方误差法	2.1539	5.1156	4.4021	−0.7135
	−2.8686	1.3930	3.6255	2.2325
	−7.2407	−1.6388	1.8591	3.4979
	−13.5976	−5.4088	−0.7674	4.6414

续表

语音增强算法	增强前带噪语音信噪比 SNR_{in}	增强前带噪语音分段信噪比 $SegSNR_{in}$	增强后输出语音分段信噪比 $SegSNR_{out}$	分段信噪比差值 ΔSegSNR
信号子空间法	2.1539	5.1156	5.9458	0.8302
	−2.8686	1.3930	2.7857	1.3927
	−7.2407	−1.6388	0.0929	1.7317
	−13.5976	−5.4088	−3.5378	1.8710
小波变换法	2.1539	5.1156	5.6545	0.5389
	−2.8686	1.3930	2.2400	0.8470
	−7.2407	−1.6388	−0.6403	0.9985
	−13.5976	−5.4088	−4.4391	0.9697

从表8-12中分段信噪比仿真数据可以得出，针对带粉红噪声的语音信号，随着带噪语音信噪比的增大，带噪语音的分段信噪比也在增大，各种算法增强后的分段信噪比出现了不同程度的增大或减小。其中减小的程度很微弱，说明四种语音增强算法对粉红噪声的消除，整体上来说，比处理高斯白噪声要好，语音的损伤更低。

在信噪比较低时，四种算法的噪声消除水平较高，失真程度很小，在信噪比较高时处理效果变差。其中维纳滤波法的处理效果最好，其次依次是最小均方误差法、信号子空间法、小波变换法。

表8-13是在工厂噪声环境下的四种语音增强算法的分段信噪比仿真结果，信噪比单位均为dB。

表8-13　工厂噪声环境下的分段信噪比仿真结果　　(单位:dB)

语音增强算法	增强前带噪语音信噪比 SNR_{in}	增强前带噪语音分段信噪比 $SegSNR_{in}$	增强后输出语音分段信噪比 $SegSNR_{out}$	分段信噪比差值 ΔSegSNR
维纳滤波法	2.3866	5.0548	4.7139	−0.3409
	−2.8851	1.1508	3.1984	2.0476
	−7.1496	−1.8220	1.6089	3.4309
	−13.5108	−5.5135	−1.1542	4.3593
最小均方误差法	2.3866	5.0548	3.4987	−1.5561
	−2.8851	1.1508	3.4404	2.2896
	−7.1496	−1.8220	1.5734	3.3954
	−13.5108	−5.5135	−1.3907	4.1228
信号子空间法	2.3866	5.0548	5.0902	0.0354
	−2.8851	1.1508	1.6665	0.5157
	−7.1496	−1.8220	−1.0442	0.7778
	−13.5108	−5.5135	−4.5853	0.9282

续表

语音增强算法	增强前带噪语音信噪比 SNR_{in}	增强前带噪语音分段信噪比 $SegSNR_{in}$	增强后输出语音分段信噪比 $SegSNR_{out}$	分段信噪比差值 $\Delta SegSNR$
小波变换法	2.3866	5.0548	5.1557	0.1009
	−2.8851	1.1508	1.2982	0.1474
	−7.1496	−1.8220	−1.6656	0.1564
	−13.5108	−5.5135	−5.3801	0.1334

通过表 8-13 中分段信噪比仿真数据可知，针对工厂噪声环境下的语音，随着带噪语音信噪比的增大，带噪语音的分段信噪比也在增大，各种算法增强后的分段信噪比出现了不同程度的增大或减小。有些算法的处理会损伤到语音，造成语音的失真。

随着带噪语音信噪比的增大，语音增强算法的处理效果变差。其中维纳滤波法的处理效果最好，其次依次是最小均方误差法、信号子空间法、小波变换法。

图 8-113～图 8-115 是四种语音增强算法在不同噪声、不同分段信噪比条件下的比较图，其中横坐标表示不同噪声环境下的语音分段信噪比，纵坐标表示增强后语音分段信噪比，单位均为 dB。

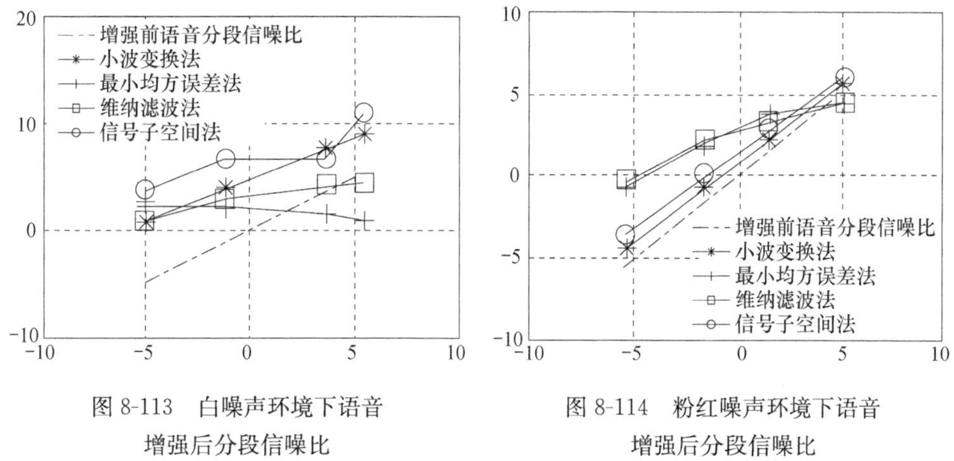

图 8-113　白噪声环境下语音增强后分段信噪比

图 8-114　粉红噪声环境下语音增强后分段信噪比

在分段信噪比仿真实验中，同一语音信号中加入了不同噪声、输入了不同信噪比，然后计算出增强后语音信号的输出分段信噪比和分段信噪比差值。算法总结如下：

(1) 从分段信噪比仿真实验中可得出各种语音增强算法的稳定性，最好的是维纳滤波法，其次依次是最小均方误差法、小波变换法、信号子空间法。

(2) 对于同种类型的带噪语音，增强的效果都是随输入信噪比的增大而下降；不同的是，四种算法在处理不同类型的带噪语音时，效果不同。

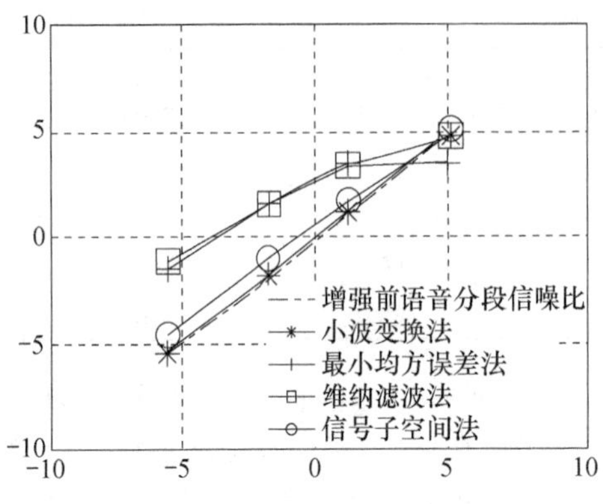

图 8-115 工厂噪声环境下语音增强后分段信噪比

从分段信噪比的角度来分析，处理高斯白噪声时，信号子空间法效果最好，然后依次是小波变换法、维纳滤波法、最小均方误差法；在处理粉红噪声时，维纳滤波法效果最好，然后依次是最小均方误差法、信号子空间法、小波变换法；在处理工厂噪声时，维纳滤波法效果最好，然后依次是最小均方误差法、信号子空间法、小波变换法。

四种算法在高斯白噪声环境下的分段信噪比提高幅度最大，粉红噪声和工厂噪声环境下的分段信噪比提高幅度依次减小。这与信噪比仿真结果一致，不同的是增强后语音的分段信噪比有些降低了，这是因为信噪比虽然是一种广泛应用的、简单的客观评价方法，且高信噪比是高质量语音的必要条件，但它并不是高质量语音的充分条件，而且信噪比与语音质量的相关度不高，语音的能量是时变的，具有较少能量的清擦音部分受噪声的影响很大，从主观上很难对它进行感知。分段信噪比可以改善这个问题，可用于反映噪声的消除水平和失真度，所以在纯净语音受到损伤时，分段信噪比会降低。

8.5.2 语音感知质量评价算法仿真

一般的，语音质量包括清晰度、可懂度和自然度等方面的内容。清晰度是指语音中音节以下的语音单元，如音素、声母和韵母等的清晰度；可懂度是指语音中音节以上的语言单位，如字、单词和句等的可懂程度；自然度则是指对讲话人的辨别水平。语音质量评价不但与语音信号处理理论、语音学等相关，而且还与心理学、人的听觉感知等有着密切的联系。

语音增强的目的是让听者减少疲劳感、改善语音质量、提高语音可懂度。传统信噪比实现了对语音质量的客观评价，但是该评价过程中，没有考虑语音的结构或听觉心理学等弊端，基于此，提出了与可懂度关联更密切的语音感知质量评价算法(PESQ)，用于评价人对语音主观感受方面的质量。通过 PESQ，可表征出增强后语音的听觉舒适度，该算法利用客观模型来模拟主观感觉，将语音中“可感知”特性在数学上尽可能完美地表达出来。

PESQ 的评分制度与 MOS 评分类似，利用统一于－0.5～4.5 之间的一个数值，来表示语音质量的优劣。被测语音质量越接近参考语音，PESQ 分数就越接近 4.5，反之分数越低。PESQ 与 MOS 的评分相关度最高，二者近似呈线性关系，并且具有非常强的可比性。PESQ 的分值反映了人对语音质量的主观判断，PESQ

的分值越高，语音质量越好、可懂度越高。

下面是在不同噪声、不同信噪比情况下，利用四种语音增强算法处理带噪语音后，语音质量的 PESQ 仿真实验结果。首先对带噪语音进行 PESQ 分值计算，然后对增强后的语音进行 PESQ 计算，得出它们之间的差值，以此来分析语音增强算法在语音可懂度方面的性能，表 8-14 是在白噪声环境下的四种语音增强算法的 PESQ 仿真结果，信噪比单位均为 dB。

表 8-14　高斯白噪声环境下的 PESQ 算法仿真结果　(单位:dB)

语音增强算法	增强前带噪语音信噪比 SNR_{in}	增强前带噪语音 PESQ 分值 $PESQ_{in}$	增强后输出语音 PESQ 分值 $PESQ_{out}$	PESQ 差值 ΔPESQ
维纳滤波法	2.3703	2.362	1.827	−0.535
	−2.9906	2.440	2.380	−0.060
	−7.1942	2.320	2.431	0.111
	−13.5823	1.525	2.501	0.976
最小均方误差法	2.3703	2.362	2.055	−0.307
	−2.9906	2.440	2.513	0.073
	−7.1942	2.320	2.798	0.469
	−13.5823	1.525	2.333	0.808
信号子空间法	2.3703	2.362	2.426	0.064
	−2.9906	2.440	2.126	−0.314
	−7.1942	2.320	2.149	−0.171
	−13.5823	1.525	1.970	0.445
小波变换法	2.3703	2.362	3.288	0.926
	−2.9906	2.440	1.940	−0.500
	−7.1942	2.320	2.308	−0.012
	−13.5823	1.525	2.871	1.346

从表 8-14 中的 PESQ 仿真数据可知，高斯白噪声环境下的语音在信噪比很低时，PESQ 分值很低，但是随着信噪比的增大，PESQ 并不是一直在增大，说明语音信号的可懂度等方面的性能，与语音信噪比没有直接的关联，各种算法增强后的语音 PESQ 值，出现了不同程度的增大或减小。PESQ 值降低，说明语音经过处理后，可懂度有所降低。

从 PESQ 评价语音可懂度方面的性能来看，在处理−15～−10dB 和 0～5dB 的带噪语音时，小波变换法最好；处理−10～0dB 的带噪语音时，最小均方误差法最好。综合来说，小波变换法的处理效果最好，其次依次是最小均方误差法、维纳滤波法、信号子空间法。表 8-15 是在粉红噪声环境下的四种语音增强算法的 PESQ 仿真结果，信噪比单位均为 dB。

表 8-15　粉红噪声环境下的 PESQ 算法仿真结果　　(单位:dB)

语音增强算法	增强前带噪语音信噪比 SNR_{in}	增强前带噪语音 PESQ 分值 $PESQ_{in}$	增强后输出语音 PESQ 分值 $PESQ_{out}$	PESQ 差值 ΔPESQ
维纳滤波法	2.1539	2.539	2.266	−0.273
	−2.8686	2.437	2.251	−0.186
	−7.2407	2.373	2.453	0.08
	−13.5976	1.461	1.796	0.335
最小均方误差法	2.1539	2.539	2.795	0.256
	−2.8686	2.437	2.526	0.089
	−7.2407	2.373	2.293	−0.08
	−13.5976	1.461	2.615	1.154
信号子空间法	2.1539	2.539	2.066	−0.473
	−2.8686	2.437	2.682	0.245
	−7.2407	2.373	2.507	0.134
	−13.5976	1.461	2.109	0.648
小波变换法	2.1539	2.539	2.484	−0.055
	−2.8686	2.437	2.627	0.190
	−7.2407	2.373	2.485	0.112
	−13.5976	1.461	2.699	1.238

从表 8-15 中 PESQ 仿真数据可知，粉红噪声环境下的语音在信噪比很低时，PESQ 的分值很低，但是随着信噪比的增大，PESQ 并不是一直在增大，各种算法增强后语音的 PESQ 值，出现了不同程度的增大或减小。PESQ 值降低，说明语音经过处理后，可懂度有所降低。

从 PESQ 评价语音可懂度方面的性能来分析，在处理−15～−10dB 的带噪语音时，小波变换法最好；处理−10～0dB 的带噪语音时，信号子空间法最好；处理 0～5dB 的带噪语音时，最小均方误差法最好。综合来说，小波变换法的处理效果最好，其次依次是最小均方误差法、信号子空间法、维纳滤波法。表 8-16 是在工厂噪声环境下的四种语音增强算法的 PESQ 分值仿真结果，信噪比单位均为 dB。

表 8-16　工厂噪声环境下的 PESQ 算法仿真结果　　(单位:dB)

语音增强算法	增强前带噪语音信噪比 SNR_{in}	增强前带噪语音 PESQ 分值 $PESQ_{in}$	增强后输出语音 PESQ 分值 $PESQ_{out}$	PESQ 差值 ΔPESQ
维纳滤波法	2.3866	2.470	2.357	−0.113
	−2.8851	2.359	2.422	0.063
	−7.1496	2.711	2.700	−0.011
	−13.5108	2.564	2.875	0.311

续表

语音增强算法	增强前带噪语音信噪比 SNR_{in}	增强前带噪语音 PESQ 分值 $PESQ_{in}$	增强后输出语音 PESQ 分值 $PESQ_{out}$	PESQ 差值 ΔPESQ
最小均方误差法	2.3866	2.470	2.763	0.293
	−2.8851	2.359	2.889	0.530
	−7.1496	2.711	2.886	0.175
	−13.5108	2.564	2.912	0.348
信号子空间法	2.3866	2.470	2.469	−0.001
	−2.8851	2.359	2.722	0.363
	−7.1496	2.711	2.915	0.204
	−13.5108	2.564	2.606	0.042
小波变换法	2.3866	2.470	2.491	0.021
	−2.8851	2.359	2.563	0.204
	−7.1496	2.711	2.582	−0.129
	−13.5108	2.564	2.572	0.008

从表 8-16 中 PESQ 仿真数据可以得出，工厂噪声对语音可懂度的影响，比其他两种噪声的影响要小，针对工厂噪声环境下的语音，各种算法增强后语音的 PESQ 值，出现了不同程度的增大或减小。PESQ 值降低，说明语音经过处理后可懂度有所降低。

从 PESQ 评价语音可懂度方面的性能来看，在处理 −15～−10dB 和 −5～5dB 的带噪语音时，最小均方误差法最好；处理 −10～0dB 带噪语音时，信号子空间法最好。综合来说，最小均方误差法的处理效果最好，其次依次是信号子空间法、维纳滤波法、小波变换法。

8.5.3　算法仿真性能分析

下面是四种算法的分段信噪比和 PESQ 算法的整体仿真数据，汇总如表 8-17 所示，信噪比单位均为 dB。

表 8-17　分段信噪比和 PESQ 算法仿真结果汇总表　　(单位:dB)

增强算法	高斯白噪声			粉红噪声			工厂噪声		
	增强前 SNR	分段信噪比提高量	PESQ 提高量	增强前 SNR	分段信噪比提高量	PESQ 提高量	增强前 SNR	分段信噪比提高量	PESQ 提高量
维纳滤波法	2.3703	−1.0410	−0.535	2.1539	−0.6314	−0.273	2.3866	−0.3409	−0.113
	−2.9906	0.5821	−0.060	−2.8686	1.9333	−0.186	−2.8851	2.0476	0.063
	−7.1942	4.1015	0.111	−7.2407	3.7244	0.08	−7.1496	3.4309	−0.011
	−13.5823	5.9175	0.976	−13.5976	5.1404	0.335	−13.5108	4.3593	0.311

续表

增强算法	高斯白噪声			粉红噪声			工厂噪声		
	增强前SNR	分段信噪比提高量	PESQ提高量	增强前SNR	分段信噪比提高量	PESQ提高量	增强前SNR	分段信噪比提高量	PESQ提高量
最小均方误差法	2.3703	−4.4480	−0.307	2.1539	−0.7135	0.256	2.3866	−1.5561	0.293
	−2.9906	−2.0178	0.073	−2.8686	2.2325	0.089	−2.8851	2.2896	0.530
	−7.1942	3.3328	0.469	−7.2407	3.4979	−0.08	−7.1496	3.3954	0.175
	−13.5823	7.5575	0.808	−13.5976	4.6414	1.154	−13.5108	4.1228	0.348
信号子空间法	2.3703	5.5588	0.064	2.1539	0.8302	−0.473	2.3866	0.0354	−0.001
	−2.9906	3.1991	−0.314	−2.8686	1.3927	0.245	−2.8851	0.5157	0.363
	−7.1942	7.9890	−0.171	−7.2407	1.7317	0.134	−7.1496	0.7778	0.204
	−13.5823	8.8485	0.445	−13.5976	1.8710	0.648	−13.5108	0.9282	0.042
小波变换法	2.3703	3.4567	0.926	2.1539	0.5389	−0.055	2.3866	0.1009	0.021
	−2.9906	4.0141	−0.500	−2.8686	0.8470	0.190	−2.8851	0.1474	0.204
	−7.1942	5.1570	−0.012	−7.2407	0.9985	0.112	−7.1496	0.1564	−0.129
	−13.5823	5.4891	1.346	−13.5976	0.9697	1.238	−13.5108	0.1334	0.008

通过对不同噪声、不同信噪比的带噪语音进行分段信噪比实验和 PESQ 仿真实验，得到了不同语音增强算法性能仿真结果。在处理不同噪声时，四种增强算法的性能总结如下。

1）高斯白噪声

噪声消除水平和失真程度：信号子空间法的效果最好，其次依次是小波变换法、维纳滤波法、最小均方误差法。

语音信号的可懂度：小波变换法的处理效果最好，其次依次是最小均方误差法、维纳滤波法、信号子空间法。

2）粉红噪声

噪声消除水平和失真程度：维纳滤波法的处理效果最好，其次依次是最小均方误差法、信号子空间法、小波变换法。

语音信号的可懂度：小波变换法的处理效果最好，其次依次是最小均方误差法、信号子空间法、维纳滤波法。

3）工厂噪声

噪声消除水平和失真程度：维纳滤波法的处理效果最好，其次依次是最小均方误差法、信号子空间法、小波变换法。

语音信号的可懂度：最小均方误差法的处理效果最好，其次依次是信号子空间法、维纳滤波法、小波变换法。

结合噪声消除水平、失真程度、可懂度等方面来研究四种算法的性能，它们在各个方面各有优缺点，利用本节得出的结论可知，四种语音增强算法在处理不同噪声时，应该针对哪些性能进行改进。在本节所研究的不同信噪比情况下的四种语音增强算法中，处理高斯白噪声最好的是小波变换法；处理粉红噪声最好的是最小均方误差法，而且在处理粉红噪声时，四种算法性能差异较小；处理工厂噪声这种不稳定的噪声时，最好的是最小均方误差法，而信号子空间法和小波变换法的处理效果不明显。

每种算法处理不同类型噪声、不同信噪比的性能总结如下。

1）维纳滤波法

维纳滤波法处理三种噪声的性能差异较小，针对高斯白噪声，带噪语音在－15～－5dB时，增强后语音的性能在各个方面均有提高；针对粉红噪声，同样也是在－15～－5dB时，增强后语音的性能在各个方面均有提高；针对工厂噪声，带噪语音在－15～－10dB和－5～0dB时，增强后语音的性能在各个方面均有提高。

2）最小均方误差法

最小均方误差法在处理粉红噪声和工厂噪声时的性能比处理高斯白噪声的性能好，针对高斯白噪声，带噪语音在－10～－5dB时，增强后语音的性能在各个方面均有提高；针对粉红噪声，在－15～－10dB和－5～0dB时，增强后语音的性能在各个方面均有提高；针对工厂噪声，带噪语音在－15～0dB时，增强后语音的性能在各个方面均有提高。

3）信号子空间法

信号子空间法处理三种噪声的性能差异较大，针对高斯白噪声，在带噪语音在－15～－10dB和0～5dB时，增强后语音的性能在各个方面均有提高；针对粉红噪声，在－15～0dB时，增强后语音的性能在各个方面均有提高；针对工厂噪声，带噪语音在－15～0dB时，增强后语音的性能在各个方面均有提高。

4）小波变换法

小波变换法处理三种噪声的性能差异较大，针对高斯白噪声，带噪语音在－15～－10dB和0～5dB时，增强后语音的性能在各个方面均有提高；针对粉红噪声，在－15～0dB时，增强后语音的性能在各个方面均有提高；针对工厂噪声，带噪语音在－15～0dB时，增强后语音的性能在各个方面均有提高，但是增强效果很微弱。

通过四种算法处理不同噪声的性能结果可以得出，各种算法在处理特定噪声时，需要从算法的各个层面去改进，从而提高算法的性能，这样比单一地从信噪比层面来改进语音增强算法性能，更具有优越性。

现有的某些语音增强算法，对噪声的消除水平很高，信噪比的提高也很大，但并不一定能提高语音可懂度，很多时候增强后的语音虽然信噪比提高了，但可懂度却下降了。所以，抑制噪声和提高语音可懂度，是难以同时达到的两个目标，这就需要根据不同应用场合来选择语音增强算法，即客观度量和主观度量往往不能兼得，这取决于算法要达到的目的，对于语音增强系统，如果最重要的是使人们听起来更舒适、减少收听人的疲劳感、提高语音可懂度，那么就应该从提高算法可懂度入手。

从以上分析可以得出，在处理不同类型噪声、不同信噪比时，要根据具体情况选用不同的语音增强算法，并在此基础上改进算法，以实现高质量的语音增强。

8.6 本章小结

本章针对前面所论述的语音增强算法，分别使用 Cool Edit、Matlab 等音频与仿真软件进行了仿真实验与性能分析。

Cool Edit 可以高质量地完成录音、编辑、合成等多种任务，也是专业人员进行语音信号频谱分析与处理的强有力工具。可以通过 Cool Edit 应用软件观察、分析输入语音信号的语谱图，并且对带噪语音信号进行简单去噪处理。本章以 Cool Edit Pro 2.1 为例对语音信号进行读入、编辑、显示与分析。

然后，使用语音增强中常用的仿真软件 Matlab，对前几章论述的经典语音增强算法进行了仿真分析。纯净语音信号中分别添加高斯白噪声、粉红噪声以及工厂噪声后，分别通过维纳滤波法、最小均方误差法、信号子空间法及小波变换法进行了语音增强仿真实验，并对仿真结果进行了总结分析。

最后，对应用各种增强算法后的语音质量进行了主客观评价仿真。其中，客观评价通过信噪比、分段信噪比参数进行仿真分析，主观评价通过 PESQ 分值进行仿真分析。

参考文献

陈桂明，张明燕，戚红雨. 2000. 应用 MATLAB 语言处理数字信号与数字图像. 北京：科学出版社.

陈后金，郝晓莉，钱满义，等. 2006. 信号分析与处理实验. 北京：高等教育出版社.

范立，侯强，吴题. 2009. 变噪声环境下语音增强算法性能比较. 武汉理工大学学报，31(2)：200—203.

胡广书. 1997. 数字信号处理理论、算法与实现(第二版). 北京：清华大学出版社.

杰因特，彼得·诺尔. 1990. 语音与图像的波形编码原理及应用. 钱亚生，诸庆麟译. 北京：人民邮电出版社.

彭波，孙一林. 2006. 多媒体技术实用教程. 北京：机械工业出版社.

吴湘淇. 1996. 信号、系统与信号处理(上/下). 北京：电子工业出版社.

徐岩，孟静. 2011. 基于粉红噪声的语音增强算法性能评价研究. 铁道学报，33(4)：53—58.

张雪英. 2010. 数字语音处理及 Matlab 仿真. 北京：电子工业出版社.

周伟，张一鸣，桂林，等. 2010. 基于 Matlab 的小波分析应用. 第 2 版. 西安：西安电子科技大学出版社.

朱娜，林庆，鞠时光. 2004. 实用应用软件教程. 南京：东南大学出版社.

第9章　语音增强系统设计与应用

在20世纪80年代前，由于实现方法的限制，语音增强技术的理论一直得不到广泛的应用，直到80年代世界上第一片单片可编程DSP芯片的诞生，才有可能将理论研究结果广泛应用到低成本的实际系统中，并反过来推动了语音增强技术新理论和应用领域的进一步发展，可以毫不夸张地说，DSP芯片的诞生及发展对近二十年来通信、计算机、控制等领域的技术发展起到了十分重要的作用，随着DSP技术的不断发展和进步，DSP芯片处理能力不断增强、功能日趋强大，它已经成为承载语音增强系统的有效平台。本章通过两个语音增强系统的设计实例来分析实时语音增强处理系统的软硬件平台的搭建。

在第一个实例中，选用SEED-DEC6416开发平台、ICETEK仿真器以及PC构成的开发系统，进行语音信号的实时增强处理。在SEED-DEC6416中主要集成了DSP、SDRAM、ZBTSRAM、EEPROM、FLASH、CODEC、UART、USB等外设以及开放给用户的扩展线，核心处理器是TI公司高性能的TMS320C6416，语音编解码芯片采用TLV320AIC23B。在软件设计中，软件系统由主程序、中断服务程序、中断向量和链接命令文件四部分构成，主程序完成对TMS320C6416的McBSP2、EDMA和TLV320AIC23B初始化，然后调用谱减算法程序，对当前分析语音帧进行增强处理，并将增强语音输出，本系统采用的是改进的最小谱跟踪统计法，该算法可以很好地跟踪噪声的变化。谱相减SS模块实现功率谱减算法，获取原始语音的估值，IFFT模块完成语音信号由频域到时域的变换。在完成了算法的DSP实现后，还需对代码进行适当的优化工作。优化的目的是为了减少代码的长度和提高代码的执行速度。

在第二个实例中，选用美国德州仪器（TI）公司推出的OMAP3平台构成一个TD-SCDMA无线语音宽带通信平台，该平台采用先进的CortexA-8结构，可高速运行（能达到1GHz主频以上），具有TI最新的DSP64x+内核作为强劲的辅助图像处理，还包含了优化的硬件2D/3D加速器，另外在同一个封装下提供了许多通用型硬件接口。如此高性能的器件为组成更小型化的智能嵌入式系统提供了硬件基础，同时推出的软件开发环境也在软件方面对开发产品应用形成了强大的支持。OMAP处理器系列包括应用处理器及集成的基带应用处理器，广泛应用于PDA、远程语音通信、Web记事本和医疗器械等场合。

9.1　基于TMS320C6416的语音增强系统硬件设计与实现

9.1.1　DSP处理技术

1. DSP技术

DSP是digital signal processing的缩写，即数字信号处理，是一种具有特殊结构的、特别适合进行数字信号处理的微处理器，广泛用于各种数字信号处理算法的实时快速实现。随着科学技术的发展，其研究范围和应用领域还在不断地发展和扩大。

目前生产DSP芯片的厂商比较多，比较著名的有美国TI公司、AD公司、Motorola公司等。其中，TI公司的芯片功能比较完善、性能比较稳定，比较适合于在其上进行新的开发工作。TI公司TMS系列的DSP芯片又分为三个子系列：C2000系列、C5000系列和C6000系列。C2000系列主要用于数字控制和运动控制。C5000系列主要用于无线通信、语音处理及个人便携式产品开发。C6000系列广泛用于通信、语音处理、图像处理、雷达、声纳及自动控制等方面。

为了实时迅速地实现数字信号处理，DSP芯片一般采用区别于微处理器的特殊软硬件结构。DSP的内部采用程序总线和数据总线分开的哈佛结构，具有专门的硬件乘法器，广泛采用流水线操作，提供特殊的数字信号处理指令，从而可以迅速地实现各种数字信号处理算法。

TMS320C6416是TI公司C6000系列性能最高的定点DSP处理器，采用第二代高性能、高级VelociTI™、甚长指令字(very-long-instruction-word，VLIW)架构，其主频1GHz，处理速度达8000MIPS。该芯片包括以下功能模块：

(1) 哈佛结构；

(2) 流水线操作；

(3) 专用的硬件乘法器；

(4) 特殊的DSP指令集；

(5) 快速的指令周期。

正是由于这些特殊功能模块，TMS320 DSP芯片能够使大部分的运算如乘法，在一个指令周期内完成，这样，DSP就能迅速地完成大量的数字信号处理工作，满足实际需求。

2. DSP应用系统及开发流程

图9-1是一个典型的DSP应用系统框图。

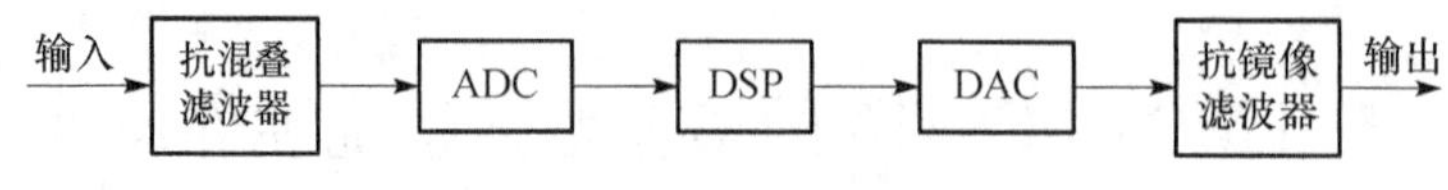

图 9-1　典型的 DSP 应用系统框图

图 9-1 中，抗混叠滤波器的功能是将输入的高于 Nyquist 频率成分的模拟信号滤除掉。输入信号完成滤波和采样后，通过 ADC 模块进行 A/D 变换，将模拟信号转换成 DSP 可以处理的、并行或者串行的数字比特流，DSP 芯片对该数字信号进行一定的处理后，再经 DAC 进行 D/A 变换为模拟信号输出。抗镜像滤波器完成模拟波形的重建输出。

DSP 系统开发之前，须先了解其基本的开发流程，然后根据流程的要求，来安排具体的开发步骤，以此提高开发效率。DSP 系统的基本开发流程如下。

1）分析项目需求

根据项目的设计要求，确定目标系统的各项性能指标和参数。

2）算法分析及仿真

一般的，不同的处理方法会导致不同的系统性能，要得到最佳的系统性能，必须确定最佳的处理方法或算法。因此，这一阶段也称为算法模拟或仿真阶段。通过 Matlab 仿真分析算法的正确性、精度和效率，从而估计所需的 DSP 处理能力。

3）DSP 芯片的选择

根据算法分析出来的运算量大小、运算精度要求、体积、功耗以及开发难度和成本等因素，选择一个合适的 DSP 芯片。

4）DSP 系统硬件设计

选择了 DSP 芯片之后，需进行 DSP 外围电路设计，目的是保证 DSP 的基本工作模式和环境。结合项目的需求，设计系统硬件电路，包括设计系统原理图、绘制 PCB 板图以及制作电路系统。

5）DSP 软件设计与调试

软件设计和编程主要是根据系统要求和所选择的 DSP 芯片，编写相应的 DSP 汇编程序。在实际应用中，常常采用高级语言和汇编语言的混合编程方法，即在算法运算量大的地方，用手工编写的汇编语言，而在运算量不大的地方，则采用高级语言，如 C/C＋＋语言编程。采用这种混合编程方法，不仅可缩短软件开发周期、提高程序的可读性和可移植性，又能满足系统实时运算的要求。

6）系统测试

将设计好的软件和硬件系统相结合，在实际环境下进行测试与调试，使各项指标能够满足项目要求。

综上所述，DSP 实时系统的开发流程如图 9-2 所示。

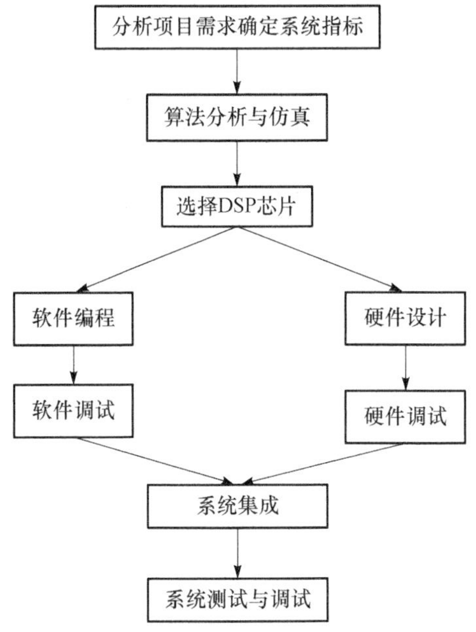

图 9-2　DSP 实时系统开发流程

9.1.2　基于 TMS320C6416 的语音增强系统硬件结构设计

通过分析系统的设计要求，选用 SEED-DEC6416 开发平台、ICETEK 仿真器以及 PC 构成开发系统，进行语音信号的实时增强处理。在 SEED-DEC6416 中主要集成了 DSP、SDRAM、ZBTSRAM、EEPROM、FLASH、CODEC、UART、USB 等外设以及开放给用户的扩展线。核心处理器是 TI 公司高性能的 TMS320C6416，编解码芯片是 TLV320AIC23B。图 9-3 是语音增强系统的硬件实现框图。

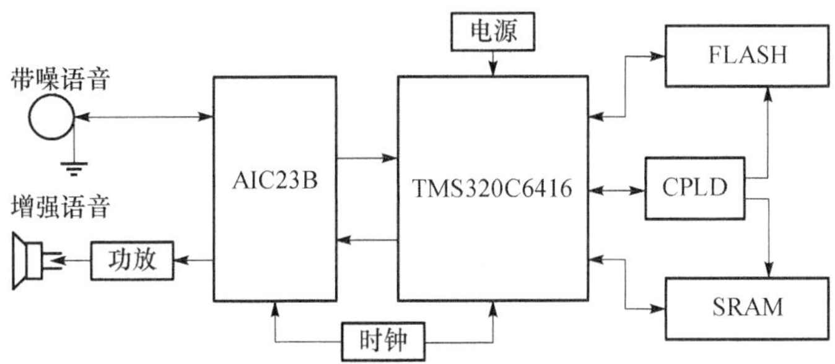

图 9-3　语音增强系统硬件实现框图

1. SEED-DEC6416 主要技术指标

(1) 主处理器：TMS320C6416，工作主频率高达 1GHz，处理能力可达 8000MIPS。

(2) SDRAM：2M×64bit，可扩展至 4M×64bit，工作时钟 133MHz。

(3) ZBTSRAM：256K×64bit，可扩展至 1M×64bit，工作时钟 133MHz。

(4) FLASH：256K×16bit，可扩展至 1M×16bit，70ns，100000 次擦写。

(5) EEPROM：512K×8bit，可扩展至 32K×8bit，I^2C 接口，串行位时钟可达 400kbit/s。

(6) 音频输入：2 通道，标准 3.5mm Audio Jack 连接器，Microphone 输入或 Line in 输入。

(7) 音频输出：1 通道，标准 3.5mm Audio Jack 连接器，Line out 输出或 Headphone 输出。

(8) USB：符合 USB 2.0 规范，最高速率 480Mbit/s。

(9) 异步串口：2 通道，MinDin 连接器，RS232/RS422/RS485 可硬件切换，传输率为 1.92Mbaud。

(10) 扩展总线：接口电平兼容+3.3V/+5V。

另外，板上 JTAG(joint test action group)接口符合 IEEE 1149.1 标准。

2. TMS320C6416 DSP 概述

TMS320C6416 的结构框图如图 9-4 所示。

TMS320C6416 DSP 具有 Viterbi 译码协处理器 VCP 和 Turbo 译码协处理器 TCP；采用两级缓存结构，一级缓存 L1 由程序缓存和数据缓存组成，二级缓存 L2 可根据需要进行设置；两个扩展存储器接口 EMIF，一个 64bit EMIFA，一个 16bit EMIFB，可以与异步存储器 SRAM、EPROM 或同步存储器 SDRAM、SBSRAM、ZBTSRAM 和 FIFO 实现无缝连接，最大可寻址空间为 256MB；具有扩展的直接存储器访问控制器 EDMA，可以提供 64 条独立的 DMA 通道；主机接口 HPI 总线宽度可由用户配置为 32bit/16bit，具有 32bit/33MHz、3.3V 的 PCI 主/从接口，该接口符合 PCI 标准 2.2 版，有 3 个多通道串口 McBSP，每个 McBSP 最多可支持 256 个通道，能直接与 T1/E1、MVIP、SCSA 接口，并且与 Motorola 的 SPI 接口兼容，片内还有一个 16 位的通用输入输出接口 GPIO。

1) 中央处理单元 CPU

TMS320C6416 CPU 有两个功能单元组，每组含 4 个功能单元(.L、.S、.M、.D)和 1 个寄存器文件，即 32 个 32bit 的通用寄存器。功能单元主要完成算术逻辑运算、字节移位、字的读取与存储等功能，通用寄存器组则支持 8/16/32/40/64 位

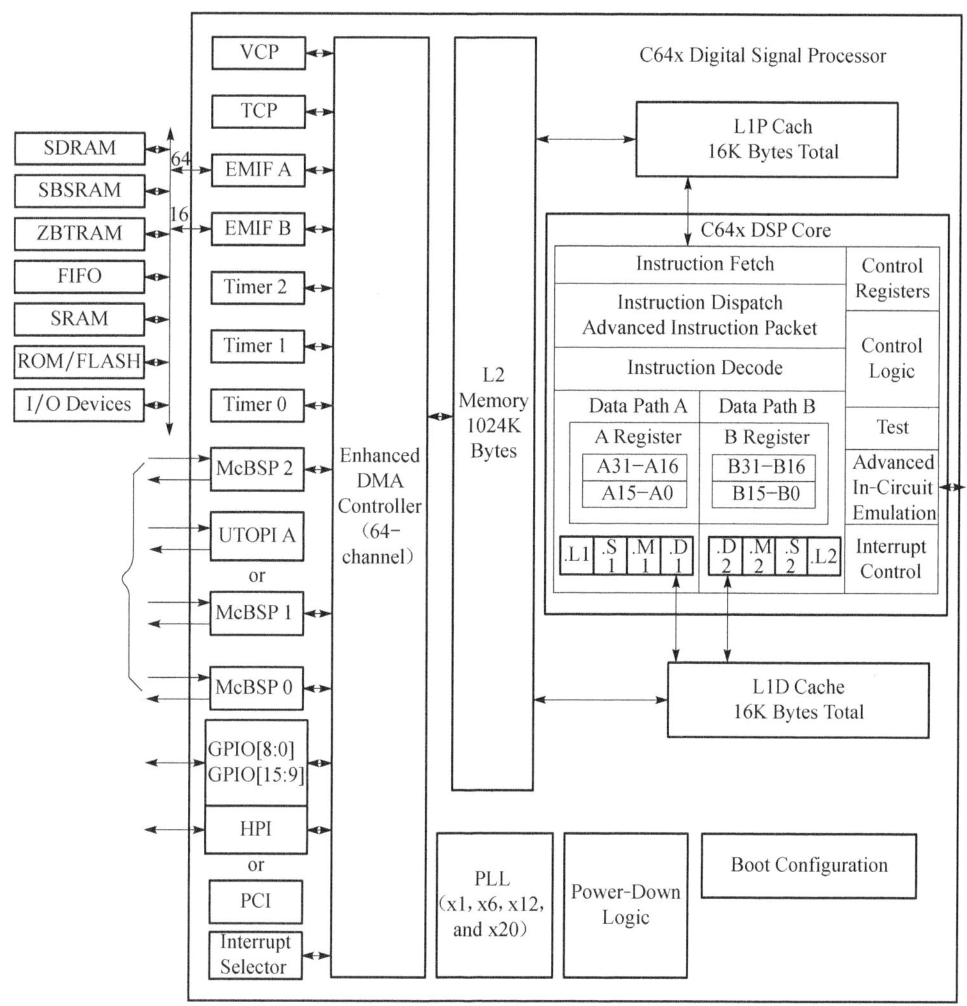

图 9-4　TMS320C6416 结构图

定点数据打包。TMS320C6416 DSP CPU 采用 VelociTI™的先进超长指令字结构，每个时钟周期可以传送高达 8 个 32 位指令到功能单元。

2）片内存储器及外设

TMS320C6416 片内采用两级存储器结构。第 1 级存储器 L1 分为相互独立的程序 Cache L1P 和数据 Cache L1D，只能作为高速缓存被 CPU 访问，不能设置为映射。第 2 级存储器 L2 既可以配置为 SRAM，映射到程序或数据空间，也可以配置为 2 级 Cache，仅作高速缓存；也可以将一部分配置为 SRAM，另一部分配置为 Cache，这样就保证了存储空间的合理利用。另外，为了方便开发 TMS320C6416，芯片上集成了很多外设接口控制器，有外部存储器接口 EMIF、增强的直接存储访问控制器 EDMA、多通道缓冲串口 McBSP、定时器 Timer、主机接口 HPI、USB 接口等。

3) 多通道缓冲串口 McBSP

McBSP 是 TI 公司对原有 DSP 产品中的标准串行口的升级，是一种功能丰富的同步串行接口，具有很强的可编程能力。McBSP 可以配置成 T1/E1、MVIP、IOM-2、AC97、I^2S 和 SPI 等多种同步串口标准，直接与各种器件通信。McBSP 的内部结构如图 9-5 所示。

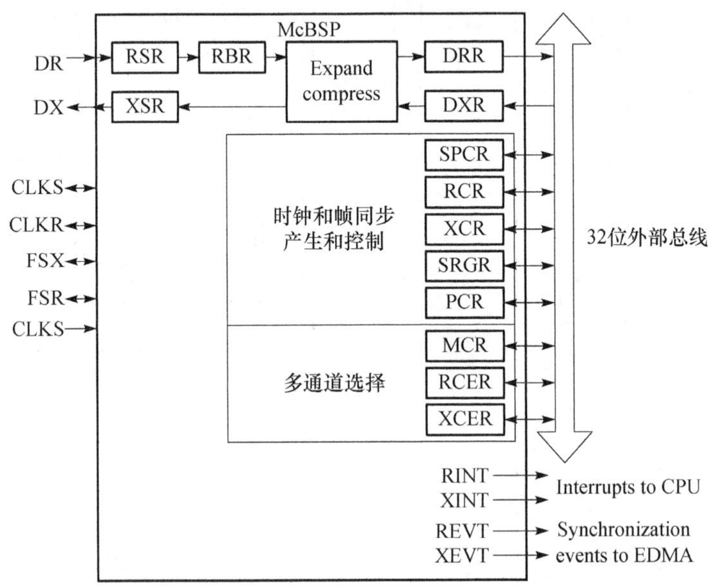

图 9-5　McBSP 的内部结构图

McBSP 由连接外部设备的控制通道和数据通道组成。数据通过数据发送管脚 DX 和数据接收管脚 DR 与连接到 McBSP 的设备通信，时钟和帧同步等控制信息通过 CLKX、CLKR、FSK 与 FSR 引脚通信。为了提高通信效率，McBSP 采用多级缓冲技术，其优点是芯片内部数据搬移和外部数据通信能够同时进行。TMS320C6416 芯片内有 3 个 McBSP，分别为 McBSP0、McBSP1、McBSP2。McBSP 采用双缓冲的发送操作和三缓冲的接收操作，包括一个数据通道和一个控制通道。

数据通道包括发送数据通路和接收数据通路。

(1) 双缓冲发送数据通路。

从图 9-6 所示的发送数据通路可以看出，发送操作采取两级缓冲方式。当 CPU 或 EDMA 通过发送数据通路发送数据时，首先把要发送的数据写到数据发送寄存器 DXR，然后检查发送移位寄存器 XSR 的状态，如果 XSR 的状态为空，就将数据发送寄存器中的数据复制到发送移位寄存器。在发送帧同步后，发送时钟的上升沿或下降沿到来时，移位寄存器的内容按位移出到数据发送引脚。

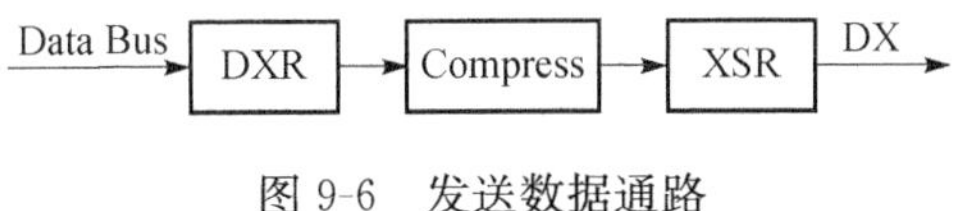

图 9-6　发送数据通路

(2) 三缓冲的接收数据通路。

与发送数据通路不同的是，接收数据通路中的数据，依次经过接收移位寄存器RSR、接收缓冲寄存器 RBR 和接收数据寄存器 DRR 三级缓冲，如图 9-7 所示。数据到达数据接收引脚后，在接收时钟和接收帧同步的作用下，先被移入到 RSR，RSR 收到一个字后，同样先检查 RBR 的状态，若未满就将 RSR 中数据复制到RBR 中，再将数据传送到接收数据寄存器 DRR 中，但是如果 DRR 中的旧数据还未被 CPU 或 DMA/EDMA 控制器读取，则需要重新执行检查 RBR 状态后的操作步骤。

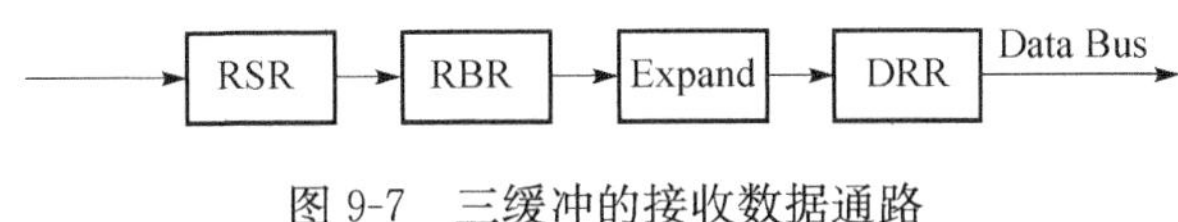

图 9-7　三缓冲的接收数据通路

4) 增强的直接存储访问 EDMA

增强型直接存储访问 EDMA 控制器是相对于 TI 公司的 C620x/C670x 系列和更早系列 DSP 所集成的直接存储访问 DMA 而言的。其主要功能是执行所有二级高速缓存/内存控制器与外设之间的数据传输而不降低 CPU 的吞吐率。这些数据传输主要包括缓存服务、非缓存访问、主机访问和用户可编程数据传输。不同之处是，C64x 具有 64 个通道而其他 C6000 系列只有 16 个通道。图 9-8 是 EDMA 控制器的结构图。

EDMA 控制器由传输控制器 EDMATCC 和通道控制器 EDMACC 组成。EDMATCC 负责所有二级高速缓存/内存控制器与外设之间的数据传输，EDMACC 是用户可编程的一部分，支持一系列灵活强大的传输。EDMACC 又包括：参数 RAM 即 PaRAM、传输完成检测。PaRAM 提供通道和装载参数集的入口，并且传输给地址产生硬件单元，从而寻找外部存储器接口 EMIF 或其他外设，来执行必要的数据读写操作。传输完成检测用于事件和中断处理寄存器使能或禁止事件、中断条件、使能触发类型清除和处理中断，负责检测 EDMATCC 内部的传输是否完成。

(1) EDMA 的传输操作。

EDMA 传输操作的整个过程包括：EDMA 初始化、同步控制、传输数据类型选择、计数更新、源地址和目的地址更新，以及传输链接和终止。数据在存储器之间传输必须经过图 9-9 所示的步骤。

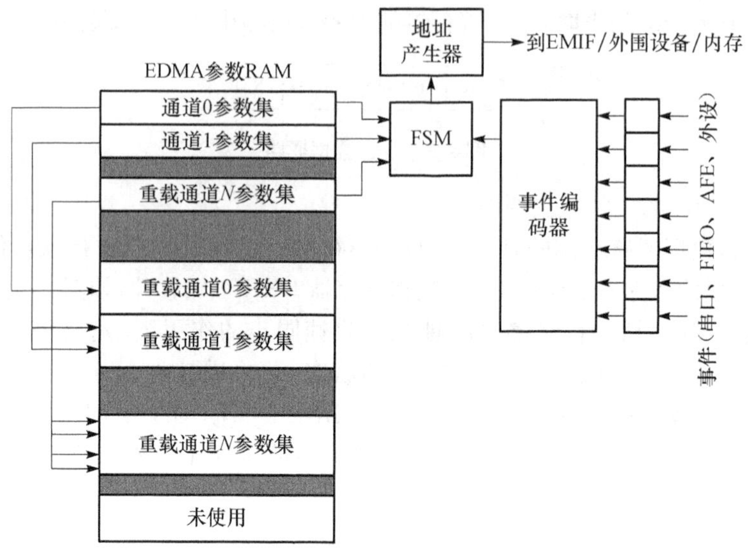

图 9-8　EDMA 控制器结构图

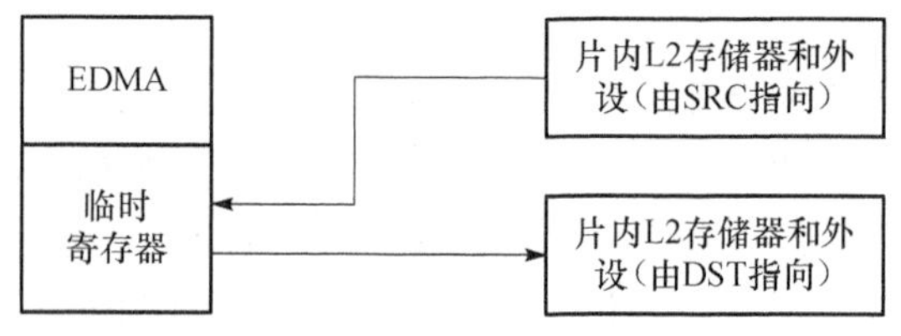

图 9-9　EDMA 传输过程

一旦事件编码器捕获到一个触发事件，并锁存在使能寄存器 ER 中，将导致参数 RAM 中对应的参数被送入到地址发生器中，从而执行相关的数据传输操作。当一个数据或数据块传输完成后，可通过编程设置传输完成码 TCC 和传输完成中断位 TCINT 的值，来决定是否继续传输数据。

(2) EDMA 通道优先级的设置。

C64x DSP 拥有 64 个 EDMA 通道，每个通道对应一个事件。当多个事件同时访问 EDMA 总线时，就会发生冲突，这时，可通过编程 EDMA 通道可选参数 OPT 中的 PRI 位，进行通道优先级的设置。具体设置如表 9-1 所示。

表 9-1　C64xEDMA 通道优先级设置

PRI(31:29)	C64x 优先级
000b	0 级，紧急级
001b	1 级，高级别
010b	2 级，中间级
011b	3 级，低级别
100b～111b	保留

需要注意的是，不可将所有请求都设置为高优先级，否则会导致系统的负载过重。

5) TLV320AIC23B

TLV320AIC23B 是 TI 推出的一款高性能的立体声数字音频编解码 CODEC 芯片。芯片内部集成音频输入/输出接口、滤波器、ADC 和 DAC。采用先进的 Sigma-delta 过采样技术，采样率范围为 8～96kHz，并可提供 16 位、20 位、24 位和 32 位采样；支持麦克风输入和线性输入两种输入方式二选一，且输入和输出都具有可编程增益调节。

TLV320AIC23B 的模拟接口主要包括以下 4 部分：立体声输入、麦克风输入、立体声输出和耳机输出。麦克风输入主要是用来通过无源的麦克风进行现场语音采集，所以要为麦克风提供偏置电源。AIC23B 内部包含耳机放大驱动电路，可以直接驱动普通的耳机，不需要外部再进行驱动。

TLV320AIC23B 与 DSP 有两个接口，控制口和数据口，可与 DSP 的串行口实现无缝连接。图 9-10 是 TLV320AIC23B 与 C6416 的接口框图，这里将 C6416 的 GPIO 配置为 I^2C 模式，与 TLV320AIC23B 的控制口接连，McBSP2 设置成 DSP 模式，与数据口连接。TLV320AIC23B 与 DSP 无缝接口时，既可以充当主设备，也可以设置为从设备。二者区别是：做主设备时，DSP 的 CLKX、CLKR 由 TLV320C23B 提供；做从设备时，TLV320AIC23B 的数据时钟和 DSP 的 CLKX、CLKR 由 DSP 端提供。

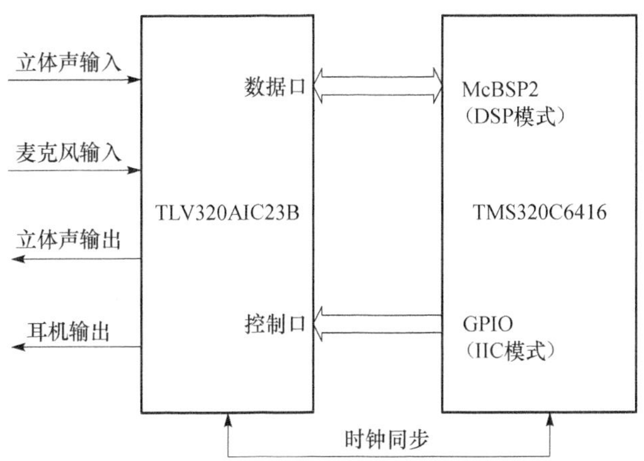

图 9-10　TLV320AIC23B 与 C6416 接口框图

(1) TLV320AIC23B 的控制口。

控制口的主要功能是对设备的寄存器编程，工作方式遵从 SPI 模式、3 线操作和 I^2C 模式、2 线操作。两种工作方式的区别是：采用 SPI 模式时，SDIN 引脚发送串行数据，SCLK 引脚提供串行时钟，$\overline{\text{CS}}$引脚锁存 AIC23B 的内部数据；而采用 I²C 模式时，传输数据只需要 SDIN 控制数据和 SCLK 提供时钟。一般情况下是按照两线制方式配置 TLV320AIC23B，SCLK 为高，且 SDIN 出现下降沿表示启动状态。16 位控制字分成 7bit 和 9bit 两个部分，第一部分是地址块，第二部分为数据块。启动状态后的 7bits，决定二线制模式下接收数据的设备，R/W 位控制数据传输的方向。TLV320AIC23B 的控制寄存器配置如表 9-2 所示。

表 9-2　TLV320AIC23B 的控制寄存器

地　址	寄存器
0000000	左声道的音量控制寄存器
0000001	右声道的音量控制寄存器
0000010	左声道耳机的音量控制寄存器
0000011	右声道耳机的音量控制寄存器
0000100	模拟音频的路径控制寄存器
0000101	数字音频的路径控制寄存器
0000110	省电方式控制寄存器
0000111	数字音频的接口格式寄存器
0001000	采样率的设置寄存器
0001001	数字接口设置寄存器
0001111	复位寄存器

(2) TLV320AIC23B 的数据口。

数据口用于传输 TLV320AIC23B 的 A/D、D/A 数据。TLV320AIC23B 的数据口有四种工作方式：左判别、右判别、I²S 模式和 DSP 模式。I²S 和 DSP 模式的主要区别在于 McBSP 的帧同步信号宽度，前者宽度为 16bit，后者宽度为 1bit，而且 DSP 模式能够兼容 TI DSP 的 McBSP 口。本节配置为 DSP 模式，其时序图如图 9-11 所示。

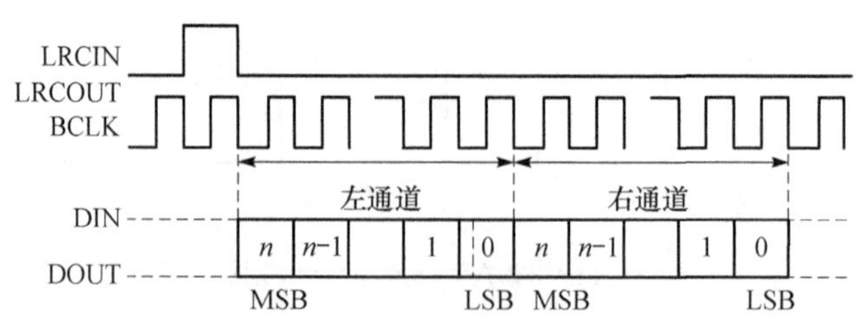

图 9-11　DSP 模式时序图

由图 9-11 可知，当 LRCIN 和 LRCOUT 出现下降沿时，AIC23B 开始传输数据，如果此时时钟信号 BCLK 刚好同步下降，数据信号 DIN 和 DOUT 就会同时发生变化，开始进行双向数据传输。传输数据的顺序是按照先传左声道音频数据，后传右声道音频数据。

9.1.3　基于 TMS320C6416 的语音增强系统工作原理

TLV320AIC23B 编解码芯片接收从麦克风输入的模拟音频信号，在经过输入抗混叠滤波器后，由 ADC 进行 8kHz、16bit 的采样，转换为串行数字信号，然后由 TLV320AIC23B 编解码芯片的串行通信口送入 TMS320C6416 的 McBSP2 串口。在 McBSP2 串口的数据接收通道，数据经过二级缓冲后，由 EDMA 将数据按每单元 16bit，即一个采样值搬运到在第 2 级存储器 L2 中开辟的、以 0004FFFFh 为基地址的、容量为 256K 的数据缓冲区，当 64 个整数采样值由 EDMA 搬进数据缓冲区时，即数据缓冲区半满，此时地址为 0007FFFFh，EDMA 向等待中断状态的 CPU 发送 EDMA 中断，CPU 响应中断并进入中断服务程序 ISR，同时 EDMA 继续向以 00080000h 地址开始的数据区搬运数据。

在中断服务程序中，CPU 将这 64 个整数采样值拷贝到 256 单元长的 inbuff 数组中的后 64 个存储单元，即 inbuff[192]～inbuff[255]，实现了二级缓冲、帧的移动和帧间重叠。在置标志 pflag＝1 后，返回主程序。在主程序中，运用谱减法语音增强算法处理 inbuff 中的 256 个数据，前面 192 个数据为 0，后面 64 个数据为整数采样值，处理完以后，将 64 个数据送到在 L2 中开辟的、基地址为 000CFFFFh、容量为 256K 的数据缓冲区中，此时 EDMA 会将数据搬运到 McBSP2 串口，经过数据输出通道二级缓冲后，送到 AIC23B 的串行通信口，然后经 DAC 和重构滤波器，重构出模拟音频信号再经耳机输出。

在置标志 pflag＝0 后，CPU 进入等待 EDMA 中断状态。每次在 CPU 进入中断服务程序后，就会将 256 长度的数据帧中的数据，向前移动 64 个数据单元，从而丢掉 inbuff[0]～inbuff[63]中的数据，而在 inbuff[192]～inbuff[255]中存放新的 64 个采样数据。当 EDMA 搬运完第 4 个包含 64 个整数采样值的数据块后，inbuff[0]～inbuff[255]中就会全部存放为采样值。这样，一方面实现了帧的移动和重叠，另一方面，又实现了按帧采样和基于 DSP 的实时按帧处理的谱减法语音增强。以上处理流程如图 9-12 所示。

在该系统中，语音信号的采集、传输以及输出是由 TLV320AIC23B 与串口 McBSP2 以及 EDMA 负责完成的。在 EDMA 传输模式下，串口每发送或者接收一个单元数据，都会自动驱动同步事件触发 EDMA，将一个单元数据搬运到内部开辟的数据缓冲区，等数据区满了，再通过中断方式通知 CPU 处理，从而保证 CPU 有更充裕的时间，进行改进的谱减法语音增强，也使得串口可在高速率下正常运行，提高了系统效率。

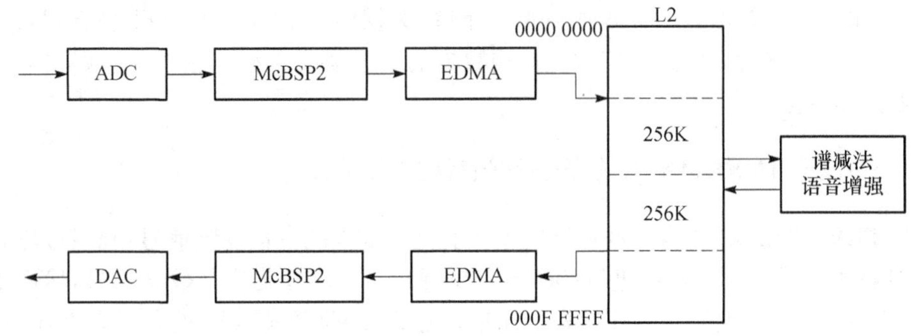

图 9-12　实时数据采集与处理流程图

1. DSP 系统中的硬件连接及初始化

DSP 系统中的 TLV320AIC23B 与 TMS320C6416 硬件连接框图如图 9-13 所示。

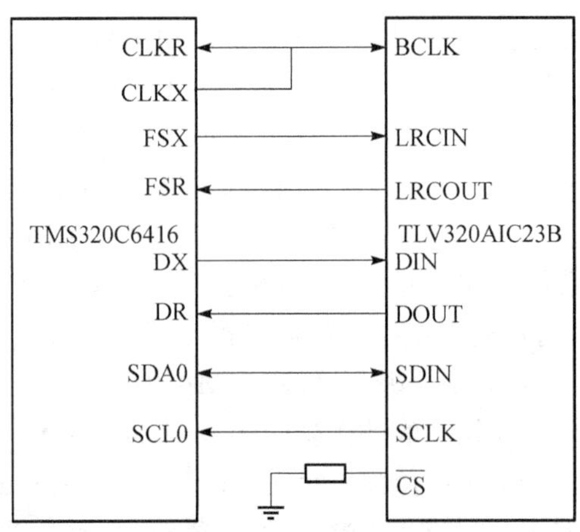

图 9-13　TMS320C6416 与 TLV320AIC23B 硬件连接框图

图 9-13 中，将 TMS320C6416 的 GPIO 配置为 I^2C 模式，与 TLV320AIC23B 的控制口接口，McBSP2 设置成 DSP 模式，与数据口接口。TLV320AIC23B 与 DSP 无缝接口时，既可以充当主设备，也可以设置为从设备。二者区别是：做主设备时，DSP 的 CLKX、CLKR 由 TLV320C23B 提供；做从设备时，TLV320AIC23B 的数据时钟和 DSP 的 CLKX、CLKR 由 DSP 端提供。采用 SPI 方式时，SDIN 引脚发送串行数据，SCLK 引脚提供串行时钟，$\overline{CS}$引脚锁存 AIC23B 的内部数据；而采用 I^2C 模式时，传输数据只需要 SDIN 控制数据、SCLK 提供时钟。

一般情况下，按照二线制方式配置 TLV320AIC23B，启动状态是 SCLK 为高且 SDIN 出现下降沿。数据口硬件管脚 BCLK 是数据位时钟信号，通常由 DSP 产生，LRCIN 是 DAC 输出的帧同步信号，LRCOUT 是 ADC 输入的帧同步信号，DIN 是数据口 DAC 输出的串行数据输入，DOUT 是 ADC 输出的串行数据输出。当 LRCIN 和 LRCOUT 出现下降沿时，TLV320AIC23B 开始传输数据，如果此时时钟信号 BCLK 刚好同步下降，数据信号 DIN 和 DOUT 就会同时发生变化，开始进行双向数据传输。

2. DSP 系统初始化

DSP 系统初始化主要包括：McBSP 初始化、TLV320AIC23B 初始化、EMIF 初始化和 EDMA 初始化。

1) McBSP 初始化

TMS320C6416 外部集成了 3 个多通道缓冲串行口，即 McBSP0、McBSP1 和 McBSP2，其中 McBSP2 连接 TLV320AIC23B 芯片，将采样后的数据通过数据发送管脚 DX 和数据接收管脚 DR 传送到 CPU。根据系统设计要求配置 McBSP，使用 TI CSL 中的宏定义参数和 API 函数，配置和使用流程如图 9-14 所示。

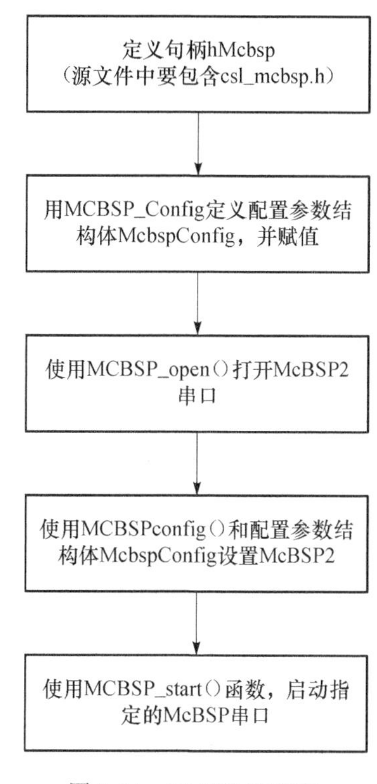

图 9-14　McBSP 配置和使用流程图

2) TLV320AIC23B 初始化

TLV320AIC23B 与 DSP 采用 I^2S 模式连接，内部寄存器采用 I^2C 模式。AIC23B 做主设备，提供 McBSP2 的发送与接收时钟。传输的数据帧信号宽度为 16 位。部分初始化程序如下：

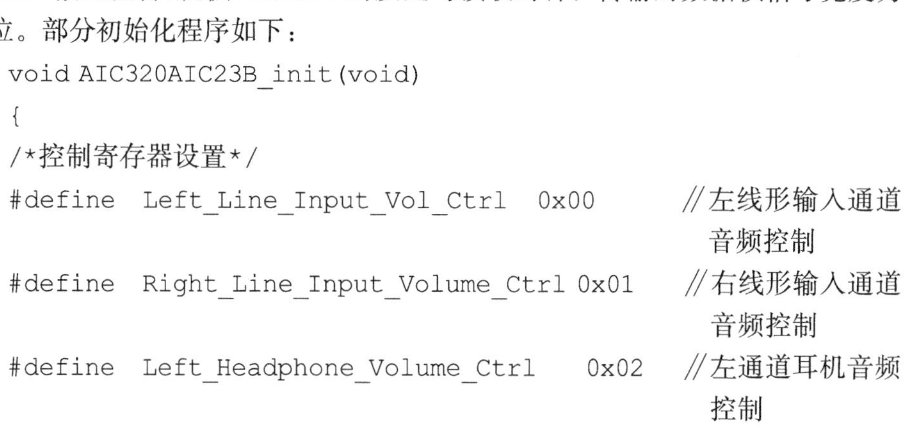

```
void AIC320AIC23B_init(void)
{
/*控制寄存器设置*/
#define  Left_Line_Input_Vol_Ctrl   0x00        //左线形输入通道
                                                  音频控制
#define  Right_Line_Input_Volume_Ctrl 0x01      //右线形输入通道
                                                  音频控制
#define  Left_Headphone_Volume_Ctrl     0x02    //左通道耳机音频
                                                  控制
```

```
#define  Right_Headphone_Volume_Ctrl  0x03    //右通道耳机音频控制
#define  Analog_Aduio_Path_Ctrl      0x04     //模拟音频控制
#define  Digital_Audio_Path_Ctrl  0x05        //数字音频控制
#define  Power_Down_Ctrl            0x06      //功耗控制
#define  Digital_Audio_Inteface_Format 0x07   //数字音频接口格式
#define    Sample_Rate_Ctrl       0x08        //采样率控制
#define    Digital_Interface_Activation 0x09//数字接口激活
#define    Reset_Register         0x0A        //复位寄存器
}
```

3) EDMA 初始化

初始化使用 EDMA 传输数据可以采用两种方式,CPU 初始化 EDMA 和事件触发 EDMA。采用事件触发方式的优点是,不需要 CPU 的参与,从而降低了系统损耗。事件可由外围设备或以外部中断形式产生。EDMA 初始化步骤如下:

(1) 设置 EDMA 传输的 SRC 地址。

(2) 设置 EDMA 传输的 DST 地址。

(3) 设置 EDMA 传输数据的大小。

(4) 设置 EDMA 传输控制器 EDMATCC。

(5) 设置 EDMA 同步事件。

(6) 设置 EDMA 通道 OPT 中的 PRI 参数值和使能寄存器。

这里选用 EXT-INT4 作为同步事件,对应 EDMA 的通道 4。源地址寄存器设置成所要读取的地址,目的地址寄存器设置成数据存放的地址。传输的数据都是一维数据,且源地址和目的地址均采用自增模式。

初始化程序如下:

```
EDMA_addr  .equ  0x01A00000  //EDMA 地址寄存器
PRICTL     .equ  0x01A0001D  //设置优先级
SRC_addr   .equ  0x01A00004  //设置源地址
DST_addr   .equ  0x01A00008  //设置目的地址
EDMA_cnt   .equ  0x01A00020  //传输数据计数控制寄存器

EDMA_init:                   //EDMA 初始化
MVKL      PRICTL,B0
MVKH      PRICTL,B0
MVKL      PRICTL,A1
```

```
MVKH      PRICTL,A1
STW       A1,*B0

MVKL      SRC_addr,B0
MVKH      SRC_addr,B0
MVKL      0x0010,A0
MVKH      0x01A4,A0
STW       A0,*B0

MVKL      DST_addr,B0
MVKH      SRC_addr,B0
MVKL      0x0000,A0
MVKH      0x8000,A0
STW       A0,*B0
……
```

9.2　基于 TMS320C6416 的语音增强系统软件设计与实现

9.2.1　语音增强系统软件设计

1. 软件开发流程

DSP 应用软件的开发流程如图 9-15 所示。包括 C 优化编译器、具有友好界面的编程接口、具有产生代码能力的 C/汇编语言源调试器、软件仿真器、实时硬件仿真器、实时操作系统以及大量应用软件。

一般的，DSP 的软件开发有三种方式：第一种是直接编写汇编语言程序进行编译连接；第二种是编写 C 语言优化软件进行编译连接；第三种是混合模式，程序中既有汇编代码，又含有 C 语言代码。为了标准化软件开发流程，TI 采用 COFF 文件格式。具体采用何种软件开发模式由多种因素决定，如程序的大小、程序对实时性的要求等。在进行复杂算法开发时，一般是先在 PC 上用高级语言进行仿真，然后移植到 DSP 平台中。考虑到效率问题，可进一步进行手工汇编的调整。

编译器的工作方式可分为两类：一类直接由高级语言产生目标代码；另一类是先生成中间的汇编代码，再汇编生成目标代码。TI 公司提供的 C 编译器属于后者。在 C 语言中使用汇编语言，可采取两种方式：一是调用汇编语言子程序；二是使用嵌入汇编。DSP 应用软件的标准开发流程如图 9-15 所示。

本系统设计采用汇编语言与 C 语言混合编程。

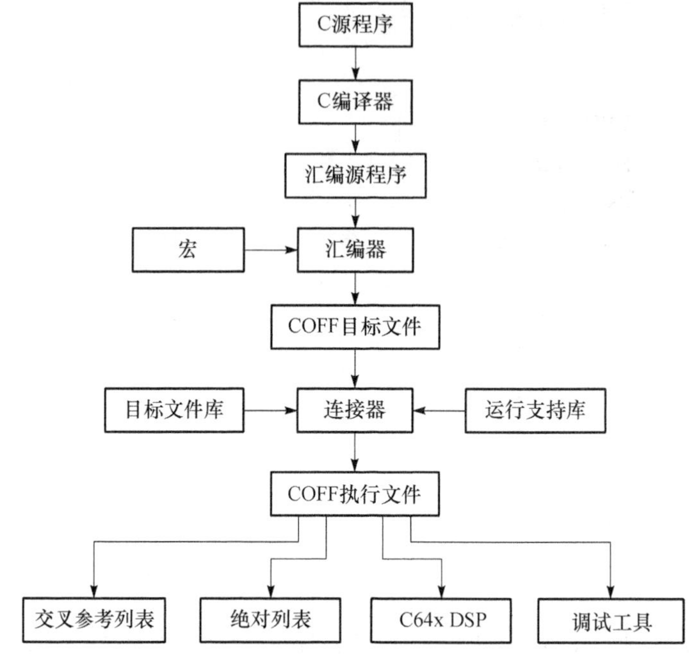

图 9-15 DSP 应用软件的标准开发流程图

2. 集成开发环境 CCS

CCS(code composer studio)是 TI 公司提供的一个 DSP 集成开发环境,它将代码生成工具和代码调试工具集成于一体,提供了软件开发、程序调试和系统仿真环境,结合仿真器等硬件调试工具,用户可以通过 CCS 平台对硬件进行调试、程序仿真和开发。CCS 不但支持汇编语言,而且还支持 C/C++语言编写的程序调试和开发。

TI 公司有 CCS1.10、CCS1.20、CCS2.0、CCS2.2、CCS2.10 和 CCS3.3 等不同时期的版本,针对不同系列的 DSP 器件分为 C2000、C3000、C5000 和 C6000 等不同型号,本系统采用 CCS3.3 版本,图 9-16 是 CCS 系统设置窗口。

保存系统设置完成后,启动 CCS3.3,图 9-17 是 CCS3.3 运行窗口。

CCS 有两种工作模式:软件仿真器和硬件在线编程工作模式。软件仿真器工作模式可以脱离 DSP 芯片,在 PC 上模拟 DSP 的指令集和工作机制,主要用于前期算法调试和实现。硬件在线编程可以实时运行在 DSP 芯片上,与硬件开发板相结合,进行在线编程和调试应用程序。

9.2.2 基于 TMS320C6416 的语音增强系统软件实现

在系统设计中,软件系统由主程序、中断服务程序、中断向量和链接命令文件四部分构成。下面主要针对主程序和中断服务程序的设计进行说明。

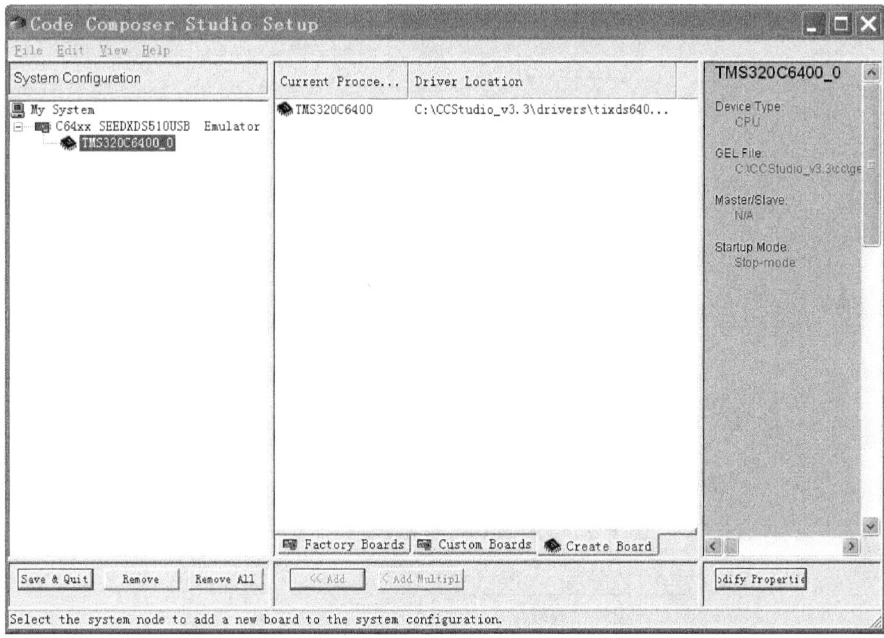

图 9-16　CCS 系统设置窗口

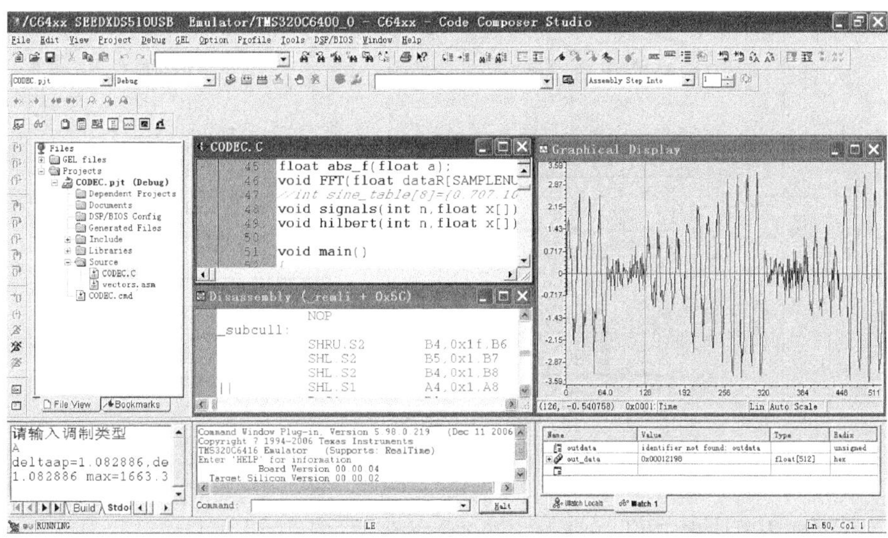

图 9-17　CCS3.3 运行窗口

1. 主程序

主程序首先完成对 TMS320C6416 的 McBSP2、EDMA 和 TLV320AIC23B 初始化，然后调用谱减模块程序，对当前分析语音帧进行增强处理，并将增强语音输出。其流程如图 9-18 所示。

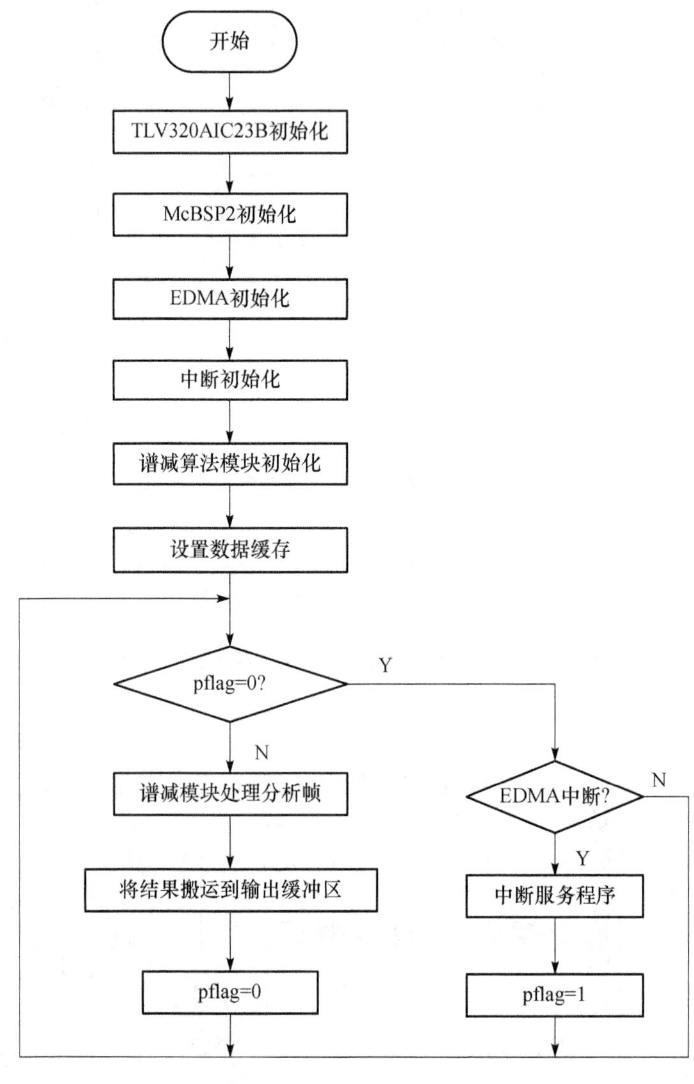

图 9-18 主程序流程图

谱减算法模块由 FFT、Smooth、Noise、SS(spectral subtraction)和 IFFT 几个程序模块组成。谱减模块的工作流程如图 9-19 所示。

图 9-19 中,首先对语音信号进行加窗处理,由于语音是非平稳的,但其具有短时平稳性,因此,在对语音进行频谱估计时,要从声音波形中截取出用于分析的段区间内的 N 个样本的语音波形。若取样周期为 T,则包含这 N 个样本的语音波形时间长度为 NT,一般取 30ms。

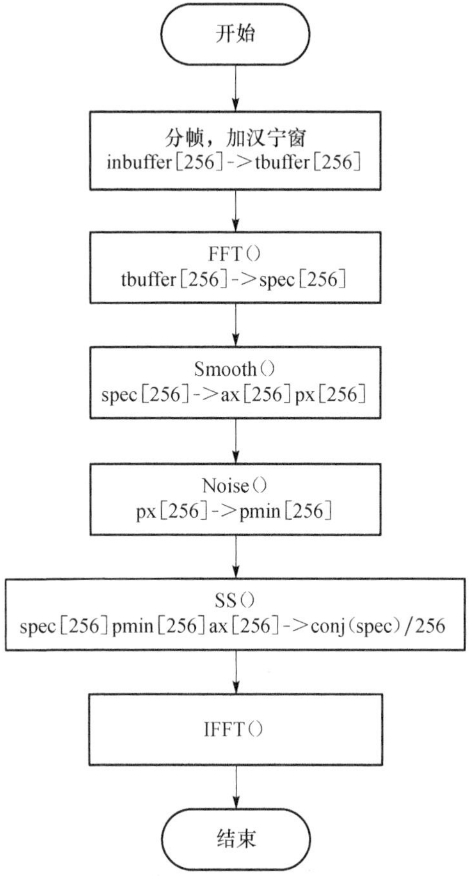

图 9-19　谱减模块工作流程图

对语音波形进行加窗处理有以下两个原因:一方面,为了在截取区间的两端不引起急剧的变化,使波形缓慢降为零,从而消除由于语音波形乘以窗函数而引起的截断效应。另一方面,由于分析用的取样数 N,取样周期 T,单位为 s,与相应的单位为 Hz 的频率分辨率 Δf,三者之间的关系为

$$\Delta f = \frac{1}{TN} \tag{9-1}$$

式中,Δf 与 N 成正比,当分析窗内样本点数 N 取值较大时,频率分辨率提高,但时间分辨率降低;当 N 取值较小时,频率分辨率降低,时间分辨率提高。因此,语音波形乘以窗函数就相当于,对频谱在频率范围内进行加权、移动、平均。本系统中采用汉宁窗,其优点是高次的旁瓣低,可能的最大峰值误差低。

FFT 模块完成输入带噪语音信号由时域到频域的傅里叶变换。

Smooth 模块完成语音功率谱的计算和加权平滑,其平滑算法为

$$\hat{p}_y^{k+1}(\omega) = \alpha\hat{p}_y^k(\omega) + (1-\alpha)p_y^k(\omega) \tag{9-2}$$

式中，$p_y^k(\omega)$为当前功率谱；$\hat{p}_y^k(\omega)$为当前功率谱估计；α 为平滑系数，通常取 $\alpha=0.9$。

Noise 模块用于分析当前带噪语音帧的噪声功率谱估计。本系统采用的是改进的最小谱跟踪统计法，该算法可以很好地跟踪噪声的变化。

谱减 SS 模块实现功率谱减算法，获取原始语音的估值，如式(9-3)所示：

$$|\hat{S}(\omega)|^2 = |Y(\omega)|^2 - |\hat{D}(\omega)|^2 \tag{9-3}$$

IFFT 模块完成语音信号由频域到时域的变换。

2. 中断服务程序

CPU 在响应中断后，进入中断服务程序。在中断服务程序中，将采样的 64 个样值拷贝到 256 单元长的 inbuff 寄存器中，实现按帧采样、帧的移动和帧间重叠，然后置标志位为 1 后，返回主程序。中断服务程序如图 9-20 所示。

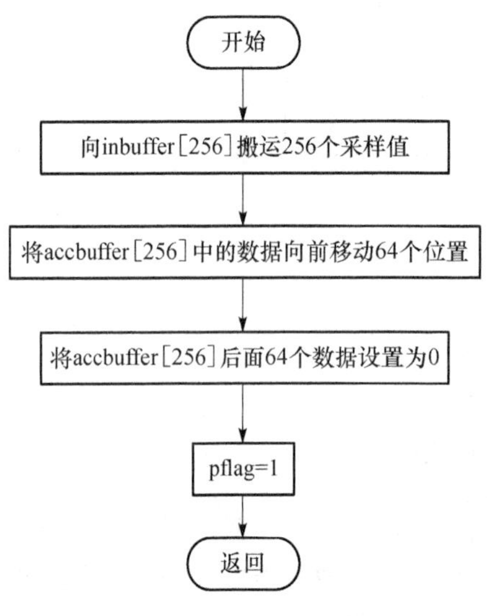

图 9-20　中断服务程序

3. 算法优化

在完成了算法的 DSP 实现后，还需对代码进行适当的优化工作。进行优化的目的，在于减少代码的长度和提高代码的执行速度。这两者在实现时是相互矛盾的，所以在代码优化时应选择一个较为平衡的方案。

首先查看优化之前的代码长度和执行速度。通过查看 CCS 对程序进行编译之后生成的存储器分配文件.map，获取程序现在占用的总存储空间信息。在硬件系统上运行程序，通过 CCS 自带的剖析工具，查看各个函数的执行周期，可以算出本设计中软件部分最核心的处理函数 noise_suprs_fx()所占用的时钟周期。对于本系统，占用的存储空间和执行速度都满足设计要求，在 DSP 设计中，对于较复杂和要求较高的系统，可采取汇编语言设计或者 C 语言加汇编语言设计的方法，能够极大提高代码的效率。

本系统的优化措施包括如下几点：

(1) 减少全局变量的使用，尽量多使用局部变量。全局变量由于自身特性，将占用大量的程序空间。可将一些不常使用的变量修改为局部变量，节省存储空间。

(2) 使用有效的控制结构，尽量将变量与 0 比较，如 if(a==0)要比 if(a! =1)效率高。

(3) 根据 DSP 的硬件循环和 MAC 单元的特性，改进循环的方式，尽量减少循环体内的函数调用。

(4) 分别计算程序中的加法与乘法运算的次数，在乘法运算中尽量利用 DSP 的双 MAC 硬件结构或其他并行运算指令，以提高乘法运算的效率。

(5) 用查表代替实时运算。对于程序中经常用到的参数，可通过查表进行优化。将数据表预先存放在程序存储区，程序运行时可直接使用，避免进行重复的运算。在本设计中，滤波器系数就应用了该方法。

9.2.3　基于 TMS320C6416 的 FFT 算法软件实现

在上述的软件设计过程中，主程序模块主要由 FFT、Smooth、Noise、SS 和 IFFT 几个程序模块组成，FFT 模块是其中的重要组成部分，下面分析 FFT 算法在 DSP 上的软件实现。

1. FFT 算法

FFT 即快速傅里叶变换，它根据离散傅里叶变换的奇、偶、虚、实等特性，把长序列的 DFT 逐次分解为较短序列的 DFT，它对于傅里叶变换的理论并没有新的改进，但是对于在计算机系统或者数字系统中，应用 DFT，可以说是一大进步。

按照抽取方式的不同，可分为按时域抽取 DIT-FFT 和按频率抽取 DIF-FFT 算法。从被处理数据的角度来分类，分为实数和复数算法。按照蝶形运算的构成不同，可分为基-2 FFT、基-4 FFT、基-8 FFT，以及任意因子 $2n$ FFT，n 为大于 1 的整数，其中，DSP 中最常用的是基-2 FFT 算法。

1) 按时间抽取的基-2 FFT 算法(DIT-2FFT)

设 $x(n)$是一个长度为 N 的有限长序列，则 $x(n)$的 N 点离散傅里叶变换$X(k)$可由式(9-4)求得：

$$X(k)=\mathrm{DFT}[x(n)]=\sum_{n=0}^{N-1}x(n)\mathrm{e}^{-\mathrm{j}\left(\frac{2\pi}{N}\right)kn},\quad 0\leqslant k\leqslant N-1 \tag{9-4}$$

将长为 $N=2^M$ 的序列 $x(n)(n=0,1,\cdots,N-1)$按 n 的奇偶性，分为两个 $N/2$ 点的子序列，如式(9-5)所示：

$$\begin{cases}x(2r)=x_1(r)\\x(2r+1)=x_2(r)\end{cases},\quad r=0,1,\cdots,\frac{N}{2}-1 \tag{9-5}$$

将式(9-4)和式(9-5)结合，并利用蝶形因子的对称性和周期性，进行整理化简，可以推导出 N 个点对应的 DFT，$X(k)$可以通过下式计算得到：

$$\begin{cases}X(k)=X_1(k)+W_N^kX_2(k), & k=0,1,\cdots,\dfrac{N}{2}-1\\X\left(k+\dfrac{N}{2}\right)=X_1(k)-W_N^kX_2(k), & k=0,1,\cdots,\dfrac{N}{2}-1\end{cases} \tag{9-6}$$

式中，$X_1(k)$、$X_2(k)$满足

$$\begin{cases} X_1(k) = \sum_{r=0}^{\frac{N}{2}-1} x_1(r) W_{\frac{N}{2}}^{rk} = \sum_{r=0}^{\frac{N}{2}-1} x(2r) W_{\frac{N}{2}}^{rk} \\ X_2(k) = \sum_{r=0}^{\frac{N}{2}-1} x_2(r) W_{\frac{N}{2}}^{rk} = \sum_{r=0}^{\frac{N}{2}-1} x(2r+1) W_{\frac{N}{2}}^{rk} \end{cases} \tag{9-7}$$

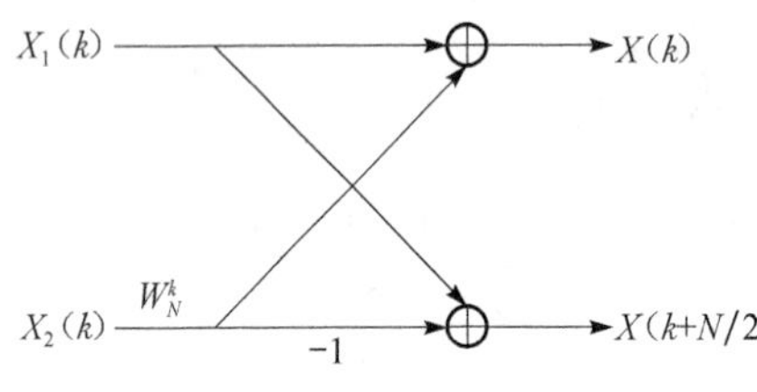

图 9-21 蝶形运算流图

对应的蝶形运算流图如图 9-21 所示。

2) 按频域抽取的基-2 FFT 算法(DFT-2FFT)

设 $x(n)$是一个长度为 $N=2^M$ 的有限长序列，先把 $x(n)$按 n 的顺序，分解为前后两部分，然后再对这两部分分别进行傅里叶变换：

$$X(k) = \sum_{n=0}^{\frac{N}{2}-1} x(n) W_N^{nk} + \sum_{n=\frac{N}{2}}^{N-1} x(n) W_N^{nk} = \sum_{n=0}^{\frac{N}{2}-1} x(n) W_N^{nk} + \sum_{n=0}^{\frac{N}{2}-1} x\left(n+\frac{N}{2}\right) W_N^{(n+\frac{N}{2})k} \tag{9-8}$$

由于 $W_N^{N/2}=-1$，所以$(W_N^{N/2})^k=(-1)^k$，当 k 为偶数时，$(-1)^k=1$；而 k 为奇数时，$(-1)^k=-1$。所以可将 $X(k)$分为偶数组 $X(2r)$和奇数组 $X(2r+1)$两部分，如式(9-9)和式(9-10)所示：

$$\begin{aligned} X(2r) &= \sum_{n=0}^{\frac{N}{2}-1} \left[x(n) + x\left(n+\frac{N}{2}\right)\right] W_N^{2nr} \\ &= \sum_{n=0}^{\frac{N}{2}-1} \left[x(n) + x\left(n+\frac{N}{2}\right)\right] W_{\frac{N}{2}}^{nr}, \quad r = 0,1,\cdots,\frac{N}{2}-1 \end{aligned} \tag{9-9}$$

$$\begin{aligned} X(2r+1) &= \sum_{n=0}^{\frac{N}{2}-1} \left[x(n) - x\left(n+\frac{N}{2}\right)\right] W_N^{n(2r+1)} \\ &= \sum_{n=0}^{\frac{N}{2}-1} \left[x(n) - x\left(n+\frac{N}{2}\right) W_N^{n}\right] W_{\frac{N}{2}}^{nr}, \quad r = 0,1,\cdots,\frac{N}{2}-1 \end{aligned} \tag{9-10}$$

2. FFT 的实现流程及结果

DSP 芯片的开发可以利用汇编语言或 C 语言。C 语言的优点是程序的可读性和可移植性等方面性能优良，但其缺点是不能直接利用 DSP 控制器特有的反序间接寻址，也不能用到 DSP 内部的所有寄存器，FFT 运算的实时性也不理想。

基于 DSP 的 FFT 程序实现流程如图 9-22 所示，此 FFT 程序采用的是频域抽取。

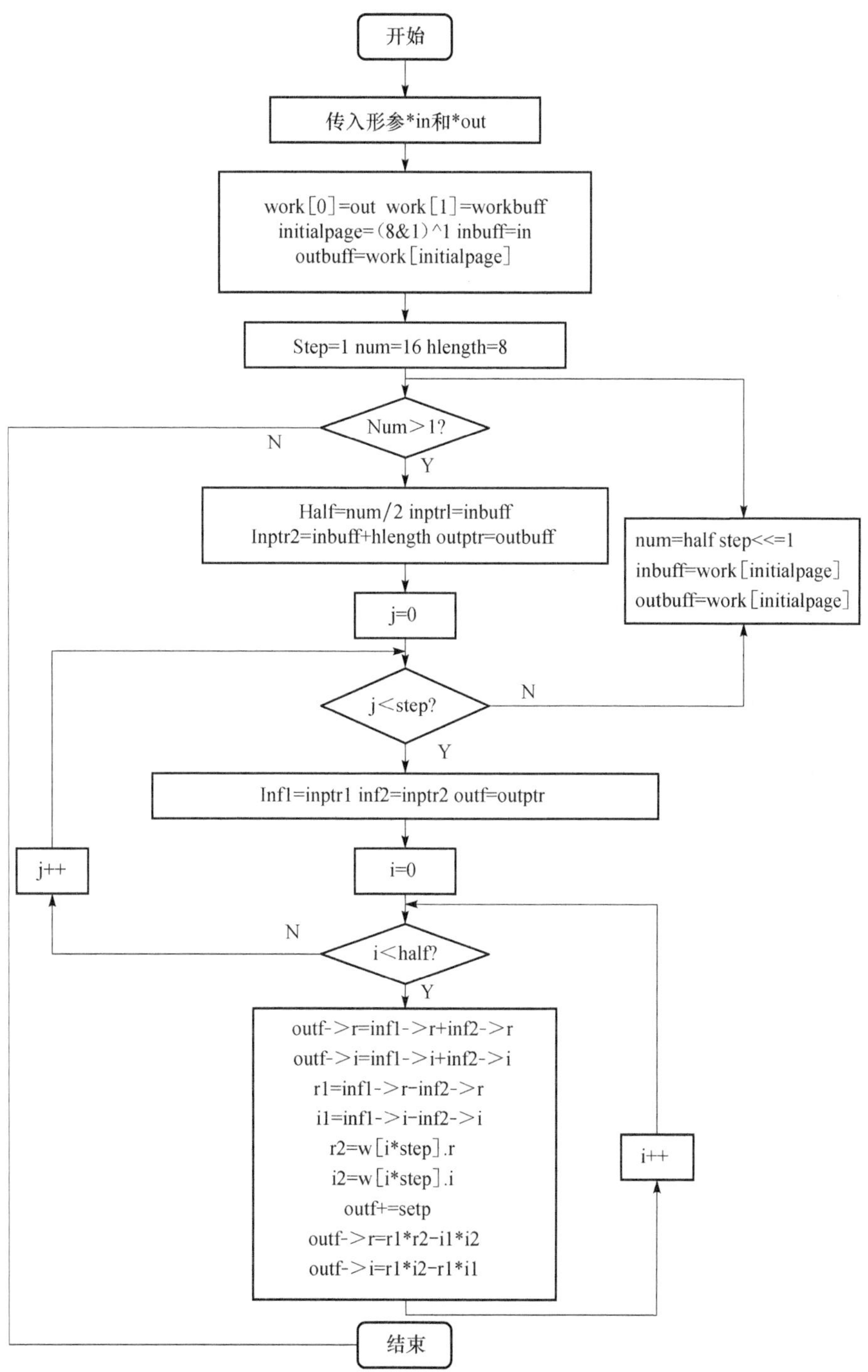

图 9-22 FFT 实现流程图

对于输入的一段语音信号进行前 256 点的 FFT 变换，在 CCS3.3 上进行仿真，其实部、虚部和频谱图分别如图 9-23 所示。图 9-23(a)中，横坐标表示时间，单位 ms，纵坐标表示归一化幅度值；图 9-23(b)～图 9-23(d)中，横坐标表示采样点数，纵坐标表示归一化幅度值。

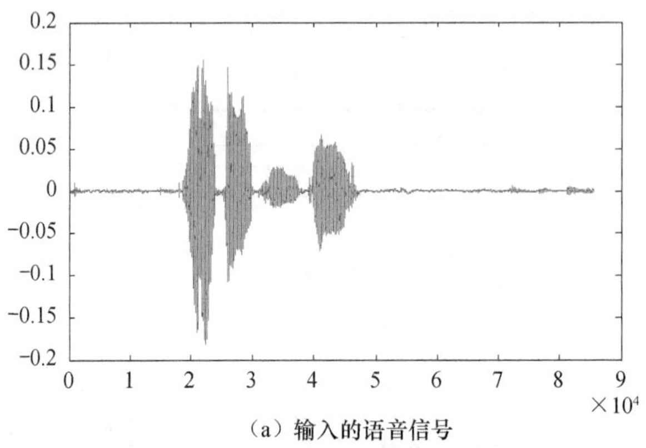

（a）输入的语音信号

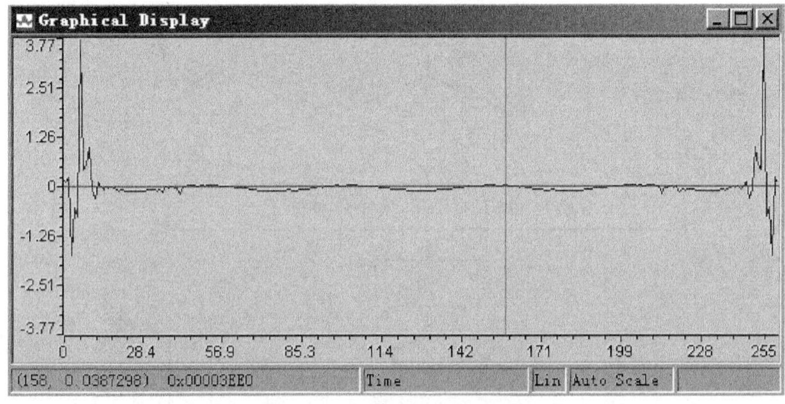

（b）FFT变换后的实部图形

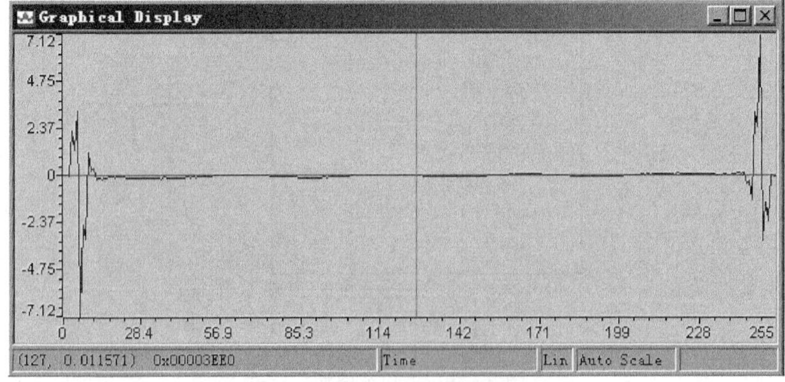

（c）FFT变换后的虚部图形

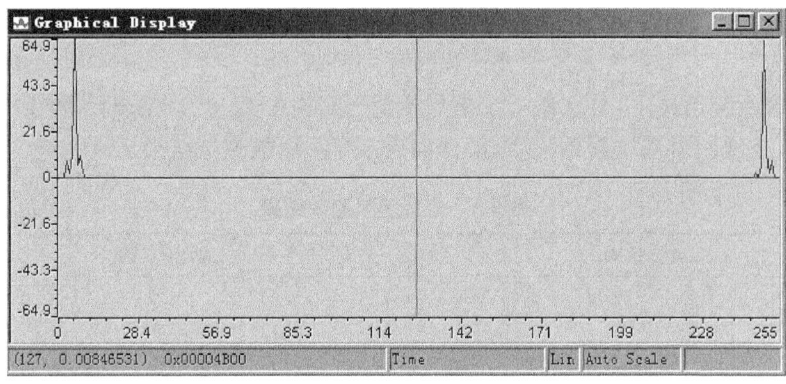

（d）FFT变换后的频谱图

图 9-23　FFT 变换后的实部、虚部和频谱图

9.3　基于 TMS320C6416 的语音增强系统性能测试

语音增强系统的性能测试主要包括系统直通性测试和语音增强性能测试。

1. 系统直通性测试

直通测试是在屏蔽掉算法处理之后，测试系统本身能否正常工作。如果硬件系统设计无误，DSP 和其他芯片都配置正确，在发送端输入一个信号，在接收端应得到相同的信号。因此，通过信号发生器在发送端输入一个正弦波信号，通过示波器测试其输出端信号，实验结果表明，本系统直通性良好。

2. 语音增强性能测试

语音增强算法的性能主要是由增强后语音的质量所决定的。语音增强算法的目标是从客观上消除背景噪声，从主观上提高语音可懂度，所以有两大类语音质量评价算法，即主观评价方法和客观评价方法。主观评价是听者对语音质量好坏的一种主观心理判断，主要分为：可懂度评价和音质评价。可懂度主要是反映评测者对输出语音内容的识别程度，而音质是直接反映听评者对输出语音质量好坏的综合意见，包括自然度和可辨识说话人能力等方面内容。其中最常用的是 MOS 法，MOS 法是由不同人分别对语音材料进行主观感受判断，从 5 个等级中选择其中某一级，作为他对所测语音质量的评价，即评测者根据主观感受对同一段语音进行打分，然后再计算平均值，这个平均值就是所测语音质量的 MOS 分值。

经过实验测定该系统的 MOS 得分为 4 分，认为是较好的语音质量。主观评价是听者对语音质量好坏的一种主观心理判断，但是经常受到诸多主观因素的影响。一般采用客观评价方法，常用的性能指标是语音处理前后的信噪比参数。信噪比是衡量宽带噪声失真的语音增强算法的常规方法。

在该系统条件下，分别试听了信噪比为－10dB、－5dB、0dB、5dB和10dB的带噪语音，经过该语音增强系统后，得到如表9-3所示的测试结果。

表9-3　语音增强测试结果　　(单位:dB)

输入信噪比	输出信噪比
－10	13
－5	9
0	12
5	14
10	16

从以上实验数据来看，该系统的去噪效果较好，大大提高了信噪比，尤其在低信噪比条件下增强效果更加明显。

验证了算法的有效性之后，为了满足在各种不同工作环境下长时间使用的需求，要对系统的稳定性进行测试。在保证供电稳定的情况下，对系统进行测试。经测试表明，在较为理想的工作环境中，本系统可长时间持续稳定地工作，针对不同的噪声环境，均可起到较好的增强效果。

3. 结果分析

通过以上的测试结果可知，本系统可以较好地完成实时语音增强的工作。针对实际环境中的不同噪声，均可起到较好的语音增强效果，并且可以长时间稳定工作。尤其在低信噪比情况下，增强效果更加明显。然而在增强后的信噪比指标上，系统测试和仿真效果存在一定的差异，其主要原因是：算法实现时，有限字长效应带来的误差；系统中的各个器件均会引入误差；信号在传输过程中可能会受到干扰。但从总体效果来分析，尤其是从人耳主观感受来分析，系统实现基本能达到算法仿真的预期目的。

9.4　基于OMAP3平台的语音通信增强系统设计

9.4.1　OMAP概述

OMAP(open multimedia applications platform，开放式多媒体应用平台)是美国德州仪器公司(TI公司)针对移动通信以及多媒体嵌入应用系统开发的应用处理器架构体系。OMAP平台包含三个组成部分，分别是高性能低功耗的处理器、易于使用的开放式软件架构和全面的支持网络，这三个组成部分为2.5G及3G无线应用提供了一个强大的软硬件基础。借助该平台，开发人员可以在短期内开发出各种多媒体移动终端，如语音处理、视频流、电视会议、高保真音频、定位服务、安全性、游戏、移动商务、个人管理等多媒体应用。

OMAP平台由于其出色的性能，多年来一直得到Nokia（诺基亚）、Palm、NEC、HTC、Panasonic、Fujitsu等世界主要移动设备制造商的青睐。诺基亚公司早期的S60机型受到处理器速率以及较小的运行内存因素的影响，难以在性能方面要求较高的智能手机领域发展；N93成为首款搭载OMAP2420处理器的产品，并具备320万像素卡尔蔡司认证镜头以及高达VGA画质的视频记录能力，刷新了当时智能手机的记录；后续推出更高性能的N900中开始采用OMAP3平台。其实早期OMAP3系列处理器并非只有诺基亚采用，首款支持720P摄像的手机三星i8910采用了OMAP3430处理器；而首款搭载1200万像素拍照镜头的索尼爱立信U1则采用了OMAP3420处理器；摩托罗拉的复兴之作Droid以及Milestone也都采用了OMAP3430处理器。OMAP3平台在OMAP2处理器强大的多媒体性能基础上，增加了对高性能娱乐和复杂图形等新领域的支持。作为业内首个基于ARM Corte x-A8架构的处理器，OMAP3的处理能力能够达到ARM11处理器的三倍。

TI公司推出的OMAP35x0系列是OMAP34x0系列处理器的升级，OMAP3530是该系统中性能指标最为全面及优越的。OMAP3530的运行主频达到720MHz，而DSP处理器运行频率则达到520MHz，同一系列中的OMAP3525处理器主频及DSP运行频率分别为600MHz和430MHz。定位较为大众化的OMAP3515以及OMAP3503两款处理器则省略了DSP处理器核心，运行频率为600MHz。OMAP平台的优点主要有：

(1) 独特的双核结构。ARM核和DSP核的无缝结合，使OMAP具有低功耗的实时多媒体信号处理能力（DSP核），同时又具备强大硬件控制能力（ARM核）。

(2) 高性能的图形图像显示系统。具有专用的LCD通道，可以提供最低的显示延时；多显示缓冲器的设计可以有效地提高运动图像的平滑等。

(3) 低功耗。OMAP的产生即定位于无线移动通信市场，因此，在芯片的架构和物理实现过程中都引入了低功耗的理念。

(4) 开放式的结构。OMAP组件中配备了各种片上外围设备，使用户可以和USB、蓝牙及GSM通信模块等各种通用组件无缝接口。同时开放了无线应用的程序编程，方便应用程序销售商实现各种应用。

下面简单介绍一下OMAP3530技术。

OMAP3530是TI公司TMS320C64x+ DSP内核与低功耗ARM CortexTM-A8内核微处理器组成的双核应用处理器。TMS320C64x+系列可提供对低功耗应用的实时多媒体处理的支持，而ARM CortexTM-A8 MPU可满足控制和接口方面的处理需要。OMAP 处理器同时拥有两种产品的最佳性能，不仅具有 TI TMS320C64x+ DSP 内核的实时处理性能与低功耗、ARM CortexTM-A8 微处理器的灵活性，而且可通过优化处理器间的通信机制，使设计者可同时享受这两种处理器的最优越性能。

基于双核结构的 OMAP3 具有极强的运算能力和极低的功耗，一方面产品性能高、省电，另一方面，同其他 OMAP 处理器一样，采用开放式、易于开发的软件设施，支持广泛的操作系统和应用程序，如 Linux、Android、WinCE、Nucleus、Palm OS、VxWorks、Java 等。此外，还可以通过 API 及用户熟悉且易于使用的工具，优化其应用程序，图 9-24 是 OMAP 技术平台的组成示意图。

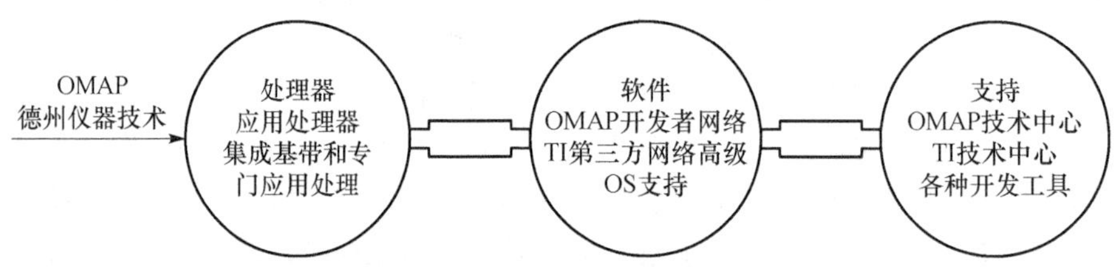

图 9-24 OMAP3530 技术平台的组成示意图

OMAP3530 的特点如下：

(1) 720MHz ARM Cortex-A8 内核；

(2) 520MHz C64x+ DSP；

(3) 支持 1400 Dhrystone 每秒百万条指令(MIPS)；

(4) POWERVR SGX 3D 图像加速器；

(5) 高性能图像、视频、音频(IVA2. 2)加速子系统；

(6) 增强型直接存储器及接口控制器；

(7) 支持 Linux、WinCE、Android 等多种操作系统；

(8) 完全兼容 C64x 和 ARM9 的代码。

9. 4. 2 OMAP3 体系结构

OMAP3530 是 TI 公司近年推出的新一代高性能 ARM 器件，采用了先进的高速运行主频 600MHz ARM CortexTM-A8 内核，同时采用 TI 最新的 430MHz DSP TMS320C64x+TM 内核作为强劲的图形图像处理，还设计了优化的硬件 2D/3D 加速器。同时 OMAP3530 处理器为开发者提供了完善的软件开发平台，支持 Linux 及 Window CE 等操作系统，图 9-25 为 OMAP3530 硬件结构图。

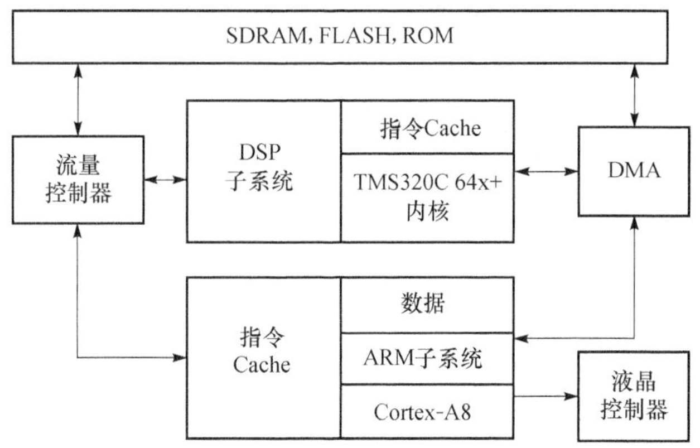

图 9-25　OMAP3530 硬件结构图

在图 9-25 中 OMAP3530 的硬件平台主要由 Cortex-A8 ARM 内核、TMS320C64X+ DSP 内核、流量控制器及各种外设组件组成。

1. ARM 核

OMAP3530 采用 ARM Cortex-A8 核，工作主频最高可达 720MHz。它包括存储器管理单元、16KB 的 I-Cache(高速指令缓冲存储器)、16KB 的 D-Cache(数据高速缓冲存储器)和 256KB 的二级 Cache；片内有 64KB 的内部 SRAM 和 112KB ROM，提供了大量的数据和程序代码存储空间。ARM 核具有对整个嵌入式系统的控制权，可以对 DSP 以及各种外设组件的时钟进行设置。

2. DSP 核

TMS320C64x+内核具有最佳的功耗性能比，工作主频最高为 520MHz；它具有高度的并行能力、32 位读写和功能强大的 EMIF、双流水线的独立操作以及双 MAC 的运算能力。它采用 3 项关键的革新技术：增大的空闲省电区域、变长指令和扩大的并行机制。其结构针对多媒体应用高度优化，适合低功耗的实时语音图像处理。另外，TMS320C64x+内核增加了固化了算法的硬件加速器，来处理运动估计；8×8 的 DCT/IDCT 和 1/2 像素插值，降低了视频处理的功耗。

3. 流量控制器

流量控制器 TC 用于控制 ARM、DSP、DMA 以及本地总线对 OMAP3530 内所有存储器(包括 SRAM、SDRAM、FLASH 和 ROM 等)的访问。

4. 外围接口

OMAP3530 具有丰富的外围接口，如液晶控制器、存储器接口、摄像机接口、空中接口、蓝牙接口、通用异步收发器、I^2C 主机接口、脉宽音频发生器、串行接口、主客户机 USB 口、安全数字多媒体卡控制器接口、键盘接口等。这些丰富的外围接口使应用 OMAP3530 的系统具有更大的灵活性和可扩展性。

由于 OMAP3530 的高性能和多外设接口，在多个领域内都有着丰富的应用，主要针对：

(1) 应用处理设备；

(2) 移动通信，包括 802.11 WLAN、Bluetooth TM 蓝牙、GSM(GPRS 和 EDGE)、CDMA、政府专用通信等；

(3) 视频和图像处理(包括 MPEG4、JPEG、Windows 媒体视频等)；

(4) 高级语音应用(文本到语音的转换、语音识别等)；

(5) 音频处理(MP3、AMR、WMA、AAC 和其他 GSM 中的语音编解码器)；

(6) 图像视频加速；

(7) 通用 web 访问；

(8) 数据处理(传真、加密技术/解密技术、签名、身份确认等)。

9.4.3 OMAP3 软件开发平台的构建

随着信息化和网络化，嵌入式系统技术获得了广阔的发展空间。目前主要的嵌入式操作系统有 Linux、Windows CE、Symbian、VxWorks 等。当今主流的多媒体终端产品大多是基于 Linux 或 Windows CE 操作系统平台的。下面分别简单介绍一下这几种常用的嵌入式操作系统。

1) 嵌入式 Linux 系统

嵌入式 Linux 系统是在 Linux 操作系统的基础上产生和发展的。嵌入式 Linux 更加灵活，系统用户可以根据自身需要对其进行裁减，方便控制设备的成本和功耗；嵌入式 Linux 是一个完全免费的自由软件，并且源码是完全公开的，开发者可以方便地得到各种需要的开源代码资源，这样就可以有效地降低系统的开发成本，缩短产品的开发周期；Linux 可以支持当前主要的网络通信协议，具备强大的网络通信功能。

2) 嵌入式 Windows CE 系统

Microsoft Windows CE(简称 WinCE)，是一个高效和可扩展的 32 位嵌入式操作系统。它可以进行多线程、多任务操作，具有实时、抢占式优先级的系统环境，有效地针对资源有限的硬件系统；具有模块化设计方式，开发人员能够根据自身需要来对其进行定制，可以通过模块和组件的选择和组合，创建各自的嵌入式 WinCE 操作系统。

在 WinCE 开发中，主要包括系统定制和应用程序开发。微软公司在两个方面为用户提供了良好的开发工具，包括系统定制工具 Platform Builder(以下简称

PB)和应用程序开发工具 Embedded Visual C++。

3) Symbian 系统

Symbian 是一个开放的、高级的多任务操作系统，主要包括连接、消息、浏览和无线通信 4 大功能。Symbian 可以使用 Imap4、SMTP、Pop3、Html、SMS 等多种协议收发信息；支持 TCP/IP、蓝牙、红外和串行通信等通信协议；支持多媒体传输；支持国际通用的字体和文本；多种开发可选项，支持 C++、Java、Web 和 WAP。

1. 嵌入式 WinCE 操作系统

1) WinCE 6.0 的新特性

WinCE 是一种具有抢先式多任务功能与强大通信能力的嵌入式操作系统，现在最新的版本为 2006 年推出的 Windows Embedded CE 6.0。WinCE 6.0 是一款 32 位的多任务操作系统，支持多任务抢占、硬实时，支持的处理器有 ARM、x86、SH4、MIPS 等。相较于以往的 WinCE，WinCE 6.0 在以下 4 个方面进行了改进：

(1) 进程数增加。WinCE 5.0 最多支持同时运行 32 个进程，随着网络和分布式的应用的增加，WinCE 6.0 可同时运行进程数增加到 32000 个，有效地满足各种产品的需求。

(2) 增加了虚拟内存空间。WinCE 5.0 每个用户进程可以使用 32MB 虚拟内存和 359MB 的共享空间。WinCE 6.0 中，每个进程可以使用 2GB 的虚拟内存。

(3) 100%的源代码开放。微软仅开放了 WinCE 5.0 70%的源代码。WinCE 6.0 除了 GUI 图形用户界面，微软开放了 100%的源代码。

(4) 更新了开发工具。WinCE 5.0，用 Embedded Visual C++开发应用程序，使用 PB 定制系统内核。对于 WinCE 6.0，将 PB 变成 Visual Studio 2005 中的一个应用，因此可以使用 Visual Studio 2005 来定制系统和开发应用程序。

2) WinCE 6.0 体系结构的改变

WinCE 5.0 具有四层体系结构，自下往上依次为硬件、OEM、嵌入式操作系统和应用软件。而 WinCE 6.0 被划分为两个模式，即系统模式和用户模式，应用程序必须通过 CoreDLL.dll 来访问 Windows CE 6.0 所提供的服务。WinCE 6.0 的体系结构如图 9-26 所示。

在图 9-26 中，WinCE 5.0 中的 .exe 可执行文件大多变为 .dll 模块，这些模块都由单独的进程变为系统调用。WinCE 要求 CPU 必须支持两个级别的权限：高级别的内核模式和低级别的用户模式。WinCE 5.0 可以为完全的内核模式操作，

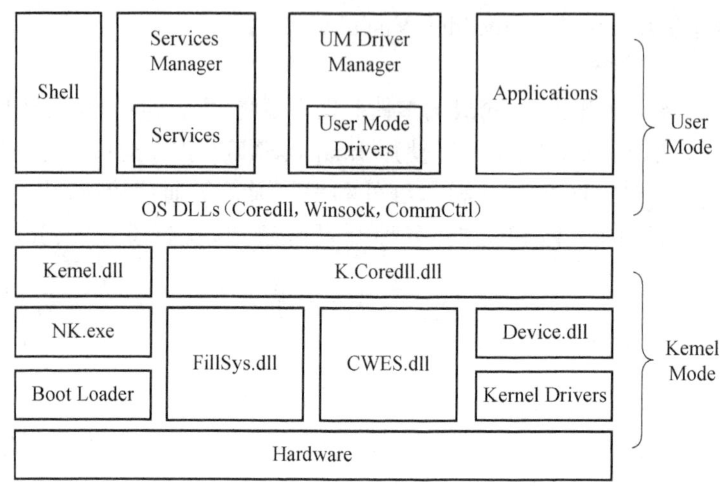

图 9-26　嵌入式 WinCE 6.0 的体系结构

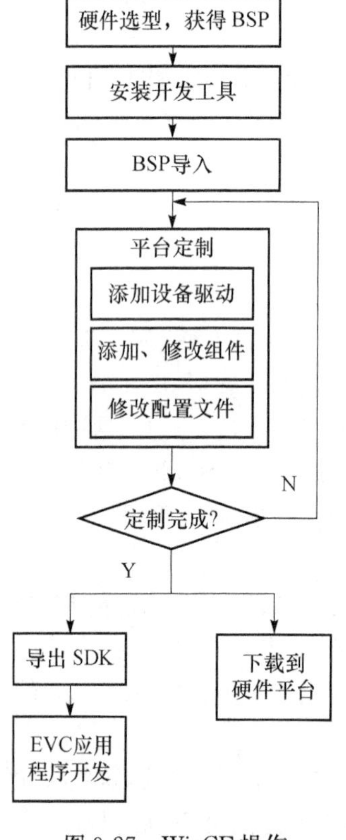

图 9-27　WinCE 操作系统的创建流程

也可以同时使用两者的混合模式。而 WinCE 6.0 只支持混合模式，系统组件将被加载到内核模式内存中，而应用程序将被加载到用户模式内存中。这样做的优点是可以降低跨权限边界调用所花费的成本，但也增大了系统的映射。WinCE 6.0 还把一些关键的文件、图形处理和驱动程序放到内核中，进一步减少了在内核模式和用户模式之间切换所用的时间。

2. OMAP3530 软件开发平台的构建

WinCE 操作系统软件平台主要包括交叉编译环境和调试环境等。为了便于系统的移植和开发，WinCE 6.0 将 PB 变成 Visual Studio 2005 中的一个应用，Visual Studio 2005 将各个功能组合在一起，因此可以使用 Visual Studio 2005 来定制系统和开发应用程序。

1) WinCE 操作系统的创建过程

WinCE 操作系统的创建过程流程如图 9-27 所示，从图中可以看出，WinCE 操作系统的创建过程可以概括为：

(1) 首先根据设备硬件，选择合适的 BSP；

(2) 安装 Visual Studio 2005,作为系统的开发工具;

(3) 导入 BSP;

(4) 平台定制,包括添加和修改需要的组件,添加设备驱动程序和修改一些配置文件等;

(5) 调试完成导出软件开发包 SDK;

(6) 编译操作系统映像,将 NK. bin 下载到硬件设备中。

其中,BSP 属于操作系统部分,介于硬件和操作系统之间,它保证了嵌入式系统能够在特定的硬件上运行。BSP 主要由二进制文件和源文件组成,包括设备驱动程序、Boot Loader 启动程序、OAL(OEM 适配层)和系统配置文件 4 个部分。

一个目标板的 BSP 开发主要分为以下几个大的流程:

(1) 建立 Boot Loader,用来下载镜像,启动系统;

(2) 编写 OAL 程序,用来引导系统核心镜像和初始化、管理硬件;

(3) 为新的硬件编写硬件驱动;

(4) 设置平台配置文件,便于 PB 编译系统。

各个过程细节如下:

(1) Boot Loader 的开发。编写 Boot Loader 是开发 WinCE 系统第一步,也是关键的一步。只有得到一个稳定工作的 Loader 程序,才能够更进一步开发 WinCE 的 BSP,直至最后整个系统的成功。

Boot Loader 是一段单独的程序代码,它存放于目标平台的非易失存储介质中,如 ROM 或 FLASH。在开发 WinCE 的过程中,它主要用于启动硬件和下载 NK. bin 到目标板上,并有一定的监控作用。

Boot Loader 程序可以通过 PB 的集成编译环境编译链接,控制文件为 . bib 文件,这里不进行详细论述了。

(2) OAL 的开发。OEM 适配层 (OEM adaptation layer,OAL),从逻辑上讲位于 WinCE 内核和硬件之间,从物理上讲 OAL 各个模块代码被编译后(. lib)和其他内核库链接到一起形成 WinCE 的内核可执行文件 NK. exe。

WinCE 内核在 OAL 层暴露了大量函数和全局变量,利用这些函数和全局变量 OEM 可以编写中断处理、RTC、电源管理、调试端口、通用 I/O 控制代码等。WinCE 安装目录的子目录中包含了 OAL 的部分源码,大多数情况下开发者对 OAL 只要修改即可。

OAL 的开发又可分为 4 步。

第 1 步:初始化内核。

这一步完成必要的准备工作,描述系统配置,如平台的参考设计和 Config. bib 文件设计。这些描述关系到系统的初始化等方面,如 MMU 初始化必须首先了解物理内存的大小和布局要求。

第 2 步:创建基本的 OAL。

这一步确保系统在启动时能够进行初始化、启动调试用串行化、初始化通信设置和建立系统节拍。因此,本步骤应该实现基本的系统初始化代码,使之能够进一步调试,并保证内核初始化完成,符合设计要求。

第 3 步:加强 OAL 功能。

承接上一步,实现系统其他功能,如实现 ISR、管理时钟和计时器、配置调制选项、启动电源管理,以及向应用系统提供系统信息,并能保证整个系统可以启动。

第 4 步:完成 OAL。

这一步实现其他附加功能。

(3) 编写驱动程序。在 WinCE 中,所有的驱动程序都以 .dll 形式存在。dll 文件可以用 EVC 来开发,也可以使用 PB 来开发,使用 PB 开发驱动程序,可以和 NK 同时进行编译,要比 EVC 更方便些。

使用 PB 来开发,首先应该在工作平台下面建立一个目录,用来存放源文件,同时要修改 dir 文件,使得编译的时候能够进入源文件所在的目录。编写 dll 的方法这里略去,实际上是写一堆的函数,这里主要解释一下使用 PB 编译,需要增加的文件。第一个文件是 sources 文件,第二个文件是 makefile 文件,第三个文件是 def 文件。

建立好这些文件之后,选择 PB 的 build 菜单的 open build releasee directory,到达所在的目录,执行 build-c,如果没有错误,即可生成文件了。

(4) 平台文件配置。

配置文件包括 4 种文件类型:二进制映像生成文件 .bib、注册表文件 .reg、目录和文件分配表文件 .dat、数据库文件 .db。通过修改这些配置文件可以裁剪优化 WinCE,用户根据需要可以创建自己的配置文件。

2) WinCE 6.0 应用程序开发环境的搭建

WinCE 6.0 系统定制中生成了 SDK,首先安装 SDK。运行 Visual Studio 2005,点击工具菜单,然后目录→工具设备→工具,设备选择 ARM V4。接着修改属性,其中将传输模式修改为 DMA 传输。最后点击仿真器,仿真器属性中,修改 ARM 模拟器尺寸。这样,主要 WinCE 6.0 应用程序开发环境的搭建完成。

9.4.4 基于 OMAP3 的无线语音通信系统设计

1. TD-SCDMA 无线网络

TD-SCDMA 无线模块(TDM330)是一款集短信收发、语音通话、无线上网三大功能于一体的无线通信模块。在安全性、易用性、通用性及便携性上有很大的优势,特别适用于无线网络数据业务方面。TD-SCDMA/HSPA,支持 TD1880～

1920/2010～2025MHz；上行支持 2.2Mbit/s、下行支持 2.8Mbit/s 数据业务；提供 USB 1.1 规范的 USB 接口，兼容通用 AT 指令。无线驱动使用 USB 单片收发器(MIC2551A)对 OMAP3530 和无线模块的信号进行转接，通过它给无线模块提供驱动能力和电平转换，而且可根据 CPU 忙闲状态来操控信号传输速率，完成它们之间的通信。MIC2551A 是 USB 单片收发器，兼容 USB 2.0 物理层规范，可简化 USB 兼容性测试任务。

2. 双核通信

OMAP3 系列处理器主要有三种方式来实现双核通信。第一种是邮箱寄存器(MailBox)的中断方式，发送者向 MailBox 中写入要发送的消息，该 MailBox 就会向接收方产生一个中断，接收者在这个中断的通知下到该 Mailbox 中读取消息，从而实现双核间的通信。ARM 和 DSP 均可以通过 MailBox 向对方发起中断，同时传递参数并设置状态。第二种是 MPUI(MPU interface)方式，通过 MPUI、ARM 和系统 DMA 控制器可以访问 DSP 片内内存空间和部分 I/O 空间，从而实现 ARM 与 DSP 之间数据的共享。第三种是设置 DSP 的 MMU，通过设置 DSP 的 MMU，可以将外部共享内存空间映射至 DSP 的地址空间，从而 ARM 与 DSP 均可以访问同一块 SDRAM 内存空间，实现数据的共享。

1）邮箱寄存器中断方式

OMAP3 系列处理器内部包含 2 个 MailBox，MailBox 的连通机制是单向的，通过配置可以为每个 MailBox 指定发送方和接收方，即一个 MailBox 是用于从 ARM 端到 DSP 端的，另一个 MailBox 用于从 DSP 端到 ARM 端。以 ARM 到 DSP 为例说明 MailBox 的工作方式，当 ARM 通过 MailBox 传送信息到 DSP 时，会触发中断到 DSP 端，同时状态标志设为 1，当 DSP 端处理完中断后，状态标志重新设置为 0，等待下一个 MailBox 中断。MailBox 中断方式的运作过程如图 9-28 所示。

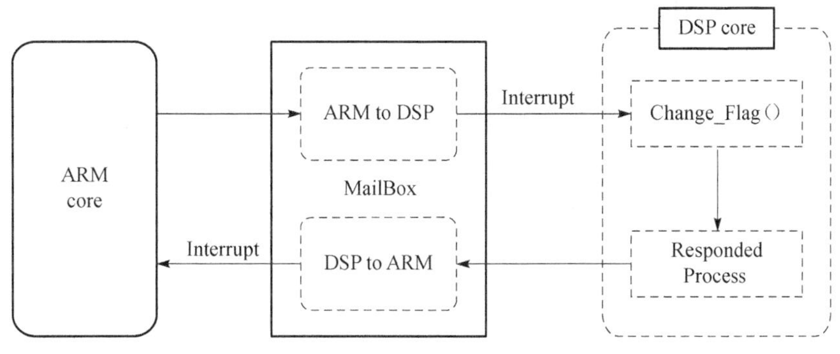

图 9-28　MailBox 中断

2）MPUI 方式

MPU 核、系统 DMA 通过 MPUI 连接到 MPUI port 上。而 MPUI port 是 DSP 的内部接口，并与 DSP 的 DMA 相连，使得 MPU 和系统 DMA 都能够通过 MPUI 对 DSP 核的内部存储空间和外部设备总线进行访问。

3）DSP 的 MMU 方式

DSP 的 MMU 的设置由 ARM 完成，通过设置 DSP MMU 的寄存器，使得 DSP 外部的物理内存，SRAM、SDRAM 或 FLASH 等地址空间映射至 DSP 内部的地址空间去。设置的实质是建立一个查找表，表中记录了 OMAP 上的物理地址与 DSP 地址空间的对应关系。当 DSP 向 DSP MMU 发出寻址请求后，DSP MMU 根据查找表，如果查找成功，则获得物理地址，实现 DSP 对片外内存空间的访问；如果查找失败，则返回错误信息或触发中断。除了 DSP 可以配置 DSP MMU 外，MPU 也可以通过 L3 访问 DSP MMU，从而配置 DSP MMU。

3. 无线语音通信系统架构

1）系统框图

系统的整体框架设计如图 9-29 所示。分为 TD-SCDMA 无线网络部分及语音增强处理两大部分，主要涉及网络数据通路设计、编解码算法设计、去噪算法及 ARM&DSP 双核通信组件设计等内容。网络数据通路运行于操作系统之中，是应用程序主体的一部分，负责从无线网络中接收/发送数据，并与主程序中的语音处理部分交互。通信功能模块负责 ARM 核与 DSP 核的交互操作，ARM 核的应用程序将已编码的或未编码的语音数据通过该组件传送到 DSP 核中进行编解码和语音增强处理，DSP 核也通过该通信模块将编码或解码及增强后数据传送给 ARM。语音增强算法采用自适应小波算法，主要完成语音数据实时消噪处理，以提高无线网络的语音清晰度。

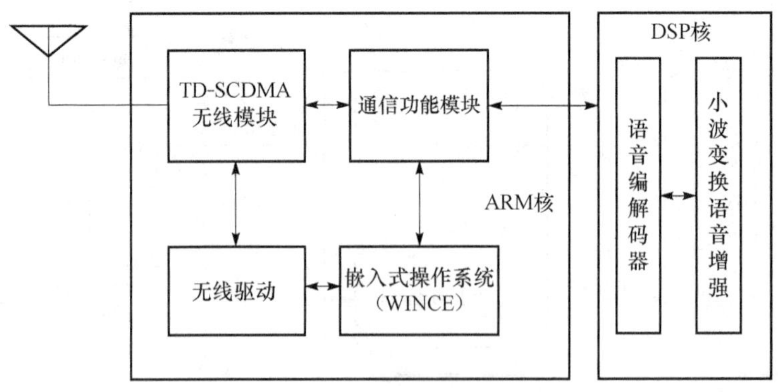

图 9-29　无线语音通信系统架构

2）数据传输流程分析

语音的发送与接收属于相反的过程，在这里，只对语音的发送过程进行说明。语音输入设备为麦克风，通过ADC转换为数字音频信号。WinCE应用程序通过系统调用，将数字音频信号存放到系统的buffer中。通过双核通信接口，数字语音信号传送到DSP端进行编码处理，处理完之后，又通过双核通信接口传送给ARM。ARM应用程序接收到编码数据后通过网络发送程序将编码的语音数据发送到指定的网络地址。

4. 基于最优小波基的自适应阈值降噪法实现语音增强

语音传输系统传输的是编码的语音信号，对语音数据进行有效的压缩，对降低传输数据量、提高网络利用率很有好处。此外，为了进一步消除语音中混杂的噪声，本平台采用基于最优小波基的信号自适应阈值降噪法实现语音增强，来提高语音的自然度和可懂度。

1）小波分解层次的确定和输入输出信噪比

要使用小波阈值降噪算法对信号进行降噪处理，除选择最优的小波基函数和阈值函数以外，还应选出最优的小波分解层数，从而达到最优的降噪效果。通常使用的方法是对含噪信号进行小波分解时，根据经验来预先设定一个分解层次，对于不同的信号在不同的信噪比下，都会存在一个降噪效果比较好的分解层数，但是，当分解层数过多时，就会造成有用信号的丢失，反而会使信噪比下降，计算量增加很多；然而当分解层数过少时，信噪比又不能够得到很大提高。所以选择多大的小波分解层次是对信号降噪前首先要解决的问题。

理论上讲，可选取的最大分解尺度为$J=\lfloor \mathrm{lb}N \rfloor$，$\lfloor\ \rfloor$代表的是向下取整运算。但在实际中，没必要取太大，一般J取为3～5。因为J越大，噪声和信号表现的不同特性越明显，越有利于信噪分离；另一方面，对重构来讲，如果分解层数越多，则失真越大，即重构误差越大。这是一个矛盾，J必须选择适当的值。

最大分解尺度J应该与含噪信号的信噪比SNR有关，若SNR较大，即主要以信号为主，J取较小值就可把噪声分离出去；若SNR较小，则主要以噪声为主，J只有取大值时才能把噪声分离。所选取的最大分解尺度J应视SNR的大小而定。根据实验表明，对一般的信号而言，若SNR$\geqslant$20，则取$J=3$，否则，取$J=4$为好。

语音信号增强的评价可用信噪比来衡量。假设纯净的语音信号为$x(k)$，加性噪声为$n(k)$，所以输入的带噪语音信号$f(k)$可表示为：$f(k)=x(k)+n(k)$，设$x'(k)$是增强后的语音信号，语音信号总的采样点数为N。因此，输入和输出信号的信噪比分别定义如式(9-11)和式(9-12)所示：

$$\mathrm{SNR_i}=10\lg\frac{\frac{1}{N}\sum_{k=1}^{N}x^2(k)}{\frac{1}{N}\sum_{k=1}^{N}[f(k)-x(k)]^2} \tag{9-11}$$

$$\mathrm{SNR_o}=10\lg\frac{\frac{1}{N}\sum_{k=1}^{N}x^2(k)}{\frac{1}{N}\sum_{k=1}^{N}[x'(k)-x(k)]^2} \tag{9-12}$$

下面在 Matlab 软件中进行基于最优小波基的语音信号去噪仿真实验，并对仿真数据进行对比分析，通过仿真计算信噪比的增强大小来验证算法的性能。

2）基于最优小波基的自适应阈值语音降噪仿真

通过第 8 章的基于最优小波基语音增强仿真结论可知，小波分解层数应选取为 4 层，并将阈值的初始值设置为 $t(0)=\sqrt{\frac{2\lg N}{N}}$，式中，$N$ 为信号的相应尺度采样点数；将收敛条件设置为$\frac{\Delta t(k)}{t(k)}\leqslant 1\times 10^{-7}$，$t(k)$是第 k 次迭代的阈值大小。假设均通过瑞利信道，语音信号所加的噪声是随机产生的高斯白噪声，输入信噪比也是随机生成的，因此，应尽量寻找信噪比比较接近的含噪信号进行分析。

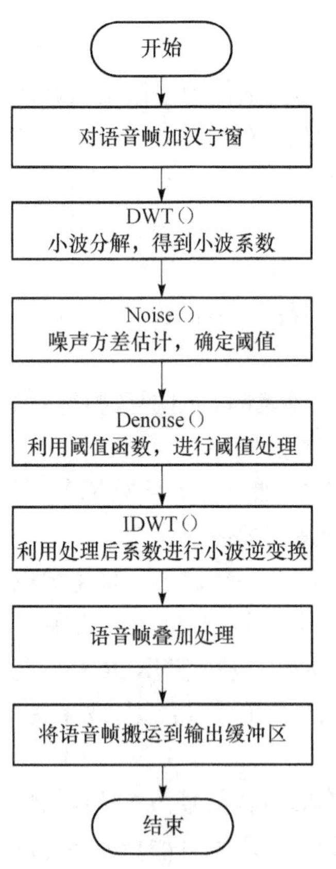

图 9-30　基于最优小波基自适应阈值降噪算法流程图

基于最优小波基自适应阈值降噪模块是该语音增强主程序中的核心模块，它由 DWT、Noise、Denoise、IDWT 几个程序模块构成，其流程如图 9-30 所示。由于语音信号属于非平稳信号，所以在处理之前应该对其进行加窗处理。DWT 模块主要对带噪语音分析帧进行 4 层小波分解，得到各个尺度上的小波变换系数，其流程如图 9-31 所示。Noise 模块主要根据第一尺度上的小波系数进行噪声方差估计，进而得到各个尺度上的阈值估计，其程序流程如图 9-32 所示。Denoise 模块利用改进的阈值函数以及估计得到的阈值进行小波系数阈值处理，其程序流程如图 9-33 所示。IDWT 模块利用处理后的小波系数以及尺度系数进行小波逆变换，重构语音信号，其程序流程如图 9-34 所示。经过以上几个模块的处理后，接着对语音信号进行帧间叠加处理，最后将语音帧搬运到 L2 中开辟的输出缓冲区。

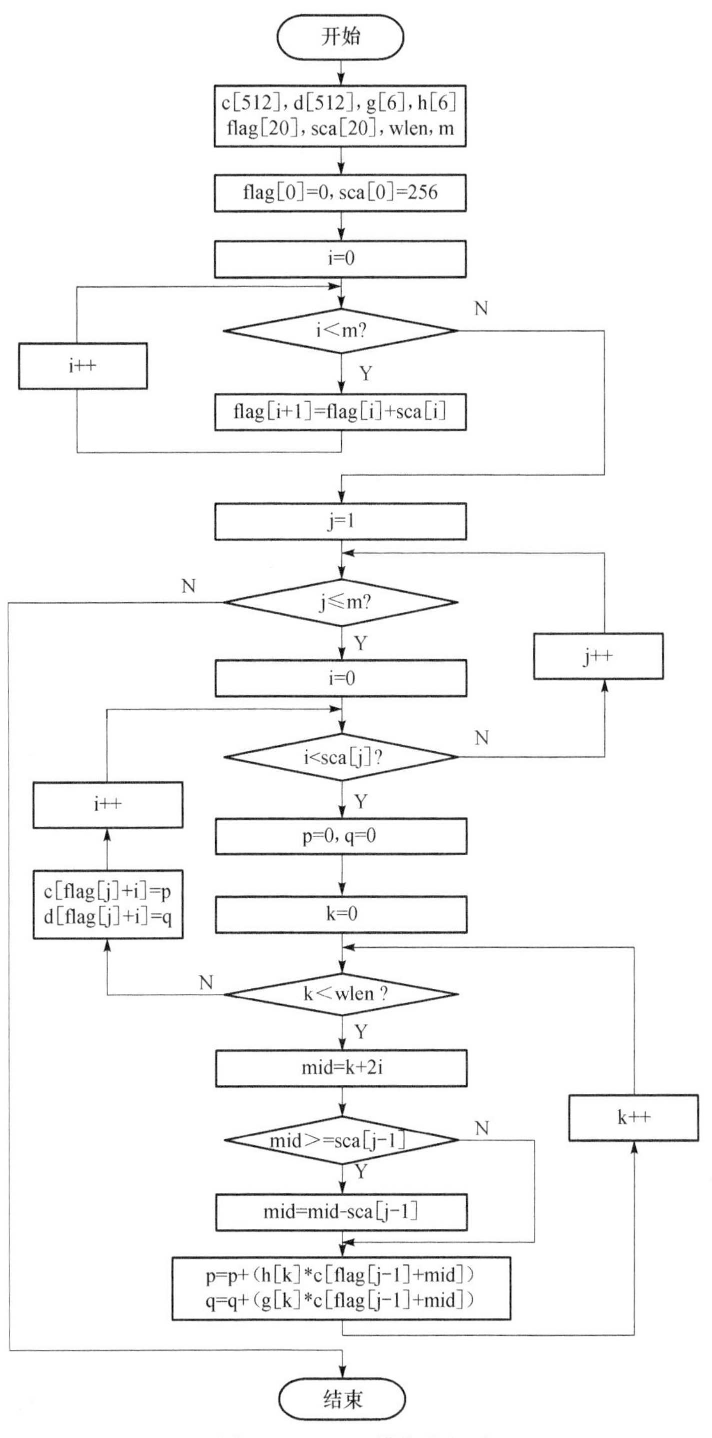

图 9-31　DWT 模块流程图

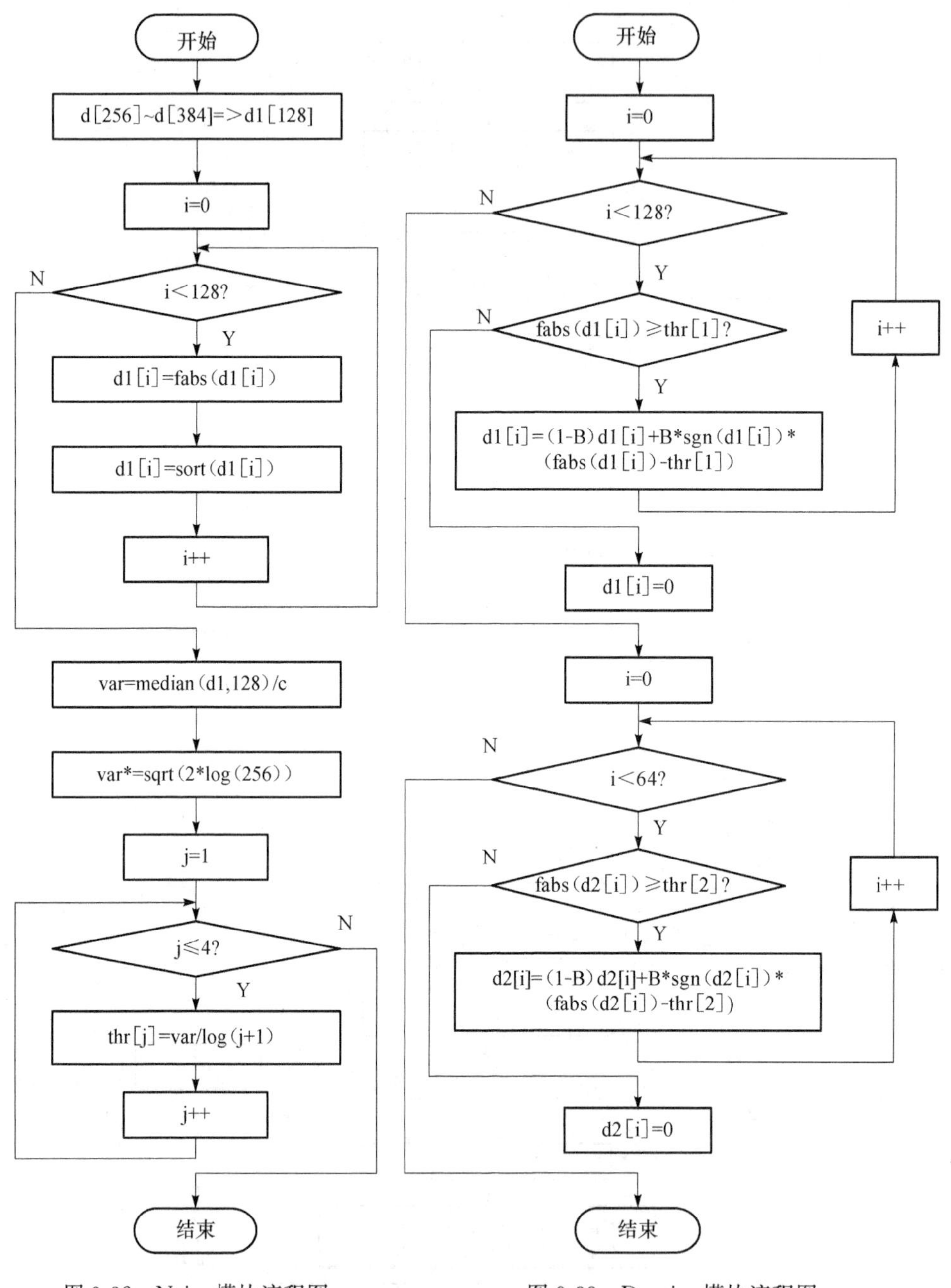

图 9-32　Noise 模块流程图　　　　图 9-33　Denoise 模块流程图

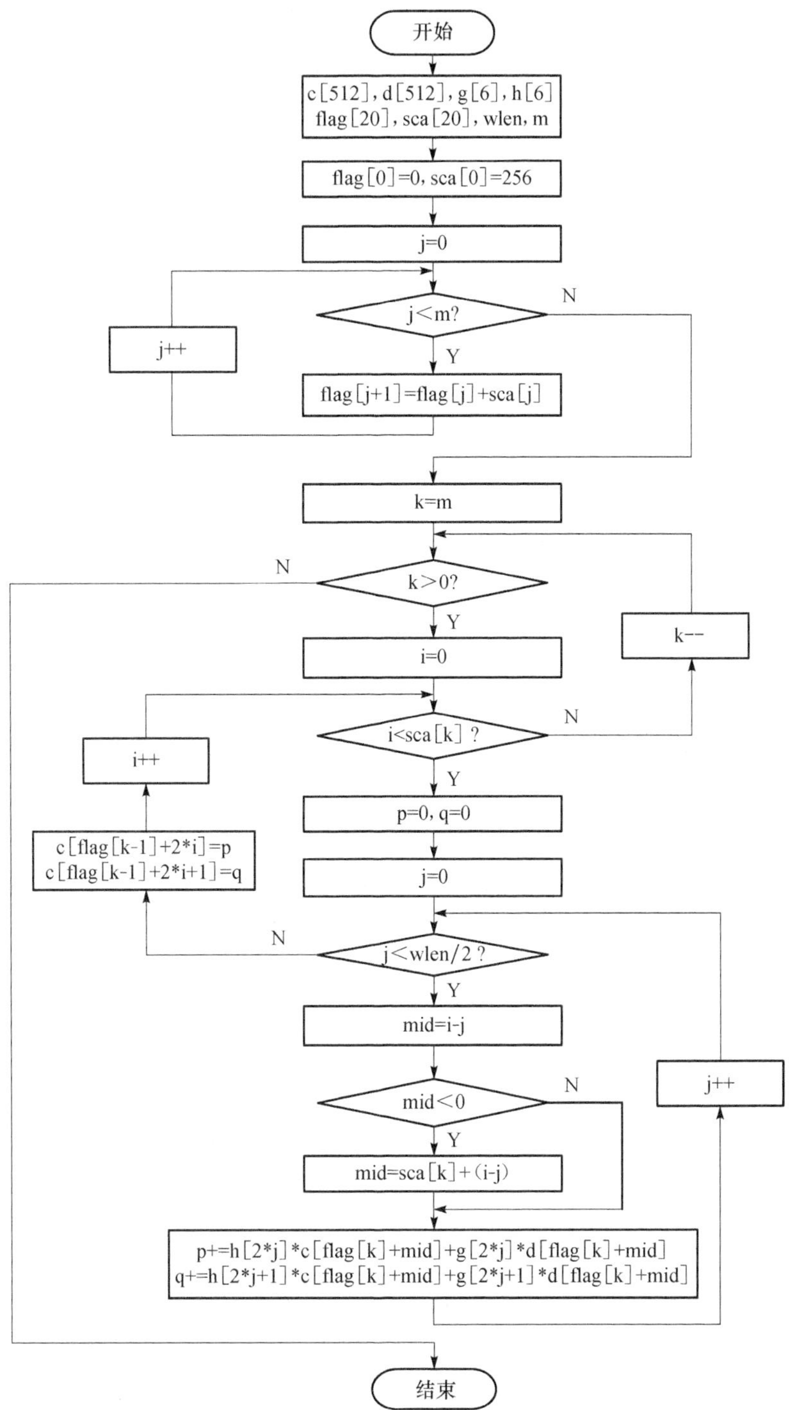

图 9-34　IDWT 模块流程图

图 9-31 中，数组 c[512]和 d[512]的前 256 个存储单元用于存放输入的语音信号，g[6]用于存放尺度系数，h[6]用于存放小波系数，m 表示小波分解层数，wlen 表示小波长度，sca[20]用于存放分解时的数据长度，经过计算后，c[512]的后 256 个单元存放各级平滑信号，d[512]的后 256 个单元存放细节信号。

应用 OMAP3530 实现语音增强，对于不同信噪比的输入语音信号，经该平台处理后，输出语音信噪比均得到了不同程度的改善，如图 9-35～图 9-40 所示，其中，横坐标表示 256 个语音信号采样点，纵坐标表示各采样点处归一化幅度值，比较结果如表 9-4 所示。

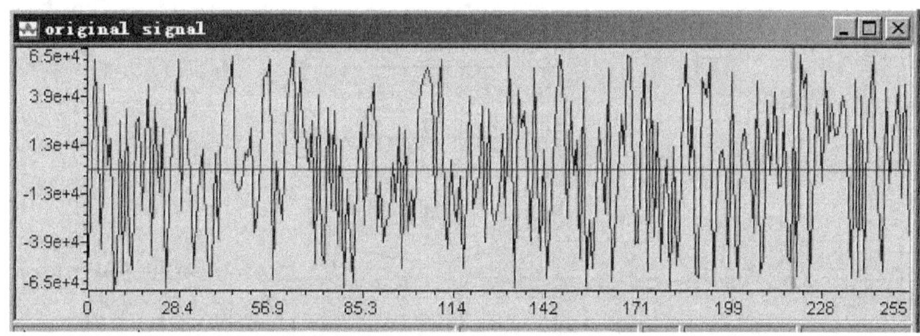

图 9-35　输入语音信号(－5dB)

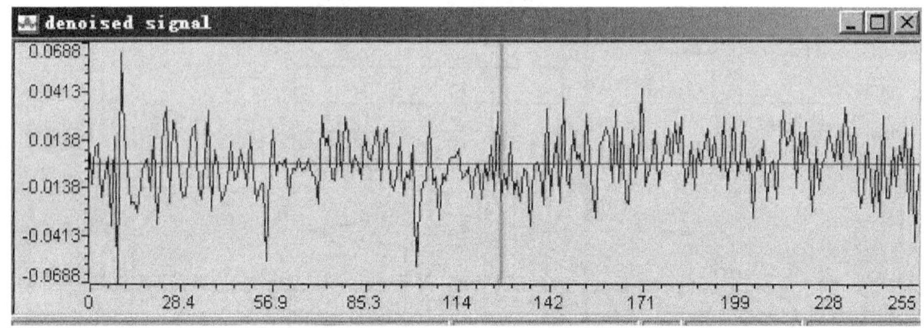

图 9-36　语音增强处理后输出语音信号

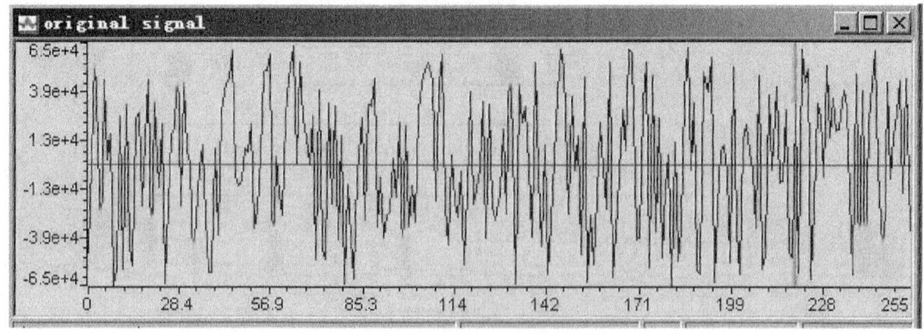

图 9-37　输入语音信号(0dB)

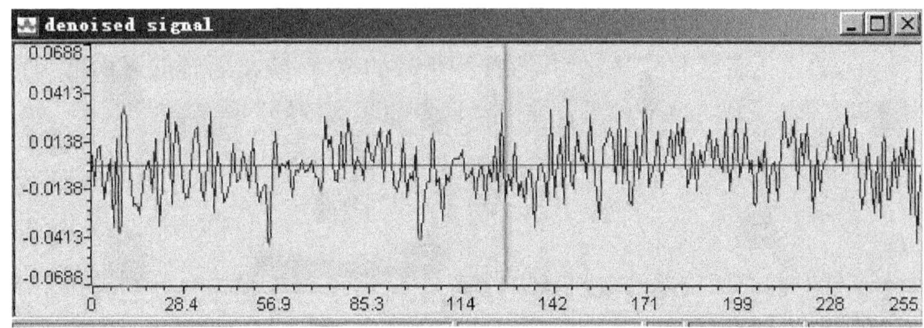

图 9-38　语音增强处理后输出语音信号

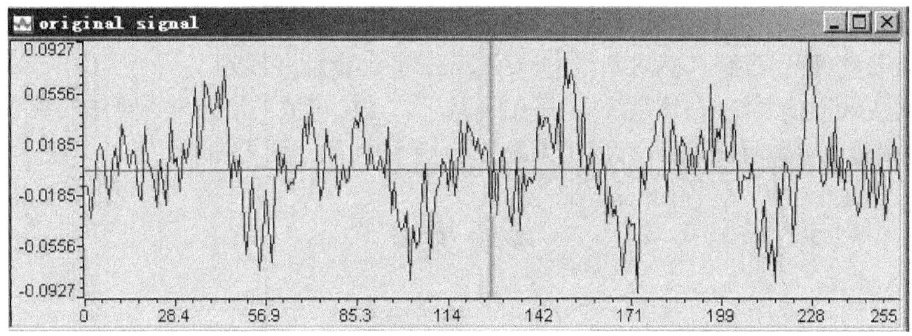

图 9-39　输入语音信号(5dB)

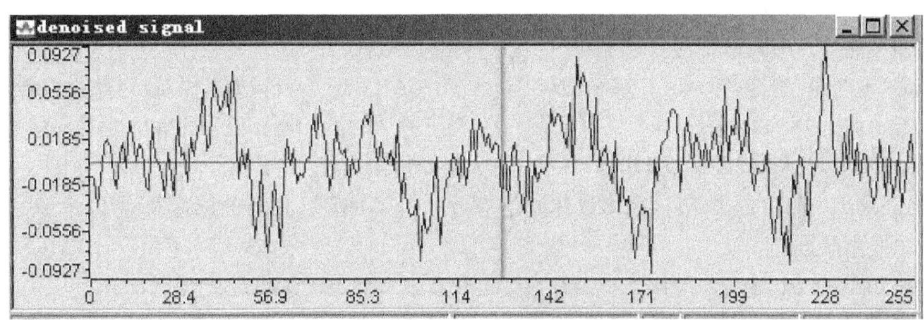

图 9-40　语音增强处理后输出语音信号

表 9-4　语音增强测试结果　(单位:dB)

输入信噪比	输出信噪比
−5	5
0	9
5	15

通过分析以上运行图和运行数据可得，基于 OMAP3530 的最优小波基语音增强实验中，输入语音信号信噪比均得到近 10dB 的改善，输出语音的可懂度和自然度均得以提高。因此，该平台对含噪语音信号能起到较好的降噪效果。

9.5 本章小结

本章针对前面所论述的增强算法，基于 DSP 及 OMAP3 平台分别进行了语音增强系统的设计与实现。

基于 TMS320C6416DSP 的语音增强系统设计与实现中，首先介绍了系统开发流程与集成开发环境，然后通过软硬件方法，设计并实现了实时语音增强系统。

基于 OMAP3 平台的语音通信系统的设计与实现中，首先介绍了 OMAP 技术特点及软件开发流程，然后基于 OMAP3530 平台设计并实现了一个 TD-SCDMA 无线语音通信系统，在该系统中，采用了基于自适应小波的语音增强算法实现噪声滤除，通过实验验证，该设计满足系统需求，算法性能达到了标准。

参考文献

程佩青. 1995. 数字信号处理教程. 北京：清华大学出版社.

何苏勤，徐家艳. 2006. 基于定点 DSP 语音录放系统的设计. DSP 开发与应用，22(9)：148—150.

胡庆钟，李小刚，吴钰淳. 2006. TMS320c55x DSP 原理、应用和设计. 北京：机械工业出版社.

纪宗南. 2008. 消费电子的 DSP 处理技术及应用技术. 北京：中国电力出版社.

拉宾纳·谢弗. 1983. 语音信号数字处理. 北京：科学出版社.

黎泽清，王明泉，李博，等. 2009. 基于 DSP 与 TLV320AIC23B 的音频处理系统. 自动化仪器与仪表，4(8)：57—60.

李香平. 2007. 3G 终端硬件技术与开发. 北京：人民邮电出版社.

彭启琮，杨炼，潘晔. 2005. 开放式多媒体应用平台——OMAP 处理器的原理及应用. 北京：电子工业出版社.

王念旭. 2001. DSP 基础与应用系统设计. 北京：北京航空航天大学出版社.

严明贵，朱善安. 2006. 嵌入式轴承故障诊断系统中 ARM S3C2410A 与 DSP TMS320C6713 的通信实现. 机电工程，23(4)：5—12.

张雄伟，曹铁勇. 2005. DSP 芯片的原理与开发应用. 第 3 版. 北京：电子工业出版社.